Grundlagen der Mathematik für Dummies –

Vergleich englischer und metrischer Einheiten

Die Umwandlung von Maßeinheiten zwischen dem englischen und dem metrischen System ist ein ganz alltäglicher Grund, sich mit Mathematik zu beschäftigen. In Kapitel 15 finden Sie detaillierte Informationen zu diesem Thema; hier eine kurze Übersicht:

Umwandlung metrischer in englische Einheiten	Und das Ganze in allgemein verständlicher Sprache
1 Meter ≈ 3,26 Fuß	Ein Meter entspricht etwa 3 Fuß (1 Yard).
1 Kilometer ≈ 0,62 Meilen	Ein Kilometer entspricht etwa 1/2 Meile.
1 Liter ≈ 0,26 Gallonen	Ein Liter ist etwa ein Quart (1/4 Gallone).
1 Kilogramm ≈ 2,20 Pound	Ein Kilo entspricht etwa 2 Pound.
0 Grad Celsius = 32 Grad Fahrenheit	32 Grad Fahrenheit sind kalt.
10 Grad Celsius = 50 Grad Fahrenheit	50 Grad Fahrenheit sind kühl.
20 Grad Celsius = 68 Grad Fahrenheit	68 Grad Fahrenheit sind warm.
30 Grad Celsius = 86 Grad Fahrenheit	86 Grad Fahrenheit sind heiß.

Operatorreihenfolge (Berechnungsreihenfolge)

Wenn arithmetische Ausdrücke kompliziert werden, wendet man die *Operatorreihenfolge* an – auch als *Berechnungsreihenfolge* bezeichnet (weitere Informationen hierzu finden Sie in Kapitel 5):

Arithmetische Ausdrücke werden *von links nach rechts* unter Anwendung der folgenden Operatorreihenfolge berechnet:

1. **Klammern**
2. **Exponenten**
3. **Multiplikation und Division**
4. **Addition und Subtraktion**

Eigenschaften der vier großen Operationen sowie von Exponenten, Wurzeln und Absolutwert

Mithilfe von mathematischen *Operationen* ist es möglich, Zahlen zu kombinieren und Berechnungen durchzuführen. Nachfolgend einige wichtige Eigenschaften der vier großen Operationen (Addition, Subtraktion, Multiplikation und Division) sowie von drei weiteren, fortgeschritteneren Operationen (Exponenten, Quadratwurzeln und Absolutwert). Weitere Informationen zu diesem Thema finden Sie in Kapitel 4.

Addition und Subtraktion sind *inverse* Operationen. Beispiel:
$2 - 3 = 5$, also gilt $5 - 3 = 2$
$7 - 1 = 6$, also gilt $6 + 1 = 7$
Multiplikation und Division sind *inverse* Operationen. Beispiel:
$3 \cdot 4 = 12$, also gilt $12 \div 4 = 3$
$10 \div 2 = 5$, also gilt $5 \cdot 2 = 10$
Die Addition ist *kommutativ*. Beispiel:
$3 + 5 = 5 + 3$
Die Addition ist *assoziativ*. Beispiel:
$(2 + 4) + 7 = 2 + (4 + 7)$

Die Multiplikation ist *kommutativ*. Beispiel:
$2 \cdot 7 = 7 \cdot 2$
Die Multiplikation ist *assoziativ*. Beispiel:
$3 \cdot (4 \cdot 5) = (3 \cdot 4) \cdot 5$
Die Multiplikation ist *distributiv* in Bezug auf die Addition. Beispiel:
$5 \cdot (2 + 4) = (5 \cdot 2) + (5 \cdot 4)$
Exponenten (Potenzen) sind wiederholte Multiplikationen. Beispiel:
$7^2 = 7 \cdot 7 = 49$
$2^5 = 2 \cdot 2 \cdot 2 \cdot 2 \cdot 2 = 32$

Quadratwurzeln (*Wurzeln*) sind das Inverse des Exponenten 2. Beispiel:

$\sqrt{9} = 3$, weil $3^2 = 9$

$\sqrt{16} = 4$, weil $4^2 = 16$

Der *Absolutwert* bildet immer den positiven Wert. Beispiel:
$|7| = 7$
$|-13| = 13$

Grundlagen der Mathematik für Dummies – Schummelseite

Umwandlung zwischen Brüchen, Dezimalwerten und Prozentwerten

In den Kapiteln in Teil III geht es um Brüche, Dezimalwerte und Prozentwerte im Detail, aber wenn Sie nur schnell nachschlagen wollen, wie die Umwandlung erfolgt, sollten Sie die folgende Tabelle immer parat haben:

Bruch	Dezimalwert	Prozentwert
$^1/_{100}$	0,01	1 %
$^1/_{20}$	0,05	5 %
$^1/_{10}$	0,1	10 %
$^1/_5$	0,2	20 %
$^1/_4$	0,25	25 %
$^3/_{10}$	0,3	30 %
$^2/_5$	0,4	40 %
$^1/_2$	0,5	50 %

Bruch	Dezimalwert	Prozentwert
$^3/_5$	0,6	60 %
$^7/_{10}$	0,7	70 %
$^3/_4$	0,75	75 %
$^4/_5$	0,8	80 %
$^9/_{10}$	0,9	90 %
1	1,0	100 %
2	2,0	200 %
10	10,0	1000 %

Gebräuchliche geometrische Formeln

Geometrische Formeln sind immer außerordentlich praktisch, egal ob Sie Vermessungen für Ihren Hausbau anstellen oder herausfinden wollen, ob Ihr Kuchenteig, den Sie für eine runde Form vorgesehen haben, auch für eine eckige Form ausreichend ist. Weitere Informationen über die Verwendung dieser Formeln finden Sie in Kapitel 16, aber zum schnellen Nachschlagen eignet sich auch bestens die folgende Liste mit allen wichtigen Grundlagen:

Kreis:
$d = 2 \cdot r$
$U = 2 \cdot \pi \cdot r = \pi \cdot d$
$A = \pi \cdot r^2$

Würfel:
$V = s^3$

Quader (rechteckiger Körper):
$V = l \cdot b \cdot h$

Parallelogramm:
$U = 2\ (b + s)$
$A = b \cdot h$

Prisma und Zylinder:
$V = A_b \cdot h$

Pyramide und Kegel:
$V = \frac{A_b \cdot h}{3}$

Satz von Pythagoras:
$a^2 + b^2 = c^2$

Rechteck:
$U = 2 \cdot (l + b)$
$A = l \cdot b$

Raute:
$U = 4 \cdot s$
$A = s \cdot h$

Quadrat:
$U = 4 \cdot s$
$A = s^2$ oder $A = s \cdot s$

Trapez:
$A = \frac{h \cdot (b_1 + b_2)}{2}$

Dreieck:
$A = \frac{b \cdot h}{2}$

Grundlagen der Mathematik für Dummies

Mark Zegarelli

Grundlagen der Mathematik für Dummies

Übersetzung aus dem Amerikanischen
von Judith Muhr

Fachkorrektur von Patrick Kühnel

2., überarbeitete Auflage

WILEY
WILEY-VCH Verlag GmbH & Co. KGaA

Bibliografische Information der Deutschen Nationalbibliothek
Die Deutsche Nationalbibliothek verzeichnet diese Publikation
in der Deutschen Nationalbibliografie; detaillierte bibliografische
Daten sind im Internet über http://dnb.d-nb.de abrufbar.

2., überarbeitete Auflage 2016

Printed in Germany

Gedruckt auf säurefreiem Papier

Coverfoto: © Yayayoyo/Shutterstock
Korrektur: Frauke Wilkens, Korrekturbüro Burger
Satz: Beltz Bad Langensalza GmbH, Bad Langensalza
Druck und Bindung: CPI books GmbH, Leck

Print ISBN: 978-3-527-71145-1
ePub ISBN: 978-3-527-69935-3
mobi ISBN: 978-3-527-69934-6

Über den Autor

Mark Zegarelli studierte an der Rutgers University Englisch und Mathematik und ist von Beruf Schriftsteller. Viele Jahre verdiente er sich seinen Lebensunterhalt damit, eine unüberschaubare Menge an Logikrätseln, viele Software-Handbücher und gelegentlich Buch- oder Filmrezensionen zu verfassen. Außerdem bezahlte er einige seiner Rechnungen, indem er nebenbei Häuser putzte und sich als Maler und (zehn Stunden lang) als Verkäufer versuchte. Am liebsten schreibt er allerdings Bücher.

Mark Zegarelli lebt größtenteils in Long Branch, New Jersey, und zeitweilig in San Francisco, Kalifornien.

Cartoons im Überblick

Cartoons von Rich Tennant

Internet: www.the5thwave.com

Inhaltsverzeichnis

Kapitel 13
Textaufgaben mit Brüchen, Dezimalzahlen und Prozentsätzen 201

Teil IV
Visualisieren und Messen – Graphen, Maße, Statistik und Mengen 213

Kapitel 14
Die perfekte Zehn: Zahlen in wissenschaftlicher Notation 215

Kapitel 15
Maße und Gewichte 223

Kapitel 22
Mr. X enttarnen: Algebraische Gleichungen 315

Kapitel 23
Mr. X im Einsatz: Textaufgaben in der Algebra 327

Teil VI
Der Top-Ten-Teil 337

Kapitel 24
Die zehn wichtigsten Konzepte der Mathematik, die Sie keinesfalls ignorieren sollten 339

Einführung

Vor langer Zeit haben Sie Zahlen geliebt. Das ist nicht etwa der Beginn eines Märchens. Vor langer Zeit haben Sie Zahlen geliebt. Erinnern Sie sich?

Wahrscheinlich waren Sie drei, und Ihre Großeltern waren zu Besuch. Sie haben neben ihnen auf dem Sofa gesessen und die Zahlen von 1 bis 10 aufgesagt. Oma und Opa waren stolz auf Sie und – seien Sie ehrlich – Sie waren auch ein bisschen stolz auf sich selbst. Vielleicht waren Sie auch gerade fünf und haben gelernt, Zahlen zu schreiben – und waren immer bemüht, die 2 und die 5 nicht verkehrt herum zu schreiben.

Lernen hat Spaß gemacht. *Zahlen* haben Spaß gemacht. Aber was ist passiert? Vielleicht begann der Ärger mit der schriftlichen Division. Oder Sie haben nicht verstanden, wie Brüche in Dezimalzahlen umgewandelt werden. Oder vielleicht ging es darum, dass Sie nicht mit der Prozentrechnung zurechtgekommen sind? Die Umwandlung von Meilen in Kilometer? Der Versuch, den Wert des gefürchteten x zu bestimmen? Egal wann es angefangen hat, Sie waren irgendwann der Meinung, dass die Mathematik Sie nicht mag – und Sie haben die Mathematik auch nicht sehr viel mehr gemocht.

Warum sind Menschen im Kindergarten oft so glücklich, zählen zu lernen, und verlassen dann die Schule in der festen Überzeugung, dass Mathematik einfach nichts für sie ist? Die Antwort auf diese Frage würde 20 Bücher dieses Umfangs füllen, aber wir können hier zumindest anfangen, das Problem zu lösen.

Ich bitte Sie ganz bescheiden, alle Vorurteile abzulegen. Denken Sie einen kurzen Moment lang an diese unschuldige Zeit – die Zeit, bevor das Wort »Mathematik« Panikattacken bei Ihnen ausgelöst hat (oder im besten Fall unbezwingbare Schläfrigkeit). In diesem Buch begleite ich Sie vom Verständnis der Grundlagen bis zu dem Punkt, an dem Sie bereit für die Algebra und damit erfolgreich sein werden.

Über dieses Buch

Irgendwo auf dem Weg vom Zählen lernen bis zur Algebra erleiden viele einen großen mathematischen Zusammenbruch. Das ist etwa so, als würde Ihr Auto irgendwo im Niemandsland, fernab jeder Zivilisation plötzlich stottern und vor sich hin qualmen.

Betrachten Sie dieses Buch als Ihren persönlichen Pannenhelfer, und mich als Ihren freundlichen Mechaniker (der aber sehr viel billiger als der für das Auto ist!). Nach der Strandung in diesem Zwischenzustand sind Sie vielleicht frustriert über die Umstände und fühlen sich von Ihrem Auto verraten, aber für den Herrn mit dem Werkzeugkasten ist es ganz alltägliche Arbeit. Die Werkzeuge für die Lösung des Problems mit der Mathematik finden Sie in diesem Buch.

Dieses Buch hilft Ihnen nicht nur bei den Grundlagen der Mathematik, sondern auch, Ihre Aversion zu überwinden, die Sie möglicherweise gegenüber der Mathematik ganz allgemein haben. Ich habe die Konzepte in leicht verständliche Abschnitte zerlegt. Und weil *Grundlagen der Mathematik für Dummies* eine Art Nachschlagewerk ist, müssen Sie die einzelnen Kapitel oder Abschnitte nicht in der vorgegebenen Reihenfolge lesen – Sie brauchen nur das zu lesen, was Sie gerade benötigen. Blättern Sie also beliebig herum. Immer wenn ich ein Thema bespreche, für das Sie Informationen aus anderen Abschnitten im Buch benötigen, weise ich auf die betreffenden Abschnitte oder Kapitel hin, falls Sie Ihre Grundlagen noch einmal auffrischen möchten.

Hier zwei Ratschläge, die ich immer gebe – denken Sie daran, wenn Sie sich durch dieses Buch arbeiten:

- **Machen Sie häufig Pausen beim Lernen.** Stehen Sie alle 20 bis 30 Minuten auf und gehen Sie vom Schreibtisch weg. Füttern Sie die Katze, machen Sie den Abwasch, gehen Sie spazieren, jonglieren Sie mit Tennisbällen, probieren Sie das Faschingskostüm vom letzten Jahr an – machen Sie *irgendetwas*, um sich für ein paar Minuten abzulenken. Sie werden sehr viel aufnahmefähiger zu Ihren Büchern zurückkehren, als wenn Sie Stunde um Stunde mit müden Augen davor sitzen bleiben.
- **Nachdem Sie ein Beispiel gelesen haben und denken, es zu verstehen, schreiben Sie die Aufgabe ab, schließen das Buch und versuchen Sie, sie selbstständig nachzuvollziehen.** Wenn Sie stecken bleiben, sehen Sie kurz im Buch nach – aber versuchen Sie später, dasselbe Beispiel noch einmal zu rechnen, ohne das Buch zu öffnen. (Denken Sie daran, dass bei etwaigen Prüfungen, auf die Sie sich vielleicht vorbereiten, Spicken auch nicht erlaubt ist.)

Konventionen in diesem Buch

Um Ihnen dabei zu helfen, sich in diesem Buch zurechtzufinden, verwende ich die folgenden Konventionen:

- *Kursiv* ausgezeichneter Text markiert neue Wörter und definierte Begriffe.
- **Fett** ausgezeichneter Text markiert Schlüsselwörter in Aufzählungen sowie den Anweisungsteil in nummerierten Schritten.
- `Nicht proportional` ausgezeichneter Text markiert Webadressen.
- Variablen, wie etwa x und y, werden ebenfalls kursiv dargestellt.

Was Sie nicht lesen müssen

Obwohl jeder Autor insgeheim (oder auch ganz offen) davon ausgeht, dass jedes Wort aus seiner Feder pures Gold ist, müssen Sie nicht jedes Wort in diesem Buch lesen, es sei denn, Sie wollen das wirklich. Sie können Einschübe jederzeit überblättern (das sind die grau unterlegten Kästen), in denen ich ab und zu kleine Exkurse mache – es sei denn, Sie finden die hier präsentierten Informationen interessant. Mit dem Symbol »Vorsicht Technik« gekennzeichnete Abschnitte sind ebenfalls für das Verständnis nicht zwingend erforderlich.

Törichte Annahmen über den Leser

Wenn Sie vorhaben, dieses Buch zu lesen, sind Sie wahrscheinlich

- ✓ ein Schüler, der solides Verständnis für die grundlegende Mathematik für einen Kurs oder eine Prüfung benötigt.
- ✓ ein Erwachsener, der seine Kenntnisse im Hinblick auf Arithmetik, Brüche, Dezimalzahlen, Prozentrechnung, Gewichte und Maße, Geometrie, Algebra und so weiter verbessern will, weil er die Mathematik im wirklichen Leben benötigt.
- ✓ jemand, der eine Auffrischung seiner Kenntnisse braucht, sodass er einem anderen helfen kann, Mathematik zu verstehen.

Ich gehe davon aus, dass Sie addieren, subtrahieren, multiplizieren und dividieren können. Um herauszufinden, ob dieses Buch für Sie geeignet ist, führen Sie also den folgenden einfachen Test durch:

$5 + 6 =$ ___

$10 - 7 =$ ___

$3 \cdot 5 =$ ___

$20 \div 4 =$ ___

Wenn Sie diese vier Fragen beantworten können, können Sie sofort anfangen.

Wie dieses Buch aufgebaut ist

Dieses Buch besteht aus sechs Teilen. Sie beginnen mit der einfachsten Mathematik – mit Themen wie etwa dem Zählen und dem Zahlenstrahl – und arbeiten sich langsam vor bis zur Algebra.

Teil 1: Grundlagen der grundlegenden Mathematik

In Teil I gehe ich von dem aus, was Sie bereits über Mathematik wissen, und bewege mich von dort aus langsam weiter.

In Kapitel 1 finden Sie einen kurzen Überblick darüber, was Zahlen sind und wo sie herkommen. Ich beschreibe, wie Zahlenfolgen entstehen. Ich zeige Ihnen, wie wichtig Zahlenmengen sind – beispielsweise die natürlichen Zahlen, die ganzen Zahlen und die rationalen Zahlen –, die Sie alle auf dem Zahlenstrahl finden. Außerdem zeige ich Ihnen, wie Sie den Zahlenstrahl für die grundlegende Arithmetik nutzen können.

In Kapitel 2 geht es um die Ziffern, die die Bausteine der Zahlen bilden, vergleichbar damit, wie Buchstaben die Bausteine der Wörter sind. Ich zeige Ihnen, wie das Zahlensystem, das Sie täglich verwenden – das hindu-arabische Zahlensystem (auch als *Dezimalzahlen* bezeichnet) –, die Basis 10 als Grundlage für den Aufbau von Zahlen aus Ziffern nutzt.

Kapitel 3 schließlich konzentriert sich auf die sogenannten großen vier Operationen – Addition, Subtraktion, Multiplikation und Division. Ich werde Ihre Kenntnisse auffrischen, wie spaltenweise mit Übertrag addiert wird, wie die Subtraktion mit Zehnerübergang funktioniert, wie große Zahlen multipliziert werden und wie die gefürchtete schriftliche Division passiert.

Teil II: Ganze Zahlen

In Teil II gehen wir einen großen Schritt weiter, und Sie werden besser verstehen, wie die großen Vier (Operationen) funktionieren. In Kapitel 4 geht es um inverse Operationen, kommutative, assoziative und distributive Eigenschaften sowie um die Arbeit mit negativen Zahlen. Sie erfahren, wie man mit Ungleichungen arbeitet, wie beispielsweise größer (>) oder kleiner (<). Außerdem stelle ich Ihnen fortgeschrittenere Operationen vor, wie beispielsweise Potenzen (Exponenten), Quadratwurzeln und Absolutwerte.

In Kapitel 5 geht es um drei wichtige Konzepte der Mathematik: *Ausdrücke, Gleichungen* und *Auswertung*. Das restliche Kapitel konzentriert sich auf eine wichtige Fähigkeit: die Auswertung mathematischer Ausdrücke unter Verwendung der Operationsreihenfolge. In Kapitel 6 erfahren Sie, wie Sie *Textaufgaben* lösen, indem Sie Wortgleichungen aufstellen.

In Kapitel 7 geht es detailliert um die Teilbarkeit. Ich verrate Ihnen ein paar Tricks, wie Sie feststellen, ob eine Zahl durch eine andere Zahl teilbar ist. Außerdem geht es hier um Primzahlen und um zusammengesetzte Zahlen. In Kapitel 8 schließlich geht es um Faktoren und Vielfache, und Sie erfahren, wie diese beiden Konzepte miteinander verbunden sind. Ich zeige Ihnen, wie Sie eine Zahl in ihre Primfaktoren zerlegen. Außerdem erkläre ich, wie Sie den größten gemeinsamen Teiler (ggT) und das kleinste gemeinsame Vielfache (kgV) von zwei oder mehr Zahlen finden.

Teil III: Teile des Ganzen: Brüche, Dezimalzahlen und Prozente

In Teil III geht es darum, wie die Mathematik Teile des Ganzen darstellt, nämlich als Brüche, Dezimalzahlen und Prozentwerte, und wie diese drei Konzepte miteinander verbunden sind.

In den Kapiteln 9 und 10 geht es vor allem um Brüche und auch darum, wie diese erweitert oder gekürzt werden. Anschließend zeige ich Ihnen, wie Brüche multipliziert und dividiert werden, und eine Vielzahl von Möglichkeiten, Brüche zu addieren und zu subtrahieren. Schließlich erfahren Sie, wie Sie mit gemischten Zahlen arbeiten. In Kapitel 11 sind die Dezimalzahlen an der Reihe. Ich zeige Ihnen, wie Sie Dezimalzahlen addieren, subtrahieren, multiplizieren und dividieren und wie Sie Brüche in Dezimalzahlen umwandeln und umgekehrt. Außerdem erkläre ich Ihnen, was periodische Dezimalstellen sind.

In Kapitel 12 geht es um Prozentwerte. Ich zeige Ihnen, wie Sie Prozentwerte sowohl in Brüche als auch in Dezimalzahlen umwandeln und umgekehrt. Anschließend geht es um verschiedene Möglichkeiten, Prozentwerte zu berechnen, unter anderem um ein einfaches, aber sehr leistungsfähiges Werkzeug, den sogenannten Prozentkreis. In Kapitel 13 schließlich erkläre ich Ihnen das Lösen von Textaufgaben mit Brüchen, Dezimalzahlen und Prozentwerten.

Teil IV: Visualisieren und Messen – Graphen, Maße, Statistik und Mengen

Teil IV enthält eine Vielfalt an Themen, die alle auf den Fähigkeiten aufbauen, die Sie in den ersten drei Teilen des Buches erworben haben.

In Kapitel 14 zeige ich Ihnen, wie durch die wissenschaftliche Notation sehr große und sehr kleine Zahlen sehr viel handlicher werden, indem Dezimalstellen und Zehnerpotenzen kombiniert werden. In Kapitel 15 geht es um zwei wichtige Gewichts- und Maßsysteme: das englische System (das hauptsächlich in Amerika verwendet wird) und das metrische System (das auf der ganzen Welt verwendet wird). Ich stelle Ihnen eine Vielzahl von Umwandlungsgleichungen vor und zeige Ihnen, wie Sie Maßeinheiten umwandeln. Außerdem verrate ich Ihnen ein paar Faustregeln für die Abschätzung metrischer Einheiten.

In Kapitel 16 geht es um Geometrie. Hier lernen Sie verschiedene Formeln kennen, um den Umfang und die Fläche grundlegender Formen sowie die Oberflächen und den Inhalt einiger wichtiger Körper zu berechnen.

Kapitel 17 stellt Ihnen Graphen vor. Zuerst geht es um drei wichtige Graphentypen – Balkendiagramm, Tortendiagramm und Strichdiagramm. Außerdem stelle ich Ihnen hier die Grundlagen der wichtigsten Graphenmethode in der Mathematik vor, das Kartesische Koordinatensystem. Ich zeige Ihnen, wie Sie Punkte einzeichnen, Linien ziehen und Aufgabenstellungen anhand dieses Graphensystems lösen. In Kapitel 18 sammeln Sie weitere Erfahrung beim Lösen von Textaufgaben, insbesondere im Hinblick auf Geometrie sowie Gewichte und Maße.

Kapitel 19 stellt die Statistik und die Wahrscheinlichkeitsrechnung vor. Sie lernen den Unterschied zwischen qualitativen und quantitativen Daten kennen und erfahren, wie der Mittelwert und der Median (Zentralwert) berechnet werden. Außerdem erkläre ich Ihnen, wie Sie die Wahrscheinlichkeit berechnen, indem Sie mögliche Ergebnisse und bevorzugte Ergebnisse zählen.

In Kapitel 20 geht es um die Grundlagen der Mengenlehre, unter anderem um die Definition einer Menge, die Identifizierung von Elementen und Teilmengen und das Verständnis der leeren Menge. Außerdem zeige ich Ihnen einige grundlegende Operationen für Mengen wie beispielsweise Vereinigungsmengen und Schnittmengen.

Teil V: Akte X: Einführung in die Algebra

Teil V bildet die Einführung in die Algebra. Kapitel 21 enthält einen Überblick über die Algebra – hier geht es um die Grundlagen der Variablen (wie beispielsweise x). Anschließend lernen Sie Ausdrücke kennen, wobei die Kenntnisse genutzt werden, die Sie in Kapitel 5 erworben haben.

Kapitel 22 stellt verschiedene Möglichkeiten vor, algebraische Gleichungen zu lösen. In Kapitel 23 schließlich fassen wir alles zusammen: Sie lernen, Textaufgaben aus der Algebra vom Anfang bis zum Ende zu lösen.

Teil VI: Der Top-Ten-Teil

Wie in den Büchern der ... *für Dummies*-Reihe üblich enthält dieser Teil des Buches ein paar Top-Ten-Listen zu den unterschiedlichsten Themen wie beispielsweise grundlegende mathematische Konzepte und Zahlenmengen.

Symbole, die in diesem Buch verwendet werden

Im gesamten Buch verwende ich vier Symbole, die spezielle Informationen kennzeichnen:

Dieses Symbol weist auf wichtige Konzepte hin, die Sie sich merken sollten. Stellen Sie sicher, dass Sie sie verstanden haben, bevor Sie weiterlesen. Merken Sie sich diese Informationen auch, nachdem Sie das Buch geschlossen haben.

Tipps sind hilfreiche Hinweise, die Ihnen eine schnelle und einfache Methode zeigen, etwas zu erledigen. Probieren Sie sie aus, insbesondere wenn Sie einen Mathematikkurs absolvieren wollen.

Warnungen kennzeichnen häufig vorkommende Fehler, die Sie vermeiden sollten. Versuchen Sie zu verstehen, worum es sich bei diesen Fallstricken handelt, sodass Sie vermeiden können, darauf hereinzufallen.

Dieses Symbol weist auf interessante Informationen hin, die Sie entweder lesen oder überblättern können – ganz wie Sie wollen.

Wie es weitergeht

Sie können dieses Buch auf unterschiedliche Weise nutzen. Wenn Sie es ohne unmittelbaren Zeitdruck, etwa aufgrund einer Prüfung oder einer Hausaufgabe, lesen, können Sie natürlich ganz vorn anfangen und bis zum Ende lesen. Der Vorteil bei dieser Methode ist, dass Sie erkennen, wie viel Mathematik Sie bereits *beherrschen* – die ersten paar Kapitel werden sehr schnell gehen. Sie werden sehr viel Selbstbewusstsein sammeln, ebenso praktisches Wissen, das Ihnen später helfen kann, weil die ersten Kapitel auch die Grundlage für das Verständnis der späteren Kapitel bilden.

Es geht aber auch so: Wenn Sie irgendeine Aufgabenstellung haben, schlagen Sie genau zu dem Thema nach, um das es bei dieser Aufgabe geht. Legen Sie das Buch auf Ihren Nachttisch und lesen Sie vor dem Zubettgehen ein paar Minuten einfache Dinge aus den ersten Kapiteln.

Sie werden überrascht sein, wie eine kleine Auffrischung der simpleren Dinge plötzlich auch komplexere Konzepte sehr viel einfacher macht.

Wenn Sie nicht viel Zeit haben – insbesondere wenn Sie einen Mathematikkurs absolvieren und Hilfe bei Ihren Hausaufgaben oder für eine bevorstehende Prüfung suchen –, blättern Sie direkt zu dem betreffenden Thema. Egal wo Sie das Buch öffnen, Sie finden eine deutliche Erklärung des jeweiligen Themas und eine Vielzahl von Hinweisen und Tricks. Lesen Sie sich die Beispiele durch und versuchen Sie, sie nachzuvollziehen, sodass Sie eine Vorlage für die Bearbeitung Ihrer eigenen Aufgaben erhalten.

Hier eine kurze Liste der Themen, die Schüler erfahrungsgemäß immer wieder brauchen:

- ✓ negative Zahlen (Kapitel 4)
- ✓ Operationsreihenfolge (Kapitel 5)
- ✓ Textaufgaben (Kapitel 6, 13, 18 und 23)
- ✓ Zahlen zerlegen (Kapitel 8)
- ✓ Brüche (Kapitel 9 und 10)

Die meisten dieser Themen werden in den Teilen II und III beschrieben, aber sie sind grundlegend für das, was weiter hinten im Buch erklärt wird. Ganz allgemein schaffen Sie sich durch die Beschäftigung mit diesen fünf Themen eine Art Polster, und wenn Sie weiter mit der Mathematik zu tun haben sollten, werden Sie immer wieder davon zehren können. Sobald Sie verstanden haben, wie negative Zahlen addiert oder Brüche addiert werden, wächst Ihr Selbstvertrauen und alles, was ich im restlichen Buch erkläre, wird Ihnen sehr viel einfacher vorkommen.

Wenn Sie irgendwo stecken bleiben, machen Sie eine Pause und sehen Sie sich das Problem später noch einmal an. Sie werden feststellen, dass Ihnen die Antwort plötzlich einfällt, wenn Sie das Ganze mit erholten grauen Zellen erneut betrachten. Sollten Sie immer noch nicht weiterkommen, blättern Sie ein paar Seiten zurück und lesen Sie vom Anfang des Abschnitts oder des Kapitels an noch einmal nach. Manchmal ist es am besten, ein paar einfachere Beispiele nachzuvollziehen, um sich auf komplexere Aufgabenstellungen vorzubereiten.

Teil I
Grundlagen der grundlegenden Mathematik

In diesem Teil ...

Sie wissen bereits mehr über Mathematik, als Sie vielleicht denken. In diesem Teil machen Sie eine Wiederholung mit und informieren sich über grundlegende mathematische Konzepte, wie beispielsweise Zahlenmuster und den Zahlenstrahl. Sie erfahren, wie Stellenwerte basierend auf der Zahl 10 Ziffern zu Zahlen machen und wie die Null als Platzhalter dient. Außerdem stelle ich hier die großen Vier der Operationen noch einmal vor: Addition, Subtraktion, Multiplikation und Division.

Das Spiel mit den Zahlen

1

In diesem Kapitel ...

- Erfahren, wie die Zahlen erfunden wurden
- Ein paar vertraute Zahlenfolgen betrachten
- Den Zahlenstrahl kennenlernen
- Vier wichtige Zahlenmengen verstehen

Zahlen sind auch deshalb so praktisch, weil sie *konzeptuell* sind, das heißt ganz einfach, sie sind alle bereits vorhanden in Ihrem Kopf. (Diese Tatsache wird Sie vielleicht noch nicht vom Hocker reißen – aber es war ein Versuch!)

Beispielsweise können Sie sich »Drei« mit allen möglichen Dingen vorstellen: drei Katzen, drei Bälle, drei Kannibalen, drei Planeten. Versuchen Sie, sich das Konzept von »Drei« ohne Hilfsmittel vorzustellen – Sie werden feststellen, dass das unmöglich ist. Natürlich können Sie sich die numerische 3 vorstellen, doch die eigentliche *Dreiheit* ist – wie Liebe oder Schönheit oder Ehre – nicht direkt fassbar. Aber nachdem Sie das *Konzept* der Drei (oder Vier oder einer Million) verstanden haben, erhalten Sie damit Zugang zu einem unglaublich leistungsfähigen System, das Ihnen hilft, die gesamte Welt zu verstehen: die Mathematik.

In diesem Kapitel präsentiere ich Ihnen einen kurzen Überblick darüber, wie die Zahlen entstanden sind. Ich stelle Ihnen ein paar gebräuchliche *Zahlenfolgen* vor und zeige Ihnen, wie Sie diese mit einfachen mathematischen *Operationen* verbinden, wie etwa Addition, Subtraktion, Multiplikation oder Division.

Anschließend erkläre ich, wie einige dieser Konzepte anhand eines einfachen und doch leistungsfähigen Werkzeugs verdeutlicht werden können – mit dem *Zahlenstrahl*. Ich demonstriere, wie die Zahlen auf dem Zahlenstrahl angeordnet sind, und zeige Ihnen, wie Sie den Zahlenstrahl als Rechengerät für die einfache Arithmetik nutzen können.

Zum Schluss beschreibe ich, wie die *natürlichen Zahlen* (1, 2, 3, ...) die Erfindung ungewöhnlicherer Zahlentypen ausgelöst haben, wie etwa *negative Zahlen*, *Brüche* und *irrationale Zahlen*. Außerdem zeige ich Ihnen, wie diese *Zahlenmengen* ineinander *verschachtelt* sind – das heißt, wie sich eine Zahlenmenge in eine andere einfügt, die sich wiederum in eine andere einfügt.

Die Erfindung der Zahlen

Historiker sind davon überzeugt, dass die ersten Zahlensysteme gleichzeitig mit der Landwirtschaft und dem Handel entstanden sind. In den vorhergehenden prähistorischen Zeiten der Jäger und Sammler war es für die Menschen ausreichend, die ungefähre Größe von ganzen Gruppen zu identifizieren, wie beispielsweise »viele« oder »wenige«.

Als sich jedoch die Landwirtschaft entwickelte und der Handel zwischen einzelnen Gruppen begann, benötigte man genauere Angaben. Die Menschen begannen, mithilfe von Steinen, Lehmbatzen und vergleichbaren Gegenständen festzuhalten, wie viele Ziegen, Schafe, Öl, Getreide oder andere Waren sie besaßen. Diese Gegenstände konnten in Vertretung für die Dinge, die sie jeweils darstellten, eins zu eins getauscht werden.

Irgendwann erkannten die Händler, dass sie Bilder zeichnen konnten, anstatt Gegenstände verwenden zu müssen. Diese Bilder entwickelten sich zu Warenetiketten und mit der Zeit zu komplexeren Systemen. Ob sie es damals schon erkannten oder nicht – ihre Versuche, einen Überblick über ihre Waren zu bewahren, hatten diese Menschen zur Erfindung von etwas völlig Neuem geführt: *Zahlen*.

Im Laufe der Zeitalter entwickelten die Babylonier, die Ägypter, die Griechen, die Römer, die Mayas, die Araber und die Chinesen (um nur ein paar wenige zu nennen) alle ihre eigenen Systeme, Zahlen zu schreiben.

Obwohl römische Zahlen weit verbreitet wurden, als sich das Römische Reich über ganz Europa und in Teilen von Asien und Afrika ausdehnte, stellte sich das fortschrittlichere System, das die Araber erfanden, als praktischer heraus. Unser eigenes Zahlensystem, die hindu-arabischen Zahlen (auch als *Dezimalzahlen* bezeichnet), lehnt sich sehr eng an diese frühen arabischen Zahlen an.

Zahlenfolgen verstehen

Obwohl die Zahlen ursprünglich zum Zählen von Waren erfunden worden sind, wie im vorherigen Abschnitt erwähnt, wurden sie bald für alle möglichen anderen Dinge benutzt. Zahlen waren praktisch, um Distanzen zu messen, Geld zu zählen, eine Armee zusammenzustellen, Steuern zu erheben, Pyramiden zu bauen und für vieles andere mehr.

Aber über ihre vielen Verwendungszwecke hinaus, die externe Welt zu verstehen, haben die Zahlen auch eine eigene interne Ordnung. Zahlen sind also nicht nur eine *Erfindung*, sondern gleichzeitig eine *Entdeckung*: Wir erkennen darin eine Landschaft, die scheinbar unabhängig von allem anderen existiert, mit eigener Struktur, eigenen Geheimnissen und sogar Gefahren.

Ein Weg in diese neue und häufig fremdartige Welt ist die *Zahlenfolge*: eine Anordnung von Zahlen gemäß einer bestimmten Regel. In den folgenden Abschnitten stelle ich Ihnen viele verschiedene Zahlenfolgen vor, die praktisch sind, um den Zahlen einen Sinn zu geben.

Ungerade gerade machen

Zu den ersten Dingen, die Sie über Zahlen erfahren haben, gehört wahrscheinlich, dass alle Zahlen entweder gerade oder ungerade sind. Beispielsweise können Sie eine gerade Anzahl Murmeln *gerade* in zwei gleiche Stapel teilen. Wenn Sie dagegen versuchen, eine ungerade Anzahl von Murmeln auf dieselbe Weise zu teilen, haben Sie immer eine Murmel übrig. Hier die ersten geraden Zahlen:

2 4 6 8 10 12 14 16 …

Sie können diese Folge gerader Zahlen beliebig fortsetzen. Sie beginnen mit der Zahl 2 und addieren dann immer wieder 2, um zur nächsten Zahl zu gelangen.

Und hier die ersten ungeraden Zahlen:

1 3 5 7 9 11 13 15 …

Die Folge ungerader Zahlen ist genauso einfach zu erstellen. Sie beginnen mit der Zahl 1 und addieren dann immer wieder 2, um zur nächsten Zahl zu gelangen.

Die Muster der geraden und ungeraden Zahlen sind die einfachsten Zahlenmuster, die es gibt, deshalb erkennen Kinder häufig den Unterschied zwischen geraden und ungeraden Zahlen schon bald, nachdem sie gelernt haben zu zählen.

Um 3, 4, 5 und so weiter weiterzählen

Nachdem Sie verstanden haben, wie man um Zahlen größer 1 weiterzählt, können Sie das beliebig fortsetzen. Hier zählen wir um 3 weiter:

3 6 9 12 15 18 21 24 …

Dieses Muster wird erzeugt, indem Sie bei 3 beginnen und dann immer wieder 3 addieren.

Und so zählen Sie um 4 weiter:

4 8 12 16 20 24 28 32 …

Und so um 5:

5 10 15 20 25 30 35 40 …

Um jeweils um eine bestimmte Zahl weiterzuzählen, ist es sinnvoll, die Multiplikationstabelle für diese Zahl zu lernen, insbesondere für die Zahlen, bei denen Sie noch unsicher sind. (Im Allgemeinen haben die meisten Leute Probleme mit der Multiplikation mit 7, aber auch 8 und 9 machen bisweilen Schwierigkeiten.) In Kapitel 3 zeige ich Ihnen ein paar Tricks, wie Sie sich die Multiplikationstabelle ein für alle Mal merken.

Diese Folgentypen sind außerdem praktisch, um Faktoren und Vielfache zu verstehen, worum es in Kapitel 8 geht.

Quadratzahlen verstehen

Wenn Sie sich mit Mathematik beschäftigen, wünschen Sie sich früher oder später visuelle Hilfen, die verdeutlichen, was die Zahlen bedeuten. (Weiter hinten in diesem Buch zeige ich Ihnen, wie ein Bild mehr als tausend Zahlen sagt, nämlich wenn es in Kapitel 16 um Geometrie und in Kapitel 17 um Graphen geht.)

Die praktischsten visuellen Hilfen, die man sich vorstellen kann, sind diese kleinen quadratischen Käsecracker. (Wahrscheinlich haben Sie irgendwo eine Schachtel davon stehen. Andernfalls können Sie auch Salzcracker oder ein anderes quadratisches Nahrungsmittel verwenden.) Schütteln Sie ein paar aus der Packung und ordnen Sie die kleinen Quadrate so an, dass sie größere Quadrate bilden. Abbildung 1.1 zeigt die ersten paar dieser Quadrate.

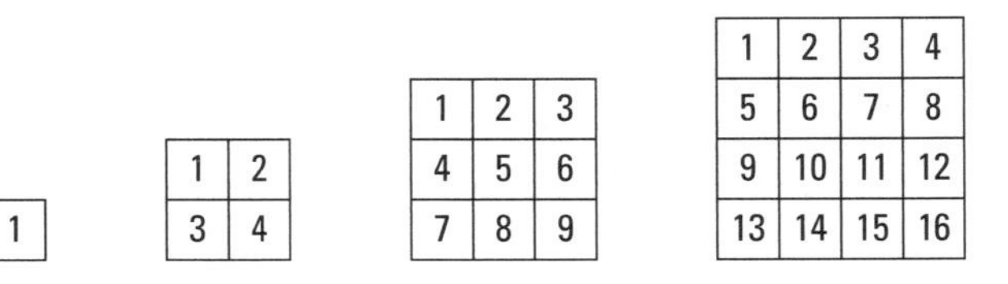

Abbildung 1.1: Quadratzahlen

Voilà! Die Quadratzahlen:

1 4 9 16 25 36 49 64 …

Sie erhalten eine *Quadratzahl*, indem Sie eine Zahl mit sich selbst multiplizieren. Die Kenntnis der Quadratzahlen ist damit eine weitere praktische Methode, sich einen Teil der Multiplikationstabelle zu merken. Obwohl Sie sich sehr wahrscheinlich ohne jede Hilfe $2 \cdot 2 = 4$ merken können, sind Sie sich bei den höheren Zahlen vielleicht schon nicht mehr ganz so sicher, wie beispielsweise $7 \cdot 7 = 49$. Wenn Sie die Quadratzahlen kennen, prägen Sie sich die betreffenden Multiplikationstabellen sehr viel besser ein, wie ich in Kapitel 3 zeige.

Quadratzahlen sind außerdem ein wichtiger erster Schritt zum Verständnis der Exponenten, wie ich weiter hinten in diesem Kapitel noch anspreche und detailliert in Kapitel 4 erkläre.

Zusammengesetzte Zahlen – ganz einfach

Einige Zahlen können in rechteckigen Mustern angeordnet werden. Die Mathematiker könnten diese Zahlen auch als »Rechteckzahlen« bezeichnen, aber stattdessen sprechen sie von *zusammengesetzten Zahlen*. Beispielsweise ist 12 eine zusammengesetzte Zahl, weil Sie zwölf Gegenstände in Rechtecken zweier unterschiedlicher Formen anordnen können, wie in Abbildung 1.2 gezeigt.

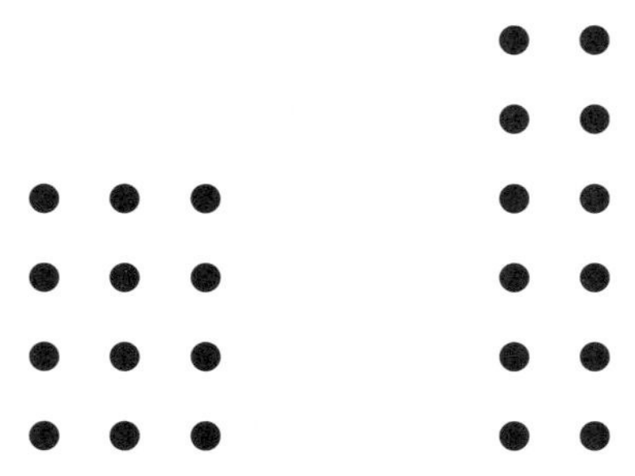

Abbildung 1.2: Die Zahl 12 in zwei unterschiedlichen rechteckigen Mustern

Wie bei den Quadratzahlen teilt Ihnen die Anordnung von Zahlen in visuellen Mustern wie diesen etwas über die Multiplikation mit. In diesem Fall können Sie durch Zählen der Seiten beider Rechtecke Folgendes feststellen:

$3 \cdot 4 = 12$

$2 \cdot 6 = 12$

Auf vergleichbare Weise können auch andere Zahlen wie etwa 8 und 15 in Rechtecken angeordnet werden, wie in Abbildung 1.3 gezeigt.

Abbildung 1.3: Zusammengesetzte Zahlen können Rechtecke bilden, hier am Beispiel von 8 und 15 gezeigt.

Wie Sie sehen, können beide Zahlen relativ einfach in Rechtecken mit mindestens zwei Zeilen und zwei Spalten angeordnet werden. Und diese visuellen Muster teilen uns Folgendes mit:

$2 \cdot 4 = 8$

$3 \cdot 5 = 15$

Das Wort *zusammengesetzt* bedeutet, dass diese Zahlen aus kleineren Zahlen zusammengesetzt sind. Beispielsweise ist die Zahl 15 aus 3 und 5 zusammengesetzt – das heißt, wenn Sie diese beiden kleineren Zahlen multiplizieren, erhalten Sie 15. Nachfolgend alle zusammengesetzten Zahlen zwischen 1 und 16:

4 6 8 9 10 12 14 15 16 …

Beachten Sie, dass alle Quadratzahlen (siehe den vorherigen Abschnitt »Quadratzahlen verstehen«) ebenfalls als zusammengesetzte Zahlen betrachtet werden, weil Sie sie in Rechtecken mit mindestens zwei Zeilen und zwei Spalten anordnen können. Darüber hinaus sind auch viele der anderen, nicht quadratischen Zahlen zusammengesetzte Zahlen.

Die Primzahlen verweigern sich dem Rechteck!

Einige Zahlen sind stur. Sie weigern sich beharrlich, in einem Rechteck angeordnet zu werden – und werden als *Primzahlen* bezeichnet. Betrachten Sie beispielsweise, wie in Abbildung 1.4 die Zahl 13 dargestellt ist.

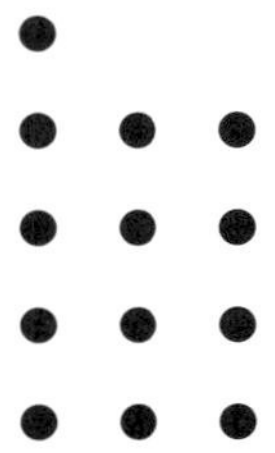

Abbildung 1.4: Die unglückliche 13, eine Primzahl, verdeutlicht, dass manche Zahlen einfach nicht in einem Rechteck angeordnet werden können.

Sie können es versuchen, so oft Sie wollen – aus 13 Gegenständen lässt sich einfach kein Rechteck legen (Vielleicht hat die 13 deshalb einen unguten Ruf!). Hier die Primzahlen kleiner 20:

2 3 5 7 11 13 17 19

Wie Sie sehen, füllt die Liste der Primzahlen die Lücken in der Auflistung der zusammengesetzten Zahlen (siehe vorherigen Abschnitt). Aus diesem Grund ist jede natürliche Zahl entweder eine Primzahl oder eine zusammengesetzte Zahl. In Kapitel 8 finden Sie mehr Informationen über zusammengesetzte Zahlen. Außerdem zeige ich Ihnen dort, wie Sie eine Zahl zerlegen – das heißt, wie Sie eine zusammengesetzte Zahl in ihre Primfaktoren zerlegen.

Mit Exponenten schnell multiplizieren

Es gibt ein altes Rätsel, das eine immer noch überraschende Antwort hat. Angenommen, Sie haben einen Job angenommen, bei dem Sie am ersten Tag 1 Cent, am zweiten Tag 2 Cent, am dritten Tag 4 Cent und so weiter als Lohn erhalten, sodass also der Betrag täglich verdoppelt wird:

1 2 4 8 16 32 64 128 256 512 …

Wie Sie sehen, verdienen Sie in den ersten zehn Arbeitstagen nur sehr wenig, gerade einmal 10 Euro (eigentlich 10,23 Euro, aber wer wird so kleinlich sein?). Wie viel verdienen Sie in 30 Tagen? Sie würden möglicherweise sagen: »Nie würde ich einen derart unterbezahlten Job annehmen!« Auf den ersten Blick ist das genau die richtige Antwort, aber sehen Sie sich erst einmal an, was Sie nach den zweiten zehn Tagen verdienen:

… 1.024 2.048 4.096 8.192 16.384 32.768 65.536

131.072 262.144 524.288 …

Nach den zweiten zehn Tagen betragen Ihre Gesamteinkünfte über 10.000 Euro. Und am Ende der dritten Woche liegen Ihre Einkünfte bei etwa 10.000.000 Euro! Wie kann das sein? Durch die Magie der Exponenten (auch als *Potenzen* bezeichnet). Jede neue Zahl in der Folge entsteht, indem die vorhergehende Zahl mit 2 multipliziert wird:

$2^1 = 2 = 2$

$2^2 = 2 \cdot 2 = 4$

$2^3 = 2 \cdot 2 \cdot 2 = 8$

$2^4 = 2 \cdot 2 \cdot 2 \cdot 2 = 16$

Wie Sie sehen, bedeutet die Notation 2^4, dass *die Zahl 2 viermal mit sich selbst multipliziert wird*.

Sie können Exponenten auch für andere Zahlen als 2 verwenden. Hier eine weitere Folge, die Sie vielleicht schon kennen:

1 10 100 1.000 10.000 100.000 1.000.000 ...

In dieser Folge ist jede Zahl um das Zehnfache größer als die vorhergehende Zahl. Auch diese Zahlen werden mithilfe von Exponenten erzeugt:

$10^1 = 10 = 10$

$10^2 = 10 \cdot 10 = 100$

$10^3 = 10 \cdot 10 \cdot 10 = 1.000$

$10^4 = 10 \cdot 10 \cdot 10 \cdot 10 = 10.000$

Diese Folge ist wichtig für die Definition des *Stellenwerts*, der Grundlage des dezimalen Zahlensystems. Darum geht es in Kapitel 2. Außerdem taucht sie in Kapitel 11 wieder auf, in dem es um Dezimalzahlen geht, ebenso wie bei der Vorstellung der wissenschaftlichen Notation in Kapitel 14. Weitere Informationen über Exponenten finden Sie in Kapitel 5.

Der Zahlenstrahl

Wenn Kinder zu alt werden, um mithilfe ihrer Finger zu zählen (und sie nur noch verwenden, wenn sie versuchen, sich an die Namen der sieben Zwerge zu erinnern), verwenden die Lehrer häufig eine Darstellung der ersten zehn Zahlen in einer Reihe, wie in Abbildung 1.5 gezeigt.

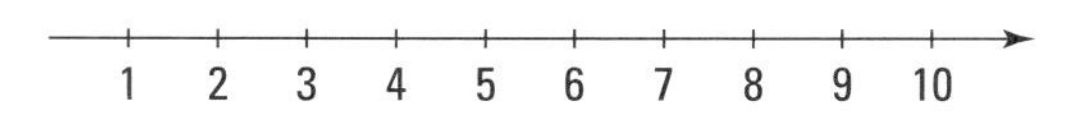

Abbildung 1.5: Grundlegender Zahlenstrahl

Diese Methode, Zahlen anzuordnen, wird auch als *Zahlenstrahl* bezeichnet. Viele sehen den Zahlenstrahl – oft aus buntem Glanzpapier – häufig zum ersten Mal über der Tafel in ihrem Klassenzimmer aufgehängt. Der grundlegende Zahlenstrahl bietet eine visuelle Darstellung der *natürlichen Zahlen*, mit denen wir zählen, also der Zahlen größer 0. Sie können ihn verwenden, um zu zeigen, wie die Zahlen in die eine Richtung größer und in die andere Richtung kleiner werden.

In diesem Abschnitt zeige ich Ihnen, wie Sie anhand des Zahlenstrahls einige grundlegende, aber sehr wichtige Zahlenkonzepte verstehen können.

Auf dem Zahlenstrahl addieren und subtrahieren

Mithilfe des Zahlenstrahls können Sie eine einfache Addition oder Subtraktion demonstrieren. Diese ersten Schritte zur Mathematik werden konkreter, wenn Sie eine visuelle Hilfestellung erhalten. Hier das Wichtigste, das Sie sich merken müssen:

✓ Nach *rechts* hin werden die Zahlen *größer*, was der *Addition* entspricht (+).

✓ Nach *links* hin werden die Zahlen *kleiner*, was der *Subtraktion* entspricht (–).

$2 + 3$ beispielsweise bedeutet, dass Sie *bei 2 beginnen und dann 3 Stellen nach rechts weiterrücken*, zur 5, wie in Abbildung 1.6 dargestellt.

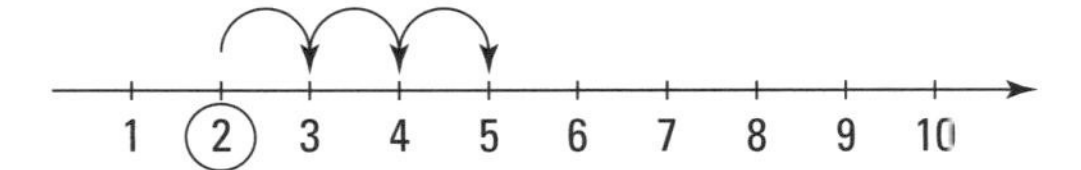

Abbildung 1.6: Bewegung auf dem Zahlenstrahl von links nach rechts

Betrachten wir ein weiteres Beispiel. $6 - 4$ bedeutet, dass Sie bei 6 beginnen und dann um vier Stellen nach links zur 2 gehen. Das bedeutet: $6 - 4 = 2$, wie in Abbildung 1.7 gezeigt.

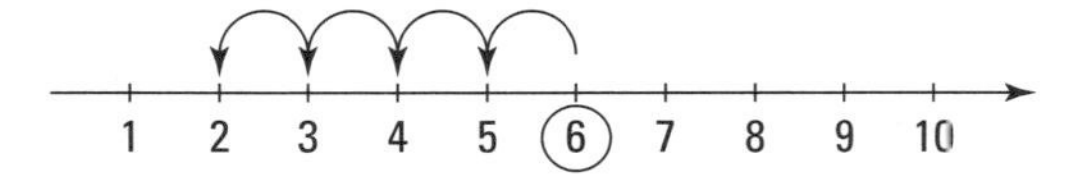

Abbildung 1.7: Bewegung auf dem Zahlenstrahl von rechts nach links

Diese einfachen Vor- und Zurück-Regeln können Sie wiederholt anwenden, um eine längere Aneinanderreihung von Additionen und Subtraktionen zu lösen. Beispielsweise bedeutet $3 + 1 - 2 + 4 - 3 - 2$ auf dem Zahlenstrahl, bei 3 zu beginnen, 1 nach rechts, 2 nach links, 4 nach rechts, 3 nach links und 2 nach links zu gehen. In diesem Fall ergibt der Zahlenstrahl $3 + 1 - 2 + 4 - 3 - 2 = 1$.

Weitere Informationen über Addition und Subtraktion finden Sie in Kapitel 3.

Das Nichts verstehen lernen: 0

Eine wichtige Ergänzung des Zahlenstrahls ist die Zahl 0, die für *nichts* steht. *Nothing, niente, nada*. Treten Sie einen Schritt zurück und beobachten Sie das bizarre Konzept des Nichts. Erstens existiert das *Nichts* per Definition nicht – das haben uns mehrere Philosophen klargemacht. Dennoch stellen wir es üblicherweise mit der Ziffer 0 dar, wie Abbildung 1.8 zeigt.

Eigentlich haben die Mathematiker eine genauere Bezeichnung für das *Nichts* als die Null. Das ist die *leere Menge*, eine mathematische Variante einer leeren Schachtel. Ich vermittle Ihnen in Kapitel 20 weitere grundlegende Informationen zur Mengenlehre.

Nichts ist natürlich für Kinder schwer zu begreifen, aber sie scheinen damit umgehen zu

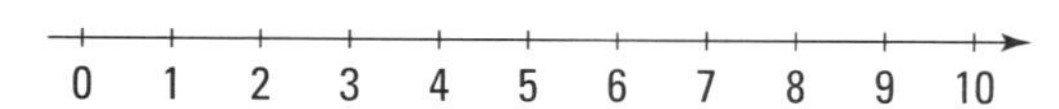

Abbildung 1.8: Der Zahlenstrahl, beginnend bei 0 und weiter mit 1, 2, 3 bis 10

können. Sie verstehen schnell, dass wenn man drei Spielzeugautos hat und jemand alle drei wegnimmt, null Spielzeugautos übrig bleiben. Das bedeutet 3 – 3 = 0. Auf dem Zahlenstrahl gehen wir für 3 – 3 von 3 aus und dann um 3 nach links, wie in Abbildung 1.9 gezeigt.

In Kapitel 2 beschreibe ich die Bedeutung von 0 als *Platzhalter* in Zahlen und erkläre, wie

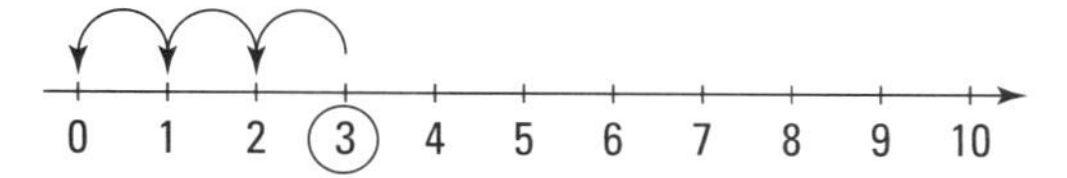

Abbildung 1.9: Von 3 aus um 3 nach links

einer Zahl *führende Nullen* hinzugefügt werden können, ohne ihren Wert zu verändern.

Unendlichkeit: Die unendliche Geschichte

Der Pfeil an dem Ende des Zahlenstrahls zeigt an einen Ort, der auch als *Unendlichkeit* bezeichnet wird, wobei es sich aber letztlich nicht um einen Ort handelt, sondern eher um das Konzept der *Ewigkeit*, weil die Zahlen unendlich weiterlaufen. Aber was ist mit einer Million, Milliarde, Trillion, Quadrillion – gehen die Zahlen noch höher? Die Antwort lautet Ja, weil man zu jeder beliebigen Zahl, die man angeben kann, immer noch 1 hinzuaddieren kann.

Die Unendlichkeit wird durch das Symbol der liegenden Acht, ∞, dargestellt. Denken Sie jedoch daran, dass ∞ keine echte Zahl ist, sondern für die Vorstellung steht, dass Zahlen unendlich groß (oder klein) werden können.

Weil ∞ keine Zahl ist, können Sie technisch gesehen nicht 1 hinzuaddieren, genauso wenig, wie Sie 1 zur Kaffeekanne Ihrer Tante Resi addieren können. Aber selbst wenn es möglich wäre, wäre $\infty + 1$ immer noch ∞.

Und nun in die andere Richtung: Negative Zahlen

Wenn Sie die Subtraktion lernen, hören Sie häufig, dass man nicht mehr subtrahieren kann, als man hat. Wenn Sie beispielsweise vier Buntstifte haben, können Sie einen, zwei, drei oder sogar alle vier wegnehmen, aber Sie können nicht mehr Buntstifte wegnehmen.

Aber sehr bald werden Sie verstehen, was jeder Kreditkarteninhaber nur zu gut kennt: Man kann sehr wohl mehr wegnehmen, als man hat – das Ergebnis ist eine *negative Zahl*. Wenn Sie beispielsweise 4 Euro haben und Ihrem Freund 7 Euro schulden, dann sind Sie mit 3 Euro in den Miesen. Das bedeutet 4 – 7 = –3. Das Minuszeichen vor der 3 heißt, dass die Anzahl der Euro, die Ihnen zur Verfügung stehen, weniger als 0 ist. Abbildung 1.10 zeigt, wie negative ganze Zahlen auf dem Zahlenstrahl dargestellt werden.

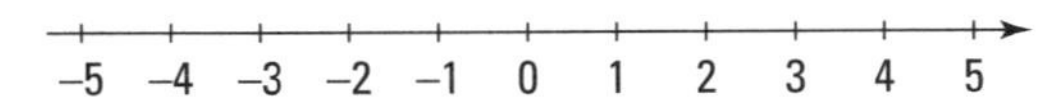

Abbildung 1.10: Negative ganze Zahlen auf dem Zahlenstrahl

Das Addieren und Subtrahieren auf dem Zahlenstrahl verhält sich für negative Zahlen genau wie für positive Zahlen. Abbildung 1.11 zeigt, wie beispielsweise 4 – 7 auf dem Zahlenstrahl subtrahiert wird.

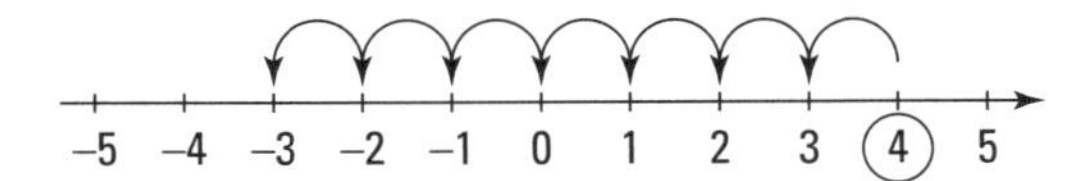

Abbildung 1.11: 4 – 7 auf dem Zahlenstrahl subtrahieren.

Weitere Informationen über den Umgang mit negativen Zahlen finden Sie in Kapitel 4.

Wenn Sie 0 und die negativen natürlichen Zahlen auf dem Zahlenstrahl mit unterbringen, wird die Menge der natürlichen Zahlen auf die Menge der *ganzen Zahlen* erweitert. Ich beschreibe die ganzen Zahlen weiter hinten in diesem Kapitel noch genauer.

Die Möglichkeiten vervielfachen sich – Multiplikation

Angenommen, Sie beginnen bei 0 und kreisen jede zweite andere Zahl auf dem Zahlenstrahl ein, wie in Abbildung 1.12 gezeigt. Wie Sie sehen, sind jetzt alle geraden Zahlen umkreist. Mit anderen Worten, Sie haben alle *Vielfachen von 2* umkreist. (Weitere Informationen über Vielfache finden Sie in Kapitel 8.) Nun können Sie diesen Zahlenstrahl nutzen, um eine beliebige Zahl mit 2 zu multiplizieren. Nehmen wir beispielsweise an, dass Sie 5 · 2 berechnen wollen. Sie beginnen bei 0 und springen um fünf eingekreiste Stellen nach rechts.

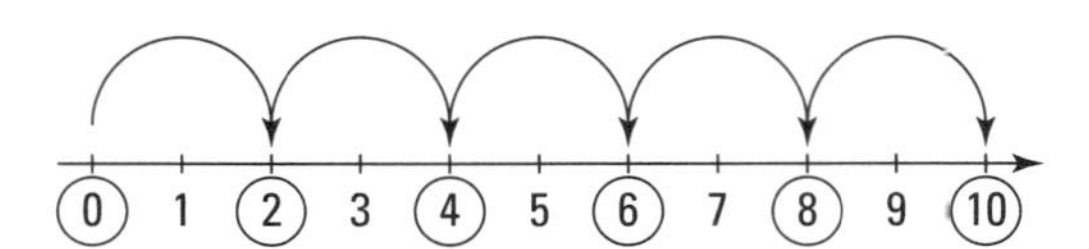

Abbildung 1.12: 5 · 2 mithilfe des Zahlenstrahls berechnen.

Dieser Zahlenstrahl zeigt Ihnen, dass 5 · 2 = 10 ist.

Auf vergleichbare Weise können Sie für die Multiplikation von –3 · 2 bei 0 beginnen und drei eingekreiste Stellen nach links springen (das heißt in die negative Richtung). Abbildung 1.13 zeigt, dass –3 · 2 = –6 ist. Darüber hinaus können Sie daran erkennen, warum die Multiplikation einer negativen Zahl mit einer positiven Zahl immer ein negatives Ergebnis erzeugt. (Weitere Informationen über die Multiplikation negativer Zahlen finden Sie in Kapitel 4.)

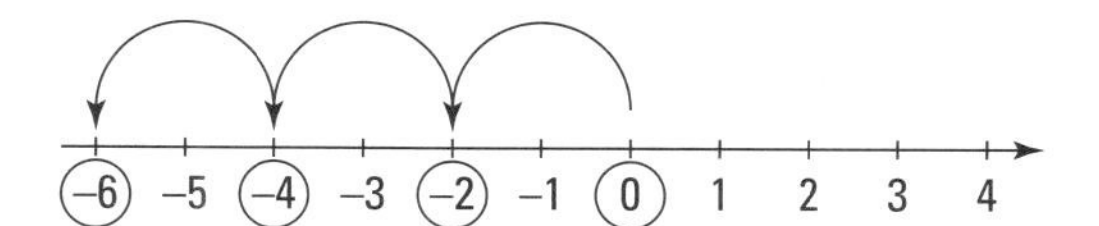

Abbildung 1.13: $-3 \cdot 2 = -6$, wie auf dem Zahlenstrahl gezeigt

Die Multiplikation auf dem Zahlenstrahl funktioniert immer, egal mit welcher Zahl Sie multiplizieren. In Abbildung 1.14 springen Sie beispielsweise um jeweils fünf weiter.

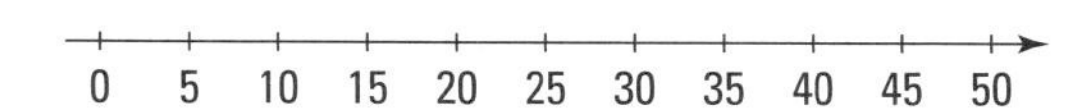

Abbildung 1.14: Der Zahlenstrahl mit Fünfersprüngen

Hier sind nur noch die Zahlen angegeben, bei denen es sich um *Vielfache von 5* handelt, sodass ich diesen Zahlenstrahl nutzen kann, um eine beliebige Zahl mit 5 zu multiplizieren. Abbildung 1.15 zeigt, wie beispielsweise $2 \cdot 5$ berechnet wird.

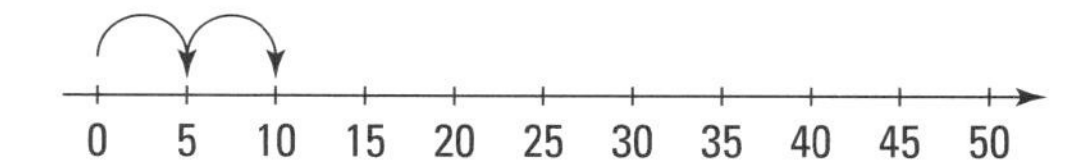

Abbildung 1.15: $2 \cdot 5$ auf dem Zahlenstrahl berechnen.

$2 \cdot 5 = 10$. Dasselbe Ergebnis erhalten Sie für die Multiplikation $5 \cdot 2$. Dieses Ergebnis ist ein Beispiel für die *Kommutativität der Multiplikation* – Sie können die Reihenfolge innerhalb einer Multiplikationsaufgabe vertauschen und erhalten nach wie vor dasselbe Ergebnis. (Um die Eigenschaft der Kommutativität geht es in Kapitel 4 noch genauer.)

Auseinanderdividiert

Sie können den Zahlenstrahl auch für die Division verwenden. Angenommen, Sie wollen 6 durch eine andere Zahl dividieren. Zuerst zeichnen Sie einen Zahlenstrahl und tragen die Zahlen von 0 bis 6 ein, wie in Abbildung 1.16 gezeigt.

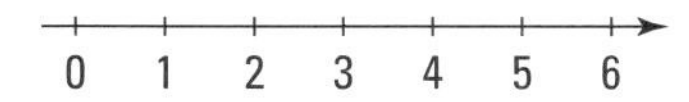

Abbildung 1.16: Zahlenstrahl von 0 bis 6

Um jetzt die Lösung für $6 \div 2$ zu bestimmen, unterteilen Sie diesen Zahlenstrahl einfach in zwei gleich große Teile, wie in Abbildung 1.17 gezeigt. Diese Unterteilung (oder *Division*) erfolgt am Punkt 3, das heißt $6 \div 2 = 3$.

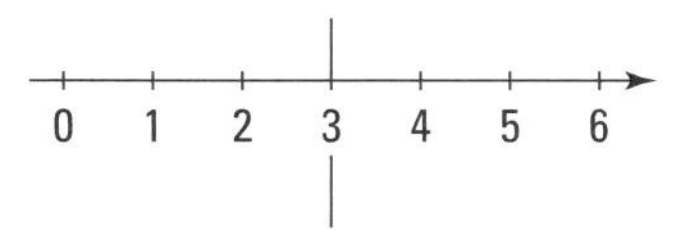

Abbildung 1.17: Die Lösung für $6 \div 2$ erhalten Sie durch Unterteilen des Zahlenstrahls.

Um auf ähnliche Weise $6 \div 3$ zu berechnen, unterteilen Sie denselben Zahlenstrahl in drei gleiche Teile, wie Abbildung 1.18 zeigt. Nun haben Sie zwei Unterteilungen, deshalb verwenden Sie diejenige, die am nächsten bei 0 liegt. Dieser Zahlenstrahl zeigt Ihnen, dass $6 \div 3 = 2$ ist.

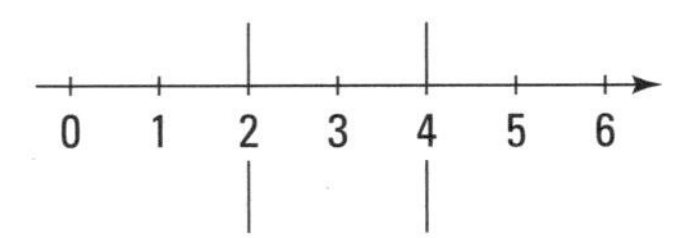

Abbildung 1.18: Berechnung von $6 \div 3$ mithilfe des Zahlenstrahls

Angenommen, Sie wollen den Zahlenstrahl benutzen, um eine kleine Zahl durch eine größere Zahl zu dividieren, beispielsweise $3 \div 4$. Nach der Methode, die ich Ihnen gezeigt habe, zeichnen Sie zuerst einen Zahlenstrahl von 0 bis 3. Anschließend unterteilen Sie ihn in vier gleiche Teile. Unglücklicherweise finden diese Unterteilungen nicht an Stellen statt, die mit ganzen Zahlen markiert sind. Das ist nicht etwa ein Fehler. Man muss dem Zahlenstrahl einfach ein paar neue Zahlen hinzufügen, wie in Abbildung 1.19 gezeigt.

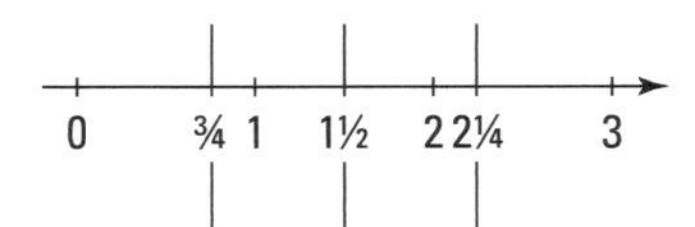

Abbildung 1.19: Brüche auf dem Zahlenstrahl

Willkommen in der Welt der *Brüche*! Wenn der Zahlenstrahl korrekt beschriftet ist, erkennen Sie, dass die am nächsten bei 0 liegende Unterteilung gleich ¾ ist. Anhand dieser Abbildung erkennen Sie also, dass $3 \div 4 = ¾$ ist.

Die Ähnlichkeit des Ausdrucks $3 \div 4$ und ¾ kommt nicht von ungefähr. Die Division und die Brüche sind eng miteinander verwandt. Wenn Sie dividieren, unterteilen Sie Dinge in gleiche Teile, und das Ergebnis dieses Prozesses sind oft Brüche. (Ich erkläre den Zusammenhang zwischen Division und Brüchen in den Kapiteln 9 und 10 genauer.)

Die Zwischenstellen: Brüche

Brüche helfen Ihnen, viele der Stellen auf dem Zahlenstrahl zu füllen, die zwischen den ganzen Zahlen liegen. Abbildung 1.20 zeigt eine Nahaufnahme eines Zahlenstrahls von 0 bis 1.

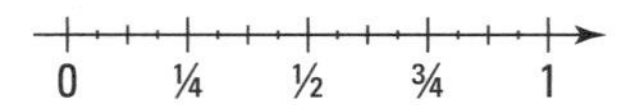

Abbildung 1.20: Zahlenstrahl mit einigen Brüchen zwischen 0 und 1

Dieser Zahlenstrahl erinnert Sie vielleicht an ein Lineal oder an ein Maßband, mit vielen winzigen eingetragenen Brüchen. Und letztlich sind Lineale und Maßbänder tragbare Zahlenstrahle, die es Schreinern, Ingenieuren und Heimwerkern ermöglichen, die Länge von Gegenständen ganz genau zu messen.

Das Hinzufügen von Brüchen zu dem Zahlenstrahl erweitert die Menge der ganzen Zahlen auf die Menge der *rationalen Zahlen*. Ich gehe in Kapitel 25 genauer auf das Konzept der rationalen Zahlen ein.

Egal wie klein etwas in der realen Welt wird, man findet immer einen winzigen Bruchteil, um sich an dieses Etwas so genau wie möglich anzunähern. Zwischen zwei Brüchen auf dem Zahlenstrahl gibt es immer einen weiteren Bruch. Mathematiker sprechen von der *Bruchdichte* auf dem reellen Zahlenstrahl. Diese Art Dichte ist ein Thema in einem sehr fortgeschrittenen Bereich der Mathematik, der sogenannten *reellen Analysis*.

Vier wichtige Zahlenmengen

Im vorherigen Abschnitt haben Sie gesehen, wie der Zahlenstrahl in positive Richtung wächst und mit vielen Zahlen gefüllt werden kann. In diesem Abschnitt zeige ich Ihnen in einem schnellen Überblick, wie sich diese Zahlen als Menge verschachtelter Systeme ineinander einfügen.

Wenn ich von einer *Zahlenmenge* spreche, dann meine ich eine Gruppe von Zahlen. Sie können den Zahlenstrahl verwenden, um mit vier wichtigen Zahlenmengen zu arbeiten:

- ✓ **Natürliche Zahlen:** die Menge der Zahlen, die mit 1, 2, 3, 4 … beginnt und bis unendlich geht
- ✓ **Ganze Zahlen:** die Menge der natürlichen Zahlen, Null und negative natürliche Zahlen
- ✓ **Rationale Zahlen:** die Menge der ganzen Zahlen und der Brüche
- ✓ **Reelle Zahlen:** die Menge der rationalen und der irrationalen Zahlen

Die Mengen der natürlichen Zahlen, ganzen Zahlen, rationalen Zahlen und reellen Zahlen sind ineinander verschachtelt. Diese Verschachtelung einer Menge in eine andere kann man sich vorstellen wie eine Stadt (beispielsweise Weinheim), die in ein Bundesland (Baden-Württemberg) verschachtelt ist, das sich in einem Land (Deutschland) befindet, das sich auf einem Kontinent befindet (Europa). Die Menge der natürlichen Zahlen befindet sich innerhalb der Menge der ganzen Zahlen, die sich innerhalb der Menge der rationalen Zahlen befindet, die sich innerhalb der Menge der reellen Zahlen befindet.

Zählen mit den natürlichen Zahlen

Die Menge der natürlichen Zahlen ist die Menge der Zahlen, mit der Sie anfangen zu zählen: bei 1. Weil diese Zahlen scheinbar ganz natürlich aus der Welt entstanden sind, werden sie auch als die *natürlichen Zahlen* bezeichnet:

1 2 3 4 5 6 7 8 9 …

Die natürlichen Zahlen sind unendlich, das heißt, sie laufen ewig weiter.

Wenn Sie zwei natürliche Zahlen addieren, erhalten Sie immer eine weitere natürliche Zahl. Wenn Sie zwei natürliche Zahlen multiplizieren, erhalten Sie als Ergebnis ebenfalls immer eine natürliche Zahl. Man sagt auch, die Menge der natürlichen Zahlen ist für Addition und Multiplikation *abgeschlossen*.

Einführung der ganzen Zahlen

Die Menge der ganzen Zahlen entsteht, wenn Sie versuchen, eine größere Zahl von einer kleineren Zahl zu subtrahieren. Beispiel: 4 – 6 = –2. Die Menge der ganzen Zahlen beinhaltet Folgendes:

- ✓ die natürlichen Zahlen
- ✓ Null
- ✓ die negativen natürlichen Zahlen

Hier ein Auszug aus der Liste der ganzen Zahlen:

… –4 –3 –2 –1 0 1 2 3 4 …

Wie die natürlichen Zahlen sind auch die ganzen Zahlen für Addition und Multiplikation abgeschlossen. Wenn Sie eine ganze Zahl von einer anderen ganzen Zahl subtrahieren, ist auch das Ergebnis immer eine ganze Zahl. Die ganzen Zahlen sind also auch für die Subtraktion abgeschlossen.

Wir bleiben rational

Hier die Menge der *rationalen Zahlen*:

- ✓ ganze Zahlen
  - natürliche Zahlen
  - Null
  - negative natürliche Zahlen
- ✓ Brüche

Wie die ganzen Zahlen sind rationale Zahlen für Addition, Subtraktion und Multiplikation abgeschlossen. Wenn Sie eine rationale Zahl durch eine andere rationale Zahl dividieren, ist auch das Ergebnis immer eine rationale Zahl. Man sagt auch, die rationalen Zahlen sind für die Division *abgeschlossen*.

Werden wir reell

Selbst wenn man alle rationalen Zahlen eingetragen hat, bleiben immer noch Punkte auf dem Zahlenstrahl, die nicht beschriftet sind. Diese Punkte sind die irrationalen Zahlen.

Eine *irrationale Zahl* ist eine Zahl, die weder eine ganze Zahl noch ein Bruch ist. Eine irrationale Zahl kann nur als *nicht periodische Dezimalzahl* angenähert werden. Mit anderen Worten, egal wie viele Dezimalstellen Sie angeben, es gibt immer noch weitere. Darüber hinaus wiederholen sich die Ziffern innerhalb dieser Dezimalzahl nicht und weisen auch kein Muster auf. (Weitere Informationen über periodische Dezimalzahlen finden Sie in Kapitel 11.)

Die bekannteste irrationale Zahl ist π (weitere Informationen über π erhalten Sie in Kapitel 16, in dem es um die Geometrie von Kreisen geht):

$$\pi = 3{,}14159265358979323846264338327950288419716939937510\ldots$$

Zusammen bilden die rationalen und die irrationalen Zahlen die *reellen Zahlen*, die jeden Punkt auf dem Zahlenstrahl enthalten. In diesem Buch schreibe ich nicht viel über irrationale Zahlen, aber ich will Sie nur darauf aufmerksam machen, dass es sie gibt, falls Sie sie später einmal brauchen.

Zahlen und Ziffern – an den Fingern abgezählt

2

In diesem Kapitel ...

- Verstehen, wie Stellenwerte Ziffern zu Zahlen machen
- Unterscheiden, ob Nullen wichtige Platzhalter oder bedeutungslose Nullen sind
- Lange Zahlen lesen und schreiben
- Verstehen, wie Zahlen gerundet und Werte geschätzt werden

Wenn Sie zählen, scheint *zehn* ein natürlicher Endpunkt zu sein – eine hübsche, runde Zahl. Die Tatsache, dass unsere zehn Finger so gut zu den Zahlen passen, scheint Zufall zu sein. Aber natürlich ist es überhaupt kein Zufall. Finger waren der erste Rechner, den die Menschen besaßen. Unser Zahlensystem – die hindu-arabischen Zahlen – basiert auf der Zahl 10, weil Menschen zehn Finger haben, und nicht acht oder zwölf. Und nur so am Rande: Das englische Wort für Ziffer, *digit*, hat eigentlich zwei Bedeutungen: Ziffernsymbol und Finger.

In diesem Kapitel zeige ich Ihnen, wie die Platzierung eines Wertes Ziffern zu Zahlen macht. Außerdem zeige ich Ihnen, wann 0 ein wichtiger Platzhalter in einer Zahl ist, und warum führende Nullen den Wert einer Zahl nicht ändern. Und ich zeige Ihnen, wie lange Zahlen gelesen und geschrieben werden. Anschließend geht es um zwei wichtige Fähigkeiten: Zahlen runden und Werte schätzen. Außerdem erkläre ich Ihnen, wann eine Schätzung wahrscheinlich zu einer irreführenden Antwort führt und wie Sie fehlerhafte Schätzungen vermeiden und bessere machen.

Der Unterschied zwischen Zahlen und Ziffern

Die Begriffe Zahlen und Ziffern sind schon mal schnell verwechselt. Hier der Unterschied:

- ✓ Eine *Ziffer* ist ein einzelnes numerisches Symbol von 0 bis 9.
- ✓ Eine *Zahl* ist eine Kette aus einer oder mehreren Ziffern.

7 beispielsweise ist sowohl eine Ziffer als auch eine Zahl. Eigentlich handelt es sich um eine Zahl, die aus einer einzigen Ziffer besteht. 15 dagegen ist eine Kette aus zwei Ziffern, also eine Zahl – eine Zahl aus zwei Ziffern. Und 426 ist eine Zahl aus drei Ziffern. Sie haben es wahrscheinlich verstanden.

In gewisser Weise verhält sich eine Ziffer wie ein Buchstabe im Alphabet. Als einzelne Buchstaben ist der Verwendungszweck von *A* bis *Z* begrenzt. (Was kann man schon mit einem einzelnen Buchstaben wie *K* oder *W* anfangen?) Nur wenn Sie Buchstabenketten als Bausteine für Wörter verwenden, wird die Stärke der Buchstaben offensichtlich. Analog haben die Ziffern 0 bis 9 eine begrenzte Verwendung – bis Sie anfangen, Ziffernketten zu bilden, also Zahlen.

Den Stellenwert kennen

Das Zahlensystem, mit dem Sie am besten vertraut sind – die hindu-arabischen Zahlen –, verwendet zehn Ziffern, die Sie kennen:

0 1 2 3 4 5 6 7 8 9

Mit diesen zehn Ziffern können Sie beliebig große Zahlen darstellen. In diesem Abschnitt zeige ich Ihnen, wie das geht.

Bis zehn zählen – und darüber hinaus

Die zehn Ziffern in unserem Zahlensystem ermöglichen Ihnen, von 0 bis 9 zu zählen. Alle höheren Zahlen werden unter Verwendung von Stellenwerten gebildet. Stellenwerte weisen einer Ziffer einen größeren oder einen kleineren Wert zu – abhängig davon, wo sie in der Zahl steht. Jede Stelle innerhalb einer Zahl ist zehnmal größer als die Stelle unmittelbar rechts davon.

Um zu verstehen, wie eine ganze Zahl ihren Wert erhält, nehmen wir an, Sie schreiben die Zahl 45.019 wie in Tabelle 2.1 gezeigt, beginnen damit ganz rechts und schreiben eine Ziffer pro Zelle. Anschließend addieren Sie die Zahlen, die Sie erhalten.

Millionen			Tausender			Einer		
Hundert Millionen	Zehn Millionen	Millionen	Hunderttausender	Zehntausender	Tausender	Hunderter	Zehner	Einer
				4	5	0	1	9

Tabelle 2.1: 45.019, dargestellt in einer Stellenwerttabelle

Sie haben vier Zehntausender, fünf Tausender, null Hunderter, einen Zehner und neun Einer. Die Tabelle verdeutlicht, dass die Zahl wie folgt zerlegt werden kann:

45.019 = 40.000 + 5.000 + 0 + 10 + 9

Beachten Sie in diesem Beispiel, dass die Ziffer 0 an der Hunderterstelle steht, das heißt, der Zahl werden *null* Hunderter hinzugefügt.

Platzhalter von führenden Nullen unterscheiden

Obwohl die Ziffer 0 einer Zahl keinen Wert hinzufügt, dient sie als Platzhalter, sodass die anderen Ziffern an den richtigen Stellen bleiben. Die Zahl 5.001.000 beispielsweise kann in 5.000.000 + 1.000 zerlegt werden. Angenommen, Sie beschließen, die Nullen ganz aus der Stellenwerttabelle wegzulassen. Tabelle 2.2 zeigt, was Sie auf diese Weise erhalten.

Millionen			Tausender			Einer		
Hundert Millionen	Zehn Millionen	Millionen	Hundert-tausender	Zehn-tausender	Tausender	Hunderter	Zehner	Einer
							5	1

Tabelle 2.2: 5.001.000 fehlerhaft dargestellt ohne die Platzhalternullen

Die Tabelle behauptet, 5.001.000 = 50 + 1. Dieses Ergebnis ist offensichtlich falsch!

Als Regel können Sie sich merken: Wenn 0 rechts von *mindestens einer Ziffer ungleich 0* erscheint, dann handelt es sich dabei um einen Platzhalter. Platzhalternullen sind wichtig – berücksichtigen Sie sie unbedingt, wenn Sie eine Zahl schreiben! Erscheint die 0 jedoch *links von jeder anderen Ziffer ungleich 0*, handelt es sich um eine *führende Null*. Führende Nullen erfüllen in einer Zahl keinen Zweck, deshalb werden sie üblicherweise weggelassen. Tragen Sie beispielsweise die Zahl 003.040.070 in die Tabelle ein (siehe Tabelle 2.3).

Millionen			Tausender			Einer		
Hundert Millionen	Zehn Millionen	Millionen	Hundert-tausender	Zehn-tausender	Tausender	Hunderter	Zehner	Einer
0	0	3	0	4	0	0	7	0

Tabelle 2.3: 3.040.070, dargestellt mit zwei führenden Nullen

Die ersten beiden Nullen in der Zahl sind führende Nullen, weil sie links von der 3 stehen. Sie können diese Nullen vor der Zahl weglassen, sodass Sie 3040070 erhalten. Die restlichen Nullen stehen rechts von der 3, deshalb handelt es sich bei ihnen um Platzhalter – Sie müssen sie also unbedingt beibehalten.

Lange Zahlen lesen

Wenn Sie eine lange Zahl schreiben, verwenden Sie häufig Punkte, um Dreiergruppen voneinander zu trennen. Auf diese Weise werden lange Zahlen besser lesbar. Betrachten Sie beispielsweise die folgende sehr lange Zahl:

234.845.021.349.230.467.304

Tabelle 2.4 zeigt eine erweiterte Version der Stellenwerttabelle.

Trillionen	Billiarden	Billionen	Milliarden	Millionen	Tausender	Einer
234	845	021	349	230	467	304

Tabelle 2.4: Eine Platzhaltertabelle für Dreiergruppen

Diese Tabellenversion hilft Ihnen, die Zahl zu lesen. Beginnen Sie dabei ganz links und lesen Sie: »zweihundertvierunddreißig Trillionen, achthundertfünfundvierzig Billiarden, einundzwanzig Billionen, dreihundertneunundvierzig Milliarden, zweihundertdreißig Millionen, vierhundertsiebenundsechzig Tausend dreihundertvier«.

Runden und Schätzen

Wenn Zahlen länger werden, werden die Berechnungen mühsam und es kann passieren, dass Sie einen Fehler machen oder einfach aufgeben. Wenn Sie mit langen Zahlen umgehen, ist es manchmal sinnvoll, sich die Arbeit zu vereinfachen und Zahlen zu runden und Werte zu schätzen. Es kann auch vorkommen, dass Sie nach einer Berechnung ein Ergebnis runden müssen.

Wenn Sie eine Zahl *runden*, ändern Sie einige ihrer Ziffern in Platzhalternullen. Beim Runden von Zahlen machen Sie eine schwierige Zahl zu einer einfacheren Zahl. Wenn Sie einen Wert *schätzen*, arbeiten Sie mit gerundeten Zahlen, um eine annähernde Antwort für eine Fragestellung zu finden. In diesem Abschnitt lernen Sie beide Verfahren kennen. Außerdem erkläre ich Ihnen, wie eine schlechte Schätzung stattfinden kann, und wie Sie sie vermeiden.

Zahlen runden

Durch das Runden werden lange Zahlen handlicher. In diesem Abschnitt zeige ich Ihnen, wie Sie Zahlen auf den nächsten Zehner, Hunderter, Tausender und so weiter runden.

Zahlen auf den nächsten Zehner runden

Die einfachste Art der Rundung erfolgt für zweistellige Zahlen. Wenn Sie eine zweistellige Zahl auf den nächsten Zehner runden, bringen Sie sie einfach auf die nächstgrößere oder nächstkleinere Zahl, die mit 0 endet. Beispiel:

$39 \rightarrow 40 \quad 51 \rightarrow 50 \quad 73 \rightarrow 70$

Auch wenn Zahlen, die mit 5 enden, genau in der Mitte liegen, runden Sie sie immer auf zur nächsthöheren Zahl, die mit 0 endet:

$15 \rightarrow 20 \quad 35 \rightarrow 40 \quad 85 \rightarrow 90$

Zahlen im oberen 90er-Bereich werden auf 100 gerundet:

$99 \rightarrow 100 \quad 95 \rightarrow 100$

Nachdem Sie wissen, wie eine zweistellige Zahl gerundet wird, können Sie fast jede Zahl runden. Um beispielsweise die meisten längeren Zahlen auf den nächsten Zehner zu runden, konzentrieren Sie sich einfach auf die Stellen für Einer und Zehner:

$734 \rightarrow 730 \quad 1488 \rightarrow 1490 \quad 12345 \rightarrow 12350$

Manchmal beeinflusst eine kleine Änderung an den Einer- und Zehnerstellen auch die anderen Ziffern (so als wenn der Kilometerzähler in Ihrem Auto von ein paar Neunen auf Nullen übergeht). Beispiel:

899 → 900 1097 → 1100 9995 → 10000

Zahlen auf den nächsten Hunderter runden und weiter

Um Zahlen auf den nächsten Hunderter, Tausender und so weiter zu runden, konzentrieren Sie sich nur auf zwei Ziffern: die Ziffer an der Stelle, auf die Sie runden, und die Ziffer unmittelbar rechts davon. Ändern Sie alle anderen Ziffern rechts von diesen beiden Ziffern in Nullen. Angenommen, Sie wollen 642 auf den nächsten Hunderter runden. Sie konzentrieren sich auf die Hunderterziffer (6) und auf die Ziffer unmittelbar rechts daneben (4):

642

Ich habe diese beiden Ziffern unterstrichen dargestellt. Nun runden Sie diese beiden Ziffern, als würden Sie auf den nächsten Zehner runden, und ändern die Ziffer rechts daneben in 0:

642 → 600

Hier folgen noch ein paar Beispiele für das Runden von Zahlen auf den nächsten Hunderter:

7.891 → 7.900 15.753 → 15.800 99.961 → 100.000

Wenn Sie Zahlen auf den nächsten Tausender runden, unterstreichen Sie die Tausenderziffer und die Ziffer unmittelbar rechts daneben. Runden Sie die Zahl, indem Sie sich nur auf die beiden unterstrichenen Ziffern konzentrieren und dann alle Ziffern rechts daneben auf 0 setzen:

4.984 → 5.000 78.521 → 79.000 1.099.304 → 1.099.000

Selbst wenn Sie auf die nächste Million runden, gelten dieselben Regeln:

1.234.567 → 1.000.000 78.883.958 → 79.000.000

Werte schätzen, um Aufgaben einfacher zu lösen

Nachdem Sie wissen, wie man Zahlen rundet, können Sie diese Fertigkeit anwenden, um Werte zu schätzen. Durch das Schätzen sparen Sie Zeit, indem Sie komplizierte Berechnungen vermeiden und dennoch eine angenäherte Antwort für eine Aufgabenstellung erhalten.

Wenn Sie eine angenäherte Antwort benutzen, verwenden Sie nicht das Gleichheitszeichen, sondern stattdessen das Symbol für *ungefähr gleich*: ≈.

Angenommen, Sie wollen folgende Zahlen addieren: 722 + 506 + 383 + 1.279 + 91 + 811. Diese Berechnung ist mühsam, und vielleicht machen Sie einen Fehler. Aber Sie können sich die Addition vereinfachen, indem Sie zuerst alle Zahlen auf den nächsten Hunderter runden und dann addieren:

$$\approx 700 + 500 + 400 + 1.300 + 100 + 800 = 3.800$$

Die angenäherte Antwort lautet 3.800. Diese Antwort liegt nicht weit von der genauen Lösung entfernt, nämlich 3.792.

Und jetzt nehmen wir an, Sie wollen 879 · 618 multiplizieren. Auch diese Berechnung sieht nicht leicht aus. Sie können jedoch die Zahlen auf die nächsten Hunderter runden:

$$\approx 900 \cdot 600 = 540.000$$

Die angenäherte Lösung lautet also 540.000, die exakte Lösung 543.222. Auch keine schlechte Schätzung.

Schätzen ist praktisch, kann aber auch zu Ergebnissen führen, die nicht in der Nähe der richtigen Antwort liegen. Sie erhalten sehr wahrscheinlich eine schlechte Schätzung, wenn Sie

- ✓ Zahlen runden, die in der Mitte des Rundungsbereichs liegen.
- ✓ zu viele Zahlen in dieselbe Richtung runden (auf oder ab).
- ✓ gerundete Zahlen multiplizieren oder dividieren.

Angenommen, Sie wollen 349 · 243 berechnen. Sie runden die beiden Zahlen zuerst:

$$\approx 300 \cdot 200 = 60.000$$

Ihre Schätzung ist 60.000, aber die tatsächliche Antwort lautet 84.807 – keine besonders gute Annäherung. Was ist passiert? Erstens: Beachten Sie, dass 349 weit in der Mitte des Bereichs zwischen 300 und 400 liegt. Und 243 liegt ebenfalls relativ nah an der Mitte des Rundungsbereichs zwischen 200 und 300. Wenn Sie die beiden Zahlen runden, ändern Sie also sehr viel daran. Zweitens haben Sie beide Zahlen *abgerundet* auf niedrigere Werte. Aus diesem Grund ist die Schätzung so viel niedriger als die tatsächliche Lösung. Drittens haben Sie multipliziert. Im Allgemeinen weichen Schätzungen für Multiplikation und Division weiter ab als für Addition und Subtraktion.

Die großen Vier: Addition, Subtraktion, Multiplikation und Division

3

In diesem Kapitel ...

- Die Addition wiederholen
- Die Subtraktion verstehen
- Die Multiplikation als schnelle Methode erkennen, wiederholt zu addieren
- Die Division verinnerlichen

Wenn wir an Mathematik denken, kommen uns als Erstes vier einfache (oder nicht ganz so einfache) Begriffe in den Sinn: Addition, Subtraktion, Multiplikation und Division. Ich bezeichne diese Operationen im gesamten Buch als die *großen Vier*.

In diesem Kapitel stelle ich Ihnen diese Konzepte vor (beziehungsweise wiederhole sie für Sie). Ich gehe zwar davon aus, dass Sie die großen Vier schon kennen, aber in diesem Kapitel werden diese Operationen wiederholt, sodass Sie alles erfahren, was Sie vielleicht verpasst haben, was Sie aber brauchen, um weiter in die Mathematik einzusteigen.

Zusammenzählen: Addition

Die Addition ist die erste Operation, die Sie kennenlernen, und sie ist die Lieblingsoperation der meisten Menschen. Sie ist einfach, freundlich und unkompliziert. Egal welche Probleme Sie je mit der Mathematik hatten, um die Addition haben Sie sich vermutlich nie größere Sorgen gemacht. Bei der Addition werden Dinge zusammengefasst, was immer etwas Positives ergibt. Angenommen, Sie und ich stehen an, um Kinokarten zu je 8 Euro zu kaufen. Ich habe 15 Euro und Sie haben nur 5 Euro. Ich könnte sie Ihnen zeigen und Ihnen auf diese unschöne Weise klarmachen, dass ich den Film ansehen kann, Sie aber nicht. Stattdessen könnten wir aber auch unsere Kräfte vereinen, meine 15 Euro und Ihre 5 Euro zusammenlegen, sodass wir zusammen 20 Euro hätten. Auf diese Weise können wir nicht nur beide den Film sehen, sondern können außerdem noch ein bisschen Popcorn kaufen.

Die Addition verwendet nur ein Symbol: das Pluszeichen (+). Eine Gleichung könnte $2 + 3 = 5$ oder $12 + 2 = 14$ oder $27 + 44 = 71$ lauten, aber das Symbol bedeutet immer dasselbe.

Wenn Sie zwei Zahlen addieren, werden diese beiden Zahlen als *Summanden* bezeichnet, das Ergebnis als *Summe*. Im ersten Beispiel sind also 2 und 3 die Summanden, und 5 ist die Summe.

Reihenweise: Größere Zahlen in Spalten addieren

Wenn Sie größere Zahlen addieren wollen, schreiben Sie sie untereinander, sodass die Einerziffern in einer Spalte, die Zehnerziffern in einer Spalte und so weiter stehen. (Weitere Informationen über Ziffern und Stellenwerte finden Sie in Kapitel 1.) Anschließend addieren Sie Spalte für Spalte, beginnend bei der Einerspalte ganz rechts. Diese Methode heißt auch *spaltenweise Addition*, was kaum überraschend sein dürfte. Hier sehen Sie, wie Sie 55 + 31 + 12 addieren. Zuerst addieren Sie die Einerspalte:

$$\begin{array}{r} +5\mathbf{5} \\ +3\mathbf{1} \\ +1\mathbf{2} \\ \hline +\ \mathbf{8} \end{array}$$

Anschließend addieren Sie die Zehnerspalte:

$$\begin{array}{r} +\mathbf{5}5 \\ +\mathbf{3}1 \\ +\mathbf{1}2 \\ \hline +\mathbf{9}8 \end{array}$$

Diese Rechnung zeigt, dass 55 + 31 + 12 = 98 ist.

Übertrag: Zweistellige Lösungen

Wenn man eine Spalte addiert, erhält man manchmal eine zweistellige Zahl. In diesem Fall schreiben Sie die Einerziffer dieser Zahl an und schreiben den *Übertrag* (die Zehnerziffer) in die nächste Spalte links – das heißt, Sie schreiben diese Ziffer unter die Spalte, sodass Sie sie zusammen mit den restlichen Zahlen dieser Spalte addieren können. Angenommen, Sie wollen 376 + 49 + 18 addieren. In der Einerspalte erhalten Sie 6 + 9 + 8 = 23; Sie schreiben also die 3 an und schreiben den Übertrag unter die Zehnerspalte:

$$\begin{array}{r} 37\mathbf{6} \\ 4\mathbf{9} \\ +1\mathbf{8} \\ \mathbf{2} \\ \hline \mathbf{3} \end{array}$$

Nun addieren Sie die Zehnerspalte. In dieser Spalte haben Sie 7 + 4 + 1 + 2 = 14; Sie schreiben also die 4 an und schreiben die 1 als Übertrag unten in die Hunderterspalte:

$$\begin{array}{r} 3\mathbf{7}6 \\ \mathbf{4}9 \\ +\mathbf{1}8 \\ \mathbf{1}2 \\ \hline \mathbf{4}3 \end{array}$$

Nun addieren Sie die Hunderterspalte

$$\begin{array}{r} \mathbf{3}76 \\ 49 \\ +18 \\ \mathbf{1}2 \\ \hline \mathbf{4}43 \end{array}$$

Die Berechnung zeigt, dass 376 + 49 + 18 = 443 ist.

Abziehen: Subtraktion

Die Subtraktion ist normalerweise die zweite Operation, die Sie kennenlernen, und sie ist nicht sehr viel schwieriger als die Addition. Dennoch hat sie einen schlechten Ruf – es geht immer darum, wer mehr und wer weniger hat. Angenommen, wir sind im Sportstudio auf dem Laufband gelaufen. Ich bin glücklich, weil ich 4 Kilometer geschafft habe, aber dann fangen Sie an, damit anzugeben, dass Sie 12 Kilometer geschafft haben. Sie subtrahieren und teilen mir mit, dass ich außerordentlich beeindruckt sein sollte, weil Sie 8 Kilometer mehr gelaufen sind als ich. (Wundern Sie sich aber nicht, wenn Ihre Turnschuhe mit Flüssigseife aufgefüllt sind, wenn Sie vom Duschen zurückkommen!)

Wie die Addition verwendet die Subtraktion nur ein Symbol: das Minuszeichen (–). Sie erhalten damit Gleichungen wie 4 – 1 = 3 oder 14 – 13 = 1 oder 93 – 74 = 19.

Wenn Sie eine Zahl von einer anderen subtrahieren, wird das Ergebnis als *Differenz* bezeichnet. Dieser Begriff ist sinnvoll, wenn Sie genauer darüber nachdenken: Wenn Sie subtrahieren, finden Sie die Differenz zwischen einer größeren Zahl und einer kleineren.

Bei der Subtraktion heißt die erste Zahl *Minuend*, die zweite *Subtrahend*. Fast niemand kann sich merken, was was ist, deshalb bevorzuge ich es, bei der Subtraktion von der *ersten Zahl* und von der *zweiten Zahl* zu sprechen.

Eine der ersten Informationen, die Sie wahrscheinlich über die Subtraktion erhalten haben, besteht darin, dass Sie nicht mehr abziehen können, als Sie haben. Das bedeutet, die zweite Zahl darf nicht größer als die erste Zahl sein. Wenn die beiden Zahlen gleich sind, erhalten Sie das Ergebnis 0. Beispielsweise ist 3 – 3 = 0, 11 – 11 = 0 und 1.776 – 1.776 = 0. Später teilt Ihnen plötzlich jemand mit, dass Sie sehr wohl mehr abziehen können, als Sie haben. In diesem Fall schreiben Sie ein Minuszeichen vor die Differenz, um damit zu zeigen, dass Sie eine *negative Zahl* haben, also eine Zahl kleiner 0:

4 – 5 = –1

10 – 13 = –3

88 – 99 = –11

Wenn Sie eine große Zahl von einer kleinen Zahl subtrahieren, achten Sie auf die Wörter *Drehen* und *Negieren*. Das heißt, Sie *drehen* die Reihenfolge der beiden Zahlen um und subtrahieren wie gewohnt, aber am Ende *negieren* Sie das Ergebnis, indem Sie ihm ein Minuszeichen voranstellen. Um beispielsweise 10 – 13 zu berechnen, drehen Sie die Reihenfolge der Zahlen, um 13 – 10 zu erhalten, das ergibt 3, und *negieren* dann dieses Ergebnis zu –3. Sie erhalten also 10 – 13 = –3.

Das Minuszeichen hat zwei Funktionen, lassen Sie sich also nicht verwirren. Wenn Sie ein Minuszeichen *zwischen* zwei Zahlen schreiben, bedeutet das, *dass die erste Zahl minus der zweiten Zahl berechnet wird*. Wenn Sie das Minuszeichen *vor* eine Zahl schreiben, bedeutet das, dass es sich bei der Zahl um eine *negative Zahl* handelt.

Weitere Informationen über negative Zahlen auf dem Zahlenstrahl finden Sie in Kapitel 1. Außerdem geht es in Kapitel 4 noch einmal detailliert um negative Zahlen und die vier großen Operationen.

Spaltenweise: Große Zahlen subtrahieren

Um große Zahlen zu subtrahieren, schreiben Sie sie untereinander wie bei der Addition. (Für die Subtraktion schreiben Sie jedoch nicht mehr als zwei Zahlen untereinander – die größere oben, die kleinere darunter.) Angenommen, Sie wollen 386 – 54 subtrahieren. Dazu schreiben Sie die beiden Zahlen untereinander und subtrahieren in der Einerspalte: 6 – 4 = 2:

$$\begin{array}{r} 38\mathbf{6} \\ -5\mathbf{4} \\ \hline \mathbf{2} \end{array}$$

Anschließend gehen Sie in die Zehnerspalte und subtrahieren 8 – 5, was 3 ergibt:

$$\begin{array}{r} 3\mathbf{8}6 \\ -\mathbf{5}4 \\ \hline \mathbf{3}2 \end{array}$$

Jetzt gehen Sie weiter in die Hunderterspalte. Hier erhalten Sie 3 – 0 = 3:

$$\begin{array}{r} \mathbf{3}86 \\ -54 \\ \hline \mathbf{3}32 \end{array}$$

Die Rechnung ergibt also, dass 386 – 54 = 332 ist.

Zehnerübertrag: Mit »Borgen« subtrahieren

Manchmal ist die obere Ziffer in einer Spalte kleiner als die untere Ziffer in dieser Spalte. In diesem Fall müssen Sie von der nächsten Spalte links etwas *borgen*. Das Borgen ist ein zweistufiger Vorgang:

1. **Sie subtrahieren 1 von der oberen Zahl in der Spalte unmittelbar links neben der aktuellen Spalte.**

   Streichen Sie die Zahl durch, von der Sie borgen, subtrahieren Sie 1 und schreiben Sie das Ergebnis über die durchgestrichene Zahl.

2. **Sie addieren 10 zur oberen Zahl in der aktuellen Spalte.**

Angenommen, Sie wollen 386 – 94 subtrahieren. Im ersten Schritt subtrahieren Sie 4 von 6 in der Einerspalte, was 2 ergibt:

38**6**
–9**4**
2

Wenn Sie jedoch jetzt weiter in die Zehnerspalte gehen, stellen Sie fest, dass Sie 8 – 9 subtrahieren müssen. Weil 8 kleiner als 9 ist, müssen Sie sich etwas von der Hunderterspalte borgen. Zuerst streichen Sie die 3 durch und ersetzen sie durch eine 2, weil 3 – 1 = 2:

2
386
–94
2

Jetzt schreiben Sie eine 1 vor die 8, sodass sie zur 18 wird, weil 8 + 10 = 18:

2**18**
3 86
–94
2

Jetzt können Sie die Zehnerspalte subtrahieren: 18 – 9 = 9:

2**18**
3 86
– **9**4
92

Der letzte Schritt ist einfach: 2 – 0 = 2:

218
3 86
– 94
2 92

Sie haben also 386 – 94 = 292.

Hier wird die »neue« schriftliche Subtraktion beschrieben. Sie haben vielleicht in der Schule noch eine andere Darstellung gelernt, nämlich:

$$\begin{array}{r} 3_1 86 \\ -\ \ 94 \\ \hline 2\ 92 \end{array}$$

oder

$$\begin{array}{r} 4_1 28 \\ -_1 1\ 83 \\ \hline 2\ 45 \end{array}$$

Dabei wurde die »geborgte« Zehn (oder was immer für eine Stelle vom Übertrag betroffen war) nicht direkt von der oberen Zahl in der Spalte abgezogen und wieder an deren Stelle angeschrieben, sondern in die untere Spalte geschrieben beziehungsweise zu der Zahl in der unteren Spalte addiert.

Die neue Schreibweise wurde vor ein paar Jahren eingeführt. Hat man sie sich jedoch erst einmal verinnerlicht, erkennt man, dass sie genau wie die alte Schreibweise funktioniert.

In manchen Fällen gibt es nichts in der unmittelbar linken Spalte, was man sich borgen könnte. Angenommen, Sie wollen 1.002 – 398 berechnen. Beginnend mit der Einerspalte stellen Sie fest, dass Sie 2 – 8 subtrahieren müssen. Weil 2 kleiner als 8 ist, müssen Sie sich etwas von der unmittelbar linken Spalte borgen. Die Ziffer in der Zehnerspalte ist jedoch 0, sodass Sie von dort nichts borgen können, weil eben nichts da ist:

$$\begin{array}{r} 10\mathbf{02} \\ -\ 39\mathbf{8} \\ \hline \end{array}$$

Wenn es nicht möglich ist, etwas aus der nächsten Spalte zu borgen, müssen Sie von der *nächstgelegenen Spalte links borgen, die ungleich Null ist*.

In diesem Beispiel ist die Spalte, aus der Sie borgen können, die Tausenderspalte. Zuerst streichen Sie also die 1 durch und ersetzen sie durch eine 0. Anschließend schreiben Sie eine 1 vor die 0 in der Hunderterspalte:

$$\begin{array}{l} \mathbf{0} \\ \not{\mathbf{1}}\mathbf{1}002 \\ -\quad 398 \\ \hline \end{array}$$

Jetzt streichen Sie die 10 durch und ersetzen sie durch eine 9. Schreiben Sie eine 1 vor die 0 in der Zehnerspalte:

0 **9**
~~1~~ ~~**10**~~ **1**02
– 3 98

Jetzt streichen Sie die 10 in der Zehnerspalte durch und ersetzen sie durch 9. Anschließend schreiben Sie eine 1 vor die 2:

0 9 **9**
1 ~~10~~ ~~**10**~~ **1**2
– 3 9 8

Jetzt können Sie endlich in der Einerspalte subtrahieren: 12 – 8 = 4:

0 9 9
~~1~~ ~~10~~ ~~10~~ **12**
– 3 9 **8**
4

Anschließend subtrahieren Sie in der Zehnerspalte: 9 – 9 = 0:

0 9 **9**
~~1~~ ~~10~~ ~~10~~ 12
– 3 **9** 8
0 4

Jetzt subtrahieren Sie in der Hunderterspalte: 9 – 3 = 6:

0 **9** 9
~~1~~ ~~10~~ ~~10~~ 12
– **3** 9 8
6 0 4

Weil in der Tausenderspalte nichts mehr steht, müssen Sie hier auch nicht mehr subtrahieren. Das Ergebnis lautet also 1.002 – 398 = 604.

Multiplikation

Die Multiplikation wird häufig als Abkürzung für die wiederholte Addition bezeichnet. Beispiele:

4 · 3 bedeutet: *Addiere dreimal die Zahl 4*: 4 + 4 + 4 = 12.

9 · 6 bedeutet: *Addiere sechsmal die Zahl 9*: 9 + 9 + 9 + 9 + 9 + 9 = 54.

100 · 2 bedeutet: *Addiere zweimal die Zahl 100*: 100 + 100 = 200.

Obwohl die Multiplikation nicht so einfach und übersichtlich ist wie die Addition, bietet sie eine enorme Zeitersparnis. Angenommen, Sie trainieren eine Jugendfußballmannschaft und haben gerade ein Spiel gegen das härteste Team in der Liga gewonnen. Als Belohnung haben Sie versprochen, drei Hotdogs für jeden der elf Spieler im Team zu kaufen. Um herauszufinden, wie viele Hotdogs Sie benötigen, könnten Sie elfmal 3 addieren. Sie können aber auch Zeit sparen, indem Sie 3 mal 11 rechnen, was 33 ergibt. Sie müssen also 33 Hotdogs kaufen (und eine Menge Senf und Sauerkraut).

Bei der Multiplikation von zwei Zahlen werden die beiden multiplizierten Zahlen als *Faktoren*, das Ergebnis als *Produkt* bezeichnet.

Multiplikationssymbole

Wenn Sie die Multiplikation kennenlernen, verwenden Sie das Malzeichen (·), manchmal auch das ×. In der Algebra wird häufig der Buchstabe x verwendet, der dem zweiten oben genannten Malzeichen sehr ähnlich ist, deshalb verwendet man der Deutlichkeit halber häufig das erste Multiplikationssymbol. Wenn Sie Ihre Reise durch die Mathematik fortsetzen, sollten Sie sich an die Konventionen erinnern, die ich in den folgenden Abschnitten beschreibe.

Auf den Punkt gekommen

In der Mathematik, die über die reine Arithmetik hinausgeht, wird das Symbol · statt des × verwendet. Beispiele:

$4 \cdot 2 = 8$	ist dasselbe wie	$4 \times 2 = 8$
$6 \cdot 7 = 42$	ist dasselbe wie	$6 \times 7 = 42$
$53 \cdot 11 = 583$	ist dasselbe wie	$53 \times 11 = 583$

Das ist alles. Sie verwenden einfach das Punktsymbol · an der Stelle, an der Sie auch das andere Symbol für die Multiplikation verwenden könnten (×).

Mit Klammern

In der Mathematik, die über die reine Arithmetik hinausgeht, stehen auch Klammern *ohne* Operator für die Multiplikation. Die Klammern können die erste Zahl, die zweite Zahl oder beide Zahlen umschließen. Beispiele:

$3(x + 1)$	bedeutet	$3 \cdot (x + 1)$
$(x + 1)\,(y + 1)$	bedeutet	$(x + 1) \cdot (y + 1)$

Beachten Sie jedoch, dass sobald ein anderer Operator zwischen eine Zahl und eine Klammer gesetzt wird, dieser Operator ausgeführt wird. Zum Beispiel:

$3 + (5) = 8$ bedeutet $3 + 5 = 8$

$(8) - 7 = 1$ bedeutet $8 - 7 = 1$

Die Multiplikationstabelle auswendig lernen

Vielleicht haben Sie beim Multiplizieren Probleme. Wenn Sie gefragt werden, wie viel 9 · 7 ist, dann ist das für Sie, als müssten Sie mit einem Secondhand-Fallschirm aus einem Flugzeug springen. In diesem Fall sollten Sie unbedingt den folgenden Abschnitt lesen.

Die alte Multiplikationstabelle

Ein Blick auf die alte Multiplikationstabelle in Tabelle 3.1 verdeutlicht das Problem. Wenn Sie den Film *Amadeus* gesehen haben, erinnern Sie sich vielleicht, dass Mozart dafür kritisiert wurde, dass seine Musik »zu viele Noten« enthalte. Meiner bescheidenen Meinung nach enthält die Multiplikationstabelle zu viele Zahlen.

	0	1	2	3	4	5	6	7	8	9
0	0	0	0	0	0	0	0	0	0	0
1	0	1	2	3	4	5	6	7	8	9
2	0	2	4	6	8	10	12	14	16	18
3	0	3	6	9	12	15	18	21	24	27
4	0	4	8	12	16	20	24	28	32	36
5	0	5	10	15	20	25	30	35	40	45
6	0	6	12	18	24	30	36	42	48	54
7	0	7	14	21	28	35	42	49	56	63
8	0	8	16	24	32	40	48	56	64	72
9	0	9	18	27	36	45	54	63	72	81

Tabelle 3.1: Die monströse Standardmultiplikationstabelle

Ich mag die Multiplikationstabelle genauso wenig wie Sie. Allein der Anblick überwältigt mich. Kein Wunder, dass angesichts von 100 Zahlen, die man sich merken muss, so viele Leute aufgeben und lieber einen Taschenrechner mit sich tragen.

Vorstellung der kurzen Multiplikationstabelle

Wäre die Multiplikationstabelle aus Tabelle 3.1 etwas kleiner und handlicher, würde sie mir viel besser gefallen. In Tabelle 3.2 zeige ich Ihnen meine verkürzte Multiplikationstabelle.

	3	4	5	6	7	8	9
3	9	12	15	18	21	24	27
4		16	20	24	28	32	36
5			25	30	35	40	45
6				36	42	48	54
7					49	56	63
8						64	72
9							81

Tabelle 3.2: Die verkürzte Multiplikationstabelle

Wie Sie sehen, habe ich mir ein paar Zahlen vom Hals geschafft. Damit habe ich die Tabelle von 100 Zahlen auf 28 Zahlen verkürzt. Außerdem habe ich elf der übrig gebliebenen Zahlen grau unterlegt.

Ist es sinnvoll, die heilige Multiplikationstabelle so zu reduzieren? Ist es überhaupt zulässig? Natürlich! Schließlich ist die Tabelle nur ein Werkzeug, so wie ein Hammer. Wenn ein Hammer zu schwer ist, um ihn aufheben zu können, sollten Sie einen leichteren kaufen. Analog dazu gilt: Wenn die Multiplikationstabelle zu groß ist, um damit zurechtzukommen, brauchen Sie eine kleinere. Darüber hinaus habe ich nur die Zahlen weggelassen, die Sie nicht brauchen. Die reduzierte Tabelle beinhaltet beispielsweise keine Zeilen mehr für 0, 1 und 2, und zwar aus den folgenden Gründen:

- ✓ Jede Zahl multipliziert mit 0 ist gleich 0 (man spricht auch von der *Nulleigenschaft der Multiplikation*).
- ✓ Jede Zahl multipliziert mit 1 ist gleich die Zahl selbst (Mathematiker bezeichnen dies als die *multiplikative Identität*).
- ✓ Die Multiplikation mit 2 ist ganz einfach: Wenn Sie in Zweierschritten – 2, 4, 6, 8, 10 und so weiter – zählen können, können Sie auch mit 2 multiplizieren.

Die restlichen Zahlen, die ich entfernt habe, waren redundant. (Und nicht nur redundant, sondern wiederholt, überflüssig und unnötig!) Beispielsweise ist $3 \cdot 5$ und $5 \cdot 3$ dasselbe (man kann die Reihenfolge der Faktoren beliebig vertauschen, weil die Multiplikation *kommutativ* ist – weitere Informationen hierzu in Kapitel 4). In der reduzierten Tabelle habe ich einfach alles Überflüssige entfernt.

Und was ist geblieben? Nur die Zahlen, die Sie brauchen. Diese Zahlen enthalten eine grau unterlegte Zeile und eine grau unterlegte Diagonale. Die grau unterlegte Zeile ist die Fünfertabelle, die Sie vielleicht schon gut kennen. (Vielleicht erinnern Sie sich ja an das Auszählen beim Versteckspielen in Ihrer frühesten Kindheit, wenn einer Ihrer Freunde laut zählte: 5, 10, 15, 20 …).

Die Zahlen auf der grau unterlegten Diagonale sind die Quadratzahlen. Wie ich in Kapitel 1 beschreibe, ist das Ergebnis der Multiplikation einer Zahl mit sich selbst eine *Quadratzahl*. Vielleicht kennen Sie diese Zahlen besser, als Sie glauben.

Die verkürzte Multiplikationstabelle nutzen

In etwa einer Stunde können Sie sich die Multiplikationstabelle weitgehend merken. Zuerst erstellen Sie mehrere Karten, auf deren Vorderseite eine Multiplikationsaufgabe steht, und auf der Rückseite die Lösung. Das könnte beispielsweise wie in Abbildung 3.1 gezeigt aussehen.

Abbildung 3.1: Beide Seiten einer Karte, mit der Aufgabe 7 · 6 auf der Vorderseite und der Lösung 42 auf der Rückseite

Sie brauchen nur 28 solcher Karten – eine für jedes Beispiel in Tabelle 3.2. Unterteilen Sie diese 28 Karten in zwei Stapel – einen »grauen« Stapel mit elf Karten und einen »weißen« Stapel mit 17 Karten. (Sie müssen die Karten nicht grau und weiß einfärben – Sie müssen nur immer wissen, welcher Stapel welcher ist – gemäß den Farben in Tabelle 3.2). Jetzt legen Sie los:

1. **5 Minuten:** Arbeiten Sie mit dem grauen Stapel. Sehen Sie sich jeweils eine Karte an. Wenn Sie die Antwort wussten, legen Sie die Karte unten in den Stapel. Wenn Sie die Antwort nicht wussten, legen Sie die Karte in die Mitte des Stapels, sodass sie schnell noch mal bei Ihnen auftaucht.

2. **10 Minuten:** Wechseln Sie zum weißen Stapel und arbeiten Sie ihn auf dieselbe Weise durch.
3. **15 Minuten:** Wiederholen Sie die Schritte 1 und 2.

Jetzt machen Sie eine Pause. Und die Pause ist wirklich wichtig, damit sich Ihr Gehirn erholen kann. Wiederholen Sie das Ganze später am Tag noch einmal.

Nach dieser Übung sollte es relativ einfach sein, alle 28 Karten fehlerfrei zu durchlaufen. Anschließend können Sie Karten für den Rest der Standardmultiplikationstabelle anlegen – also Karten mit allen Multiplikationen mit 0, 1 und 2 sowie den redundanten Aufgabenstellungen. Mischen Sie die 100 Karten und verblüffen Sie Familie und Freunde!

Die Neunen: Ein Trick

Hier folgt ein Trick, der Ihnen hilft, sich die Tabelle für die Multiplikation mit 9 zu merken. Um eine beliebige einstellige Zahl mit 9 zu multiplizieren, gehen Sie wie folgt vor:

1. **Subtrahieren Sie 1 von der Zahl und schreiben Sie das Ergebnis auf.**

   Angenommen, Sie wollen $7 \cdot 9$ berechnen. Sie erhalten also $7 - 1 = \mathbf{6}$.

2. **Schreiben Sie jetzt eine zweite Zahl auf, sodass die beiden Zahlen addiert 9 ergeben. Damit haben Sie die Lösung.**

   Die Addition lautet $6 + \mathbf{3} = 9$. Also ist $7 \cdot 9 = 63$.

Als weiteres Beispiel wollen wir $8 \cdot 9$ berechnen:

$$8 - 1 = 7$$

$$7 + 2 = 9$$

Also ist $8 \cdot 9 = 72$.

Dieser Trick funktioniert für jede einstellige Zahl außer für 0 (aber Sie wissen ja bereits, dass $0 \cdot 9 = 0$ ist).

Zwei Stellen: Größere Zahlen multiplizieren

Der wichtigste Grund, warum Sie die Multiplikationstabelle beherrschen sollten, ist, dass es dann einfacher wird, große Zahlen zu multiplizieren. Angenommen, Sie wollen $53 \cdot 7$ multiplizieren. Sie schreiben die Aufgabe auf und ziehen einen Strich darunter. Jetzt multiplizieren Sie der Reihe nach. Zuerst multiplizieren Sie 3 und 7. Da $3 \cdot 7 = 21$ ist, schreiben Sie die 1 direkt unter die 7 und merken sich die 2 als Übertrag (das »Merken« ist hier in zwei spitzen Klammern dargestellt):

$$\begin{array}{l} 5\mathbf{3}\cdot 7 \\ \hline \mathbf{1} \\ \langle\mathbf{2}\rangle \end{array}$$

Anschließend multiplizieren Sie 7 mit 5. 5 · 7 = 35. Sie müssen aber noch die 2 vom Übertrag addieren, sodass Sie schließlich 37 erhalten. Weil 5 und 7 die letzten Zahlen sind, die zur Multiplikation anstehen, müssen Sie keinen Übertrag bilden und können 37 anschreiben und erhalten 53 · 7 = 371:

$$\begin{array}{r} 53\cdot 7 \\ \hline 371 \end{array}$$

Für die Multiplikation größerer Zahlen bleibt die Vorgehensweise unverändert. Angenommen, Sie wollen 53 mit 74 multiplizieren. Die ersten Schritte sind gleich. Sie multiplizieren wie oben gezeigt 7 mit 53 und schreiben das Ergebnis wie oben beginnend mit der 1 unter der 7:

$$\begin{array}{l} 53\cdot 74 \\ \hline 371 \end{array}$$

Jetzt müssen Sie die 4 mit 53 multiplizieren. Dazu multiplizieren Sie zunächst 3 mit 4: das ergibt 12. Sie schreiben die 2 in der nächsten Zeile genau unter die 4 und merken sich die 1 als Übertrag:

$$\begin{array}{l} 5\mathbf{3}\cdot 7\mathbf{4} \\ \hline 371 \\ \mathbf{2} \\ \langle\mathbf{1}\rangle \end{array}$$

Jetzt multiplizieren Sie 4 mit 5. 4 · 5 ergibt 20, Sie müssen jedoch noch den Übertrag hinzuaddieren, erhalten also 21. Weil keine weiteren Zahlen zu multiplizieren sind, brauchen Sie keinen Übertrag zu bilden und schreiben gleich die 21 an:

$$\begin{array}{l} \mathbf{5}3\cdot \mathbf{7}4 \\ \hline 371 \\ \mathbf{21}2 \end{array}$$

Jetzt müssen Sie die beiden Teilergebnisse addieren, um das Endergebnis 3.922 zu erhalten:

$$\begin{array}{r} 53\cdot 74 \\ \hline 371 \\ 212 \\ \hline 3922 \end{array}$$

So einfach ist die Multiplikation großer Zahlen!

Division im Handumdrehen

Die letzte der großen vier Operationen ist die *Division*. Division bedeutet im wörtlichen Sinne, dass Dinge aufgeteilt werden. Angenommen, Sie sind ein Vater oder eine Mutter beim Picknicken mit Ihren drei Kindern. Sie haben zwölf Salzstangen gekauft und wollen, dass jedes Kind dieselbe Anzahl von Salzstangen erhält (Sie wollen ja keine größeren Streitigkeiten verursachen).

Jedes Kind erhält vier Salzstangen. Anhand dieser Aufgabe erkennen Sie:

$$12 \div 3 = 4$$

Wie für die Multiplikation gibt es auch für die Division mehrere Symbole: das *Divisionssymbol* (÷) und den *Bruchschrägstrich* (/) oder den Bruchstrich (–) oder den Doppelpunkt (:). Ein und dieselbe Information kann also unter anderem auch wie folgt dargestellt werden:

$$^{12}/_{3} = 4 \quad \text{und} \quad \frac{12}{3} = 4 \quad \text{und} \quad 12 : 3 = 4$$

Egal wie Sie es darstellen, das Konzept bleibt dasselbe. Wenn Sie zwölf Salzstangen gleichmäßig auf drei Leute aufteilen, erhält jede Person vier Stück.

Wenn Sie eine Zahl durch eine andere dividieren, ist die erste Zahl der *Dividend*, die zweite der *Divisor*, das Ergebnis ist der *Quotient*. In der Division aus dem obigen Beispiel ist der Dividend 12, der Divisor ist 3 und der Quotient ist 4.

Was ist mit der Divisionstabelle passiert?

Wenn man überlegt, wie viel Zeit Lehrer mit der Multiplikationstabelle verbringen, fragen Sie sich vielleicht, warum Sie noch nie eine Divisionstabelle gesehen haben? Zum einen konzentriert sich die Multiplikationstabelle darauf, einstellige Zahlen miteinander zu multiplizieren. Das ist für die Division wenig sinnvoll, weil an der Division normalerweise mindestens eine mehrstellige Zahl beteiligt ist.

Darüber hinaus können Sie die Multiplikationstabelle auch für die Division verwenden, indem Sie die normale Nutzung der Tabelle einfach umkehren. Beispielsweise teilt Ihnen die Multiplikationstabelle mit, dass $6 \cdot 7 = 42$ ist. Sie können diese Gleichung umkehren, um die beiden folgenden Divisionsaufgaben zu erhalten:

$$42 \div 6 = 7$$

$$42 \div 7 = 6$$

Bei der Nutzung der Multiplikationstabelle auf diese Weise kommt die Tatsache zum Tragen, dass Multiplikation und Division *inverse* Operationen sind. Dieses wichtige Konzept erkläre ich in Kapitel 4 genauer.

Schriftliche Division im Nu erledigt

Vor noch gar nicht so langer Zeit war es wichtig zu wissen, wie große Zahlen dividiert werden, wie beispielsweise 62.997 ÷ 843. Man verwendete die *lange Division*, eine systematische Methode, eine große Zahl durch eine andere Zahl zu dividieren. Dieser Vorgang beinhaltete das Dividieren, Multiplizieren, Subtrahieren und die Summenausschöpfung von Zahlen.

Aber mal ganz ehrlich – einer der wichtigsten Gründe, warum der Taschenrechner erfunden wurde, war es, die Menschen des 21. Jahrhunderts davor zu bewahren, sich mit der schriftlichen Division beschäftigen zu müssen.

Ihr Mathematiklehrer und Ihre mathematikbegeisterten Freunde werden mir natürlich nicht zustimmen. Vielleicht wollen Sie nur sicherstellen, dass Sie nicht komplett hilflos sind, wenn Ihr Taschenrechner irgendwo in Ihrem Rucksack, in Ihrer Schreibtischschublade oder im Bermudadreieck verschwunden ist. Wenn Sie jedoch irgendwann keine Lust mehr haben, Seite um Seite schriftliche Divisionen auszuführen, haben Sie mein vollstes Verständnis.

Ich möchte Ihnen jedoch sagen: Es ist nicht verkehrt zu wissen, wie die schriftliche Division für ein paar nicht allzu schreckliche Zahlen funktioniert. Wenn Sie eine lange Division durchführen, geht es hauptsächlich um die Größe des Divisors. Kleine Divisoren sind leicht zu handhaben, während größere wirklich unangenehm werden können. Ich beginne also mit einem hübschen kleinen, einstelligen Divisor. Angenommen, Sie wollen 860 ÷ 5 berechnen. Sie schreiben die Aufgabe zunächst wie folgt:

$$860 \div 5 =$$

Nun dividieren Sie die erste Ziffer, die 8, durch 5. Sie erhalten 1 mit dem Rest 3. Der Rest interessiert an dieser Stelle noch nicht. Sie schreiben die 1 rechts neben das Gleichheitszeichen und subtrahieren 1 · 5 von der ersten Ziffer, 8:

$$\begin{array}{l} \mathbf{8}60 \div 5 = \mathbf{1} \\ \underline{-\mathbf{5}} \\ \mathbf{3} \end{array}$$

Dann holen Sie im nächsten Schritt die nächste Ziffer des Divisors nach unten neben die 3 und dividieren die entstandene Zahl, 36, durch 5.

$$\begin{array}{l} 860 \div 5 = 1 \\ \underline{-5} \\ 3\mathbf{6} \end{array}$$

36 dividiert durch 5 ist 7, Rest 1. Sie schreiben die 7 neben die 1 im Ergebnis und subtrahieren von der 36 das Produkt 5 · 7, also 35.

$$\begin{array}{l} 860 \div 5 = 17 \\ \underline{-5} \\ 36 \\ \underline{-\mathbf{35}} \\ 1 \end{array}$$

Nun holen Sie wieder die nächste Zahl des Divisors nach unten, die 0. Sie erhalten die Zahl 10, die Sie durch 5 dividieren. $10 \div 5 = 2$; Sie schreiben also 2 neben die 17 im Ergebnis und subtrahieren $2 \cdot 5$ von der Zahl, 10:

$$\begin{array}{r l}
860 \div 5 = 172 & \\
\underline{-5} & \\
36 & \\
\underline{-35} & \\
10 & \\
\underline{-10} & \\
0 &
\end{array}$$

Weil keine weiteren Zahlen mehr nach unten zu holen sind, sind Sie fertig.

Das Ergebnis lautet $860 \div 5 = 172$.

Diese Aufgabe konnte ohne Rest dividiert werden, bei vielen anderen geht das nicht so glatt. Die folgenden Abschnitte erklären, was zu tun ist, wenn keine weiteren Zahlen mehr von oben nach unten zu holen sind. In Kapitel 11 erfahren Sie, wie Sie eine dezimale Lösung erhalten.

Was übrig bleibt: Division mit Rest

Die Division unterscheidet sich von Addition, Subtraktion und Multiplikation dahingehend, dass ein Rest möglich ist. Ein *Rest* ist einfach ein Teil, der bei der Division übrig bleibt.

Der Buchstabe *R* weist darauf hin, dass es sich bei der nachfolgenden Zahl um den Rest handelt.

Angenommen, Sie wollen sieben Gummibärchen auf zwei Leute aufteilen, ohne ein Gummibärchen zu zerstören. Jede Person erhält drei Gummibärchen, und ein Gummibärchen bleibt übrig. An dieser Aufgabenstellung erkennen Sie:

$7 \div 2 = 3$ mit dem Rest 1 oder 3 R 1

Bei der langen Division ist der Rest die Zahl, die übrig bleibt, wenn Sie keine weiteren Zahlen mehr nach unten bringen können. Die folgende Gleichung zeigt, dass $47 \div 3 = 15$ R 2 ist:

$$\begin{array}{l}
-47 \div 3 = 15 \leftarrow \text{Quotient} \\
\underline{-3} \\
17 \\
\underline{-15} \\
2 \leftarrow \text{Rest}
\end{array}$$

Beachten Sie, dass Sie bei einer Division mit kleinem Dividenden und großem Divisor immer einen Quotienten von 0 und einen Rest mit der ursprünglichen Zahl erhalten:

$1 \div 2 = 0 \text{ R } 1$

$14 \div 23 = 0 \text{ R } 14$

$2.000 \div 2.001 = 0 \text{ R } 2.000$

Teil II
Ganze Zahlen

In diesem Teil …

Hier stelle ich zahlreiche neue Konzepte im Hinblick auf die vier großen Operationen (Addition, Subtraktion, Multiplikation und Division) vor. Ich erkläre inverse Operationen, die Eigenschaften der Kommutativität und der Assoziativität, negative Zahlen und Ungleichungen. Sie erfahren außerdem vieles über Ausdrücke und Gleichungen. Außerdem zeige ich Ihnen, wie Sie mit der Operatorreihenfolge kompliziert aussehende Ausdrücke in eine einzige Zahl umwandeln. Sie entdecken, wie Sie Textaufgaben lösen, indem Sie Wortgleichungen aufstellen, die sinnvolle Informationen aus dem Text herausholen. Außerdem verrate ich Ihnen zahlreiche Tricks, wie Sie erkennen, ob eine Zahl durch eine andere Zahl teilbar ist, und ich erkläre Ihnen, wie Sie den größten gemeinsamen Teiler (ggT) und das kleinste gemeinsame Vielfache (kgV) finden.

Die vier großen Operationen in der Praxis

In diesem Kapitel …

- Identifizieren, welche Operationen Inverse voneinander sind
- Erkennen, welche Operationen kommutativ, assoziativ oder distributiv sind
- Die vier großen Operationen für negative Zahlen ausführen
- Vier Symbole für die Ungleichheit verwenden
- Exponenten, Wurzeln und Beträge verstehen

Nachdem Sie die großen vier Operationen verstanden haben, um die sich in Kapitel 3 alles dreht – Addition, Subtraktion, Multiplikation und Division –, können Sie die Mathematik auf einer völlig neuen Ebene betrachten. In diesem Kapitel erweitern Sie Ihr Wissen über die vier großen Operationen und gehen darüber hinaus. Ich beginne zunächst mit vier wichtigen Eigenschaften der großen vier Operationen: inverse Operationen, kommutative Operationen, assoziative Operationen und Distribution. Anschließend zeige ich Ihnen, wie die großen Vier für negative Zahlen angewendet werden.

Es geht weiter mit der Vorstellung einiger wichtiger Symbole für die Ungleichheit. Zuletzt gehen Sie über die großen Vier hinaus und lernen drei fortgeschrittenere Operationen kennen: Exponenten (auch als *Potenzen* bezeichnet), Quadratwurzeln (auch als Wurzeln bezeichnet) und Beträge.

Eigenschaften der vier großen Operationen

Nachdem Sie wissen, wie die vier großen Operationen ausgeführt werden – Addition, Subtraktion, Multiplikation und Division –, können Sie sich mit ein paar wichtigen *Eigenschaften* dieser wichtigen Operationen beschäftigen. Eigenschaften sind Merkmale der vier großen Operationen, die immer gelten, unabhängig davon, mit welchen Zahlen Sie arbeiten.

In diesem Abschnitt stelle ich Ihnen vier wichtige Konzepte vor: inverse Operationen, kommutative Operationen, assoziative Operationen und die Distributiveigenschaft. Wenn Sie verstehen, was es mit diesen Eigenschaften auf sich hat, können Sie verborgene Verbindungen zwischen den großen vier Operationen erkennen, womit Sie Zeit beim Rechnen sparen und besser mit abstrakteren Konzepten in der Mathematik zurechtkommen.

Inverse Operationen

Für jede der vier großen Operationen gibt es eine inverse Operation – eine Operation, die sie rückgängig macht. Die Addition und die Subtraktion sind inverse Operationen, weil die Addition die Subtraktion rückgängig macht und umgekehrt. Hier zum Beispiel zwei inverse Gleichungen:

$1 + 2 = 3$

$3 - 2 = 1$

In der ersten Gleichung beginnen Sie mit 1 und addieren 2 hinzu, sodass Sie 3 erhalten. In der zweiten Gleichung haben Sie 3 und subtrahieren 2 davon, sodass Sie wieder 1 erhalten. Das wichtigste Konzept ist hier, dass Sie eine Ausgangszahl betrachten – in diesem Fall 1 –, und wenn Sie dann dieselbe Zahl addieren und anschließend wieder subtrahieren, erhalten Sie wieder die Ausgangszahl. Daran erkennen Sie, dass die Subtraktion die Addition rückgängig macht.

Analog dazu macht die Addition die Subtraktion rückgängig. Wenn Sie eine Zahl subtrahieren und dieselbe Zahl dann wieder addieren, sind Sie wieder bei der Ausgangszahl. Ein Beispiel:

$184 - 10 = 174$

$174 + 10 = 184$

Hier beginnen Sie in der ersten Gleichung mit 184 und ziehen 10 davon ab, wodurch Sie 174 erhalten. In der zweiten Gleichung haben Sie 174 und addieren 10 dazu, womit Sie wieder bei 184 angelangen. In diesem Fall beginnen Sie mit der Zahl 184, subtrahieren eine Zahl und addieren dann dieselbe Zahl wieder. Die Addition macht die Subtraktion rückgängig und Sie erhalten wieder 184.

Auf dieselbe Weise sind Multiplikation und Division inverse Operationen. Ein Beispiel:

$4 \cdot 5 = 20$

$20 \div 5 = 4$

Hier beginnen Sie mit der Zahl 4 und multiplizieren sie mit 5, um 20 zu erhalten. Anschließend dividieren Sie 20 durch 5, um wieder zur Ausgangszahl 4 zurückzukehren. Die Division macht also die Multiplikation rückgängig. Analog dazu haben wir:

$30 \div 10 = 3$

$3 \cdot 10 = 30$

Hier beginnen Sie mit 30, dividieren durch 10 und multiplizieren mit 10, sodass Sie schließlich wieder zu 30 zurückgelangen. Daran erkennen Sie, dass die Multiplikation die Division rückgängig macht.

Kommutative Operationen

Addition und Multiplikation sind kommutative Operationen. *Kommutativ* bedeutet, dass die Reihenfolge der Zahlen geändert werden kann, ohne dass sich das Ergebnis verändert. Diese Eigenschaft der Addition und Multiplikation wird auch als *Kommutativeigenschaft* bezeichnet. Hier ein Beispiel dafür, dass die Addition kommutativ ist:

$3 + 5 = 8$ ist dasselbe wie $5 + 3 = 8$

Wenn Sie mit fünf Büchern beginnen und drei Bücher hinzufügen, ist das Ergebnis dasselbe, als würden Sie mit drei Büchern beginnen und fünf hinzufügen. In jedem Fall haben Sie zum Schluss acht Bücher.

Und hier ein Beispiel dafür, dass die Multiplikation kommutativ ist:

$2 \cdot 7 = 14$ ist dasselbe wie $7 \cdot 2 = 14$

Wenn Sie zwei Kinder haben und jedes von ihnen soll sieben Blumen erhalten, müssen Sie genauso viele Blumen kaufen wie jemand, der sieben Kinder hat und ihnen je zwei Blumen geben will. In beiden Fällen müssen 14 Blumen gekauft werden.

Im Gegensatz dazu sind Subtraktion und Division *nicht kommutative* Operationen. Wenn Sie die Reihenfolge der Zahlen ändern, dann ändert sich auch das Ergebnis.

Hier ein Beispiel dafür, dass die Subtraktion nicht kommutativ ist:

$6 - 4 = 2$ aber $4 - 6 = -2$

Die Subtraktion ist nicht kommutativ. Wenn Sie also 6 Euro haben und 4 Euro ausgeben, ist das Ergebnis *nicht* dasselbe, als wenn Sie 4 Euro haben und 6 Euro ausgeben. Im ersten Fall haben Sie 2 Euro übrig, im zweiten Fall haben Sie 2 Euro Schulden. Wenn Sie die Zahlen vertauschen, entsteht als Ergebnis eine negative Zahl. (Um negative Zahlen geht es weiter hinten in diesem Kapitel.)

Und hier ein Beispiel dafür, dass die Division nicht kommutativ ist:

$5 \div 2 = 2\ R\ 1$ aber $2 \div 5 = 0\ R\ 2$

Wenn Sie beispielsweise fünf Hundekekse auf zwei Hunde aufteilen wollen, erhält jeder Hund zwei Kekse, und ein Keks bleibt übrig. Vertauschen Sie die Zahlen und versuchen Sie, zwei Kekse auf fünf Hunde aufzuteilen, haben Sie gar nicht genügend Kekse, um sie zu verteilen; es erhält also kein Hund einen Keks, und Sie behalten zwei Kekse übrig.

Assoziative Operationen

Addition und Multiplikation sind *assoziative Operationen*, das heißt, Sie können sie unterschiedlich gruppieren, ohne das Ergebnis zu verändern. Diese Eigenschaft von Addition und Multiplikation wird auch als *Assoziativeigenschaft* bezeichnet. Hier ein Beispiel dafür, dass die Addition assoziativ ist: Angenommen, Sie wollen $3 + 6 + 2$ addieren. Sie können diese Aufgabe auf zweierlei Arten lösen:

$(3 + 6) + 2$	$3 + (6 + 2)$
$= 9 + 2$	$= 3 + 8$
$= 11$	$= 11$

Im ersten Fall addieren Sie zuerst 3 + 6 und dann 2. Im zweiten Fall beginnen Sie mit der Addition von 6 + 2, und dann addieren Sie 3. In jedem Fall ergibt sich die Summe 11.

Und hier ein Beispiel dafür, dass die Multiplikation assoziativ ist: Angenommen, Sie wollen die Multiplikation $5 \cdot 2 \cdot 4$ lösen. Sie können diese Aufgabe auf zweierlei Arten lösen:

$(5 \cdot 2) \cdot 4$	$5 \cdot (2 \cdot 4)$
$= 10 \cdot 4$	$= 5 \cdot 8$
$= 40$	$= 40$

Im ersten Fall multiplizieren Sie zunächst $5 \cdot 2$, und dann multiplizieren Sie mit 4. Im zweiten Fall multiplizieren Sie zuerst $2 \cdot 4$, und dann multiplizieren Sie mit 5. In jedem Fall ist das Produkt 40. Im Gegensatz dazu sind Subtraktion und Division *nicht assoziative Operationen*. Das bedeutet, wenn man sie unterschiedlich gruppiert, entstehen unterschiedliche Ergebnisse.

Verwechseln Sie nicht die Kommutativeigenschaft mit der Assoziativeigenschaft. Die Kommutativeigenschaft teilt Ihnen mit, dass es in Ordnung ist, zwei Zahlen zu vertauschen, die Sie addieren oder multiplizieren. Die Assoziativeigenschaft teilt Ihnen mit, dass es in Ordnung ist, drei Zahlen unter Verwendung von Klammern neu zu gruppieren.

In ihrer Kombination ermöglichen Ihnen die Kommutativ- und die Assoziativeigenschaft, eine Kette von Zahlen, die Sie addieren oder multiplizieren wollen, beliebig neu anzuordnen oder umzugruppieren, ohne dass sich das Ergebnis ändert. Sie werden noch feststellen, dass diese Freiheit, Ausdrücke beliebig umzuformen, sehr nützlich sein kann, wenn Sie sich in Teil V dieses Buches mit der Algebra beschäftigen.

Distribution – zur Lastverringerung

Wenn Sie schon einmal versucht haben, eine schwere Einkaufstüte zu tragen, haben Sie vielleicht festgestellt, dass die Aufteilung des Inhalts in zwei kleinere Taschen hilfreich sein kann. Dasselbe Konzept gilt auch für die Multiplikation.

In der Mathematik ermöglicht Ihnen die Distribution (auch als *Distributiveigenschaft für Multiplikation und Addition* bezeichnet), eine umfangreichere Multiplikationsaufgabe in zwei kleinere zu zerlegen und die Ergebnisse zu addieren, um schließlich die Lösung zu erhalten.

Angenommen, Sie wollen die beiden folgenden Zahlen multiplizieren:

$$17 \cdot 101$$

Sie können sie ausmultiplizieren, aber die Distribution bietet eine völlig andere Herangehensweise an das Problem, die es Ihnen vielleicht leichter macht. Weil $101 = 100 + 1$, können Sie dieses Problem wie folgt in zwei einfachere Probleme umwandeln:

$$= 17 \cdot (100 + 1)$$

$$= (17 \cdot 100) + (17 \cdot 1)$$

Sie nehmen die Zahl außerhalb der Klammern, multiplizieren sie mit jeder Zahl innerhalb der Klammern und addieren die Produkte. Nun können Sie die beiden Multiplikationen im Kopf lösen und sie einfach addieren:

$= 1.700 + 17 = 1.717$

Noch praktischer wird die Distribution, wenn Sie in Teil V bei der Algebra angelangt sind.

Die vier großen Operationen für negative Zahlen

In Kapitel 2 habe ich Ihnen anhand des Zahlenstrahls gezeigt, wie man mit negativen Zahlen umgeht. In diesem Abschnitt zeige ich Ihnen genauer, wie die vier großen Operationen für negative Zahlen ausgeführt werden. Negative Zahlen treten auf, wenn Sie eine größere Zahl von einer kleineren Zahl subtrahieren, zum Beispiel:

$5 - 8 = -3$

In Anwendungen aus der realen Welt werden negative Zahlen verwendet, um Schulden darzustellen. Wenn Sie nur fünf Stühle zu verkaufen haben, aber ein Kunde für acht Stühle zahlt, schulden Sie ihm drei Stühle. Auch wenn Sie Probleme damit haben, sich –3 Stühle vorzustellen, müssen Sie diese Schuld irgendwie darstellen – und negative Zahlen sind das beste Werkzeug für diese Aufgabe.

Addition und Subtraktion mit negativen Zahlen

Das große Geheimnis bei der Addition und Subtraktion negativer Zahlen ist, jede Aufgabenstellung in eine Folge von »rechts« und »links« auf dem Zahlenstrahl darzustellen. Nachdem Sie wissen, wie das geht, werden Sie erkennen, dass diese Aufgaben ganz einfach zu lösen sind.

In diesem Abschnitt erkläre ich, wie Sie negative Zahlen auf dem Zahlenstrahl addieren und subtrahieren. Sie müssen sich nicht jeden einzelnen Schritt dieses Verfahrens merken. Versuchen Sie, das Konzept zu begreifen, wie sich die negativen Zahlen auf dem Zahlenstrahl verhalten. (Wenn Sie noch einmal nachlesen wollen, wie ein Zahlenstrahl funktioniert, sehen Sie in Kapitel 1 nach.)

Mit einer negativen Zahl beginnen

Wenn Sie auf dem Zahlenstrahl addieren und subtrahieren, macht es keinen großen Unterschied, ob Sie mit einer negativen oder mit einer positiven Zahl beginnen. Angenommen, Sie wollen –3 + 4 lösen. Mithilfe der »Rechts«- und »Links«-Regeln erhalten Sie Folgendes:

Sie beginnen bei –3 und gehen 4 nach rechts:

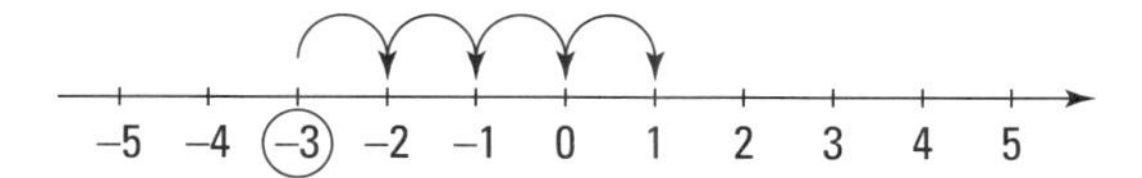

Sie erhalten also $-3 + 4 = 1$.

Nehmen wir jetzt an, Sie wollen –2 – 5 lösen. Auch hier helfen Ihnen die »Rechts«- und »Links«-Regeln. Sie subtrahieren, deshalb gehen Sie nach links:

Sie beginnen bei –2 und gehen 5 nach links:

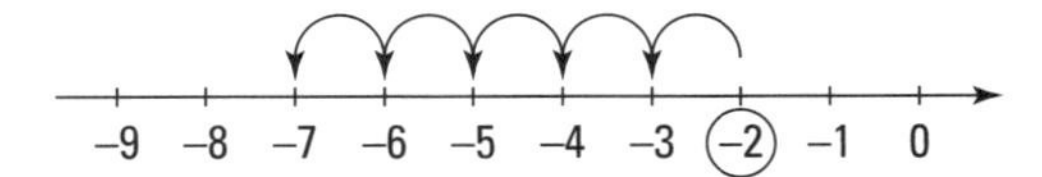

Sie erhalten also –2 – 5 = –7.

Eine negative Zahl addieren

Angenommen, Sie wollen –2 + (–4) lösen. Sie wissen bereits, dass Sie bei –2 beginnen müssen, aber wohin gehen Sie von dort aus? Hier die »Rechts«- und »Links«-Regel für die Addition einer negativen Zahl:

Die Addition einer negativen Zahl ist dasselbe wie die Subtraktion einer positiven Zahl – Sie gehen auf dem Zahlenstrahl nach *links*.

Nach dieser Regel ist –2 + (–4) dasselbe wie –2 – 4, also:

Beginnen Sie bei –2 und gehen Sie 4 nach links:

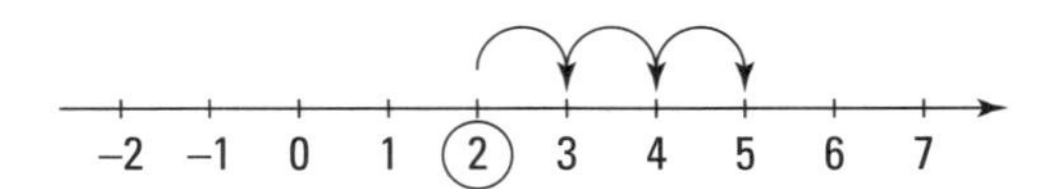

Sie erhalten also –2 + (–4) = –6.

Wenn Sie eine Subtraktionsaufgabe als Additionsaufgabe umschreiben – indem Sie etwa 3 – 7 als 3 + (–7) schreiben –, können Sie die Kommutativ- und Assoziativeigenschaften der Addition nutzen, die ich weiter vorn in diesem Kapitel beschreibe. Sie müssen nur an das negative Vorzeichen der Zahl denken, wenn Sie umordnen: (–7) + 3.

Eine negative Zahl subtrahieren

Die letzte Regel, die Sie kennen sollten, beschäftigt sich damit, wie eine negative Zahl subtrahiert wird. Angenommen, Sie wollen 2 – (–3) lösen. Hier die »Rechts«- und »Links«-Regel:

Die Subtraktion einer negativen Zahl ist dasselbe wie die Addition einer positiven Zahl – das heißt, Sie bewegen sich auf dem Zahlenstrahl nach *rechts*.

Diese Regel teilt Ihnen mit, dass 2 – (–3) dasselbe ist wie 2 + 3, deshalb:

Beginnen Sie bei 2 und gehen Sie 3 nach rechts:

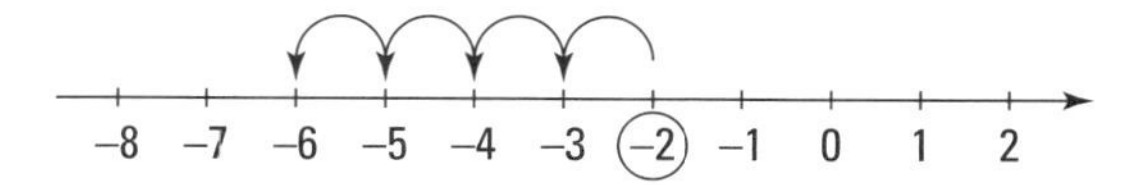

Sie erhalten also 2 – (–3) = 5.

Wenn Sie negative Zahlen subtrahieren, können Sie sich vorstellen, dass sich die beiden Minuszeichen aufheben, sodass eine positive Zahl entsteht.

Multiplikation und Division mit negativen Zahlen

Die Multiplikation und Division mit negativen Zahlen erfolgt im Grunde so wie mit positiven Zahlen. Das Vorhandensein von einem oder mehreren Minuszeichen (–) ändert am numerischen Teil der Lösung nichts. Die Frage ist nur, ob das Vorzeichen positiv oder negativ ist:

Merken Sie sich beim Multiplizieren oder Dividieren von zwei Zahlen:

✓ Wenn die Zahlen *dasselbe Vorzeichen* haben, ist das Ergebnis immer positiv.

✓ Wenn die Zahlen *unterschiedliche Vorzeichen* haben, ist das Ergebnis immer negativ.

Beispiel:

$2 \cdot 3 = 6$ $2 \cdot (-3) = -6$

$-2 \cdot (-3) = 6$ $-2 \cdot 3 = -6$

Wie Sie sehen, ist der numerische Teil der Lösung immer 6. Die Frage ist nur, ob die vollständige Lösung 6 oder –6 lautet. Deshalb kommt hier die Regel für dieselben oder unterschiedliche Vorzeichen ins Spiel.

Sie können sich diese Regel auch so vorstellen, dass die beiden Negativen sich aufheben, sodass etwas Positives entsteht.

Betrachten Sie analog dazu die folgenden vier Divisionsgleichungen:

$10 \div 2 = 5$ $10 \div (-2) = -5$

$-10 \div (-2) = 5$ $-10 \div 2 = -5$

In diesem Fall ist der numerische Teil der Lösung immer 5. Sind die Vorzeichen gleich, ist das Ergebnis positiv, sind die Vorzeichen unterschiedlich, ist das Ergebnis negativ.

Einheiten und Größen verstehen

Alles, was gezählt werden kann, ist eine *Einheit*. Das ist eine relativ große Kategorie, weil fast alles, was man mit einem Namen versehen kann, gezählt werden kann. Weitere Informationen über Maßeinheiten erhalten Sie in Kapitel 15. Im Moment sollten Sie nur wissen, dass alle Einheiten gezählt werden können, das heißt, Sie können die vier großen Operationen auf Größen mit Einheiten anwenden.

Größen addieren und subtrahieren

Das Addieren und Subtrahieren von Größen unterscheidet sich kaum vom Addieren und Subtrahieren von Zahlen. Sie müssen sich nur merken, dass nur addiert oder subtrahiert werden kann, wenn dieselben Einheiten vorliegen. Zum Beispiel:

3 Stühle + 2 Stühle = 5 Stühle

4 Orangen – 1 Orange = 3 Orangen

Was passiert, wenn Sie versuchen, unterschiedliche Größen zu addieren oder zu subtrahieren? Hier ein Beispiel:

3 Stühle + 2 Tische = ?

Die einzige Möglichkeit, wie Sie diese Addition durchführen können, ist es, die Einheiten anzugleichen:

3 Möbelstücke + 2 Möbelstücke = 5 Möbelstücke

Größen multiplizieren und dividieren

Größen können immer mit einer *Zahl* multipliziert und durch eine *Zahl* dividiert werden. Angenommen, Sie haben vier Stühle, stellen aber fest, dass Sie für Ihre Party doppelt so viele benötigen. Dieser Gedanke wird in der Mathematik wie folgt ausgedrückt:

4 Stühle · 2 = 8 Stühle

Analog dazu können Sie sich vorstellen, Sie haben 20 Kirschen und wollen sie auf vier Leute verteilen. Diese Idee wird wie folgt dargestellt:

20 Kirschen ÷ 4 = 5 Kirschen

Aber seien Sie vorsichtig, wenn Sie Größen mit Größen multiplizieren oder durch diese dividieren. Zum Beispiel:

2 Äpfel · 3 Äpfel = ? FALSCH!

12 Hüte ÷ 6 Hüte = ? FALSCH!

Keine dieser Gleichungen ist sinnvoll. In diesen Fällen ist die Multiplikation oder Division mit beziehungsweise durch Größen unsinnig.

In vielen anderen Fällen dagegen ist die Multiplikation und Division von Größen in Ordnung. Beispielsweise ergibt die Multiplikation von *Längeneinheiten* (wie beispielsweise Zentimeter, Meter oder Kilometer) *Quadrateinheiten*. Zum Beispiel:

3 Zentimeter · 3 Zentimeter = 9 *Quadratzentimeter*

10 Kilometer · 5 Kilometer = 50 *Quadratkilometer*

100 Meter · 200 Meter = 20.000 *Quadratmeter*

Weitere Informationen über Längeneinheiten finden Sie in Kapitel 15. Analog dazu hier einige Beispiele, wann die Division durch Größen sinnvoll ist:

12 Stücke Pizza ÷ 4 Personen = 3 Stücke Pizza/Person

140 Kilometer ÷ 2 Stunden = 70 Kilometer/Stunde

In diesen Fällen lesen Sie den Bruchschrägstich (/) als *pro*: Pizzastücke pro Person oder Kilometer pro Stunde. Weitere Informationen über die Multiplikation und Division durch Einheiten finden Sie in Kapitel 15, in dem ich Ihnen zeige, wie Sie von einer Maßeinheit in eine andere umwandeln.

Ungleichheiten verstehen

Manchmal will man ausdrücken, dass zwei Mengen ungleich sind. Diese Aussagen werden auch als *Ungleichungen* bezeichnet. Ich stelle hier vier Arten von Ungleichungen vor: ≠ (ungleich), < (kleiner), > (größer) und ≈ (ungefähr gleich).

Ungleich (≠)

Die einfachste Ungleichung ist ≠, die Sie verwenden, wenn zwei Mengen nicht gleich sind. Zum Beispiel:

$2 + 2 \neq 5$

$3 \times 4 \neq 34$

$999.999 \neq 1.000.000$

Sie können ≠ lesen als »ist ungleich« oder »ist nicht gleich«. Lesen Sie also $2 + 2 \neq 5$ als »zwei plus zwei ist ungleich fünf«.

Kleiner (<) und größer (>)

Das Symbol < bedeutet *kleiner als*. Beispielsweise gelten die folgenden Aussagen:

$4 < 5$

$100 < 1.000$

$2 + 2 < 5$

Vergleichbar dazu steht das Symbol > für *größer als*. Zum Beispiel:

$5 > 4$

$100 > 99$

$2 + 2 > 3$

Die beiden Symbole < und > sind ähnlich und werden leicht verwechselt. Hier zwei einfache Methoden, wie Sie sich merken können, was was ist:

- ✓ Das < sieht ein bisschen aus wie ein *L*. Dieses *L* kann Sie daran erinnern, dass es das Symbol für k**L**einer ist.
- ✓ Denken Sie daran, dass sich bei einer wahren Aussage die *große* Öffnung des Symbols auf der Seite des *größeren* Betrags befindet und dass der *kleine* Punkt sich auf der Seite des *kleineren* Betrags befindet.

Ungefähr gleich (≈)

In Kapitel 2 habe ich Ihnen gezeigt, wie durch Runden Zahlen einfacher zu handhaben sind. Dort habe ich auch das Zeichen ≈ vorgestellt, das *ungefähr gleich* bedeutet.

Zum Beispiel:

$49 \approx 50$

$1.024 \approx 1.000$

$999.999 \approx 1.000.000$

Sie können ≈ auch verwenden, wenn Sie die Lösung für eine Aufgabenstellung schätzen:

$1.00.487 + 2.001.932 + 5.000.932$

$\approx 1.000.000 + 2.000.000 + 5.000.000 \approx 8.000.000$

Über die großen Vier hinaus: Exponenten, Quadratwurzeln und Beträge

In diesem Abschnitt stelle ich Ihnen drei neue Operationen vor, die Sie brauchen, wenn Sie sich eingehender mit Mathematik beschäftigen: Exponenten, Quadratwurzeln und Beträge. Wie die großen vier Operationen nehmen auch diese Operationen Zahlen entgegen und machen irgendetwas damit.

Ehrlich gesagt, gibt es für diese drei Operationen weniger alltägliche Anwendungen als für die großen Vier. Aber Sie werden noch sehr viel davon hören, wenn Sie sich weiter mit Mathematik beschäftigen. Glücklicherweise sind sie nicht schwer zu verstehen, deshalb ist es jetzt die beste Zeit, sich damit vertraut zu machen.

Exponenten verstehen

Exponenten (auch als *Potenzen* bezeichnet) sind eine Abkürzung für eine wiederholte Multiplikation. Beispielsweise bedeutet 2^3, dass 2 dreimal mit sich selbst multipliziert wird. Dazu verwenden Sie die folgende Notation:

$$2^3 = 2 \cdot 2 \cdot 2 = 8$$

In diesem Beispiel ist 2 die *Basis* und 3 ist der *Exponent*. Sie können 2^3 lesen als »2 hoch 3« oder als »dritte Potenz von 2« (oder sogar »2 im Kubik«, was mit der Formel für die Berechnung des Wertes eines Würfels zu tun hat – siehe hierzu Kapitel 16).

Hier noch ein Beispiel:

10^5 bedeutet, dass 10 fünfmal mit sich selbst multipliziert wird.

Damit ergibt sich:

$$10^5 = 10 \cdot 10 \cdot 10 \cdot 10 \cdot 10 = 100.000$$

Hier ist 10 die Basis und 5 ist der Exponent. Sie lesen 10^5 als »10 hoch 5« oder »die fünfte Potenz von 10«.

Wenn die Basiszahl 10 ist, ist es einfach, die Exponenten zu berechnen. Sie schreiben einfach eine 1 und dann so viele Nullen dahinter, wie im Exponenten angegeben:

$10^2 = 100$ (1 mit zwei Nullen)

$10^7 = 10.000.000$ (1 mit sieben Nullen)

$10^{20} = 100.000.000.000.000.000.000$ (1 mit 20 Nullen)

Exponenten mit der Basis 10 sind sehr wichtig für die wissenschaftliche Notation, um die es in Kapitel 14 im Detail geht.

Der gebräuchlichste Exponent ist die Zahl 2. Wenn Sie eine ganze Zahl in die zweite Potenz erheben, erhalten Sie eine Quadratzahl. (Weitere Informationen über Quadratzahlen finden Sie in Kapitel 1.) Aus diesem Grund wird die Potenzierung einer Zahl auch als *Quadrieren* dieser Zahl bezeichnet. Sie lesen 3^2 als »3 zum Quadrat«, 4^2 als »4 zum Quadrat« und so weiter. Hier einige quadrierte Zahlen:

$$3^2 = 3 \cdot 3 = 9$$

$$4^2 = 4 \cdot 4 = 16$$

$$5^2 = 5 \cdot 5 = 25$$

Jede Zahl, die in die Potenz 0 erhoben wird, ergibt 1. 1^0, 37^0 und 999.999^0 sind also alle äquivalent oder gleich.

Zurück zu den Wurzeln

Im Abschnitt »Eigenschaften der vier großen Operationen« weiter vorn in diesem Kapitel habe ich Ihnen gezeigt, wie sich Addition und Subtraktion invers zueinander verhalten. Außerdem habe ich Ihnen gezeigt, wie Multiplikation und Division inverse Operationen sind. Vergleichbar dazu sind Wurzeln die inverse Operation zu Exponenten.

Die gebräuchlichste Wurzel ist die *Quadratwurzel*. Eine Quadratwurzel macht einen Exponenten von 2 rückgängig. Zum Beispiel:

$3^2 = 3 \cdot 3 = 9$, also ist $\sqrt{9} = 3$

$4^2 = 4 \cdot 4 = 16$, also ist $\sqrt{16} = 4$

$5^2 = 5 \cdot 5 = 25$, also ist $\sqrt{25} = 5$

Sie lesen das Symbol $\sqrt{\ }$ als »die Quadratwurzel von« oder »Wurzel«. Sie können $\sqrt{9}$ also als »die Quadratwurzel von 9« oder »Wurzel 9« lesen.

Wie Sie sehen, ist beim Berechnen der Wurzel einer Quadratzahl das Ergebnis die Zahl, die Sie zuvor mit sich selbst multipliziert haben, um diese Quadratzahl zu erhalten. Um beispielsweise $\sqrt{100}$ zu berechnen, stellen Sie die Frage: »Welche Zahl ergibt 100, wenn sie mit sich selbst multipliziert wird?« Die Antwort lautet in diesem Fall 10, denn

$10 \cdot 10 = 100$, also ist $\sqrt{100} = 10$

Sie werden die Quadratwurzeln wahrscheinlich erst in der Algebra benutzen, aber dann werden sie sehr praktisch.

Den Betrag einer Zahl bestimmen

Der *Betrag* einer Zahl ist der positive Wert dieser Zahl. Er gibt an, wie weit diese Zahl auf dem Zahlenstrahl von 0 entfernt ist. Das Symbol für den Betrag sind zwei vertikale Striche.

Die Berechnung des Betrags einer positiven Zahl ändert den Wert der Zahl nicht. Zum Beispiel:

$|3| = 3$

$|12| = 12$

$|145| = 145$

Die Berechnung des Absolutwerts einer negativen Zahl ändert diese jedoch in eine positive Zahl:

$|-5| = 5$

$|-10| = 10$

$|-212| = 212$

Eine Frage der Werte: Berechnung arithmetischer Ausdrücke

5

In diesem Kapitel ...

- Drei wichtige Konzepte der Mathematik verstehen: Gleichungen, Terme und deren Berechnung
- Die Operatorenreihenfolge nutzen, um Ausdrücke mit den vier großen Operationen zu berechnen
- Mit Termen arbeiten, die Exponenten enthalten
- Terme mit Klammern auswerten

In diesem Kapitel stelle ich Ihnen drei wichtige Konzepte der Mathematik vor: Gleichungen, Terme und deren Berechnung.

Drei wichtige Konzepte der Mathematik: Gleichungen, Terme und deren Berechnung

Diese drei Konzepte sollten Ihnen sehr vertraut vorkommen, weil Sie sie schon seit langer Zeit benutzen, auch wenn Sie das vielleicht nicht erkannt haben. Egal, ob Sie in einem Geschäft die Summe für mehrere Artikel bilden, Ihr Konto ausgleichen oder die Fläche Ihrer Wohnung berechnen, Sie berechnen ständig Terme und stellen Gleichungen auf. In diesem Abschnitt betrachte ich diese Dinge näher und vermittle Ihnen eine neue Perspektive.

Sie wissen vielleicht schon, dass eine *Gleichung* eine mathematische Aussage ist, die ein Gleichheitszeichen (=) enthält – zum Beispiel 1 + 1 = 2. Ein *Term* ist eine Verknüpfung mathematischer Symbole, die auf einer Seite einer Gleichung angegeben werden können, zum Beispiel 1 + 1. Und bei der *Berechnung* ermitteln Sie den Wert eines Ausdrucks als Zahl – um beispielsweise festzustellen, dass der Term 1 + 1 gleich 2 ist.

Im übrigen Kapitel zeige ich Ihnen, wie Sie Terme in Zahlen umwandeln – unter Verwendung verschiedener Regeln, die auch als *Operatorenreihenfolge* bezeichnet werden. Diese Regeln sehen kompliziert aus, aber ich vereinfache sie so weit, dass Sie selbst erkennen können, was in einer beliebigen Situation als Nächstes zu tun ist.

Gleichheit für alle: Gleichungen

Eine *Gleichung* ist eine mathematische Aussage, die Ihnen mitteilt, dass zwei Dinge denselben Wert haben – mit anderen Worten, es handelt sich um eine Aussage mit einem Gleichheitszeichen. Die Gleichung ist eines der wichtigsten Konzepte in der Mathematik, weil sie Ihnen ermöglicht, viele komplizierte Informationen zu einer einzigen Zahl zusammenzufassen.

Mathematische Gleichungen gibt es in den unterschiedlichsten Formen: arithmetische Gleichungen, algebraische Gleichungen, Differenzialgleichungen, partielle Differenzialgleichungen, diophantische Gleichungen und vieles andere mehr. In diesem Buch betrachte ich nur zwei Gleichungstypen: arithmetische Gleichungen und algebraische Gleichungen.

In diesem Kapitel geht es nur um *arithmetische Gleichungen*, also Gleichungen mit Zahlen, den vier großen Operationen und den anderen grundlegenden Operationen, die ich in Kapitel 4 vorgestellt habe (Beträge, Exponenten und Wurzeln). In Teil V erkläre ich Ihnen algebraische Gleichungen genauer. Hier einige Beispiele für einfache arithmetische Gleichungen:

$$2 + 2 = 4$$

$$3 \cdot 4 = 12$$

$$20 \div 2 = 10$$

Drei Eigenschaften der Gleichheit

Drei Eigenschaften der Gleichheit heißen *Reflexivität*, *Symmetrie* und *Transitivität*:

- ✓ **Reflexivität** besagt, dass alles gleich sich selbst ist. Zum Beispiel:

  $1 = 1$, $23 = 23$, $1.000.007 = 1.000.007$

- ✓ **Symmetrie** besagt, dass die Reihenfolge geändert werden kann, in der Dinge als gleich angegeben werden. Zum Beispiel:

  $4 \cdot 5 = 20$, also ist auch $20 = 4 \cdot 5$

- ✓ **Transitivität** besagt: Wenn etwas gleich zwei anderen Dingen ist, dann sind diese beiden anderen Dinge ebenfalls gleich.

  $3 + 1 = 4$ und $4 = 2 \cdot 2$, also ist auch $3 + 1 = 2 \cdot 2$

Weil die Gleichheit alle drei dieser Eigenschaften besitzt, bezeichnen die Mathematiker sie als *Äquivalenzrelation*. Die Ungleichheiten, die ich in Kapitel 4 vorgestellt habe ($\neq$, $>$, $<$, $\approx$), weisen nicht unbedingt alle diese Eigenschaften auf.

Und hier einige Beispiele für kompliziertere arithmetische Gleichungen:

$$1.000 - 1 - 1 - 1 = 997$$

$$(1 \cdot 1) + (2 \cdot 2) = 5$$

$$4^2 - \sqrt{256} = (791 - 842) \cdot 0$$

He, es ist nur ein Term!

Ein *Term* ist eine beliebige Verknüpfung mathematischer Symbole, der auf einer Seite einer Gleichung stehen kann. Mathematische Terme gibt es genau wie Gleichungen in den unterschiedlichsten Varianten. Ich konzentriere mich hier auf die *arithmetischen Terme*, nämlich Terme mit Zahlen, den vier großen Operationen und ein paar anderen grundlegenden Operationen (siehe Kapitel 4). In Teil V stelle ich Ihnen algebraische Terme vor. Hier einige Beispiele für einfache Terme:

$2 \div 2$

$-17 + (-1)$

$14 + 7$

Und hier ein paar Beispiele für kompliziertere Terme:

$(88 - 23) \div 13$

$100 + 2 - 3 \cdot 17$

$\sqrt{441} - |-2^3|$

Berechnung der Situation

Wenn Sie etwas berechnen, bestimmen Sie seinen Wert. Die Berechnung eines Ausdrucks wird auch als *Vereinfachen*, *Lösen* oder *Bestimmung des Wertes eines Terms* bezeichnet. Die Bezeichnung variiert, aber das Konzept ist immer dasselbe – man macht aus einer Verknüpfung von Zahlen mit mathematischen Symbolen eine einzige Zahl.

Wenn Sie einen arithmetischen Term berechnen, vereinfachen Sie ihn auf einen einzigen numerischen Wert – das heißt, Sie finden die Zahl, der der Term entspricht. Berechnen Sie beispielsweise den folgenden arithmetischen Term:

$7 \cdot 5$

Wie? Sie vereinfachen ihn zu einer einzigen Zahl:

35

Die Vereinigung der drei Konzepte

Ich vermute, Sie brennen darauf zu erfahren, wie sich die drei großen Konzepte – Gleichungen, Terme und deren Berechnung – zu einer Einheit verbinden. Die *Berechnung* ermöglicht Ihnen, einen *Term* mit mehr als einer Zahl auf eine einzige Zahl zu reduzieren. Anschließend können Sie eine *Gleichung* aufstellen und den Term und die Zahl mithilfe eines Gleichheitszeichens verbinden. Hier sehen Sie beispielsweise einen *Term* mit vier Zahlen:

$1 + 2 + 3 + 4$

Wenn Sie ihn *berechnen*, reduzieren Sie ihn auf eine einzige Zahl:

10

Und jetzt können Sie eine *Gleichung* aufstellen, indem Sie den Term und die Zahl mit einem Gleichheitszeichen verbinden:

$1 + 2 + 3 + 4 = 10$

Die Operatorenreihenfolge

Haben Sie als Kind auch versucht, zuerst Ihre Schuhe und dann Ihre Socken anzuziehen? Wenn Ihnen das passiert ist, sind Sie vermutlich zu der folgenden einfachen Regel gelangt:

1. Socken anziehen
2. Schuhe anziehen

Damit haben Sie eine Operationsreihenfolge: Die Socken müssen angezogen werden, bevor die Schuhe angezogen werden. Ihre Socken haben also beim Anziehen Priorität vor Ihren Schuhen. Eine ganz einfache Regel.

In diesem Abschnitt stelle ich Ihnen eine vergleichbare Regelmenge für die Berechnung von Ausdrücken vor, die sogenannte *Operatorenreihenfolge* (manchmal auch als *Operatorenpriorität* bezeichnet). Lassen Sie sich von diesem komplizierten Namen nicht verwirren. Die Operatorenreihenfolge ist nur eine Regelmenge, die sicherstellen soll, dass Sie Ihre Socken und Ihre Schuhe in der richtigen Reihenfolge anziehen – im mathematischen Sinne –, sodass Sie immer das richtige Ergebnis erhalten.

Hinweis: Normalerweise biete ich in diesem Buch jeweils am Anfang eines Abschnitts einen allgemeinen Überblick über die jeweiligen Themen und erkläre sie dann später im Kapitel, anstatt sie zuerst aufzubauen und dann das Ergebnis zu präsentieren. Die Operatorenreihenfolge ist jedoch etwas zu verwirrend, um sie nur auf diese Weise darzustellen. Stattdessen beginne ich mit einer Liste von vier Regeln und gehe dann weiter hinten im Kapitel ins Detail. Lassen Sie sich von der Komplexität dieser Regeln nicht abschrecken, bevor Sie sie genauer betrachtet haben!

Berechnen Sie arithmetische Terme von links nach rechts gemäß der folgenden Operatorenreihenfolge:

1. Klammern

1. Exponenten

2. Multiplikation und Division

3. Addition und Subtraktion

Sie müssen sich diese Liste jetzt noch nicht merken. Ich werde sie Ihnen in den folgenden Abschnitten dieses Kapitels langsam näherbringen. Ich fange ganz unten an und arbeite mich nach oben, nämlich wie folgt:

- ✓ Im Abschnitt »Anwendung der Operatorenreihenfolge auf Terme mit den vier großen Operationen« erkläre ich Schritt 3 und 4 – wie Terme mit einer beliebigen Kombination aus Addition, Subtraktion, Multiplikation und Division berechnet werden können.
- ✓ Im Abschnitt »Anwendung der Operatorenreihenfolge in Termen mit Exponenten« zeige ich Ihnen, wie Schritt 2 ins Spiel kommt – wie Terme mit den vier großen Operationen *plus* Exponenten, Wurzeln und Absolutwert berechnet werden.

✓ Im Abschnitt »Anwendung der Operatorenreihenfolge in Termen mit Klammern« zeige ich Ihnen, wie Schritt 1 realisiert wird – wie alle bereits erklärten Terme *plus* Terme mit Klammern berechnet werden.

Anwendung der Operatorenreihenfolge auf Terme mit den vier großen Operationen

Wie ich anfangs in diesem Kapitel erklärt habe, ist die Berechnung eines Terms nichts anderes, als ihn in eine einzige Zahl umzuwandeln. Nun beginnen wir mit den Grundlagen der Berechnung von Termen, die eine beliebige Kombination der vier großen Operationen beinhalten – Addition, Subtraktion, Multiplikation und Division. (Weitere Informationen über die vier großen Operationen finden Sie in Kapitel 3.) Allgemein kann man sagen, dass Terme mit den vier großen Operationen in den drei in Tabelle 5.1 dargestellten Typen auftreten.

Term	Beispiel	Regel
Enthält nur Addition und Subtraktion	$12 + 7 - 6 - 3 + 8$	Berechnung von links nach rechts
Enthält nur Multiplikation und Division	$18 \div 3 \cdot 7 \div 14$	Berechnung von links nach rechts
Operationen mit gemischten Operatoren: enthält eine Kombination aus Addition/Subtraktion und Multiplikation/Division	$9 + 6 \div 3$	1. Multiplikation und Division von links nach rechts ausführen 2. Addition und Subtraktion von links nach rechts ausführen

Tabelle 5.1: Die drei Arten von Termen mit den vier großen Operationen

In diesem Abschnitt zeige ich Ihnen, wie Sie diese drei Termtypen erkennen und berechnen.

Terme nur mit Addition und Subtraktion

Einige Terme enthalten nur Addition und Subtraktion. In diesem Fall ist die Regel für die Berechnung des Terms einfach:

Wenn ein Term nur Addition und Subtraktion enthält, berechnen Sie ihn schrittweise von links nach rechts.

Angenommen, Sie wollen den folgenden Term berechnen:

$$17 - 5 + 3 - 8$$

Weil hier nur die Operationen Addition und Subtraktion vorkommen, können Sie von links nach rechts rechnen, beginnend bei $17 - 5$:

$$= 12 + 3 - 8$$

Wie Sie sehen, ersetzt die Zahl 12 den Teil $17 - 5$. Nun besteht der Term nur noch aus drei Zahlen statt aus vier. Anschließend berechnen Sie $12 + 3$:

$= 15 - 8$

Damit reduziert sich der Term auf zwei Zahlen, mit denen Sie nun ganz einfach rechnen können:

$= 7$

Sie erhalten also $17 - 5 + 3 - 8 = 7$.

Terme nur mit Multiplikation und Division

Einige Terme enthalten nur Multiplikation und Division. In diesem Fall ist die Regel für die Berechnung des Terms ganz einfach:

Wenn ein Term nur Multiplikation und Division enthält, berechnen Sie ihn schrittweise von links nach rechts.

Angenommen, Sie wollen den folgenden Term berechnen:

$9 \cdot 2 \div 6 \div 3 \cdot 2$

Dieser Term enthält nur Multiplikation und Division, deshalb können Sie ihn von links nach rechts berechnen, beginnend mit $9 \cdot 2$:

$= 18 \div 6 \div 3 \cdot 2$

$= 3 \div 3 \cdot 2$

$= 1 \cdot 2$

$= 2$

Beachten Sie, dass der Term jeweils um eine Zahl abnimmt, bis er schließlich nur noch die Zahl 2 enthält. Es gilt also $9 \cdot 2 \div 6 \div 3 \cdot 2 = 2$.

Noch ein schnelles Beispiel:

$-2 \cdot 6 \div (-4)$

Obwohl dieser Term negative Zahlen enthält, verwendet er nur die Operationen Multiplikation und Division. Sie können ihn also in zwei Schritten von links nach rechts berechnen (und denken Sie dabei an die Regeln für die Multiplikation und Division negativer Zahlen, wie in Kapitel 4 beschrieben):

$= -12 \div (-4)$

$= 3$

Sie erhalten also $-2 \cdot 6 \div (-4) = 3$.

Terme mit gemischten Operatoren

Häufig enthält ein Term

- ✓ mindestens einen Additions- oder Subtraktionsoperator,
- ✓ mindestens einen Multiplikations- oder Divisionsoperator.

Ich bezeichne diese Terme als *Terme mit gemischten Operatoren*. Um sie zu berechnen, brauchen Sie eine stärkere Keule. Hier folgt die Regel, die Sie dabei einhalten müssen.

Berechnen Sie Terme mit gemischten Operatoren wie folgt:

1. **Berechnen Sie die Multiplikation und die Division von links nach rechts.**
2. **Berechnen Sie die Addition und die Subtraktion von links nach rechts.**

Angenommen, Sie wollen den folgenden Term berechnen:

$5 + 3 \cdot 2 + 8 \div 4$

Wie Sie sehen, enthält dieser Term Addition, Multiplikation und Division, deshalb handelt es sich um einen Term mit gemischten Operatoren. Um ihn zu berechnen, unterstreichen Sie zunächst die Multiplikation und die Division im Term:

$5 + \underline{3 \cdot 2} + \underline{8 \div 4}$

Nun berechnen Sie die unterstrichenen Teile von links nach rechts:

$= 5 + 6 + \underline{8 \div 4}$

$= 5 + 6 + 2$

An dieser Stelle haben Sie einen Term, der nur noch Additionen enthält, deshalb können Sie von links nach rechts rechnen:

$= 11 + 2$

$= 13$

Sie erhalten also $5 + 3 \cdot 2 + 8 \div 4 = 13$.

Anwendung der Operatorenreihenfolge in Termen mit Exponenten

Im Folgenden erfahren Sie, was Sie für die Berechnung von Termen mit Exponenten wissen müssen (weitere Informationen über Exponenten finden Sie in Kapitel 4).

Berechnen Sie die Exponenten von links nach rechts, *bevor* Sie mit der Berechnung der vier großen Operationen (Addition, Subtraktion, Multiplikation und Division) beginnen.

Der Trick dabei ist, den Term zu einem Term zu machen, der nur die vier großen Operationen enthält, und dann die Regeln aus dem Abschnitt »Anwendung der Operatorenreihenfolge auf Terme mit den vier großen Operationen« weiter vorn in diesem Kapitel zu befolgen. Angenommen, Sie wollen Folgendes berechnen:

$3 + 5^2 - 6$

Zuerst berechnen Sie den Exponenten:

$= 3 + 25 - 6$

Nun beinhaltet der Term nur noch Addition und Subtraktion; Sie können ihn also in zwei Schritten von links nach rechts ausrechnen:

$= 28 - 6$

$= 22$

Sie erhalten also $3 + 5^2 - 6 = 22$.

Anwendung der Operatorenreihenfolge in Termen mit Klammern

In der Mathematik werden Klammern – ( ) – häufig verwendet, um Teile eines Terms zu gruppieren. Beim Berechnen von Termen müssen Sie Folgendes über Klammern wissen:

Um Terme zu berechnen, die Klammern enthalten, gehen Sie wie folgt vor:

1. **Berechnen Sie den Inhalt der Klammern von innen nach außen.**
2. **Berechnen Sie den restlichen Term.**

Terme mit den vier großen Operationen mit Klammern

Angenommen, Sie wollen $(1 + 15 \div 5) + (3 - 6) \cdot 5$ berechnen. Dieser Term enthält zwei Klammernpaare, die Sie von links nach rechts berechnen. Beachten Sie, dass das erste Klammernpaar einen Term mit gemischten Operatoren enthält, deshalb berechnen Sie ihn beginnend mit der Division in zwei Schritten:

$= (1 + 3) + (3 - 6) \cdot 5$

$= 4 + (3 - 6) \cdot 5$

Nun berechnen Sie den Inhalt des zweiten Klammernpaars:

$= 4 + (-3) \cdot 5$

Damit haben Sie einen Term mit gemischten Operatoren und berechnen zuerst die Multiplikation $(-3 \cdot 5)$:

$= 4 + (-15)$

Schließlich führen Sie die Addition aus:

$= -11$

Sie erhalten also $(1 + 15 \div 5) + (3 - 6) \cdot 5 = -11$

Terme mit Exponenten und Klammern

Als weiteres Beispiel berechnen Sie Folgendes:

$$1 + (3 - 6^2 \div 9) \cdot 2^2$$

Sie beginnen damit, *nur* das zu berechnen, was sich innerhalb der Klammern befindet. Hier berechnen Sie als Erstes den Exponenten, 6^2:

$$= 1 + (3 - 36 \div 9) \cdot 2^2$$

Nun berechnen Sie weiterhin innerhalb der Klammer, indem Sie die Division durchführen, $36 \div 9$:

$$= 1 + (3 - 4) \cdot 2^2$$

Nun können Sie die Klammer berechnen:

$$= 1 + (-1) \cdot 2^2$$

Damit haben Sie einen Term mit einem Exponenten. Für die Berechnung dieses Terms benötigen Sie drei Schritte, beginnend mit dem Exponenten:

$$= 1 + (-1) \cdot 4$$

$$= 1 + (-4)$$

$$= -3$$

Sie erhalten also $1 + (3 - 6^2 \div 9) \cdot 2^2 = -3$.

Terme mit Klammern, die in eine Potenz erhoben werden

Manchmal wird der gesamte Inhalt eines Klammernpaars in eine Potenz erhoben. In diesem Fall berechnen Sie den Inhalt der Klammern, *bevor* Sie den Exponenten berechnen. Hier ein Beispiel:

$$(7 - 5)^3$$

Zuerst berechnen Sie $7 - 5$:

$$= 2^3$$

Nachdem die Klammern weggefallen sind, können Sie den Exponenten berechnen:

$$= 8$$

Es kann vorkommen, dass auch der Exponent Klammern enthält. Auch hier berechnen Sie zuerst das, was sich innerhalb der Klammern befindet. Zum Beispiel:

$$21^{(19+\underline{3\cdot(-6)})}$$

Hier haben Sie innerhalb der Klammern einen Term mit gemischten Operatoren. Der Teil, den Sie als Erstes berechnen müssen, ist unterstrichen dargestellt:

$$= 21^{(19+(-18))}$$

Jetzt können Sie den Term innerhalb der Klammern vollständig berechnen:

$= 21^1$

Damit haben Sie einen sehr einfachen Exponenten:

$= 21$

Sie erhalten also $21^{(19+3\cdot(-6))} = 21$.

Hinweis: Technisch gesehen müssen Sie keine Klammern um den Exponenten schreiben. Wenn Sie einen Ausdruck im Exponenten sehen, behandeln Sie ihn so, als wären Klammern um ihn herum dargestellt. Mit anderen Worten: $21^{19+3\cdot(-6)}$ ist dasselbe wie$21^{(19+3\cdot(-6))}$.

Terme mit verschachtelten Klammern

Manchmal enthält ein Term *verschachtelte Klammern*: ein oder mehrere Klammernpaare innerhalb eines anderen Klammernpaars. Hier die Regel für den Umgang mit verschachtelten Klammern:

Wenn Sie einen Term mit verschachtelten Klammern berechnen, berechnen Sie zuerst das, was sich innerhalb des *innersten* Klammernpaars befindet, und arbeiten sich dann vor bis zum *äußersten* Klammernpaar.

Angenommen, Sie wollen den folgenden Term berechnen:

$2 + (9 - (\underline{7 - 3}))$

Ich habe den Inhalt des inneren Klammernpaars unterstrichen, dessen Inhalt Sie als Erstes berechnen:

$= 2 + (9 - 4)$

Nun berechnen Sie, was sich innerhalb des verbleibenden Klammernpaars befindet:

$= 2 + 5$

Und dann geht alles ganz schnell:

$= 7$

Sie erhalten also $2 + (9 - (7 - 3)) = 7$.

Als letztes Beispiel folgt hier ein Term, in dem Sie alle Regeln aus diesem Kapitel anwenden müssen:

$4 + (-7 \cdot (2^{(\underline{5-1})} - 4 \cdot 6))$

Dieser Term ist komplizierter, als Sie es bisher gewohnt sind: Ein Klammernpaar enthält ein weiteres Klammernpaar, das ein drittes Klammernpaar enthält. Fangen Sie bei der Berechnung damit an, was ich im dritten Klammernpaar unterstrichen habe:

$= 4 + (-7 \cdot (\underline{2^4 - 4 \cdot 6}))$

Es bleibt ein Klammernpaar innerhalb eines anderen Klammernpaars. Auch hier arbeiten Sie von innen nach außen. Der innere Term ist hier $2^4 - 4 \cdot 6$. Sie berechnen zuerst den Exponenten, dann die Multiplikation und anschließend die Subtraktion:

$$= 4 + (-7 \cdot (\underline{16 - 4 \cdot 6}))$$

$$= 4 + (-7 \cdot (\underline{16 - 24}))$$

$$= 4 + (-7 \cdot (-8))$$

Nun ist nur noch ein Klammernpaar zu berechnen:

$$= 4 + 56$$

Der Rest ist einfach:

$$= 60$$

Sie erhalten also $4 + (-7 \cdot (2^{(5-1)} - 4 \cdot 6)) = 60$.

Diese Aufgabe können Sie mit Ihrem jetzigen Wissen lösen. Schreiben Sie die Aufgabe ab und versuchen Sie, sie selbstständig ohne Zuhilfenahme des Buches zu lösen.

Zugetextet? Text in Zahlen umwandeln

In diesem Kapitel ...

- Die Gerüchte über Textaufgaben zerstreuen
- Die vier Schritte für die Lösung einer Textaufgabe kennenlernen
- Einfache Wortgleichungen aufstellen, die die wichtigsten Informationen festhalten
- Komplexere Wortgleichungen schreiben
- Zahlen in die Wortgleichungen einsetzen, um Aufgaben zu lösen
- Komplexere Wortgleichungen selbstsicher angehen

Allein die Erwähnung von Textaufgaben – oder Rechengeschichten, wie sie auch genannt werden – reicht aus, um dem durchschnittlichen Mathematikschüler das kalte Grauen zu vermitteln. Viele würden lieber durch einen See voller hungriger Krokodile schwimmen, als auszurechnen, »wie viele Kornbüschel Bauer Huber geerntet hat«, oder »für Tante Resi auszurechnen, wie viele Kekse sie backen muss«. Aber Textaufgaben helfen Ihnen, die Logik für die Aufstellung der Gleichungen in Situationen aus der Praxis zu verstehen, womit die Mathematik endlich nützlich wird – selbst wenn die Szenarien in den Textaufgaben recht weit hergeholt scheinen.

In diesem Kapitel räume ich mit einigen der Gerüchte auf, die man sich über Textaufgaben erzählt. Anschließend zeige ich Ihnen, wie Sie Textaufgaben in vier einfachen Schritten lösen. Nachdem Sie die Grundlagen verstanden haben, zeige ich Ihnen, wie Sie komplexere Probleme lösen. Einige dieser Aufgabenstellungen beinhalten größere Zahlen, andere haben vielleicht kompliziertere Geschichten. In jedem Fall lernen Sie, wie Sie Schritt für Schritt damit zurechtkommen.

Zwei Gerüchte über Textaufgaben zerstreuen

Hier die beiden häufigsten Gerüchte über Textaufgaben:

- ✓ Textaufgaben sind immer schwierig.
- ✓ Textaufgaben gehören in die Schule – danach braucht man sie nicht mehr.

Beide Aussagen sind falsch. Aber sie sind so verbreitet, dass ich hier genauer darauf eingehen will.

Textaufgaben sind nicht immer schwierig

Textaufgaben müssen nicht schwierig sein. Nachfolgend eine Textaufgabe, die Sie vielleicht aus der ersten Klasse kennen:

Adam hat vier Äpfel. Eva schenkt ihm noch fünf Äpfel. Wie viele Äpfel hat Adam jetzt?

Sie können die Berechnung vielleicht im Kopf nachvollziehen, aber als Mathematikanfänger haben Sie wahrscheinlich geschrieben:

$$4 + 5 = 9$$

Wenn Sie dann noch einen dieser Lehrer hatten, der wollte, dass Sie die Antwort in einem vollständigen Satz formulieren, haben Sie geschrieben: »Adam hat neun Äpfel.« (Und wenn Sie der Klassenclown waren, lautete Ihre Antwort vielleicht: »Adam hat keine Äpfel, weil er sie alle gegessen hat.«)

Textaufgaben scheinen schwierig zu sein, wenn sie zu kompliziert sind, als dass Sie sie im Kopf berechnen könnten, und wenn Sie kein System für die Lösung haben. In diesem Kapitel verschaffe ich Ihnen dieses System und zeige Ihnen, wie Sie es auf Aufgaben mit höherem Schwierigkeitsgrad anwenden.

Textaufgaben sind nützlich

In der Praxis finden wir die Mathematik selten in fertigen Gleichungen. Vielmehr liegt sie in Form von Situationen vor, die Textaufgaben nicht unähnlich sind.

Egal ob Sie ein Zimmer streichen, eine Haushaltsaufstellung vorbereiten, Schokoladenkekse in doppelter Menge backen, die Kosten für Ihren Urlaub berechnen, Holz kaufen, um ein Regal zu bauen, Ihre Steuererklärung machen oder ausrechnen, ob es besser ist, ein Auto zu kaufen oder zu leasen – Sie brauchen die Mathematik. Und vor allem müssen Sie verstehen, wie Sie die vorliegende *Situation* in Zahlen umwandeln, mit denen Sie rechnen können.

Textaufgaben helfen Ihnen dabei zu üben, wie man Situationen – das heißt, Geschichten – in Zahlen umwandelt.

Grundlegende Textaufgaben lösen

Allgemein kann man sagen, dass für die Lösung einer Textaufgabe vier Schritte erforderlich sind:

1. **Lesen Sie sich die Aufgabe durch und stellen Sie Wortgleichungen auf – das heißt Gleichungen, die sowohl Wörter als auch Zahlen enthalten.**
2. **Setzen Sie dort, wo es möglich ist, Zahlen für die Wörter ein, um eine reguläre mathematische Gleichung zu erhalten.**
3. **Wenden Sie die Mathematik an, um die Gleichung zu lösen.**
4. **Beantworten Sie die Frage, die in der Aufgabe gestellt wurde.**

In diesem Buch geht es hauptsächlich um Schritt 3. Dieses Kapitel sowie die Kapitel 13, 18 und 24 beschäftigen sich mit den Schritten 1 und 2. Ich zeige Ihnen, wie Sie eine Textaufgabe Satz für Satz durchgehen, die für die Lösung der Aufgabe relevanten Informationen herausziehen und dann die Wörter durch Zahlen ersetzen, um eine Gleichung aufzustellen.

Sobald Sie wissen, wie eine Textaufgabe in eine Gleichung umgewandelt wird, ist das Schwierigste schon erledigt. Anschließend nutzen Sie die Informationen aus diesem Buch, um Schritt 3 zu erledigen – die Gleichung zu lösen. Von dort aus ist Schritt 4 dann unproblematisch, und ich zeige Ihnen in jedem Beispiel, wie er zu erledigen ist.

Textaufgaben in Wortgleichungen umwandeln

Im ersten Schritt zur Lösung einer Textaufgabe lesen Sie diese durch und setzen die bereitgestellten Informationen in eine sinnvolle Form um. In diesem Abschnitt zeige ich Ihnen, wie Sie diese Informationen aus einer Textaufgabe herausziehen – ohne den Fallstricken zum Opfer zu fallen!

Informationen in Wortgleichungen darstellen

Die meisten Textaufgaben bieten Informationen über Zahlen und teilen Ihnen genau mit, wie oft, wie viel, wie schnell, wie groß und so weiter. Hier einige Beispiele:

Nunu jongliert mit 17 Tellern.

Das Haus ist 8 m breit.

Wenn der Zug 25 km/h fährt …

Diese Informationen benötigen Sie, um das Problem zu lösen. Und haben Sie keine Angst, Papier zu benutzen. (Wenn Sie sich Sorgen um die Bäume machen, schreiben Sie einfach auf die Rückseite alter Briefumschläge.) Halten Sie ein Stück Papier bereit und machen Sie sich Notizen, während Sie die Textaufgabe lösen.

So können Sie beispielsweise aufschreiben, was Sie der Information »Nunu jongliert mit 17 Tellern« entnehmen:

Teller von Nunu = 17

Und so halten Sie die Information »Das Haus ist 8 m breit« fest:

Breite = 8

Im dritten Beispiel erfahren Sie »Wenn der Zug 25 km/h fährt …«. Sie können also Folgendes aufschreiben:

Zug = 25

Lassen Sie sich von dem Wort *wenn* nicht verunsichern. Wenn eine Aufgabe besagt »Wenn dieses oder jenes gilt, dann …«, dann gehen Sie einfach davon aus, *dass* es gilt, und nutzen diese Information, um die Aufgabe zu lösen.

Wenn Sie sich die Information auf diese Weise notieren, wandeln Sie die Wörter in eine nützlichere Form um, in eine sogenannte Wortgleichung. Eine *Wortgleichung* verwendet ein Gleichheitszeichen wie eine mathematische Gleichung, enthält aber sowohl Wörter als auch Zahlen.

Beziehungen darstellen: Komplexere Aussagen in Wortgleichungen umwandeln

Wenn Sie anfangen, Textaufgaben zu lösen, werden Sie bemerken, dass bestimmte Wörter und Wendungen immer wieder auftreten. Zum Beispiel:

Bobo jongliert mit 5 Tellern weniger als Nunu.

Ein Haus ist halb so hoch wie es breit ist.

Der Schnellzug fährt dreimal so schnell wie die Lokalbahn.

Sie kennen Aussagen wie diese vielleicht aus Ihren ersten Begegnungen mit der Mathematik. Eigentlich sehen sie aus wie ganz normales Deutsch, aber letztlich ist es Mathematik, deshalb sollten Sie damit umgehen können. Sie können diese Art von Aussagen als Wortgleichungen darstellen, die die vier großen Operationen verwenden. Betrachten wir noch einmal das erste Beispiel:

Bobo jongliert mit 5 Tellern weniger als Nunu.

Man weiß nicht, mit wie vielen Tellern Bobo oder Nunu jonglieren. Man weiß jedoch, dass die beiden Zahlen miteinander verknüpft sind.

Sie können diese Beziehung wie folgt ausdrücken:

Teller von Bobo = Teller von Nunu – 5

Diese Wortgleichung ist kürzer als die Aussage, der sie entnommen wurde. Und wie Sie im nächsten Abschnitt sehen werden, können Wortgleichungen ganz einfach in die Mathematik umgewandelt werden, die Sie brauchen, um das Problem zu lösen.

Noch ein Beispiel:

Ein Haus ist halb so hoch wie es breit ist.

Sie wissen nicht, wie hoch oder wie breit das Haus ist, Sie wissen aber sehr wohl, dass diese beiden Zahlen etwas miteinander zu tun haben.

Sie können diese Beziehung zwischen der Breite und der Höhe des Hauses in der folgenden Wortgleichung ausdrücken:

Höhe = Breite ÷ 2

Nach derselben Denkweise können Sie die Aussage »Der Schnellzug fährt dreimal so schnell wie die Lokalbahn« in der folgenden Wortgleichung ausdrücken:

Schnell = 3 · Lokal

Wie Sie sehen, können Sie für jedes Beispiel eine Wortgleichung aufstellen, in der die vier großen Operationen verwendet werden – Addition, Subtraktion, Multiplikation und Division.

Feststellen, wonach in der Aufgabe gefragt wird

Am Ende einer Textaufgabe steht normalerweise eine Frage, die Sie beantworten müssen. Sie können Wortgleichungen nutzen, um diese Frage zu klären, sodass Sie von Anfang an wissen, wonach Sie suchen.

Beispielsweise können Sie die Frage »Mit wie vielen Tellern jonglieren Bobo und Nunu zusammen?« wie folgt formulieren:

> Teller von Bobo + Teller von Nunu = ?

Die Frage »Wie hoch ist das Haus?« können Sie schreiben als:

> Höhe = ?

Die Frage »Wie hoch ist der Geschwindigkeitsunterschied zwischen dem Schnellzug und der Lokalbahn?« schließlich können Sie sie wie folgt darstellen:

> Schnell – Lokal = ?

Zahlen für Wörter einsetzen

Nachdem Sie die Wortgleichungen festgehalten haben, besitzen Sie alle benötigten Fakten in einer brauchbaren Form. Jetzt können Sie das Problem häufig dadurch lösen, dass Sie die Zahlen aus einer Wortgleichung in eine andere einsetzen. In diesem Abschnitt zeige ich Ihnen, wie Sie die Wortgleichungen aus dem letzten Abschnitt verwenden, um drei Aufgaben zu lösen:

Beispiel: Die Clowns kommen

Manche Aufgabenstellungen erfordern eine einfache Addition oder Subtraktion. Hier ein Beispiel:

> Bobo jongliert mit 5 Tellern weniger als Nunu (Bobo hat ein paar fallen lassen). Nunu jongliert mit 17 Tellern. Mit wie vielen Tellern jonglieren Bobo und Nunu zusammen?

Hier die Informationen, die Sie beim Durchlesen der Aufgabe erhalten:

> Teller von Nunu = 17

> Teller von Bobo + 5 = Teller von Nunu

Wenn Sie die Information einsetzen, erhalten Sie:

> Teller von Bobo + 5 = ~~Teller von Nunu~~ 17

Wenn Sie gleich sehen, mit wie vielen Tellern Bobo jongliert, überspringen Sie den nächsten Absatz. Andernfalls schreiben Sie die Additionsgleichung wie folgt als Subtraktionsgleichung um (weitere Informationen hierzu finden Sie in Kapitel 4):

> Teller von Bobo = 17 – 5 = 12

Die Aufgabe ist, herauszufinden, mit wie vielen Tellern die beiden Clowns zusammen jonglieren. Das bedeutet, Sie müssen die folgende Fragestellung lösen:

Teller von Bobo + Teller von Nunu = ?

Sie setzen die Zahlen ein, 12 für Teller von Bobo und 17 für Teller von Nunu:

~~Teller von Bobo~~ 12 + ~~Teller von Nunu~~ 17 = 29

Bobo und Nunu jonglieren also zusammen mit 29 Tellern.

Beispiel: Unser kleines Haus

Manchmal beinhaltet eine Aufgabe Beziehungen, für die Sie Multiplikation oder Division benötigen. Hier ein Beispiel:

Ein Haus ist halb so hoch wie breit, und das Haus ist 8 m breit. Wie hoch ist das Haus?

Sie kennen den Ansatz bereits:

Breite = 8

Höhe = Breite ÷ 2

Jetzt können Sie wie folgt Informationen einsetzen und das Wort *Breite* durch den Wert 8 ersetzen:

Höhe = ~~Breite~~ 8 ÷ 2 = 4

Damit wissen Sie, dass das Haus 4 Meter hoch ist.

Beispiel: Der Zug kommt!

Achten Sie sorgfältig auf die Fragestellung! Möglicherweise müssen Sie mehr als eine Gleichung aufstellen. Hier ein Beispiel:

Der Schnellzug fährt dreimal so schnell wie die Lokalbahn. Wenn die Lokalbahn 25 Kilometer in der Stunde fährt, welche Geschwindigkeitsdifferenz besteht dann zwischen Schnellzug und Lokalbahn?

Dies sind Ihre bisherigen Informationen:

Lokal = 25

Schnell = 3 · Lokal

Jetzt setzen Sie die benötigte Information ein:

Schnell = 3 · 25 ~~Lokal~~ = 75

Bei dieser Aufgabe werden Sie nach der Geschwindigkeitsdifferenz zwischen dem Schnellzug und der Lokalbahn gefragt. Die Differenz zwischen zwei Zahlen ermittelt man durch Subtraktion; Sie berechnen also Folgendes:

Schnell – Lokal = ?

Sie erhalten das Ergebnis, indem Sie die bereits vorhandenen Informationen einsetzen:

~~Schnell~~ 75 – ~~Lokal~~ 25 = 50

Die Geschwindigkeitsdifferenz zwischen dem Schnellzug und der Lokalbahn beträgt also 50 Kilometer pro Stunde.

Komplexere Textaufgaben lösen

Die Fertigkeiten, die ich Ihnen im Abschnitt »Grundlegende Textaufgaben lösen« vermittelt habe, sind wichtig, um Textaufgaben zu lösen, weil sie den Prozess zielgerichtet und einfacher gestalten. Darüber hinaus können Sie dieselben Kenntnisse anwenden, um auch komplexere Aufgabenstellungen zu lösen. Die Aufgaben werden komplexer, wenn

✓ die Berechnungen schwieriger werden. (Wenn ein Kleid plötzlich nicht mehr 30 Euro, sondern 29,95 Euro kostet.)

✓ mehr Information in der Aufgabe bereitgestellt wird. (Wenn statt zwei Clowns plötzlich fünf Clowns beteiligt sind.)

Lassen Sie sich nicht abschrecken. In diesem Abschnitt zeige ich Ihnen, wie Sie Ihre neuen Kenntnisse nutzen können, um auch schwierigere Textaufgaben zu lösen.

Wenn es ernst wird mit den Zahlen

Viele Aufgaben, die schwierig aussehen, sind tatsächlich nicht sehr viel schwieriger als die Aufgaben, die ich Ihnen in den vorherigen Abschnitten vorgestellt habe. Betrachten Sie beispielsweise die folgende Aufgabe:

Tante Sieglinde hat 732,84 Euro unter ihrer Matratze versteckt. Tante Antonia hat 234,19 Euro weniger als Tante Sieglinde. Wie viel Geld haben die beiden Damen zusammen?

Sie fragen sich jetzt vielleicht, wie die beiden Mädels überhaupt schlafen können, mit all dem Kleingeld unter ihrer Matratze. Aber zurück zur Mathematik. Auch wenn die Zahlen jetzt größer sind ist das Konzept dasselbe wie bei den einfacheren Aufgabenstellungen in den vorherigen Abschnitten. Lesen Sie von Anfang an: »Tante Sieglinde hat 732,84 Euro …« Bei diesem Text handelt es sich um eine Information, die Sie aufschreiben sollten:

Sieglinde = 732,84 €

Jetzt lesen Sie weiter: »… Tante Antonia hat 234,19 Euro *weniger als* Tante Sieglinde.« Noch eine Aussage, die Sie als Wortgleichung darstellen können:

Antonia = Sieglinde – 234,19 €

Jetzt setzen Sie den Wert 732,84 Euro für den Namen von Tante Sieglinde in der Gleichung ein:

Antonia = ~~Sieglinde~~ 732,84 € – 234,19 €

Bisher haben die großen Zahlen keine größeren Probleme gemacht. Jetzt führen Sie die Subtraktion durch, am besten schriftlich:

$$\begin{array}{r} 732{,}84\ € \\ -234{,}19\ € \\ \hline 498{,}65\ € \end{array}$$

Diese Information können Sie sich wieder notieren:

Antonia = 498,65 €

Für die Antwort auf die Frage in der Aufgabenstellung müssen Sie berechnen, wie viel Geld die beiden Damen zusammen haben. Diese Frage kann wie folgt als Gleichung dargestellt werden:

Sieglinde + Antonia = ?

Jetzt setzen Sie die Informationen in die Gleichung ein:

~~Sieglinde~~ 732,84 € + ~~Antonia~~ 498,65 € = ?

Weil die Zahlen groß sind, berechnen Sie die Addition am besten ebenfalls schriftlich:

$$\begin{array}{r} 732{,}84\ € \\ +498{,}65\ € \\ \hline 1231{,}49\ € \end{array}$$

Tante Sieglinde und Tante Antonia haben also zusammen 1231,49 Euro.

Wie Sie sehen, ist die Verfahrensweise für die Lösung der Aufgabe grundsätzlich dieselbe wie für die einfacheren Aufgaben in den vorherigen Abschnitten. Der einzige Unterschied ist, dass Sie ein bisschen mehr Addition und Subtraktion brauchen.

Zu viel Information

Wenn es ernst wird, ist es wirklich nützlich, das System für die Aufstellung von Wortgleichungen zu kennen. Hier eine Textaufgabe, die Sie fordern wird – aber mit Ihren neuen Kenntnissen können Sie es mit ihr aufnehmen:

> Vier Frauen sammeln Geld, um die gefährdete Mopsfledermaus zu retten. Karla hat 160 Euro gesammelt, Barbara hat 50 Euro mehr als Karla gesammelt, Anna hat doppelt so viel wie Barbara gesammelt und Anna und Sophie haben zusammen 700 Euro gesammelt. Wie viel Geld haben die vier Frauen zusammen gesammelt?

Wenn Sie versuchen, das Ganze im Kopf zu rechnen, wird es schnell unübersichtlich. Stattdessen lesen Sie jede Zeile sorgfältig durch und notieren sich die Wortgleichungen, wie ich es Ihnen in diesem Kapitel beigebracht habe.

Erstens, »Karla hat 160 Euro gesammelt«. Sie notieren also:

$$\text{Karla} = 160$$

Dann kommt »Barbara hat 50 Euro mehr als Karla gesammelt«; Sie notieren also:

$$\text{Barbara} = \text{Karla} + 50$$

Anschließend lesen Sie »Anna hat doppelt so viel wie Barbara gesammelt«:

$$\text{Anna} = \text{Barbara} \cdot 2$$

Und zum Schluss haben Sie »Anna und Sophie haben zusammen 700 Euro gesammelt«:

$$\text{Anna} + \text{Sophie} = 700$$

Das sind die gesamten Informationen aus der Aufgabenstellung und Sie können mit der Arbeit beginnen. Karla hat 160 Euro gesammelt; Sie können also überall 160 einsetzen, wo Karlas Name erscheint:

$$\text{Barbara} = \cancel{\text{Karla}}\ 160 + 50 = 210$$

Jetzt wissen Sie, wie viel Barbara gesammelt hat, und können diese Information in die nächste Gleichung einsetzen:

$$\text{Anna} = \cancel{\text{Barbara}}\ 210 \cdot 2 = 420$$

Diese Gleichung teilt Ihnen mit, wie viel Anna gesammelt hat, was Sie in die letzte Gleichung einsetzen können:

$$\cancel{\text{Anna}}\ 420 + \text{Sophie} = 700$$

Um diese Aufgabe zu lösen, machen Sie aus der Addition eine Subtraktion, indem Sie inverse Operationen verwenden, wie in Kapitel 4 beschrieben:

$$\text{Sophie} = 700 - 420 = 280$$

Jetzt wissen Sie, wie viel jede der Frauen gesammelt hat, und Sie können die Frage aus der Aufgabenstellung beantworten:

$$\text{Karla} + \text{Barbara} + \text{Anna} + \text{Sophie} = ?$$

Sie setzen die Information einfach ein:

$$\cancel{\text{Karla}}\ 160 + \cancel{\text{Barbara}}\ 210 + \cancel{\text{Anna}}\ 420 + \cancel{\text{Sophie}}\ 280 = 1070$$

Sie können also bestimmen, dass die vier Frauen zusammen 1.070 Euro gesammelt haben.

Alles zusammen

Hier ein letztes Beispiel, in dem alles zusammengefasst wird, was Sie in diesem Kapitel gelernt haben. Schreiben Sie die Aufgabe ab und versuchen Sie, sie Schritt für Schritt selbstständig zu lösen. Wenn Sie stecken bleiben, sehen Sie im Buch nach. Wenn Sie sie vollständig lösen können, ohne einen Blick ins Buch zu werfen, haben Sie den Ansatz für die Lösung von Textaufgaben bestens verstanden:

Bei einem Einkaufsbummel kauft Thomas sechs Hemden für je 19,95 Euro und zwei Hosen für je 34,60 Euro. Anschließend kauft er eine Jacke, die 37,08 Euro weniger kostet als die beiden Hosen zusammen. Wie viel Wechselgeld erhält er zurück, wenn er an der Kasse mit drei 100-Euro-Scheinen bezahlt?

Beim ersten Durchlesen fragen Sie sich vielleicht, wo Thomas einen Laden mit so billigen Jacken gefunden hat. Glauben Sie mir – es war nicht einfach. Zurück zu der Aufgabe. Sie können sich die folgenden Wortgleichungen notieren:

Hemden = 19,95 € · 6

Hosen = 34,60 € · 2

Jacke = Hosen – 37,08 €

Die Zahlen in dieser Aufgabe sind vielleicht zu groß, als dass Sie sie im Kopf berechnen könnten, deshalb bedürfen sie einiger Aufmerksamkeit:

$$\frac{19{,}95\ € \times 6}{119{,}70\ €} \qquad \frac{34{,}60\ € \times 2}{69{,}20\ €}$$

Damit können Sie weitere Informationen eintragen:

Hemden = 119,70 €

Hosen = 69,20 €

Jacke = Hosen – 37,08 €

Jetzt setzen Sie 69,20 Euro für die *Hosen* ein:

Jacke = ~~Hosen~~ 69,20 € – 37,08 €

Weil die Zahlen groß sind, sollten Sie auch diese Gleichung separat lösen:

$$\begin{array}{r} 69{,}20\ € \\ -37{,}08\ € \\ \hline 32{,}12\ € \end{array}$$

Mit dieser Gleichung haben Sie den Preis für die Jacke berechnet:

Jacke = 32,12 €

Nachdem Sie die Preise für Hemden, Hosen und Jacke haben, können Sie berechnen, wie viel Thomas ausgegeben hat:

Betrag, den Thomas ausgegeben hat = Hemden 119,70 € + Hosen 69,20 € + Jacke 32,12 €

Wieder können Sie eine Gleichung lösen:

$$\begin{array}{r} 119{,}70\ € \\ 69{,}20\ € \\ +32{,}12\ € \\ \hline 221{,}02\ € \end{array}$$

Sie können also Folgendes notieren:

Betrag, den Thomas ausgegeben hat = 221,02 €

Die Fragestellung in der Aufgabe war, herauszufinden, wie viel Wechselgeld Thomas bei 300 Euro erhält; also notieren Sie:

Wechselgeld = 300 € – Betrag, den Thomas ausgegeben hat

Jetzt setzen Sie den Betrag ein, den Thomas ausgegeben hat:

Wechselgeld = 300 € – 221,02 €

Und noch eine Gleichung:

$$\begin{array}{r} 300{,}00\ € \\ -221{,}02\ € \\ \hline 78{,}98\ € \end{array}$$

Jetzt können Sie die Antwort notieren:

Wechselgeld = 78,98 €

Thomas hat also 78,98 Euro Wechselgeld erhalten.

Teilbarkeit

7

In diesem Kapitel ...

- Feststellen, ob eine Zahl durch 2, 3, 5, 9, 10 oder 11 teilbar ist
- Den Unterschied zwischen Primzahlen und zusammengesetzten Zahlen erkennen

Wenn eine Zahl durch eine andere Zahl teilbar ist, können Sie die erste Zahl durch die zweite Zahl ohne Rest dividieren (weitere Informationen über die Division finden Sie in Kapitel 3). In diesem Kapitel geht es um die Teilbarkeit aus unterschiedlichen Blickwinkeln.

Zunächst zeige ich Ihnen ein paar praktische Tricks, wie Sie feststellen können, ob eine Zahl durch eine andere Zahl teilbar ist, ohne die Division wirklich durchführen zu müssen. (In diesem Kapitel taucht an keiner Stelle eine schriftliche Division auf!) Anschließend geht es um Primzahlen und zusammengesetzte Zahlen (die ich in Kapitel 1 kurz vorgestellt habe).

Diese Diskussion sowie die Erklärungen in Kapitel 8 können Ihre Begegnung mit den Brüchen in Teil III dieses Buches sehr viel angenehmer gestalten.

Die Tricks der Teilbarkeit

Wenn Sie anfangen, mit Brüchen zu arbeiten, stellt sich oft die Frage, ob eine Zahl durch eine andere Zahl teilbar ist. In diesem Abschnitt präsentiere ich Ihnen zahlreiche zeitsparende Tricks, mit denen Sie feststellen können, ob eine Zahl durch eine andere Zahl teilbar ist, ohne die Division tatsächlich durchführen zu müssen.

Zahlen, durch die geteilt werden kann

Jede Zahl ist durch 1 teilbar. Wenn Sie eine Zahl durch 1 dividieren, ist das Ergebnis die Zahl selbst ohne Rest:

$2 \div 1 = 2$

$17 \div 1 = 17$

$431 \div 1 = 431$

Analog dazu ist jede Zahl (außer 0) durch sich selbst teilbar. Wenn Sie eine Zahl durch sich selbst dividieren, erhalten Sie das Ergebnis 1:

$5 \div 5 = 1$

$28 \div 28 = 1$

$873 \div 873 = 1$

Keine Zahl kann durch 0 dividiert werden. Die Mathematiker sagen, die Division durch 0 ist *undefiniert*.

Das dicke Ende: Die hinteren Ziffern ansehen

Sie erkennen, ob eine Zahl durch 2, 5, 10, 100 oder 1.000 teilbar ist, indem Sie sich einfach nur ihre Endung ansehen. Sie benötigen keinerlei Rechnung.

Teilbar durch 2

Jede gerade Zahl – also jede Zahl, die mit 2, 4, 6, 8 oder 0 endet – ist durch 2 teilbar. Beispielsweise sind die folgenden fett ausgezeichneten Zahlen durch 2 teilbar:

6 ÷ 2 = 3 | **538** ÷ 2 = 269 | **77.144** ÷ 2 = 38.572

22 ÷ 2 = 11 | **6.790** ÷ 2 = 3.395 | **212.116** ÷ 2 = 106.058

Teilbar durch 5

Jede Zahl, die mit 5 oder 0 endet, ist durch 5 teilbar. Die folgenden fett ausgezeichneten Zahlen sind durch 5 teilbar:

15 ÷ 5 = 3 | **6.970** ÷ 5 = 1.394 | **511.725** ÷ 5 = 102.345

625 ÷5 = 125 | **44.440** ÷ 5 = 8.888 | **9.876.630** ÷ 5 = 1.975.326

Teilbar durch 10, 100 oder 1.000

Alle Zahlen, die mit 0 enden, sind durch 10 teilbar. Die folgenden fett ausgezeichneten Zahlen sind durch 10 teilbar:

20 ÷ 10 = 2 | **170** ÷ 10 = 17 | **56.720** ÷ 10 = 5.672

Alle Zahlen, die mit 00 enden, sind durch 100 teilbar:

300 ÷ 100 = 3 | **8.300** ÷ 100 = 83 | **634.900** ÷ 100 = 6.349

Und alle Zahlen, die mit 000 enden, sind durch 1.000 teilbar:

6.000 ÷1.000 = 6 | **99.000** ÷ 1.000 = 99 | **1.234.000** ÷ 1.000 = 1.234

Im Allgemeinen ist jede Zahl, die mit einer Folge von Nullen endet, durch die Zahl teilbar, die Sie erhalten, wenn Sie 1 gefolgt von dieser Anzahl an Nullen schreiben. Zum Beispiel:

900.000 ist durch 100.000 teilbar.

235.000.000 ist durch 1.000.000 teilbar.

820.000.000.000 ist durch 10.000.000.000 teilbar.

Wenn Zahlen so groß werden, wechseln die Mathematiker häufig zur *wissenschaftlichen Notation*, um sie effizienter darzustellen. In Kapitel 14 erkläre ich Ihnen, was Sie für die Arbeit mit der wissenschaftlichen Notation wissen müssen.

Jeder macht mit: Teilbarkeit durch Addition der Ziffern prüfen

Manchmal können Sie die Teilbarkeit erkennen, indem Sie alle oder einige der Ziffern in einer Zahl addieren. Die Summe der Ziffern einer Zahl wird als *Quersumme* bezeichnet. Die Bestimmung der Quersumme einer Zahl ist einfach und praktisch zu wissen.

Um die Quersumme einer Zahl zu bestimmen, addieren Sie einfach nur ihre Ziffern. Sie wiederholen diesen Vorgang, bis Sie eine einstellige Zahl haben. Hier einige Beispiele:

Die Quersumme von 24 ist 6, weil $2 + 4 = 6$.

Die Quersumme von 143 ist 8, weil $1 + 4 + 3 = 8$.

Die Quersumme von 51.111 ist 9, weil $5 + 1 + 1 + 1 + 1 = 9$.

Manchmal müssen Sie diesen Vorgang mehrfach wiederholen, um eine einstellige Zahl zu erhalten. Betrachten Sie beispielsweise die Zahl 87.482. Sie müssen den Vorgang dreimal wiederholen, um eine einstellige Zahl zu erhalten:

$8 + 7 + 4 + 8 + 2 = 29$

$2 + 9 = 11$

$1 + 1 = 2$

Lesen Sie weiter, um zu erfahren, wie Summen aus den einzelnen Ziffern Ihnen helfen können, auf die Teilbarkeit durch 3, 9 oder 11 zu prüfen.

Teilbar durch 3

Jede Zahl, deren Quersumme gleich 3, 6 oder 9 ist, ist durch 3 teilbar.

Zuerst bestimmen Sie die Quersumme einer Zahl, indem Sie ihre Ziffern addieren, bis Sie eine einstellige Zahl gefunden haben. Hier die Quersummen von 18, 51 und 975:

18: $1 + 8 = 9$

51: $5 + 1 = 6$

975: $9 + 7 + 5 = 21$; $2 + 1 = 3$

Bei den Zahlen 18 und 51 ergeben sich aus der Addition der Ziffern unmittelbar die Quersummen 9 und 6. Bei 975 erhält man beim Addieren der einzelnen Ziffern zuerst 21, deshalb addiert man anschließend die Ziffern von 21, woraus sich 3 ergibt. Diese Zahlen sind also alle durch 3 teilbar. Wenn Sie die eigentliche Division durchführen, stellen Sie fest, dass $18 \div 3 = 6$, $51 \div 3 = 17$ und $975 \div 3 = 325$ ist; die Methode ist also richtig.

Ist die Quersumme dagegen ungleich 3, 6 oder 9, ist die Zahl nicht durch 3 teilbar:

1.037: $1 + 0 + 3 + 7 = 11$; $1 + 1 = 2$

Weil die Quersumme von 1.037 gleich 11 und die Quersumme von 11 gleich 2 ist, ist 1.037 nicht durch 3 teilbar. Wenn Sie es versuchen, erhalten Sie 345 R 2.

Teilbarkeit durch 9

Jede Zahl, deren Quersumme durch 9 teilbar ist, ist durch 9 teilbar.

Um zu testen, ob eine Zahl durch 9 teilbar ist, bestimmen Sie ihre Quersumme, indem Sie ihre Ziffern addieren, bis Sie eine einstellige Zahl erhalten. Hier einige Beispiele:

36: $3 + 6 = 9$

243: $2 + 4 + 3 = 9$

7.587: $7 + 5 + 8 + 7 = 27$; $2 + 7 = 9$

Bei den Zahlen 36 und 243 ergibt die Addition der Ziffern unmittelbar die Quersumme 9. Bei 7.587 erhalten Sie bei der Addition der Ziffern zunächst 27, deshalb addieren Sie die Ziffern von 27 und erhalten dann 9. Somit sind alle drei Zahlen durch 9 teilbar. Dies können Sie nachprüfen, indem Sie die Division durchführen: $36 \div 9 = 4$, $243 \div 9 = 27$ und $7.857 \div 9 = 873$.

Ist die Quersumme einer Zahl jedoch ungleich 9, ist die Zahl nicht durch 9 teilbar. Hier ein Beispiel:

706: $7 + 0 + 6 = 13$; $1 + 3 = 4$

Weil die Quersumme von 706 gleich 13 und die Quersumme von 13 gleich 4 ist, ist diese Zahl nicht durch 9 teilbar. Wenn Sie es versuchen, erhalten Sie das Ergebnis 78 R 4.

Durch 11 teilbar

Zweistellige Zahlen, die durch 11 teilbar sind, sind leicht zu erkennen, weil sie einfach aus zweimal derselben Ziffer bestehen. Hier alle Zahlen kleiner 100, die durch 11 teilbar sind:

11 22 33 44 55 66 77 88 99

Für Zahlen zwischen 100 und 200 wenden Sie die folgende Regel an: Jede dreistellige Zahl, deren erste und dritte Ziffer zusammen die zweite Ziffer ergeben, ist durch 11 teilbar.

Angenommen, Sie wollen feststellen, ob die Zahl 154 durch 11 teilbar ist. Dazu addieren Sie einfach die erste und die dritte Ziffer:

$1 + 4 = 5$

Weil die Summe dieser beiden Ziffern gleich der zweiten Ziffer ist, ist die Zahl 154 durch 11 teilbar. Wenn Sie dividieren, erhalten Sie $154 \div 11 = 14$, eine ganze Zahl.

Jetzt nehmen wir an, Sie wollen feststellen, ob 136 durch 11 teilbar ist. Sie addieren die erste und die dritte Ziffer:

$1 + 6 = 7$

Weil die Summe aus der ersten und der dritten Ziffer 7 ergibt und nicht 3, ist die Zahl 136 nicht durch 11 teilbar. Sie können nachprüfen, dass $136 \div 11 = 12$ R 4.

Für Zahlen beliebiger Länge ist die Regel etwas komplizierter, aber sie ist häufig immer noch einfacher, als die Division durchzuführen. Eine Zahl ist durch 11 teilbar, wenn ihre *jeweils zweiten* Ziffern

- ✓ addiert dieselbe Zahl ergeben *oder*
- ✓ addiert zwei Zahlen ergeben, die, wenn sie voneinander subtrahiert werden, eine Zahl ergeben, die durch 11 teilbar ist.

Angenommen, Sie wollen feststellen, ob die Zahl 15.983 durch 11 teilbar ist. Zuerst unterstreichen Sie jede zweite Ziffer:

15.983

Dann addieren Sie die unterstrichenen Ziffern und anschließend die nicht unterstrichenen Ziffern:

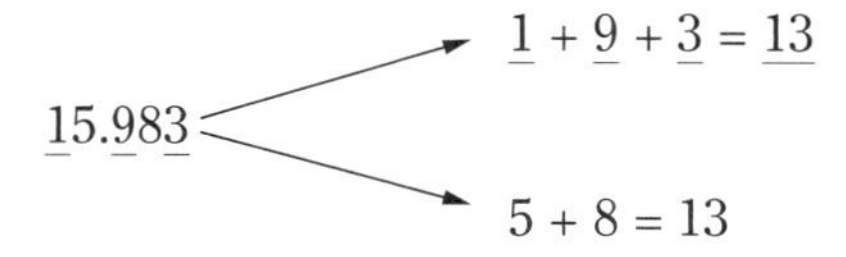

Weil diese beiden Ziffernmengen jeweils die Summe 13 ergeben, ist die Zahl 15.983 durch 11 teilbar. Wenn Sie es nachprüfen, erhalten Sie $15.983 \div 11 = 1.453$.

Angenommen, Sie wollen jetzt herausfinden, ob 9.181.909 durch 11 teilbar ist. Wieder unterstreichen Sie jede zweite Ziffer und addieren die beiden Gruppen:

$$\underline{9}.1\underline{8}1.\underline{9}0\underline{9} \rightarrow \underline{9} + \underline{8} + \underline{9} + \underline{9} = \underline{35}$$

$$\underline{9}.1\underline{8}1.\underline{9}0\underline{9} \rightarrow 1 + 1 + 0 = 2$$

Offensichtlich sind 35 und 2 nicht gleich. Beachten Sie jedoch, dass 35 – 2 = 33. Weil 33 durch 11 teilbar ist, ist die Zahl 9.181.909 ebenfalls durch 11 teilbar. Die tatsächliche Lösung lautet 9.181.909 ÷ 11 = 834.719.

Primzahlen und zusammengesetzte Zahlen erkennen

Im Abschnitt »Jeder macht mit: Teilbarkeit durch Addition der Ziffern prüfen« weiter vorn in diesem Kapitel habe ich Ihnen gezeigt, dass jede Zahl (außer 0 und 1) durch mindestens zwei Zahlen teilbar ist: 1 und die Zahl selbst. In diesem Abschnitt gehe ich genauer auf Primzahlen und zusammengesetzte Zahlen ein (die ich in Kapitel 1 kurz angesprochen habe).

In Kapitel 8 müssen Sie wissen, wie man Primzahlen von zusammengesetzten Zahlen unterscheidet, um eine Zahl in ihre Primfaktoren zerlegen zu können. Dies wiederum ist wichtig, wenn Sie anfangen, mit Brüchen zu arbeiten.

Eine *Primzahl* ist durch genau zwei positive ganze Zahlen teilbar: durch 1 und durch die Zahl selbst. Eine *zusammengesetzte Zahl* ist durch mindestens drei Zahlen teilbar.

Beispielsweise ist 2 eine Primzahl, weil sie nur durch 1 und durch sich selbst teilbar ist. Es gibt also nur eine Möglichkeit, zwei natürliche Zahlen zu multiplizieren und 2 als Produkt zu erhalten:

$$1 \cdot 2 = 2$$

Analog dazu ist auch die 3 eine Primzahl, weil man einen Rest erhält, wenn man durch eine andere Zahl als 1 oder 3 dividiert. Die einzige Möglichkeit, zwei Zahlen zu multiplizieren und als Produkt 3 zu erhalten, ist also:

$$1 \cdot 3 = 3$$

Andererseits ist 4 eine zusammengesetzte Zahl, weil sie durch drei Zahlen teilbar ist: 1, 2 und 4. In diesem Fall gibt es zwei Möglichkeiten, zwei natürliche Zahlen zu multiplizieren und als Produkt 4 zu erhalten:

$$1 \cdot 4 = 4$$

$$2 \cdot 2 = 4$$

5 dagegen ist wieder eine Primzahl, weil sie nur durch 1 und durch sich selbst teilbar ist. Hier ist die einzige Möglichkeit, zwei natürliche Zahlen zu multiplizieren und 5 als Produkt zu erhalten:

$$1 \cdot 5 = 5$$

6 ist eine zusammengesetzte Zahl, weil sie durch 1, 2, 3 und 6 teilbar ist. Hier gibt es zwei Möglichkeiten, zwei natürliche Zahlen zu multiplizieren und das Produkt 6 zu erhalten:

$$1 \cdot 6 = 6$$

$$2 \cdot 3 = 6$$

Jede natürliche Zahl außer 1 ist entweder eine Primzahl oder eine zusammengesetzte Zahl. Der Grund, warum die 1 nicht dazugehört, ist, dass sie nur durch *eine* Zahl teilbar ist, nämlich 1.

Hier eine Liste der Primzahlen kleiner 30:

2, 3, 5, 7, 11, 13, 17, 19, 23, 29

Merken Sie sich die ersten vier Primzahlen, 2, 3, 5 und 7. Jede zusammengesetzte Zahl kleiner 100 ist durch mindestens eine dieser Zahlen teilbar. Anhand dieser Tatsache können Sie ganz leicht prüfen, ob eine Zahl unter 100 eine Primzahl ist: Sie testen einfach auf die Teilbarkeit durch 2, 3, 5 und 7. Ist sie durch eine dieser Zahlen teilbar, ist sie zusammengesetzt – und keine Primzahl.

Angenommen, Sie wollen feststellen, ob die Zahl 79 eine Primzahl oder eine zusammengesetzte Zahl ist, ohne die eigentliche Division durchzuführen. Hierfür wenden Sie die Verfahren an, die Sie im Abschnitt »Die Tricks der Teilbarkeit« weiter vorn in diesem Kapitel kennengelernt haben:

- ✓ 79 ist eine ungerade Zahl, deshalb ist sie nicht durch 2 teilbar.
- ✓ 79 hat die Quersumme 16, und 16 hat die Quersumme 7, 79 ist also nicht durch 3 teilbar.
- ✓ 79 endet nicht mit 5 oder 0, ist also nicht durch 5 teilbar.
- ✓ Für die Teilbarkeit durch 7 gibt es keinen Trick, aber Sie wissen, dass 77 durch 7 teilbar ist. 79 ÷ 7 würde also einen Rest ergeben, 2, woran Sie erkennen, dass 79 nicht durch 7 teilbar ist.

Weil 79 kleiner 100 und nicht durch 2, 3, 5 oder 7 teilbar ist, ist 79 eine Primzahl.

Jetzt prüfen Sie, ob 93 eine zusammengesetzte Zahl oder eine Primzahl ist:

- ✓ 93 ist eine ungerade Zahl, deshalb ist sie nicht durch 2 teilbar.
- ✓ 93 hat die Quersumme 12, und 12 hat die Quersumme 3, deshalb ist 93 durch 3 teilbar.

Sie müssen nicht weitersuchen. Weil 93 durch 3 teilbar ist, wissen Sie, dass es sich um eine zusammengesetzte Zahl handelt.

Fabelhafte Faktoren und viel zitierte Vielfache

8

In diesem Kapitel ...

- Verstehen, wie Faktoren und Vielfache zusammenhängen
- Alle Faktoren einer Zahl auflisten
- Eine Zahl in ihre Primfaktoren zerlegen
- Vielfache einer Zahl erzeugen
- Den größten gemeinsamen Teiler (ggT) und das kleinste gemeinsame Vielfache (kgV) finden

In Kapitel 2 habe ich Ihnen Zahlenfolgen basierend auf der Multiplikationstabelle vorgestellt. In diesem Kapitel geht es um zwei wichtige Methoden, sich diese Folgen vorzustellen: als *Faktoren* und als *Vielfache*.

Für Anfänger zeige ich, wie beliebige Zahlen in ihre Primfaktoren zerlegt werden können. Dabei verrate ich Ihnen zahlreiche Tricks, wie Sie feststellen, ob eine Zahl ein Faktor einer anderen Zahl ist. Schließlich geht es noch um den größten gemeinsamen Teiler (ggT) für mehrere Zahlen. Anschließend erkläre ich Ihnen das Konzept der Vielfachen und zeige Ihnen verschiedene Methoden, das kleinste gemeinsame Vielfache (kgV) mehrerer Zahlen zu finden.

Sechs Methoden, dasselbe zu sagen

In diesem Abschnitt erkläre ich Ihnen Faktoren und Vielfache und zeige, wie diese beiden wichtigen Konzepte zusammenhängen. Wie in Kapitel 4 angesprochen, sind Multiplikation und Division inverse Operationen. Beispielsweise stellt die folgende Gleichung eine wahre Aussage dar:

$5 \cdot 4 = 20$

Die inverse Gleichung trifft also ebenfalls zu:

$20 \div 4 = 5$

Vielleicht haben Sie schon bemerkt, dass man in der Mathematik immer wieder dieselben Konzepte antrifft. Beispielsweise kennen die Mathematiker sechs verschiedene Möglichkeiten, über diese Beziehung zu sprechen.

Die folgenden drei Aussagen konzentrieren sich auf die Beziehung zwischen 5 und 20 aus der Perspektive der Multiplikation:

- 5 *multipliziert* mit einer Zahl ergibt 20.
- 5 ist ein *Faktor* von 20.
- 20 ist ein *Vielfaches* von 5.

In zwei der beiden Beispiele sehen Sie die Beziehung mit den Worten *multipliziert* und *Vielfaches* beschrieben. Bei dem anderen Beispiel beachten Sie, dass zwei *Faktoren* miteinander multipliziert ein Produkt ergeben.

Analog dazu konzentrieren sich die folgenden drei Aussagen alle auf die Beziehung zwischen 5 und 20 aus der Perspektive der Division:

- 20 *dividiert* durch eine Zahl ist 5.
- 20 ist durch 5 *teilbar*.
- 5 ist ein *Divisor* von 20.

Warum brauchen die Mathematiker so viele Begriffe für ein und dieselbe Tatsache? Vielleicht aus demselben Grund, aus dem die Eskimos so viele Wörter für Schnee haben. In jedem Fall konzentriere ich mich in diesem Kapitel auf die Wörter *Faktor* und *Vielfaches*. Wenn Sie die Konzepte verstanden haben, spielt es keine größere Rolle mehr, welchen Ausdruck Sie dafür verwenden.

Faktoren und Vielfache in Beziehung setzen

Wenn eine Zahl ein Faktor einer zweiten Zahl ist, ist die zweite Zahl ein Vielfaches der ersten Zahl. Beispielsweise ist 20 durch 5 teilbar, also gilt:

- 5 ist ein Faktor von 20.
- 20 ist ein Vielfaches von 5.

Verwechseln Sie nicht, welche Zahl der Faktor und welche das Vielfache ist. Der Faktor ist immer die kleinere Zahl, das Vielfache ist immer die größere Zahl.

Wenn Sie sich nicht merken können, welche Zahl der Faktor und welche das Vielfache ist, notieren Sie sie sich in aufsteigender Reihenfolge und schreiben die Buchstaben F und V in alphabetischer Reihenfolge darunter.

Beispielsweise ist 40 ganzzahlig durch 10 teilbar, also notieren Sie:

10 40

F V

Diese Eselsbrücke könnte Ihnen helfen, sich zu merken, dass 10 ein Faktor von 40 und 40 ein Vielfaches von 10 ist.

Fabelhafte Faktoren

In diesem Abschnitt stelle ich Ihnen Faktoren vor. Als Erstes zeige ich Ihnen, wie Sie feststellen, ob eine Zahl ein Faktor einer anderen Zahl ist. Anschließend zeige ich Ihnen, wie Sie die Faktoren einer Zahl auflisten. Danach erkläre ich Ihnen das Grundkonzept der Primfaktorzerlegung. Diese ganzen Informationen vermitteln Ihnen eine wichtige Fähigkeit: den größten gemeinsamen Teiler (ggT) für eine Zahlenmenge zu bestimmen.

Erkennen, ob eine Zahl ein Faktor einer anderen Zahl ist

Sie können ganz leicht erkennen, ob eine Zahl ein Faktor einer anderen Zahl ist: Sie dividieren einfach die zweite Zahl durch die erste Zahl. Kann die Division ohne Rest durchgeführt werden, ist die Zahl ein Faktor, andernfalls ist sie kein Faktor.

Angenommen, Sie wollen wissen, ob 7 ein Faktor von 56 ist. Dazu gehen Sie wie folgt vor:

$56 \div 7 = 8$

Weil 7 die Zahl 56 ohne Rest teilt, ist 7 ein Faktor von 56,

Und so stellen Sie fest, ob 4 ein Faktor von 34 ist:

$34 \div 4 = 8 \text{ R } 2$

Weil bei der Division von 34 durch 4 ein Rest entsteht, 2, ist 4 kein Faktor von 34.

Diese Methode funktioniert immer, egal wie groß die Zahlen sind.

Manche Lehrer fragen nach dem Faktor, um festzustellen, ob Sie die schriftliche Division beherrschen. Weitere Informationen über die schriftliche Division finden Sie in Kapitel 3.

Die Faktoren einer Zahl ermitteln

Der größte Faktor jeder Zahl ist die Zahl selbst. Diese ist sozusagen ein Endpunkt in der Reihe der Faktoren und Sie können daher die Faktoren einer Zahl komplett auflisten. So geben Sie alle Faktoren einer Zahl an:

1. **Beginnen Sie die Liste mit 1, lassen Sie Platz für ein paar weitere Zahlen und schließen Sie die Liste mit der Zahl selbst.**
2. **Prüfen Sie, ob 2 ein Faktor ist – das heißt, ob die Zahl durch 2 teilbar ist (weitere Informationen über Teilbarkeit finden Sie in Kapitel 7).**

Wenn das der Fall ist, fügen Sie der Liste 2 hinzu, ebenso wie die ursprüngliche Zahl dividiert durch 2 als zweitletzte Zahl in der Liste.

3. **Machen Sie dasselbe für die Zahl 3.**

4. **Fahren Sie fort, Zahlen zu testen, bis der Anfang der Liste mit dem Ende der Liste übereinstimmt.**

Ein Beispiel sollte das Ganze verdeutlichen. Angenommen, Sie wollen alle Faktoren der Zahl 18 auflisten. Gemäß Schritt 1 beginnen Sie die Liste mit 1 und beenden sie mit 18:

1 … 18

Aus Kapitel 7 wissen Sie, dass jede Zahl, egal ob Primzahl oder zusammengesetzte Zahl, durch sich selbst und 1 teilbar ist. Deshalb sind 1 und 18 automatisch Faktoren von 18.

Anschließend prüfen Sie, ob die Zahl 2 ein Faktor von 18 ist:

$18 \div 2 = 9$

Weil die Zahl 2 die Zahl 18 ohne Rest teilt, ist auch 2 ein Faktor von 18. (Weitere Informationen über die einfache Division finden Sie in Kapitel 3.) Damit sind also sowohl 2 als auch 9 Faktoren von 18, und Sie können sie beide der Liste hinzufügen:

1 2 … 9 18

Beachten Sie, dass ich die 9 als vorletzte Zahl in der Liste eingefügt habe. Daran erkennen Sie, dass Sie keine Zahlen größer 9 prüfen müssen.

Jetzt überprüfen Sie 3 auf dieselbe Weise:

$18 \div 3 = 6$

Sowohl 3 *als auch* 6 sind also Faktoren von 18:

1 2 3 … 6 9 18

Jetzt sind Sie fast fertig. Sie müssen nur noch die Zahlen zwischen 3 und 6 prüfen, also 4 und 5:

$18 \div 4 = 4$ R 2

$18 \div 5 = 3$ R 3

Also sind weder 4 noch 5 Faktoren von 18; die vollständige Faktorenliste von 18 lautet also:

1 2 3 6 9 18

Primfaktoren

In Kapitel 7 habe ich Primzahlen und zusammengesetzte Zahlen vorgestellt. Eine Primzahl ist nur durch 1 und durch sich selbst teilbar – beispielsweise ist die Zahl 7 nur durch 1 und 7 teilbar. Eine zusammengesetzte Zahl dagegen ist durch mindestens eine Zahl mehr als durch 1 und sich selbst teilbar. Beispielsweise ist die Zahl 9 nicht nur durch 1 und 9 teilbar, sondern auch durch 3.

Die *Primfaktoren* einer Zahl sind die Primzahlen (einschließlich Wiederholungen), die, wenn man sie multipliziert, die Zahl selbst ergeben. Als Beispiele hier die Primfaktoren der Zahlen 10, 30 und 72:

$$10 = 2 \cdot 5$$

$$30 = 2 \cdot 3 \cdot 5$$

$$72 = 2 \cdot 2 \cdot 2 \cdot 3 \cdot 3$$

Im letzten Beispiel beinhalten die Primfaktoren von 72 dreimal die Zahl 2 und zweimal die Zahl 3.

Am besten zerlegen Sie eine zusammengesetzte Zahl in ihre Primfaktoren, indem Sie einen *Zerlegungsbaum* verwenden. Und das funktioniert so:

1. **Zerlegen Sie die Zahl in zwei beliebige Faktoren und haken Sie die ursprüngliche Zahl ab.**
2. **Wenn einer der Faktoren eine Primzahl ist, kreisen Sie ihn ein.**
3. **Wiederholen Sie die Schritte 1 und 2 für alle Zahlen, die noch nicht eingekreist oder abgehakt sind.**
4. **Nachdem jede Zahl im Baum entweder abgehakt oder eingekreist ist, ist der Baum fertig, und die eingekreisten Zahlen sind die Primfaktoren der ursprünglichen Zahl.**

Um beispielsweise die Zahl 56 in ihre Primfaktoren zu zerlegen, suchen Sie zuerst zwei Zahlen (ungleich 1 und 56), die, wenn man sie multipliziert, das Produkt 56 ergeben. In diesem Fall denken wir dabei an $7 \cdot 8 = 56$ (siehe Abbildung 8.1).

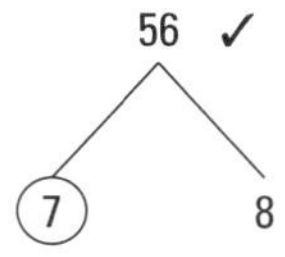

Abbildung 8.1: Wir ermitteln zwei Faktoren von 56. 7 ist eine Primzahl.

Wie Sie sehen, habe ich 56 in zwei Faktoren zerlegt und die eigentliche Zahl abgehakt. Außerdem habe ich die 7 eingekreist, weil es sich dabei um eine Primzahl handelt. Die Zahl 8 ist weder abgehakt noch eingekreist, deshalb wiederhole ich den ganzen Vorgang, wie in Abbildung 8.2 gezeigt.

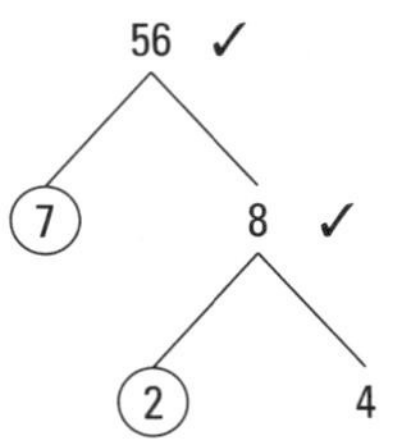

Abbildung 8.2: Die Zahlenzerlegung wird bei 8 fortgesetzt.

Jetzt zerlege ich 8 in zwei Faktoren ($2 \cdot 4 = 8$) und hake die Zahl ab. Jetzt ist die Zahl 2 eine Primzahl, deshalb kreise ich sie ein. Die 4 ist weder abgehakt noch eingekreist, deshalb wiederhole ich den Vorgang, wie in Abbildung 8.3 gezeigt.

Anschließend ist jede Zahl im Baum entweder umkreist oder abgehakt, der Baum ist also fertig. Die vier eingekreisten Zahlen – 2, 2, 2 und 7 – sind die Primfaktoren von 56. Um das Ergebnis zu überprüfen, multiplizieren Sie einfach die Primfaktoren miteinander:

$$2 \cdot 2 \cdot 2 \cdot 7 = 56$$

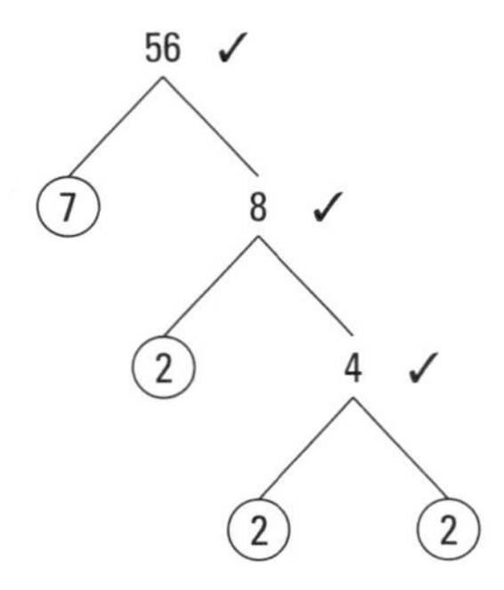

Abbildung 8.3: Der fertige Baum

Sie sehen, warum die Bezeichnung *Baum* gewählt wurde: Beginnend von oben, sehen die Zahlenzweige aus wie ein umgekehrter Baum.

Was passiert, wenn Sie versuchen, einen Baum beginnend bei einer Primzahl aufzubauen, beispielsweise 7? In diesem Fall müssen Sie nicht sehr weit verzweigen (siehe Abbildung 8.4).

Abbildung 8.4: Start der Verzweigung bei einer Primzahl

Das ist alles – Sie sind fertig! Dieses Beispiel zeigt, dass jede Primzahl ihr eigener Primfaktor ist.

Nachfolgend eine Liste der Zahlen kleiner 20 und ihrer Primfaktorzerlegung. (Wie Sie in Kapitel 7 erfahren haben, ist die 1 weder eine Primzahl noch eine zusammengesetzte Zahl, deshalb gibt es für sie keine Primfaktorzerlegung.)

2	$8 = 2 \cdot 2 \cdot 2$	$14 = 2 \cdot 7$
3	$9 = 3 \cdot 3$	$15 = 3 \cdot 5$
$4 = 2 \cdot 2$	$10 = 2 \cdot 5$	$16 = 2 \cdot 2 \cdot 2 \cdot 2$
5	11	17
$6 = 2 \cdot 3$	$12 = 2 \cdot 2 \cdot 3$	$18 = 2 \cdot 3 \cdot 3$
7	13	19

Wie Sie sehen, sind die acht Primzahlen in dieser Liste ihre eigene Primfaktorzerlegung. Die restlichen Zahlen sind zusammengesetzt, können also alle in kleinere Primfaktoren zerlegt werden.

Jede Zahl hat eine eindeutige Primfaktorzerlegung. Diese Tatsache ist entscheidend – genau genommen so wichtig, dass sie als *Fundamentalsatz der Arithmetik* bezeichnet wird. Gewissermaßen ist die Primfaktorzerlegung einer Zahl vergleichbar mit ihrem Fingerabdruck – eine eindeutige und wasserdichte Methode, eine Zahl zu identifizieren.

Es ist praktisch, wenn man eine Zahl in ihre Primfaktoren zerlegen kann. Die Verwendung des Zerlegungsbaums ermöglicht Ihnen, eine Zahl nach der anderen zu finden, bis Sie alle Primzahlen haben.

Primfaktorzerlegung für Zahlen unter 100

Wenn Sie einen Zerlegungsbaum erstellen, ist der erste Schritt normalerweise der schwierigste. Im weiteren Verlauf werden die Zahlen kleiner und handlicher. Bei relativ kleinen Zahlen ist der Zerlegungsbaum im Allgemeinen einfach zu handhaben.

Wenn die Zahl, die Sie zerlegen wollen, größer wird, werden Sie den ersten Schritt vielleicht sehr kompliziert finden. Das gilt vor allem, wenn Sie die Zahl nicht aus der Multiplikationstabelle kennen. Der Trick ist, irgendeinen Ausgangspunkt zu finden.

Wenn möglich, spalten Sie zuerst die Fünfen und die Zweien ab. Wie in Kapitel 7 beschrieben, können Sie leicht erkennen, ob eine Zahl durch 2 oder durch 5 teilbar ist.

Angenommen, Sie suchen die Primfaktorzerlegung der Zahl 84. Weil Sie wissen, dass 84 durch 2 teilbar ist, können Sie eine 2 herausziehen, wie in Abbildung 8.5 gezeigt.

Jetzt erkennen Sie die 42 aus der Multiplikationstabelle ($6 \cdot 7 = 42$).

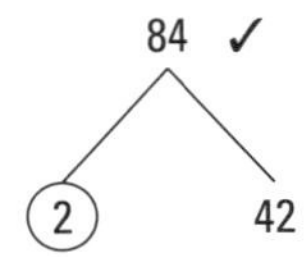

Abbildung 8.5: Der Faktor 2 wird aus 84 herausgezogen.

Dieser Baum ist jetzt einfach zu vervollständigen (siehe Abbildung 8.6).

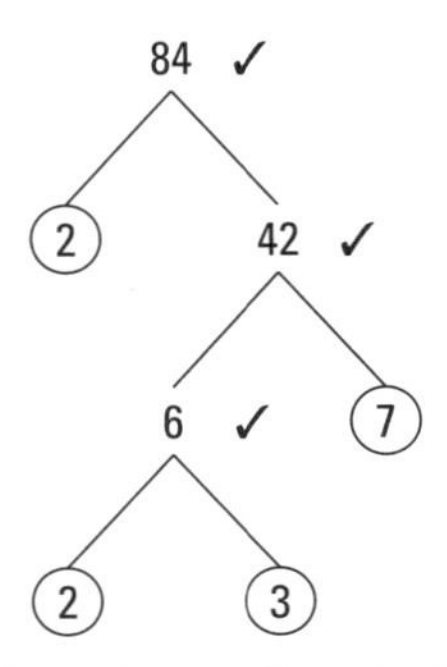

Abbildung 8.6: Vervollständigung der Primfaktorzerlegung von 84

Die resultierende Primfaktorenzerlegung für 84 lautet:

$$84 = 2 \cdot 7 \cdot 2 \cdot 3$$

Die schwierigste Situation tritt übrigens dann auf, wenn Sie versuchen, die Primfaktoren einer Primzahl zu ermitteln, dies aber nicht wissen. Angenommen, Sie wollen die Primfaktorzerlegung für die Zahl 71 durchführen. Sie kennen die Zahl nicht aus der Multiplikationstabelle und sie ist nicht durch 2 oder 5 teilbar. Was machen Sie als Nächstes?

Eine Zahl kleiner 100 (eigentlich kleiner 121), die nicht durch 2, 3, 5 oder 7 teilbar ist, ist eine Primzahl.

Die Prüfung auf Teilbarkeit durch 3 durch Berechnung der Quersumme von 71 (das heißt die Addition der einzelnen Ziffern) ist einfach. Wie in Kapitel 7 erklärt, sind Zahlen dann durch 3 teilbar, wenn die Quersumme durch 3 teilbar ist.

$$7 + 1 = 8$$

Weil die Quersumme von 71 gleich 8 ist, ist 71 nicht durch 3 teilbar. Dividieren Sie, um zu testen, ob 71 durch 7 teilbar ist:

$$71 \div 7 = 10 \text{ R } 1$$

Sie wissen damit, dass 71 nicht durch 2, 3, 5 oder 7 teilbar ist. 71 ist also eine Primzahl; Sie sind somit fertig.

Primfaktorzerlegung für Zahlen größer 100

Es kommt nicht häufig vor, dass Sie eine Zahl größer 100 in ihre Primfaktoren zerlegen müssen. Sollte es aber notwendig sein, erfahren Sie hier, was Sie dazu wissen sollten.

Wie ich im vorigen Abschnitt erklärt habe, ziehen Sie zuerst die Faktoren 2 und 5 heraus. Ein Sonderfall liegt dann vor, wenn die zu zerlegende Zahl mit einer oder mehreren Nullen endet. In diesem Fall können Sie für jede 0 die Zahl 10 herausziehen. Abbildung 8.7 zeigt den ersten Schritt.

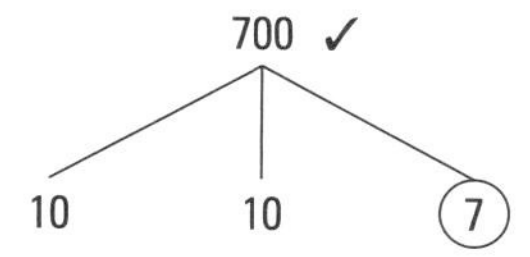

Abbildung 8.7: Der erste Schritt bei der Zerlegung von 700

Nach diesem ersten Schritt ist der restliche Baum ganz einfach zu erstellen (siehe Abbildung 8.8).

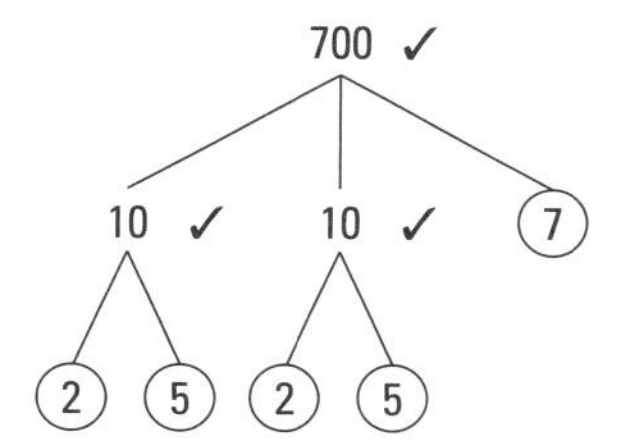

Abbildung 8.8: Vervollständigung der Zerlegung von 700

Daraus können Sie ableiten, dass die Primfaktorzerlegung von 700 lautet:

$$700 = 2 \cdot 2 \cdot 5 \cdot 5 \cdot 7$$

Wenn die Zahl weder durch 2 noch durch 5 teilbar ist, wenden Sie den Teilbarkeitstrick für 3 an (siehe Kapitel 7) und ziehen so viele Dreien wie möglich heraus. Anschließend ziehen Sie alle Siebenen heraus (für die es leider keinen Teilbarkeitstrick gibt), und dann alle Elfen.

Wenn eine Zahl kleiner 289 nicht durch 2, 3, 5, 7, 11 oder 13 teilbar ist, handelt es sich um eine Primzahl. Wie immer ist jede Primzahl ihre eigene Primfaktorzerlegung; wenn Sie also wissen, dass eine Zahl eine Primzahl ist, sind Sie fertig mit der Zerlegung. Bei größeren Zahlen ist die Aufgabe häufig durch eine Kombination der verschiedenen Tricks lösbar.

Den größten gemeinsamen Teiler finden

Nachdem Sie wissen, wie man die Faktoren einer Zahl findet (siehe den Abschnitt »Die Faktoren einer Zahl ermitteln« weiter vorn in diesem Kapitel), können Sie zu einer wichtigeren Aufgabe übergehen: Sie bestimmen den größten gemeinsamen Teiler für mehrere Zahlen.

Der *größte gemeinsame Teiler* (*ggT*) einer Zahlenmenge ist die größte Zahl, die ein Faktor aller dieser Zahlen ist. Der ggT der Zahlen 4 und 6 beispielsweise ist 2, weil 2 die größte Zahl ist, die einen Faktor von 4 und 6 darstellt. In diesem Abschnitt erkläre ich, wie Sie den ggT finden.

Den größten gemeinsamen Teiler mithilfe einer Faktorenliste finden

Die erste Methode, den ggT zu bestimmen, ist dann schneller, wenn Sie es mit kleinen Zahlen zu tun haben.

Um den ggT einer Zahlenmenge zu finden, listen Sie alle Faktoren jeder Zahl auf, wie im Abschnitt »Die Faktoren einer Zahl ermitteln« beschrieben. Der größte Faktor, der in allen Auflistungen vorkommt, ist der ggT.

Um beispielsweise den ggT von 6 und 15 zu bestimmen, listen Sie zunächst alle Faktoren der beiden Zahlen auf:

Faktoren von 6: 1, 2, 3, 6

Faktoren von 15: 1, 3, 5, 15

Weil 3 der größte Faktor ist, der in beiden Listen vorkommt, ist 3 der ggT von 6 und 15.

Als weiteres Beispiel nehmen wir an, Sie wollen den ggT von 9, 20 und 25 finden. Sie beginnen damit, die Faktoren jeder Zahl aufzulisten:

Faktoren von 9: 1, 3, 9

Faktoren von 20: 1, 2, 4, 5, 10, 20

Faktoren von 25: 1, 5, 25

In diesem Fall ist der einzige Faktor, der in allen Listen vorkommt, die 1; deshalb ist 1 der ggT von 9, 20 und 25.

Den größten gemeinsamen Teiler mithilfe der Primfaktorzerlegung finden

Der ggT einer Zahlenmenge kann mithilfe der Primfaktorzerlegung bestimmt werden. Das funktioniert für größere Zahlen häufig besser, bei denen es sehr zeitaufwendig sein kann, Listen aller Faktoren zu erstellen.

Der ggT einer Zahlenmenge wird mit der Primfaktorzerlegung wie folgt bestimmt:

1. **Listen Sie die Primfaktoren jeder Zahl auf (siehe den Abschnitt »Primfaktoren« weiter vorn in diesem Kapitel).**

2. **Kreisen Sie jeden gemeinsamen Primfaktor ein – das heißt jeden Primfaktor, der Faktor jeder Zahl der Zahlenmenge ist.**
3. **Multiplizieren Sie alle eingekreisten Zahlen.**

Das Ergebnis ist der ggT.

Angenommen, Sie wollen den ggT der Zahlen 28, 42 und 70 bestimmen. Im ersten Schritt listen Sie die Primfaktoren jeder Zahl auf. Im zweiten Schritt kreisen Sie jeden Primfaktor ein, den alle drei Zahlen gemeinsam haben (siehe Abbildung 8.9).

28 = ② · 2 · ⑦

42 = ② · 3 · ⑦

70 = ② · 5 · ⑦

Abbildung 8.9: Bestimmung des ggT von 28, 42 und 70

Wie Sie sehen, sind die Zahlen 2 und 7 gemeinsame Faktoren aller drei Zahlen. Jetzt multiplizieren Sie diese eingekreisten Zahlen:

$2 \cdot 7 = 14$

Der ggT von 28, 42 und 70 ist also 14.

Die Bestimmung des ggT für eine Zahlenmenge ist dann wichtig, wenn Sie Brüche kürzen wollen. (Weitere Informationen über das Kürzen von Brüchen finden Sie in Kapitel 9.)

Viel zitierte Vielfache

Auch wenn Vielfache im Allgemeinen größere Zahlen sind als Faktoren, finden die meisten Schüler die Arbeit mit ihnen einfacher. Lesen Sie weiter!

Vielfache erzeugen

Im Abschnitt »Fabelhafte Faktoren« weiter vorn in diesem Kapitel haben Sie erfahren, wie Sie *alle* Faktoren einer Zahl ermitteln. Die Bestimmung aller Faktoren ist möglich, weil Faktoren einer Zahl immer kleiner oder gleich der eigentlichen Zahl sind. Egal wie groß eine Zahl ist, sie hat also immer eine endliche (begrenzte) Anzahl von Faktoren.

Anders als Faktoren sind Vielfache einer Zahl größer oder gleich der eigentlichen Zahl. (Die einzige Ausnahme bildet die Null, deren Vielfache immer gleich sind.) Aus diesem Grund können die Vielfachen einer Zahl ewig weitergeschrieben werden – das heißt, sie sind *unendlich*. Nichtsdestotrotz ist es einfach, eine *partielle* Liste der Vielfachen einer Zahl zu erstellen.

Um Vielfache einer Zahl aufzulisten, schreiben Sie diese Zahl auf und multiplizieren sie dann mit 2, 3, 4 und so weiter.

Die folgende Auflistung beispielsweise zeigt die ersten positiven Vielfachen von 7:

7 14 21 28 35 42

Wie Sie sehen, ist die Liste der Vielfachen einfach ein Teil der Multiplikationstabelle für die Zahl 7. (Die Multiplikationstabelle bis $9 \cdot 9$ finden Sie in Kapitel 3.)

Das kleinste gemeinsame Vielfache bestimmen

Das *kleinste gemeinsame Vielfache* (*kgV*) einer Zahlenmenge ist die kleinste positive Zahl, die ein Vielfaches jeder Zahl in dieser Menge ist.

Das kgV der Zahlen 2, 3 und 5 beispielsweise ist 30, weil

- ✓ 30 ein Vielfaches von 2 ist ($2 \cdot 15 = 30$).
- ✓ 30 ein Vielfaches von 3 ist ($3 \cdot 10 = 30$).
- ✓ 30 ein Vielfaches von 5 ist ($5 \cdot 6 = 30$).
- ✓ es keine Zahl kleiner 30 gibt, die ein Vielfaches aller drei Zahlen ist

In diesem Abschnitt zeige ich Ihnen zwei Methoden, das kgV von zwei oder mehr Zahlen zu bestimmen.

Das kleinste gemeinsame Vielfache mithilfe der Multiplikationstabelle bestimmen

Um das kgV einer Zahlenmenge zu bestimmen, betrachten Sie jede einzelne Zahl aus der Menge und notieren die ersten paar Vielfachen der Reihe nach. Das kgV ist die erste Zahl, die innerhalb jeder der Listen enthalten ist.

Wenn Sie nach dem kgV von zwei Zahlen suchen, beginnen Sie mit der Auflistung der Vielfachen der größeren Zahl und beenden die Auflistung, wenn die Anzahl der Vielfachen, die Sie aufgeschrieben haben, gleich der kleineren Zahl ist. Anschließend listen Sie die Vielfachen der kleineren Zahl auf, bis Sie eines gefunden haben, das mit einem Vielfachen aus der ersten Liste übereinstimmt.

Angenommen, Sie wollen das kgV von 4 und 6 bestimmen. Zuerst listen Sie die Vielfachen der größeren Zahl auf, nämlich 6. Hier listen Sie nur die ersten vier dieser Vielfachen auf, weil die kleinere Zahl 4 ist.

Vielfache von 6: 6, 12, 18, 24, …

Jetzt listen Sie die Vielfachen von 4 auf:

Vielfache von 4: 4, 8, 12, …

Weil 12 die erste Zahl ist, die in beiden Vielfachenlisten auftaucht, ist 12 das kgV von 4 und 6.

Diese Methode funktioniert insbesondere dann, wenn Sie das kgV von zwei Zahlen finden wollen, dauert jedoch länger, wenn das kgV für mehr Zahlen bestimmt werden soll. Wenn Sie es mit drei Zahlen zu tun haben, fangen Sie mit der größten Zahl an und führen so viele Vielfache auf, wie durch das Produkt der beiden kleineren Zahlen angegeben. Für die zweithöchste Zahl bestimmen Sie das Produkt der beiden anderen Zahlen und führen so viele Vielfache in Ihrer Liste auf. Wiederholen Sie das für die kleinste Zahl.

Angenommen, Sie wollen das kgV von 2, 3 und 5 finden. Sie beginnen wieder mit der größten Zahl – in diesem Fall 5 – und listen sechs Zahlen auf (das Produkt der beiden anderen Zahlen, $2 \cdot 3 = 6$):

Vielfache von 5: 5, 10, 15, 20, 25, 30, …

Jetzt listen Sie Vielfache von 3 auf, nämlich zehn davon (weil $2 \cdot 5 = 10$):

Vielfache von 3: 3, 6, 9, 12, 15, 18, 21, 24, 27, 30, …

Die einzigen Zahlen, die in beiden Listen enthalten sind, sind 15 und 30. In diesem Fall können Sie sich den Aufwand sparen, die letzte Liste zu erstellen, weil 30 offensichtlich ein Vielfaches von 2 ist, 15 dagegen nicht. Das kgV von 2, 3 und 5 ist also 30.

Das kleinste gemeinsame Vielfache mithilfe der Primfaktorzerlegung bestimmen

Eine zweite Methode für die Bestimmung des kgV für eine Zahlenmenge ist die Verwendung der Primfaktorzerlegung für diese Zahlen. Und das geht so:

1. **Listen Sie die Primfaktoren für jede Zahl auf.**

   Wie die Primfaktoren einer Zahl bestimmt werden, ist im Abschnitt »Primfaktoren« weiter vorn in diesem Kapitel beschrieben.

   Angenommen, Sie wollen das kgV von 18 und 24 bestimmen. Sie listen also die Primfaktoren für jede Zahl auf:

   $18 = 2 \cdot 3 \cdot 3$

   $24 = 2 \cdot 2 \cdot 2 \cdot 3$

2. **Sie unterstreichen für jede aufgelistete Primzahl die häufigste Wiederholung dieser Zahl in jeder Primfaktorzerlegung.**

   Die Zahl 2 erscheint einmal in der Primfaktorzerlegung von 18, aber dreimal in der von 24, deshalb unterstreichen Sie die drei Zweien:

   $18 = 2 \cdot 3 \cdot 3$

   $24 = \underline{2} \cdot \underline{2} \cdot \underline{2} \cdot 3$

   Die Zahl 3 tritt zweimal in der Primfaktorzerlegung von 18 auf, aber nur einmal in der von 24, deshalb unterstreichen Sie die beiden Dreien:

   $18 = 2 \cdot \underline{3} \cdot \underline{3}$

   $24 = \underline{2} \cdot \underline{2} \cdot \underline{2} \cdot 3$

3. **Multiplizieren Sie alle unterstrichenen Zahlen.**

   Hier das Produkt:

   $2 \cdot 2 \cdot 2 \cdot 3 \cdot 3 = 72$

   Das kgV von 18 und 24 ist also 72. Das können Sie überprüfen:

   $18 \cdot 4 = 72$

   $24 \cdot 3 = 72$

Teil III
Teile des Ganzen: Brüche, Dezimalzahlen und Prozente

In diesem Teil ...

In der Mathematik werden Teile des Ganzen als Brüche, Dezimalzahlen oder Prozentsätze dargestellt. Sie sehen zwar anders aus, aber dennoch sind diese drei Konzepte eng mit der Division verwandt. In den folgenden Kapiteln erfahren Sie, wie die vier großen Operationen (Addition, Subtraktion, Multiplikation und Division) auf Brüche, Dezimalzahlen und Prozentwerte angewendet werden. Ich beschreibe echte und unechte Brüche, das Kürzen und Erweitern von Bruchtermen und das Arbeiten mit der gemischten Schreibweise. Außerdem geht es um terminierende, nicht terminierende und periodische Dezimalwerte. Ich zeige Ihnen, wie Sie den Prozentkreis nutzen können, um drei allgemeine Arten von Prozentaufgaben zu lösen. Außerdem beschreibe ich, wie Brüche, Dezimalzahlen und Prozentsätze in die beiden jeweils anderen Formen umgewandelt werden.

Das Spiel mit den Brüchen

In diesem Kapitel ...

- Die grundlegenden Brüche betrachten
- Den Zähler vom Nenner unterscheiden
- Echte Brüche, unechte Brüche und die gemischte Schreibweise verstehen
- Brüche kürzen und erweitern
- Unechte Brüche in gemischte Schreibweise umwandeln
- Mithilfe der Kreuzmultiplikation Brüche vergleichen

Angenommen, Sie haben heute Geburtstag und Ihre Freunde geben eine Überraschungsparty. Nachdem Sie alle Ihre Geschenke geöffnet haben, blasen Sie alle Kerzen auf Ihrer Torte aus. Aber nun haben Sie ein Problem: Acht Ihrer Freunde wollen Torte essen, aber Sie haben nur *eine* Torte. Es gibt mehrere Lösungsansätze:

- ✓ Sie gehen alle in die Küche und backen noch sieben Torten.
- ✓ Statt Torte könnte jeder auch eine Brezel essen.
- ✓ Weil es Ihr Geburtstag ist, essen Sie die ganze Torte und alle anderen bekommen Brezeln. (Das war Ihr Vorschlag.)
- ✓ Sie schneiden die Torte in acht gleiche Teile, sodass jeder etwas davon hat.

Nach sorgfältiger Überlegung entscheiden Sie sich für die letztgenannte Option. Mit dieser Entscheidung haben Sie das Tor zu der aufregenden Welt der Brüche geöffnet. Brüche sind Teile eines Ganzen, das in Stücke geschnitten werden kann. In diesem Kapitel erhalten Sie einige grundlegende Informationen über Brüche, die Sie einfach kennen müssen. Unter anderem geht es um die drei grundlegenden Bruchtypen: *echte Brüche, unechte Brüche* und die *gemischte Schreibweise*.

Es geht weiter mit dem Erweitern und dem Kürzen von Bruchtermen, das Sie brauchen, wenn Sie in Kapitel 10 die vier großen Operationen auf Brüche anwenden. Außerdem zeige ich Ihnen, wie Sie zwischen unechten Brüchen und Brüchen in gemischter Schreibweise hin- und herspringen können. Als Letztes erkläre ich Ihnen noch, wie Sie Brüche mithilfe der Kreuzmultiplikation vergleichen. Nachdem Sie dieses Kapitel durchgearbeitet haben, werden Sie sehr viel mehr über Brüche wissen!

Eine Torte in Bruchteile schneiden

Es gibt eine einfache Tatsache: Wenn Sie eine Torte in zwei gleiche Teile schneiden, handelt es sich bei jedem Stück um eine halbe Torte. Als Bruch schreiben Sie $\frac{1}{2}$. In Abbildung 9.1 stellt der dunklere Teil (hier im Übrigen auch der hellere Teil) die Hälfte der Torte dar.

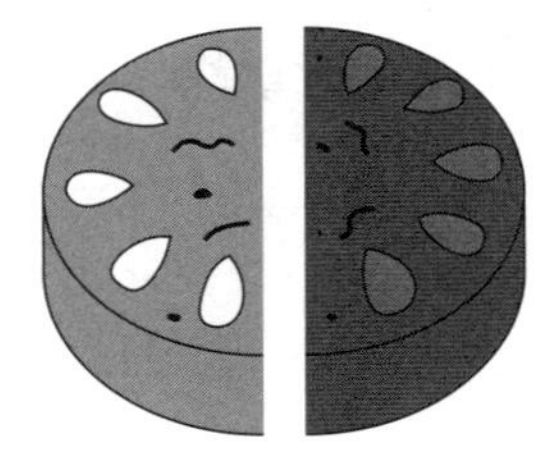

Abbildung 9.1: Zwei Hälften einer Torte

Jeder Bruch besteht aus zwei Zahlen, die durch einen Strich voneinander getrennt sind, den sogenannten Bruchstrich. Der Strich kann diagonal oder horizontal dargestellt werden. Sie können also den Bruch auf eine der beiden folgenden Arten darstellen:

$$\frac{1}{2} \quad \text{oder} \quad {}^1/_2$$

Die Zahl oberhalb des Bruchstrichs ist der *Zähler*. Der *Zähler* teilt Ihnen mit, wie viele Stücke Sie haben. In diesem Fall haben Sie ein dunkel gefärbtes Tortenstück; der Zähler ist also gleich 1.

Die Zahl unterhalb des Bruchstrichs ist der *Nenner*. Der *Nenner* teilt Ihnen mit, in wie viele gleiche Stücke die gesamte Torte zerlegt wurde. In diesem Fall ist der Nenner gleich 2.

Wenn Sie eine Torte in drei gleiche Teile schneiden, ist jeder Teil ein Drittel der ganzen Torte (siehe Abbildung 9.2).

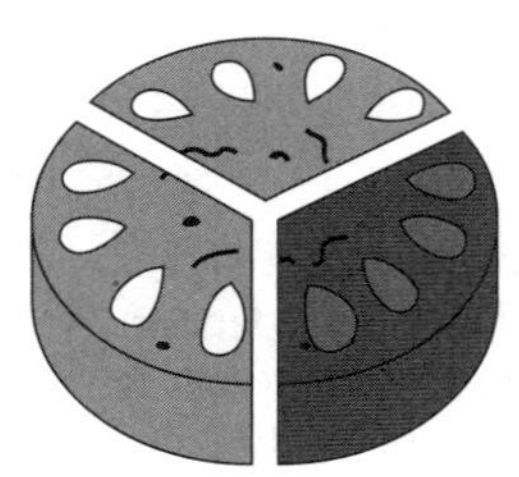

Abbildung 9.2: Sie schneiden die Torte in drei Teile.

Jetzt ist der dunkel gefärbte Teil ein Drittel (${}^1/_3$) der Torte. Wieder erkennen Sie anhand des Zählers, wie viele Stücke Sie haben, und anhand des Nenners, in wie viele gleiche Stücke die Torte zerlegt wurde.

Abbildung 9.3 zeigt ein paar weitere Beispiele, wie Teile des Ganzen unter Verwendung von Brüchen dargestellt werden können.

In jedem Fall teilt Ihnen der Zähler mit, wie viele Teile dunkel gefärbt sind, und der Nenner teilt Ihnen mit, wie viele Stücke es insgesamt sind.

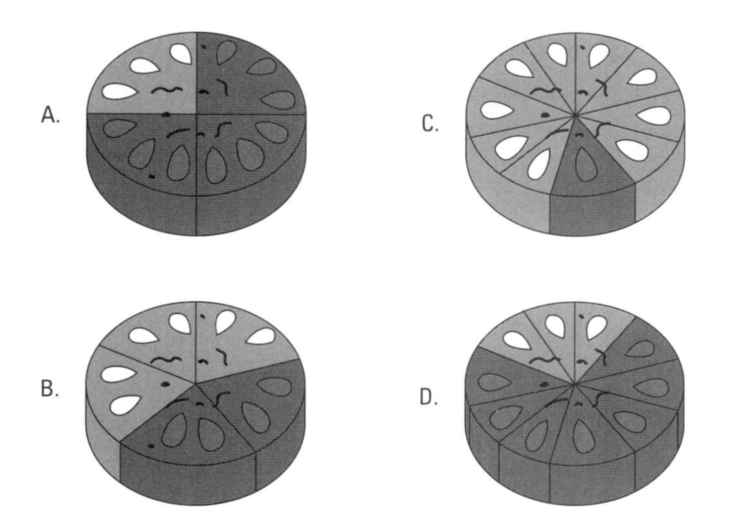

Abbildung 9.3: Zerlegte Torten, wobei die dunkel gefärbten Teile (A) 3/4, (B) 2/5, (C) 1/10 und (D) 7/10 sind

Der Bruchstrich kann auch als Divisionszeichen verstanden werden. Mit anderen Worten, ¾ steht für 3 ÷ 4. Wenn Sie drei Torten haben und sie unter vier Leuten aufteilen, erhält jede Person ¾ einer Torte.

Entscheidende Informationen über Brüche

Brüche verwenden ihr eigenes, spezielles Vokabular, und es gibt einige wichtige Eigenschaften, die Sie unbedingt kennen sollten. Damit erleichtern Sie sich das Arbeiten mit Brüchen ganz wesentlich.

Den Zähler vom Nenner unterscheiden

Die obere Zahl in einem Bruch ist der *Zähler*, die untere Zahl ist der *Nenner*. Betrachten Sie beispielsweise den folgenden Bruch:

$$\frac{3}{4}$$

In diesem Beispiel ist die Zahl 3 der Zähler, die Zahl 4 ist der Nenner. Betrachten Sie nun den folgenden Bruch:

$$\frac{55}{89}$$

Hier ist die Zahl 55 der Zähler, und die Zahl 89 ist der Nenner.

Reziproke – der Umkehr halber

Wenn Sie einen Bruch umkehren, erhalten Sie seinen *Kehrwert* oder *Reziprokwert*. Beispielsweise sind die folgenden Zahlen Kehrwerte:

$$\frac{2}{3} \quad \text{und} \quad \frac{3}{2}$$

$$\frac{11}{14} \quad \text{und} \quad \frac{14}{11}$$

$\frac{19}{19}$ ist sein eigener Kehrwert.

Die Verwendung von Nullen und Einsen

Wenn der Nenner (die untere Zahl) eines Bruchs gleich 1 ist, ist der Bruch gleich dem eigentlichen Zähler. Sie können jede ganze Zahl in einen Bruch umwandeln, indem Sie sie über einen Bruchstrich schreiben und eine 1 darunter schreiben. Zum Beispiel:

$$\frac{2}{1}=2 \qquad \frac{9}{1}=9 \qquad \frac{157}{1}=157$$

Wenn der Zähler und der Nenner gleich sind, ist der Bruch gleich 1. Wenn Sie nämlich eine Torte in acht Teile schneiden und dann alle acht Teile behalten, haben Sie wieder die ganze Torte. Hier einige Brüche, die gleich 1 sind:

$$\frac{8}{8}=1 \qquad \frac{11}{11}=1 \qquad \frac{365}{365}=1$$

Wenn der Zähler eines Bruchs gleich 0 ist, ist der Bruch ebenfalls gleich 0. Zum Beispiel:

$$\frac{0}{1}=0 \qquad \frac{0}{12}=0 \qquad \frac{0}{113}=0$$

Der Nenner eines Bruchs *darf nie* 0 sein. Brüche mit 0 im Nenner sind undefiniert – das heißt, sie haben keinerlei mathematische Bedeutung.

Sie wissen aus diesem Kapitel bereits: Wenn Sie eine Zahl in den Nenner schreiben, ist das vergleichbar damit, als würden Sie eine Torte in diese Anzahl von Stücken zerschneiden. Sie können eine Torte in zwei oder zehn oder sogar eine Million Stücke zerschneiden. Sie können sie sogar in ein Stück zerschneiden (also überhaupt nicht schneiden). Es ist jedoch nicht möglich, eine Torte in null Stücke zu zerschneiden. Aus diesem Grund sollten Sie wirklich *nie* 0 in den Nenner schreiben – passen Sie gut auf!

Gut gemischt

Ein Bruch in *gemischter Schreibweise* ist eine Kombination aus einer ganzen Zahl und einem Bruch. Hier einige Beispiele:

$$1\frac{1}{2} \qquad 5\frac{3}{4} \qquad 99\frac{44}{100}$$

Ein Bruch in gemischter Schreibweise ist immer gleich der ganzen Zahl *plus* dem angefügten Bruch. Das bedeutet, $1^1/_2$ ist dasselbe wie $1 + {}^1/_2$; $5^3/_4$ ist dasselbe wie $5 + {}^3/_4$ und so weiter.

Echtes und Unechtes unterscheiden

Wenn der Zähler und der Nenner gleich sind, ist der Bruch *gleich* 1:

$$\frac{2}{2} = 1 \qquad \frac{5}{5} = 1 \qquad \frac{78}{78} = 1$$

Wenn der Zähler (die obere Zahl) kleiner als der Nenner (die untere Zahl) ist, ist der Bruch *kleiner* 1:

$$\frac{1}{2} < 1 \qquad \frac{3}{5} < 1 \qquad \frac{63}{73} < 1$$

Solche Brüche werden als *echte Brüche* bezeichnet. Positive echte Brüche liegen immer zwischen 0 und 1. Ist dagegen der Zähler größer als der Nenner, ist der Bruch *größer* als 1. Sehen Sie sich Folgendes an:

$$\frac{3}{2} > 1 \qquad \frac{7}{4} > 1 \qquad \frac{98}{97} > 1$$

Ein Bruch, der größer als 1 ist, wird als *unechter Bruch* bezeichnet. Es ist üblich, einen unechten Bruch in die gemischte Schreibweise umzuwandeln, insbesondere wenn es sich dabei um ein Ergebnis einer Aufgabenstellung handelt.

Ein unechter Bruch ist immer kopflastig, weil er instabil ist und überzukippen droht. Um ihn zu stabilisieren, wandeln Sie ihn in die gemischte Schreibweise um. Echte Brüche dagegen sind immer stabil.

Weiter hinten in diesem Kapitel geht es noch genauer um unechte Brüche, wenn ich Ihnen zeige, wie Sie unechte Brüchen und die gemischte Schreibweise ineinander umwandeln.

Brüche erweitern und kürzen

Betrachten Sie die folgenden drei Brüche:

$$\frac{1}{2} \qquad \frac{2}{4} \qquad \frac{3}{6}$$

Wenn Sie drei Torten in diese drei Bruchteile zerschneiden, ist immer genau die Hälfte der Torte dunkel gefärbt dargestellt (siehe Abbildung 9.1), unabhängig davon, wie Sie sie zerschneiden.

Die Brüche $1/2$, $2/4$ und $3/6$ sind dem Wert nach gleich. Sie können sehr viele Brüche aufschreiben, die ebenfalls denselben Wert haben. Solange der Zähler genau die Hälfte des Nenners ist, sind alle Brüche gleich der Bruchzahl $1/2$, zum Beispiel:

$$\frac{11}{22} \qquad \frac{100}{200} \qquad \frac{1.000.000}{2.000.000}$$

Diese Brüche sind gleich der Bruchzahl $1/2$, aber ihre *Terme* (der Zähler und der Nenner) unterscheiden sich. In diesem Abschnitt erkläre ich Ihnen, wie sie einen Bruch erweitern und kürzen können, ohne die Bruchzahl zu ändern.

Brüche erweitern

Um einen Bruch mit einer bestimmten Zahl zu erweitern, multiplizieren Sie sowohl den Zähler als auch den Nenner mit dieser Zahl.

Um beispielsweise $3/4$ mit 2 zu erweitern, multiplizieren Sie sowohl den Zähler als auch den Nenner mit 2:

$$\frac{3}{4} = \frac{3 \cdot 2}{4 \cdot 2} = \frac{6}{8}$$

Um vergleichbar dazu $5/11$ mit 7 zu erweitern, multiplizieren Sie sowohl den Zähler als auch den Nenner mit 7:

$$\frac{5}{11} = \frac{5 \cdot 7}{11 \cdot 7} = \frac{35}{77}$$

Die Erweiterung eines Bruchs ändert nicht seinen Wert. Weil Sie den Zähler und den Nenner mit derselben Zahl multiplizieren, multiplizieren Sie letztlich den Bruch mit einem Bruch, der gleich 1 ist.

Sie müssen unbedingt wissen, wie ein Bruch so erweitert wird, dass der Nenner zu einer bestimmten Zahl wird. Sie gehen dazu wie folgt vor:

1. **Dividieren Sie den neuen Nenner durch den alten Nenner.**

   Damit der Bruch unverändert bleibt, müssen Sie den Nenner und den Zähler des alten Bruchs mit derselben Zahl multiplizieren. In diesem ersten Schritt erkennen Sie, womit der alte Nenner multipliziert werden muss, um den neuen zu erhalten.

Angenommen, Sie wollen $^4/_7$ so erweitern, dass der neue Nenner gleich 35 ist. Sie versuchen also, die folgende Frage zu beantworten:

$$\frac{4}{7} = \frac{?}{35}$$

Dividieren Sie 35 durch 7. Das Ergebnis zeigt, dass der Nenner mit 5 zu multiplizieren ist.

2. **Multiplizieren Sie dieses Ergebnis mit dem alten Zähler, um den neuen Zähler zu erhalten.**

   Jetzt wissen Sie, wie die beiden Nenner zusammenhängen. Die Zähler müssen in dieselbe Beziehung zueinander gebracht werden, deshalb multiplizieren Sie den alten Zähler mit der Zahl, die Sie in Schritt 1 ermittelt haben.

   Multiplizieren Sie 5 mit 4. Sie erhalten 20. Hier das Ergebnis:

$$\frac{4}{7} = \frac{4 \cdot 5}{7 \cdot 5} = \frac{20}{35}$$

Brüche kürzen

Das Kürzen von Brüchen ist vergleichbar mit der Erweiterung von Brüchen, außer dass hier nicht multipliziert, sondern dividiert wird. Weil Sie jedoch nicht immer dividieren können, ist das Kürzen etwas komplizierter.

Praktisch gesehen ist das Kürzen von Brüchen vergleichbar mit dem Zerlegen von Zahlen. Wenn Sie nicht wissen, wie das geht, lesen Sie noch einmal in Kapitel 8 nach.

In diesem Abschnitt zeige ich Ihnen die formelle Methode, Brüche zu kürzen, die in jedem Fall funktioniert. Anschließend zeige ich Ihnen eine informellere Methode, die Sie anwenden können, wenn Sie etwas vertrauter mit dem Thema sind.

Brüche auf formelle Weise kürzen

Das Kürzen von Brüchen auf formelle Weise bedingt, dass Sie wissen, wie eine Zahl in ihre Primfaktoren zerlegt wird. Wie das geht, beschreibe ich in Kapitel 8 im Detail; wenn Sie also nicht genau wissen, was dafür zu tun ist, lesen Sie dort noch einmal nach.

So kürzen Sie einen Bruch:

1. **Zerlegen Sie den Zähler (obere Zahl) und den Nenner (untere Zahl) in ihre Primfaktoren.**

   Angenommen, Sie wollen den Bruch $^{12}/_{30}$ kürzen. Zerlegen Sie 12 und 30 in ihre Primfaktoren:

$$\frac{12}{30} = \frac{2 \cdot 2 \cdot 3}{2 \cdot 3 \cdot 5}$$

2. **Streichen Sie paarweise vorkommende gleiche Faktoren durch.**

   Wie Sie sehen, können Sie hier einmal die 2 und einmal die 3 durchstreichen, weil sie gemeinsame Faktoren sind und sowohl im Nenner als auch im Zähler vorkommen:

   $$\frac{12}{30} = \frac{\cancel{2} \cdot 2 \cdot \cancel{3}}{\cancel{2} \cdot \cancel{3} \cdot 5}$$

3. **Multiplizieren Sie die übrig gebliebenen Zahlen, um den gekürzten Zähler und Nenner zu erhalten.**

   Sie sehen, dass der Bruch $^{12}/_{30}$ zu $^{2}/_{5}$ gekürzt werden kann:

   $$\frac{12}{30} = \frac{\cancel{2} \cdot 2 \cdot \cancel{3}}{\cancel{2} \cdot \cancel{3} \cdot 5} = \frac{2}{5}$$

Als weiteres Beispiel kürzen Sie jetzt den Bruch $^{32}/_{100}$:

$$\frac{32}{100} = \frac{\cancel{2} \cdot \cancel{2} \cdot 2 \cdot 2 \cdot 2}{\cancel{2} \cdot \cancel{2} \cdot 5 \cdot 5} = \frac{8}{25}$$

Hier können Sie zweimal die 2 über und unter dem Bruchstich als gemeinsame Faktoren ausstreichen. Die verbleibenden Zweien oben und Fünfen unten sind keine gemeinsamen Faktoren. Der Bruch $^{32}/_{100}$ kann also gekürzt werden zu $^{8}/_{25}$.

Brüche auf informelle Weise kürzen

Nachdem Sie das Konzept verstanden haben, hier noch eine einfachere Methode, Brüche zu kürzen:

1. **Wenn sowohl der Zähler (obere Zahl) als auch der Nenner (untere Zahl) durch 2 teilbar sind, das heißt, wenn sie beide gerade sind, dividieren Sie beide durch 2.**

   Angenommen, Sie wollen den Bruch $^{24}/_{60}$ kürzen. Zähler und Nenner sind beide gerade, deshalb dividieren Sie sie jeweils durch 2:

   $$\frac{24}{60} = \frac{12}{30}$$

2. **Wiederholen Sie Schritt 1, bis der Zähler oder der Nenner (oder beide) nicht mehr durch 2 teilbar sind.**

   In dem resultierenden Bruch sind beide Zahlen immer noch gerade, deshalb wiederholen Sie den ersten Schritt:

   $$\frac{12}{30} = \frac{6}{15}$$

3. **Wiederholen Sie Schritt 1 mit der Zahl 3, dann mit der Zahl 5, dann mit 7, und prüfen Sie weiter alle Primzahlen, bis Sie sicher sind, dass der Zähler und der Nenner keine weiteren gemeinsamen Faktoren haben.**

Jetzt sind der Zähler und der Nenner beide durch 3 teilbar (weitere Informationen darüber, wie Sie leicht erkennen, ob eine Zahl durch eine andere Zahl teilbar ist, finden Sie in Kapitel 7), deshalb dividieren Sie beide durch 3:

$$\frac{6}{15} = \frac{2}{5}$$

Weder der Zähler noch der Nenner ist durch 3 teilbar, deshalb ist dieser Schritt abgeschlossen. Sie könnten jetzt auf Teilbarkeit durch 5, 7 und so weiter testen, aber das ist hier nicht nötig. Der Zähler ist 2, und offensichtlich ist er nicht mehr durch eine größere Zahl teilbar; Sie wissen also, dass $^{24}/_{60}$ zu $^{2}/_{5}$ gekürzt wird.

Unechte Brüche und gemischte Schreibweise ineinander umwandeln

Im Abschnitt »Entscheidende Informationen über Brüche« haben Sie erfahren, dass jeder Bruch, dessen Zähler größer als sein Nenner ist, ein *unechter Bruch* ist. Unechte Brüche sind sehr praktisch und erleichtern die Arbeit, aber aus irgendeinem Grund sind sie nicht besonders beliebt. (Vielleicht liegt es an dem Begriff *unecht*.) Insbesondere Lehrer haben eine Abneigung gegen sie, und sie wollen auf keinen Fall einen unechten Bruch als Lösung für eine Aufgabe sehen. Lehrer lieben dagegen die gemischte Schreibweise. Ein Grund dafür ist, dass es einfacher ist, die Größe einer gemischten Zahl einzuschätzen.

Wenn ich Sie beispielsweise bitte, $^{31}/_{3}$ Liter Benzin in mein Auto zu füllen, können Sie sich vermutlich nicht auf Anhieb vorstellen, wie viel das ist: 5 Liter, 10 Liter, 20 Liter?

Wenn ich dagegen sage, ich möchte $10^{1}/_{3}$ Liter, dann erkennen Sie sofort, dass das etwas mehr als 10, aber weniger als 11 Liter sind. Obwohl $10^{1}/_{3}$ dasselbe ist wie $^{31}/_{3}$, ist es in der Praxis hilfreicher, die gemischte Zahl zu kennen. Aus diesem Grund muss man häufig unechte Brüche in die gemischte Schreibweise umwandeln.

Die Bestandteile der gemischten Schreibweise

Jede Bruchzahl in gemischter Schreibweise besteht aus einem ganzzahligen Teil und einem Bruchteil. Die drei Zahlen innerhalb einer gemischten Zahl sind also:

- ✓ die ganze Zahl
- ✓ der Zähler
- ✓ der Nenner

In der gemischten Schreibweise $3^{1}/_{2}$ beispielsweise ist 3 der ganzzahlige Teil und der Bruchteil ist ½. Diese Zahl besteht also aus drei Zahlen: der ganzen Zahl (3), dem Zähler (1) und dem Nenner (2). Wenn Sie diese drei Bestandteile der gemischten Schreibweise kennen, ist es einfacher, zwischen gemischte Schreibweise und unechte Brüche ineinander umzuwandeln.

Die gemischte Schreibweise in einen unechten Bruch umwandeln

Um eine Zahl in gemischter Schreibweise in einen unechten Bruch umzuwandeln, gehen Sie wie folgt vor:

1. **Multiplizieren Sie den Nenner des Bruchteils mit der ganzen Zahl und addieren Sie das Ergebnis zum Zähler.**

   Angenommen, Sie wollen die Zahl $5\frac{2}{3}$ in einen unechten Bruch umwandeln. Zuerst multiplizieren Sie 3 mit 5 und addieren dann 2:

   $(3 \cdot 5) + 2 = 17$

2. **Dieses Ergebnis verwenden Sie als Ihren Zähler und schreiben ihn über den bereits bekannten Nenner.**

   Schreiben Sie dieses Ergebnis über den Nenner:

   $$\frac{17}{3}$$

   Die Zahl $5\frac{2}{3}$ ist also gleich dem unechten Bruch $^{17}/_{3}$. Diese Methode funktioniert bei allen gemischten Zahlen. Wenn Sie darüber hinaus mit dem gekürzten Bruchteil beginnen, ist das Ergebnis ebenfalls gekürzt (siehe den Abschnitt »Brüche erweitern und kürzen« weiter vorn in diesem Kapitel).

Einen unechten Bruch in die gemischte Schreibweise umwandeln

Um einen unechten Bruch in die gemischte Schreibweise umzuwandeln, dividieren Sie den Zähler durch den Nenner (siehe Kapitel 3). Anschließend schreiben Sie die gemischte Schreibweise wie folgt:

- ✓ Der Quotient (Lösung) ist der ganzzahlige Teil.
- ✓ Der Rest ist der Zähler.
- ✓ Der Nenner des unechten Bruchs ist der Nenner.

Angenommen, Sie wollen den unechten Bruch $^{19}/_{5}$ in gemischter Schreibweise darstellen. Zuerst dividieren Sie 19 durch 5:

$19 \div 5 = 3 \text{ R } 4$

Anschließend schreiben Sie die Zahl wie folgt:

$$3\frac{4}{5}$$

Diese Methode funktioniert für alle unechten Brüche. Und wie es auch für die Umwandlungen in die andere Richtung gilt, müssen Sie Ihre Lösung nicht mehr kürzen, wenn Sie von einem gekürzten Bruch ausgehen (siehe den Abschnitt »Brüche erweitern und kürzen«).

Die Kreuzmultiplikation verstehen

Die *Kreuzmultiplikation* ist ein sehr praktisches Werkzeug. Sie können sie auf unterschiedliche Arten nutzen, deshalb erkläre ich sie hier und zeige Ihnen dann sofort eine Anwendungsmöglichkeit.

Um zwei Brüche miteinander über Kreuz zu multiplizieren, gehen Sie wie folgt vor:

1. **Multiplizieren Sie den Zähler des ersten Bruchs mit dem Nenner des zweiten Bruchs und notieren Sie sich die Lösung.**
2. **Multiplizieren Sie den Zähler des zweiten Bruchs mit dem Nenner des ersten Bruchs und notieren Sie sich die Lösung.**

Angenommen, Sie haben die beiden folgenden Brüche:

$$\frac{2}{9} \quad \frac{4}{7}$$

Wenn Sie über Kreuz multiplizieren, erhalten Sie die beiden folgenden Zahlen:

$2 \cdot 7 = 14 \qquad 4 \cdot 9 = 36$

Sie können die Kreuzmultiplikation nutzen, um Brüche zu vergleichen und festzustellen, welcher davon der größere ist. In diesem Fall achten Sie unbedingt darauf, dass Sie mit dem Zähler des ersten Bruchs *beginnen*.

Um festzustellen, welcher von zwei Brüchen größer ist, multiplizieren Sie über Kreuz und schreiben die beiden Zahlen, die Sie erhalten, der Reihe nach unter die beiden Brüche. Die größte Zahl steht immer unter dem größten Bruch.

Angenommen, Sie wollen feststellen, welcher der drei folgenden Brüche der größte ist:

$$\frac{3}{5} \quad \frac{5}{9} \quad \frac{6}{11}$$

Die Kreuzmultiplikation funktioniert jeweils nur für zwei Brüche gleichzeitig, deshalb betrachten Sie zunächst die beiden ersten:

$$\frac{3}{5} \quad \frac{5}{9}$$

$3 \cdot 9 = 27 \qquad 5 \cdot 5 = 25$

Weil 27 größer als 25 ist, erkennen Sie, dass $^3/_5$ größer ist als $^5/_9$. Sie können also $^5/_9$ ausschließen.

Jetzt machen Sie dasselbe für $^3/_5$ und $^6/_{11}$:

$$\frac{3}{5} \quad \frac{6}{11}$$

$3 \cdot 11 = 33 \qquad 6 \cdot 5 = 30$

Weil 33 größer als 30 ist, ist $^3/_5$ größer als $^6/_{11}$. Ganz einfach, oder? Das ist alles, was Sie für den Moment wissen müssen. Was Sie mit diesen einfachen Kenntnissen alles machen können, zeige ich Ihnen im nächsten Kapitel.

Es geht weiter: Brüche und die vier großen Operationen

10

In diesem Kapitel …

- Die Multiplikation und Division von Brüchen betrachten
- Brüche auf verschiedene Arten addieren und subtrahieren
- Die vier großen Operationen auf die gemischte Schreibweise anwenden

In diesem Kapitel konzentrieren wir uns auf die Anwendung der vier großen Operationen auf Brüche. Zunächst erkläre ich Ihnen, wie Brüche multipliziert und dividiert werden, was nicht sehr viel schwieriger ist, als ganze Zahlen zu multiplizieren. Überraschenderweise ist das Addieren und Subtrahieren von Brüchen etwas komplizierter. Ich stelle Ihnen mehrere Methoden vor, die jeweils ihre Vor- und Nachteile haben, und zeige Ihnen, wie Sie die jeweils beste Methode für die betreffende Aufgabenstellung auswählen.

Weiter hinten in diesem Kapitel gehe ich zu der gemischten Schreibweise über. Auch hier sollten die Multiplikation und die Division kein größeres Problem darstellen, weil das Verfahren in jedem Fall dasselbe ist wie das Multiplizieren und Dividieren von Brüchen. Zum Schluss geht es um das Addieren und Subtrahieren unter der gemischten Schreibweise. Danach sollten Sie mühelos mit Brüchen umgehen und alle Aufgaben lösen können.

Brüche multiplizieren und dividieren

Erstaunlich ist, dass das Multiplizieren und Dividieren von Brüchen einfacher ist, als sie zu addieren oder zu subtrahieren – nur zwei einfache Schritte, und fertig! Aus diesem Grund zeige ich Ihnen die Multiplikation und die Division, bevor ich Ihnen erkläre, wie addiert und subtrahiert wird. Sie werden das Multiplizieren von Brüchen sogar einfacher finden als das Multiplizieren ganzer Zahlen, weil die Zahlen, mit denen Sie es hier zu tun haben, normalerweise klein sind. Darüber hinaus ist das Dividieren von Brüchen fast genauso einfach wie das Multiplizieren. Es wird Ihnen wirklich leichtfallen, das zu verstehen.

Zähler und Nenner einfach multiplizieren

Wäre nur alles im Leben so einfach wie das Multiplizieren von Brüchen! Sie brauchen nur einen Stift, ein Blatt Papier und grundlegende Kenntnisse über die Multiplikationstabelle. (Weitere Informationen über Multiplikation finden Sie in Kapitel 3.)

So werden zwei Brüche multipliziert:

1. **Sie multiplizieren die Zähler (die Zahlen oben) und erhalten damit den Zähler für das Ergebnis.**
2. **Sie multiplizieren die Nenner (die Zahlen unten) und erhalten damit den Nenner für das Ergebnis.**

Im folgenden Beispiel multiplizieren wir $^2/_5 \cdot {}^3/_7$:

$$\frac{2}{5} \cdot \frac{3}{7} = \frac{2 \cdot 3}{5 \cdot 7} = \frac{6}{35}$$

Beim Multiplizieren von Brüchen ergibt sich manchmal die Gelegenheit zu kürzen. (Weitere Informationen über das Kürzen von Brüchen finden Sie in Kapitel 9.) Merken Sie sich, dass Mathematiker ganz wild darauf sind, Brüche zu kürzen, und dass Ihnen die Lehrer manchmal Punkte abziehen, wenn Sie zwar das richtige Ergebnis berechnet, es aber nicht gekürzt haben. Das folgende Beispiel zeigt eine Aufgabe, deren Ergebnis noch gekürzt werden kann:

$$\frac{4}{5} \cdot \frac{7}{8} = \frac{4 \cdot 7}{5 \cdot 8} = \frac{28}{40}$$

Weil der Zähler und der Nenner gerade sind, kann dieser Bruch gekürzt werden. Dividieren Sie zunächst beide Zahlen durch 2:

$$\frac{28 \div 2}{40 \div 2} = \frac{14}{20}$$

Auch hier sind Zähler und Nenner gerade, deshalb können Sie noch mal kürzen:

$$\frac{14 \div 2}{20 \div 2} = \frac{7}{10}$$

Dieser Bruch ist vollständig gekürzt.

Beim Multiplizieren von Brüchen macht man sich die Arbeit häufig einfacher, indem man gleiche Faktoren im Zähler und im Nenner sofort streicht. Damit werden die Zahlen kleiner und handlicher und Sie müssen zum Schluss nicht mehr kürzen. Und das funktioniert so:

- ✓ Wenn der Zähler eines Bruchs und der Nenner des anderen Bruchs gleich sind, machen Sie beide Zahlen zu Einsen. (Weitere Informationen dazu finden Sie im grauen Kasten »Eins ist die einfachste Zahl«.)
- ✓ Sind der Zähler des einen Bruchs und der Nenner des anderen Bruchs durch dieselbe Zahl teilbar, kürzen Sie mit dieser Zahl, das heißt, Sie dividieren Zähler und Nenner durch diesen gemeinsamen Faktor. (Weitere Informationen darüber, wie Sie Faktoren bestimmen, finden Sie in Kapitel 8.)

Angenommen, Sie wollen die beiden folgenden Zahlen multiplizieren:

$$\frac{5}{13} \cdot \frac{13}{20}$$

Sie können diese Aufgabe vereinfachen, indem Sie mit 13 kürzen, nämlich wie folgt:

$$\frac{5}{1\ \cancel{13}} \cdot \frac{\cancel{13}\ 1}{20} = \frac{5 \cdot 1}{1 \cdot 20} = \frac{5}{20}$$

Sie können das Ganze weiter vereinfachen, wenn Sie erkennen, dass 20 = 5 · 4 ist. Sie können also den Faktor 5 wie folgt herausziehen:

$$\frac{1\ \cancel{5}}{1} \cdot \frac{1}{\cancel{20}\ 4} = \frac{1 \cdot 1}{1 \cdot 4} = \frac{1}{4}$$

Eins ist die einfachste Zahl

Bei Brüchen ist vor allem die Beziehung zwischen den Zahlen wichtig – und nicht die eigentlichen Zahlen. Wenn Sie verstehen, wie Brüche multipliziert und dividiert werden, verstehen Sie auch besser, warum man die Zahlen innerhalb eines Bruchs erweitern und kürzen kann, ohne den Wert des gesamten Bruchs zu verändern.

Wenn Sie eine beliebige Zahl mit 1 multiplizieren, ist das Ergebnis immer noch dieselbe Zahl. Diese Regel gilt auch für Brüche:

$$\frac{3}{8} \cdot 1 = \frac{3}{8} \quad \text{und} \quad \frac{3}{8} \div 1 = \frac{3}{8}$$

$$\frac{5}{13} \cdot 1 = \frac{5}{13} \quad \text{und} \quad \frac{5}{13} \div 1 = \frac{5}{13}$$

$$\frac{67}{70} \cdot 1 = \frac{67}{70} \quad \text{und} \quad \frac{67}{70} \div 1 = \frac{67}{70}$$

Wenn ein Bruch dieselbe Zahl im Zähler und im Nenner hat, ist sein Wert gleich 1, wie ich in Kapitel 9 erklärt habe. Mit anderen Worten, die Brüche $^2/_2$, $^3/_3$ und $^4/_4$ sind alle gleich 1. Betrachten Sie, was passiert, wenn Sie den Bruch $^3/_4$ mit $^2/_2$ multiplizieren:

$$\frac{3}{4} \cdot \frac{2}{2} = \frac{3 \cdot 2}{4 \cdot 2} = \frac{6}{8}$$

Damit haben Sie letztlich die Terme des ursprünglichen Bruchs mit 2 erweitert. Sie haben den Bruch jedoch nur mit 1 multipliziert, der Wert des Bruchs hat sich also nicht geändert. Der Bruch $^6/_8$ ist gleich $^3/_4$.

Analog dazu ist das Kürzen des Bruchs $^6/_9$ um den Faktor 3 dasselbe, als würden Sie den Bruch durch $^3/_3$ (was gleich 1 ist) dividieren:

$$\frac{6}{9} \div \frac{3}{3} = \frac{6 \div 3}{9 \div 3} = \frac{2}{3}$$

$^6/_9$ ist also gleich $^2/_3$.

Mit einer Drehung Brüche dividieren

Die Division ist genau so einfach wie die Multiplikation. Beim Dividieren von Brüchen wandeln Sie letztlich die Aufgabenstellung in eine Multiplikation um.

Um einen Bruch durch einen anderen Bruch zu dividieren, multiplizieren Sie den ersten Bruch mit dem Kehrwert des zweiten Bruchs. (Wie in Kapitel 9 beschrieben, ist der Kehrwert eines Bruchs einfach die Umkehrung dieses Bruchs.)

Das folgende Beispiel zeigt, wie das Dividieren von Brüchen in eine Multiplikation umgewandelt wird:

$$\frac{1}{3} \div \frac{4}{5} = \frac{1}{3} \cdot \frac{\mathbf{5}}{\mathbf{4}}$$

Wie Sie sehen, wird hier $^4/_5$ in seinen Kehrwert umgewandelt – $^5/_4$– und das Divisionssymbol wird zu einem Multiplikationssymbol. Anschließend multiplizieren Sie einfach die Brüche, wie im Abschnitt »Zähler und Nenner einfach multiplizieren« weiter vorn in diesem Kapitel beschrieben:

$$\frac{1}{3} \cdot \frac{5}{4} = \frac{1 \cdot 5}{3 \cdot 4} = \frac{5}{12}$$

Wie bei der Multiplikation muss das Ergebnis auch bei der Division zum Schluss manchmal gekürzt werden. Sie können sich auch hier die Arbeit erleichtern, indem Sie gleiche Faktoren sofort kürzen (siehe vorheriger Abschnitt).

Zusammengezählt: Brüche addieren

Wenn Sie Brüche addieren, müssen Sie darauf achten, dass ihre Nenner (die Zahlen unten) gleich sein müssen. Wenn sie gleich sind, ist alles in Butter. Die Addition von Brüchen mit demselben Nenner ist ein Kinderspiel. Haben die Brüche unterschiedliche Nenner, ist die Addition etwas komplizierter.

Um das Ganze noch zu verschlimmern, machen viele Lehrer die Addition von Brüchen noch schwieriger, weil sie wollen, dass Sie eine lange und komplizierte Methode verwenden, während in vielen Fällen auch eine kurze und einfache Methode ausreichend wäre.

In diesem Abschnitt erkläre ich Ihnen zuerst, wie Sie Brüche mit demselben Nenner addieren. Anschließend zeige ich Ihnen eine narrensichere Methode, Brüche zu addieren, wenn die Nenner nicht gleich sind. Sie funktioniert immer und stellt in der Regel die einfachste Vorgehensweise dar. Anschließend stelle ich Ihnen eine schnelle Methode vor, die Sie nur bei bestimmten Aufgabenstellungen anwenden können. Und schließlich erkläre ich die längere, kompliziertere Methode zur Addition von Brüchen, die normalerweise in der Schule gelehrt wird.

Die Summe von Brüchen mit gleichen Nennern ermitteln

Um zwei Brüche zu addieren, die denselben Nenner (untere Zahl) haben, addieren Sie die Zähler (obere Zahlen) und lassen die Nenner unverändert.

Betrachten Sie beispielsweise die folgende Aufgabenstellung:

$$\frac{1}{5}+\frac{2}{5}=\frac{1+2}{5}=\frac{3}{5}$$

Wie Sie sehen, addieren Sie diese beiden Brüche, indem Sie die Zähler (1 + 2) addieren und den Nenner (5) beibehalten.

Warum funktioniert das? In Kapitel 9 haben Sie gelernt, dass man sich Brüche als Tortenstücke vorstellen kann. Der Nenner teilt Ihnen in diesem Fall mit, dass die ganze Torte in fünf Teile geschnitten wurde. Wenn Sie also $^1/_5 + ^2/_5$ addieren, addieren Sie eigentlich 1 Stück plus 2 Stücke. Das Ergebnis sind natürlich drei Stücke, das heißt $^3/_5$.

Selbst wenn Sie mehr als zwei Brüche addieren müssen, addieren Sie einfach die Zähler und lassen die Nenner unverändert, sofern die Nenner alle gleich sind:

$$\frac{1}{17}+\frac{3}{17}+\frac{4}{17}+\frac{6}{17}=\frac{1+3+4+6}{17}=\frac{14}{17}$$

Wenn Sie Brüche mit demselben Nenner addieren, müssen Sie manchmal kürzen (weitere Informationen über das Kürzen finden Sie in Kapitel 9). Betrachten Sie beispielsweise die folgende Aufgabe:

$$\frac{1}{4}+\frac{1}{4}=\frac{1+1}{4}=\frac{2}{4}$$

Der Zähler und der Nenner sind beide gerade, das heißt, sie können gekürzt werden:

$$\frac{2}{4}=\frac{1}{2}$$

In anderen Fällen ist die Summe von zwei echten Brüchen ein unechter Bruch. Sie erhalten einen Zähler, der größer als der Nenner ist, wenn die beiden Faktoren eine Summe größer 1 ergeben, wie etwa im folgenden Beispiel:

$$\frac{3}{7}+\frac{5}{7}=\frac{8}{7}$$

Wenn Sie mit diesem Bruch weiterarbeiten wollen, behalten Sie ihn als unechten Bruch bei, weil er in dieser Darstellung am praktischsten ist. Handelt es sich dagegen um die endgültige Lösung, sollten Sie ihn in die gemischte Schreibweise umwandeln (weitere Informationen zur gemischten Schreibweise finden Sie in Kapitel 9):

$$\frac{8}{7}=8\div 7=1\,R\,1=1\frac{1}{7}$$

Wenn zwei Brüche denselben Zähler haben, können Sie sie *nicht* addieren, indem Sie die Nenner addieren und den Zähler unverändert lassen!

Brüche mit unterschiedlichen Nennern addieren

Wenn die von Ihnen zu addierenden Brüche unterschiedliche Nenner haben, ist die Addition nicht ganz so einfach. Dennoch ist sie nicht ganz so schwierig, wie manche Lehrer uns glauben machen wollen.

Vielleicht riskiere ich hier eine dicke Lippe, aber es muss einfach einmal gesagt werden: Es gibt eine sehr einfache Methode, Brüche zu addieren. Sie funktioniert immer. Die Addition von Brüchen ist damit nur ein bisschen schwieriger als die Multiplikation. Und wenn Sie sich in der Mathematik weiter hin zur Algebra bewegen, wird sie zur praktischsten Methode, die es gibt.

Warum wendet sie also nicht jeder an? Ich glaube, es ist eine Frage der Konvention, die hier stärker ist als der gesunde Menschenverstand. Die traditionelle Addition von Brüchen ist schwieriger, zeitaufwendiger und fehleranfälliger. Aber man hat den Schülern Generation für Generation beigebracht, dass dies die richtige Methode ist, Brüche zu addieren. Ein Teufelskreis.

In diesem Buch breche ich mit dieser Tradition. Zuerst zeige ich Ihnen die einfache Methode, Brüche zu addieren. Anschließend zeige ich Ihnen einen schnellen Trick, der in einigen Sonderfällen funktioniert. Und erst zum Schluss erkläre ich die traditionelle Vorgehensweise für die Addition von Brüchen.

Die einfache Methode

Sehr wahrscheinlich hat Ihnen irgendwann in Ihrem Leben ein Lehrer die goldenen Worte der Weisheit zuteilwerden lassen: »Brüche mit unterschiedlichen Nennern können nicht addiert werden.« Ihr Lehrer hat sich geirrt. Es geht so:

1. **Führen Sie eine Kreuzmultiplikation für die beiden Brüche durch und addieren Sie die Ergebnisse, um den Zähler für das Ergebnis zu erhalten.**

   Angenommen, Sie wollen die Brüche $1/3$ und $2/5$ addieren. Um den Zähler für das Ergebnis zu erhalten, multiplizieren Sie über Kreuz. Mit anderen Worten, Sie multiplizieren jeweils den Zähler des einen Bruchs mit dem Nenner des anderen Bruchs:

   $$\frac{1}{3}+\frac{2}{5}$$

   $1 \cdot 5 = 5$

   $2 \cdot 3 = 6$

Dann addieren Sie die Ergebnisse, um den Zähler für das Ergebnis zu erhalten:

$5 + 6 = 11$

2. **Multiplizieren Sie die beiden Nenner, um den Nenner für das Ergebnis zu erhalten.**

   Um den Nenner zu erhalten, multiplizieren Sie einfach den Nenner der beiden Brüche:

   $3 \cdot 5 = 15$

   Der Nenner der Lösung ist 15.

3. **Schreiben Sie Ihre Lösung als Bruch:**

   $$\frac{1}{3} + \frac{2}{5} = \frac{11}{15}$$

Wie Sie im Abschnitt »Die Summe von Brüchen mit gleichen Nennern ermitteln« weiter vorn in diesem Kapitel erfahren haben, muss man nach dem Addieren von Brüchen manchmal das Ergebnis kürzen. Hier ein Beispiel:

$$\frac{5}{8} + \frac{3}{10} = \frac{5 \cdot 10 + 3 \cdot 8}{8 \cdot 10} = \frac{50 + 24}{80} = \frac{74}{80}$$

Weil sowohl der Zähler als auch der Nenner gerade Zahlen sind, kann der Bruch gekürzt werden. Sie dividieren also beide Zahlen durch 2:

$$\frac{74 \div 2}{80 \div 2} = \frac{37}{40}$$

Dieser Bruch kann nicht weiter gekürzt werden, $^{37}/_{40}$ ist also das endgültige Ergebnis.

Wie Sie im Abschnitt »Die Summe von Brüchen mit gleichen Nennern ermitteln« ebenfalls erfahren haben, erhält man beim Addieren von zwei echten Brüchen manchmal als Ergebnis einen unechten Bruch:

$$\frac{4}{5} + \frac{3}{7} = \frac{4 \cdot 7 + 3 \cdot 5}{5 \cdot 7} = \frac{28 + 15}{35} = \frac{43}{35}$$

Wenn Sie weiter mit diesem Bruch arbeiten wollen, behalten Sie ihn als unechten Bruch bei, weil das praktischer ist. Handelt es sich dagegen um das Endergebnis, sollten Sie ihn in die gemischte Schreibweise umwandeln (weitere Informationen dazu finden Sie in Kapitel 9).

$$\frac{43}{35} = 43 \div 35 = 1\,R\,8 = 1\frac{8}{35}$$

Manchmal müssen Sie mehrere Brüche addieren. Die Methode ist ähnlich, mit einer kleinen Änderung. Angenommen, Sie wollen $^{1}/_{2} + {}^{3}/_{5} + {}^{4}/_{7}$ addieren:

1. **Sie beginnen mit der Multiplikation des Zählers des ersten Bruchs mit dem Nenner aller anderen Brüche.**

   $\frac{\mathbf{1}}{2}+\frac{3}{\mathbf{5}}+\frac{4}{\mathbf{7}}$

   $(1 \cdot 5 \cdot 7) = 35$

2. **Dasselbe machen Sie mit dem zweiten Bruch und addieren diesen Wert zum ersten.**

   $\frac{1}{\mathbf{2}}+\frac{\mathbf{3}}{5}+\frac{4}{\mathbf{7}}$

   $35 + (3 \cdot 2 \cdot 7) = 35 + 42$

3. **Dasselbe machen Sie mit den restlichen Brüchen.**

   $\frac{1}{\mathbf{2}}+\frac{3}{\mathbf{5}}+\frac{\mathbf{4}}{7}$

   $35 + 42 + (4 \cdot 2 \cdot 5) = 35 + 42 + 40 = 117$

   Damit haben Sie den Zähler für das Ergebnis.

4. **Um den Nenner zu erhalten, multiplizieren Sie einfach alle Nenner miteinander:**

   $\frac{1}{\mathbf{2}}+\frac{3}{\mathbf{5}}+\frac{4}{\mathbf{7}}$

   $= \frac{35+42+40}{2 \cdot 5 \cdot 7} = \frac{117}{70}$

   Wie üblich müssen Sie möglicherweise kürzen oder einen unechten Bruch in gemischte Schreibweise umwandeln. In diesem Beispiel müssen Sie ihn nur in die gemischte Schreibweise umwandeln (weitere Informationen dazu finden Sie in Kapitel 9):

   $\frac{117}{70} = 117 \div 70 = 1\,R\,47 = 1\frac{47}{70}$

Ein schneller Trick

Im vorherigen Abschnitt habe ich Ihnen eine Methode vorgestellt, Brüche mit unterschiedlichen Nennern zu addieren. Sie funktioniert immer und sie ist einfach. Warum sollte ich Ihnen jetzt noch eine andere Methode vorstellen? Brauchen Sie das wirklich?

Manchmal kann man sich eine Menge Arbeit ersparen, wenn man ein bisschen nachdenkt. Sie können diese Methode nicht immer anwenden, aber sie funktioniert, wenn ein Nenner ein Vielfaches des anderen Nenners ist. (Weitere Informationen über Vielfache finden Sie in Kapitel 8.) Betrachten Sie die folgende Aufgabenstellung:

$$\frac{11}{12}+\frac{19}{24}$$

Zuerst löse ich diese Aufgabe so, wie ich es Ihnen im vorherigen Abschnitt gezeigt habe:

$$\frac{11}{12}+\frac{19}{24} = \frac{11 \cdot 24 + 19 \cdot 12}{12 \cdot 24} = \frac{264+228}{288} = \frac{492}{288}$$

Diese Zahlen sind relativ groß, und Sie sind noch nicht fertig, weil der Zähler größer als der Nenner ist. Das Ergebnis ist ein unechter Bruch. Noch schlimmer ist, dass der Zähler und der Nenner gerade Zahlen sind, das Ergebnis muss auch noch gekürzt werden.

Für einige Additionsaufgaben bei Brüchen gibt es eine intelligentere Arbeitsweise. Der Trick ist, eine Aufgabe mit unterschiedlichen Nennern in eine sehr viel einfachere Aufgabe mit identischen Nennern umzuwandeln.

Damit Sie zwei Brüche mit unterschiedlichen Nennern addieren können, müssen Sie bei dieser Methode prüfen, ob der eine ein Vielfaches des anderen ist (weitere Informationen über Vielfache finden Sie in Kapitel 8). Ist dies der Fall, können Sie den folgenden schnellen Trick anwenden:

1. **Erweitern Sie die Terme des Bruchs mit dem kleineren Nenner, sodass er dem größeren Nenner entspricht.**

   Betrachten Sie die obige Aufgabenstellung entsprechend der neuen Vorgehensweise:

   $$\frac{11}{12} + \frac{19}{24}$$

   Wie Sie sehen, ist 12 ein ganzzahliger Teiler von 24. In diesem Fall können Sie $^{11}/_{12}$ so erweitern, dass der Nenner 24 entsteht:

   $$\frac{11}{12} = \frac{?}{24}$$

   Wie das geht, habe ich in Kapitel 9 erklärt. Um den durch das Fragezeichen gekennzeichneten Platz auszufüllen, dividieren Sie 24 durch 12, um festzustellen, in welcher Beziehung die Zähler stehen. Anschließend multiplizieren Sie das Ergebnis mit 11:

   $? = (24 \div 12) \cdot 11 = 22$

   Sie erhalten also $^{11}/_{12} = {}^{22}/_{24}$.

2. **Schreiben Sie die Aufgabe um und setzen Sie die erweiterte Version des Bruchs ein. Anschließend addieren Sie, wie ich Ihnen weiter vorn in diesem Kapitel im Abschnitt »Die Summe von Brüchen mit gleichen Nennern ermitteln« gezeigt habe.**

   Jetzt können Sie die Aufgabe wie folgt umschreiben:

   $$\frac{22}{24} + \frac{19}{24} = \frac{41}{24}$$

   Wie Sie sehen, sind die Zahlen in diesem Fall sehr viel kleiner und handlicher. Das Ergebnis ist ein unechter Bruch. Die Umwandlung in die gemischte Schreibweise ist einfach:

   $$\frac{41}{24} = 41 \div 24 = 1\,R\,17 = 1\frac{17}{24}$$

Und jetzt der traditionelle Weg

In den beiden vorherigen Abschnitten habe ich Ihnen zwei Methoden gezeigt, Brüche mit unterschiedlichen Nennern zu addieren. Abhängig von der jeweiligen Situation funktionieren beide ausgezeichnet. Warum sollte ich Ihnen also eine dritte Methode vorstellen? Ein Déjà-vu: Brauchen Sie das wirklich?

In Wirklichkeit will ich Ihnen diese Methode gar nicht vorstellen. Aber man zwingt mich! Und Sie wissen, wer dahintersteckt: die Menschheit, das System, die Mächte! Diejenigen, die Sie klein halten wollen, sodass Sie hübsch am Boden bleiben. Okay. Vielleicht habe ich ein bisschen übertrieben. Aber ich möchte Ihnen deutlich sagen, dass Sie Brüche nicht auf diese Weise addieren müssen, es sei denn, Sie wollen das wirklich (oder Ihr Lehrer besteht darauf).

Hier folgt die traditionelle Methode, Brüche mit unterschiedlichen Nennern zu addieren:

1. **Bestimmen Sie das kleinste gemeinsame Vielfache (kgV) der beiden Nenner (weitere Informationen über das kgV von zwei Zahlen finden Sie in Kapitel 8).**

   Angenommen, Sie wollen die Brüche $^3/_4 + {}^7/_{10}$ addieren. Zuerst bestimmen Sie das kgV der beiden Nenner, 4 und 10. Sie bestimmen das kgV unter Verwendung der Methode mit der Multiplikationstabelle:

   - **Vielfache von 10**: 10, 20, 30, 40
   - **Vielfache von 4**: 4, 8, 12, 16, 20

   Das kgV von 4 und 10 ist also 20.

2. **Erweitern Sie jeden Bruch so, dass der Nenner jeweils gleich diesem kgV ist (wie das geht, ist in Kapitel 9 beschrieben).**

   Erweitern Sie jeden Bruch so, dass der Nenner jedes Bruchs 20 ist.

   $$\frac{3}{4} = \frac{3 \cdot 5}{4 \cdot 5} = \frac{15}{20} \quad \text{und} \quad \frac{7}{10} = \frac{7 \cdot 2}{10 \cdot 2} = \frac{14}{20}$$

3. **Setzen Sie diese beiden neuen Brüche für die alten ein und addieren Sie sie, wie ich Ihnen weiter vorn in diesem Kapitel im Abschnitt »Die Summe von Brüchen mit gleichen Nennern ermitteln« gezeigt habe.**

   Jetzt haben Sie zwei Brüche mit demselben Nenner:

   $$\frac{15}{20} + \frac{14}{20} = \frac{29}{20}$$

   Wenn das Ergebnis ein unechter Bruch ist, müssen Sie ihn in die gemischte Schreibweise umwandeln:

   $$\frac{29}{20} = 29 \div 20 = 1\,R\,9 = 1\frac{9}{20}$$

Als weiteres Beispiel addieren Sie nun die Brüche $5/6 + 3/10 + 2/15$.

1. **Bestimmen Sie das kleinste gemeinsame Vielfache (kgV) von 6, 10 und 15.**

   Nun verwende ich die Methode der Primfaktorzerlegung (weitere Informationen dazu finden Sie in Kapitel 8). Wir beginnen mit der Zerlegung der drei Nenner in ihre Primfaktoren:

   $6 = \underline{2} \cdot \underline{3}$

   $10 = 2 \cdot \underline{5}$

   $15 = 3 \cdot 5$

   Diese Nenner bestehen aus insgesamt drei verschiedenen Primfaktoren: 2, 3 und 5. Jeder Primfaktor tritt in jeder Zerlegung nur einmal auf, das kgV von 6, 10 und 15 ist also:

   $2 \cdot 3 \cdot 5 = 30$

2. **Sie müssen die Brüche erweitern, sodass ihre Nenner gleich 30 sind:**

   $$\frac{5}{6} = \frac{5 \cdot 5}{6 \cdot 5} = \frac{25}{30}$$
   $$\frac{3}{10} = \frac{3 \cdot 3}{10 \cdot 3}$$
   $$\frac{2}{15} = \frac{2 \cdot 2}{15 \cdot 2} = \frac{4}{30}$$

3. **Jetzt addieren Sie einfach die drei neuen Brüche:**

   $$\frac{25}{30} + \frac{9}{30} + \frac{4}{30} = \frac{38}{30}$$

   Wieder müssen Sie den unechten Bruch in die gemischte Schreibweise umwandeln:

   $$\frac{38}{30} = 38 \div 30 = 1\,R\,8 = 1\frac{8}{30}$$

   Weil beide Zahlen durch 2 teilbar sind, können Sie den Bruch kürzen:

   $$1\frac{8}{30} = 1\frac{4}{15}$$

Nutzen Sie Ihr Wissen: Auswahl der besten Methode

Wie erwähnt, bin ich der Meinung, dass die traditionelle Methode zur Addition von Brüchen sehr viel schwieriger ist als die einfache Methode oder der schnelle Trick. Ihr Lehrer fordert von Ihnen vielleicht die Anwendung der traditionellen Methode, und wenn Sie sich erst einmal daran gewöhnt haben, werden Sie vielleicht gerne damit arbeiten. Aber wenn Sie die Wahl haben, hier meine Empfehlung:

✓ Verwenden Sie die einfache Methode, wenn Zähler und Nenner klein sind (zum Beispiel 15 oder kleiner).

- ✓ Verwenden Sie den schnellen Trick bei größeren Zählern und Nennern, wenn ein Nenner ein Vielfaches des anderen Nenners ist.
- ✓ Verwenden Sie die traditionelle Methode nur dann, wenn keine der anderen Methoden infrage kommt (oder wenn Sie das kleinste gemeinsame Vielfache allein durch Betrachtung der Nenner erkennen).

Weg damit: Brüche subtrahieren

Das Subtrahieren von Brüchen unterscheidet sich nicht wesentlich vom Addieren von Brüchen. Wie bei der Addition ist die Subtraktion einfach, wenn die Nenner gleich sind. Sind die Nenner nicht gleich, können die Methoden, die ich Ihnen für die Addition vorgestellt habe, für die Subtraktion entsprechend angepasst werden.

Wenn Sie also Brüche subtrahieren wollen, lesen Sie den Abschnitt »Zusammengezählt: Brüche addieren« weiter vorn in diesem Kapitel und setzen für jedes Pluszeichen (+) ein Minuszeichen (–) ein. Es wäre jedoch verwegen, das von Ihnen zu erwarten. Aus diesem Grund zeige ich Ihnen in diesem Abschnitt vier Methoden, Brüche zu subtrahieren, die widerspiegeln, was ich Ihnen zuvor in diesem Kapitel über die Addition von Brüchen beigebracht habe.

Brüche mit gleichen Nennern subtrahieren

Wie die Addition ist auch die Subtraktion von Brüchen mit gleichen Nennern immer einfach. Wenn die Nenner gleich sind, können Sie sich die Brüche wie Tortenstücke vorstellen.

Um einen Bruch von einem anderen zu subtrahieren, wenn ihre Nenner (untere Zahl) gleich sind, subtrahieren Sie den Zähler (obere Zahl) des zweiten Bruchs vom Zähler des ersten Bruchs und behalten den Nenner bei. Zum Beispiel:

$$\frac{3}{5} - \frac{2}{5} = \frac{3-2}{5} = \frac{1}{5}$$

Wie beim Addieren von Brüchen müssen Sie auch nach dem Subtrahieren manchmal kürzen:

$$\frac{3}{10} - \frac{1}{10} = \frac{3-1}{10} = \frac{2}{10}$$

Weil der Zähler und der Nenner gerade sind, können Sie diesen Bruch durch den Faktor 2 kürzen:

$$\frac{2}{10} = \frac{2 \div 2}{10 \div 2} = \frac{1}{5}$$

Anders als bei der Addition erhalten Sie bei der Subtraktion zweier (positiver) echter Brüche niemals einen unechten Bruch als Ergebnis.

Brüche mit unterschiedlichen Nennern subtrahieren

Wie bei der Addition gibt es auch für die Subtraktion von Brüchen verschiedene Methoden. Die drei Methoden sind vergleichbar mit den Methoden für die Addition von Brüchen: die einfache Methode, der schnelle Trick und die traditionelle Methode.

Die einfache Methode funktioniert immer, und ich empfehle sie Ihnen für das Subtrahieren von Brüchen. Der schnelle Trick stellt eine wesentliche Zeitersparnis dar, deshalb sollten Sie ihn anwenden, wo immer das möglich ist. Und was die traditionelle Methode betrifft – selbst wenn ich sie Ihnen nicht zeigen würde, würden Sie durch Ihren Lehrer und andere Mathematikfanatiker darauf aufmerksam gemacht.

Die einfache Methode

Diese Methode der Subtraktion funktioniert in jedem Fall, und sie ist einfach. (Im nächsten Abschnitt zeige ich Ihnen eine schnelle Methode, Brüche zu subtrahieren, wenn ein Nenner ein Vielfaches des anderen ist.) Hier die einfache Methode, Brüche mit unterschiedlichen Nennern zu subtrahieren:

1. **Multiplizieren Sie die beiden Brüche über Kreuz und subtrahieren Sie die zweite Zahl von der ersten, um den Zähler für das Ergebnis zu erhalten.**

   Angenommen, Sie wollen $6/7 - 2/5$ subtrahieren. Um den Zähler zu erhalten, multiplizieren Sie die beiden Brüche über Kreuz und subtrahieren dann die zweite Zahl von der ersten Zahl (weitere Informationen über die Kreuzmultiplikation finden Sie in Kapitel 9).

   $$\frac{6}{7} - \frac{2}{5}$$

   $$(6 \cdot 5) - (2 \cdot 7) = 30 - 14 = 16$$

   Achten Sie nach der Kreuzmultiplikation darauf, in der richtigen Reihenfolge zu subtrahieren. (Die erste Zahl ist der Zähler des ersten Bruchs multipliziert mit dem Nenner des zweiten Bruchs.)

2. **Multiplizieren Sie die beiden Nenner, um den Nenner für das Ergebnis zu erhalten.**

   $$7 \cdot 5 = 35$$

3. **Schreiben Sie den Zähler über den Nenner, um das Ergebnis zu erhalten.**

   $$\frac{16}{35}$$

Noch ein Beispiel:

$$\frac{9}{10} - \frac{5}{6}$$

Hier alle Schritte zusammengefasst:

$$\frac{9}{10} - \frac{5}{6} = \frac{9 \cdot 6 - 5 \cdot 10}{10 \cdot 6}$$

Nachdem Sie die Aufgabe so dargestellt haben, brauchen Sie das Ergebnis nur noch zu vereinfachen:

$$= \frac{54 - 50}{60} = \frac{4}{60}$$

In diesem Fall können Sie den Bruch kürzen:

$$\frac{4}{60} = \frac{1}{15}$$

Ein schneller Trick sorgt für Abkürzung

Die einfache Methode, die ich Ihnen im vorherigen Abschnitt gezeigt habe, funktioniert am besten, wenn Zähler und Nenner klein sind. Wenn sie größer sind, benötigen Sie vielleicht eine Abkürzung.

Bevor Sie Brüche mit unterschiedlichen Nennern subtrahieren, prüfen Sie, ob ein Nenner ein Vielfaches des anderen Nenners ist (weitere Informationen zu Vielfachen finden Sie in Kapitel 8). Ist dies der Fall, können Sie den schnellen Trick anwenden:

1. **Erweitern Sie den Bruch mit dem kleineren Nenner, sodass er ebenfalls den größeren Nenner annimmt.**

   Angenommen, Sie wollen $^{17}/_{20} - ^{31}/_{80}$ berechnen. Wenn Sie diese Brüche über Kreuz multiplizieren, werden Ihre Ergebnisse sehr viel größer und sehr unhandlich. Glücklicherweise ist aber 80 ein Vielfaches von 20, deshalb können Sie die schnelle Methode anwenden.

   Als Erstes erweitern Sie $^{17}/_{20}$, sodass der Nenner gleich 80 ist (weitere Informationen zum Erweitern eines Bruchs finden Sie in Kapitel 9):

   $$\frac{17}{20} = \frac{?}{80}$$

   Sie erhalten $^{17}/_{20} = ^{68}/_{80}$.

2. **Schreiben Sie die Aufgabe um und setzen Sie die erweiterte Version des Bruchs ein. Subtrahieren Sie, wie weiter vorn in diesem Kapitel im Abschnitt »Brüche mit gleichen Nennern subtrahieren« beschrieben.**

   Hier die Aufgabe als Subtraktion von Brüchen mit gleichen Nennern, die sehr viel einfacher zu lösen ist:

   $$\frac{68}{80} - \frac{31}{80} = \frac{37}{80}$$

   In diesem Fall müssen Sie nicht kürzen, aber bei anderen Aufgaben kann das erforderlich sein. (Weitere Informationen zum Kürzen von Brüchen finden Sie in Kapitel 9.)

Machen Sie Ihren Lehrer glücklich – mit der traditionellen Methode

Wie ich weiter vorn in diesem Kapitel im Abschnitt »Zusammengezählt: Brüche addieren« erklärt habe, sollten Sie die traditionelle Methode nur als letzten Ausweg verwenden. Ich empfehle Ihnen, sie nur dann zu verwenden, wenn Zähler und Nenner zu groß sind, um die einfache Methode anzuwenden, und wenn es nicht möglich ist, den schnellen Trick zu benutzen.

Um Brüche mit zwei unterschiedlichen Nennern nach der traditionellen Methode zu subtrahieren, gehen Sie wie folgt vor:

1. **Ermitteln Sie das kleinste gemeinsame Vielfache (kgV) der zwei Nenner (weitere Informationen über das kgV von zwei Zahlen finden Sie in Kapitel 8).**

   Angenommen, Sie wollen $^7/_8 - ^{11}/_{14}$ berechnen. Zuerst bestimmen Sie unter Anwendung der Primfaktorenmethode das kgV von 8 und 14:

   $8 = \underline{2} \cdot \underline{2} \cdot \underline{2}$

   $14 = 2 \cdot \underline{7}$

   Ich unterstreiche dort, wo die Primfaktoren am häufigsten vorkommen: 2 erscheint dreimal, 7 einmal. Das kgV von 8 und 14 ist also:

   $2 \cdot 2 \cdot 2 \cdot 7 = 56$

2. **Erweitern Sie jeden Bruch, sodass der Nenner jedes Bruchs gleich dem kgV ist (wie das geht, ist in Kapitel 9 beschrieben).**

   Die Nenner der beiden Brüche sollten jetzt 56 sein:

   $$\frac{7}{8} = \frac{7 \cdot 7}{8 \cdot 7} = \frac{49}{56}$$

   $$\frac{11}{14} = \frac{11 \cdot 4}{14 \cdot 4} = \frac{44}{56}$$

3. **Setzen Sie diese neuen Brüche für die ursprünglichen Brüche ein und subtrahieren Sie, wie weiter vorn in diesem Kapitel im Abschnitt »Brüche mit gleichen Nennern subtrahieren« erklärt.**

   $$\frac{49}{56} - \frac{44}{56} = \frac{5}{56}$$

   Hier brauchen Sie nicht zu kürzen, weil 5 eine Primzahl ist und 56 nicht durch 5 teilbar ist. Es kann jedoch vorkommen, dass Sie das Ergebnis kürzen müssen.

Mit der gemischten Schreibweise arbeiten

Alle Methoden, die ich zuvor in diesem Kapitel beschrieben habe, funktionieren sowohl für echte als auch für unechte Brüche. Leider ist die gemischte Schreibweise ein bockiges kleines Geschöpf, und Sie müssen lernen, mit ihr umzugehen. (Weitere Informationen über die gemischte Schreibweise finden Sie in Kapitel 9.)

Zahlen in gemischter Schreibweise multiplizieren und dividieren

Ich kann Ihnen keine direkte Vorgehensweise für die Multiplikation und Division von Zahlen in gemischter Schreibweise anbieten. Die einzige Möglichkeit ist, diese Zahlen in Brüche umzuwandeln und dann wie üblich zu multiplizieren oder zu dividieren.

1. **Wandeln Sie alle Zahlen in gemischter Schreibweise in unechte Brüche um (weitere Informationen dazu finden Sie in Kapitel 9).**

   Angenommen, Sie wollen $1^3/_5 \cdot 2^1/_3$ berechnen. Zuerst wandeln Sie dazu $1^3/_5$ und $2^1/_3$ in unechte Brüche um:

   $$1\frac{3}{5} = \frac{5 \cdot 1 + 3}{5} = \frac{8}{5}$$
   $$2\frac{1}{3} = \frac{3 \cdot 2 + 1}{3} = \frac{7}{3}$$

2. **Multiplizieren Sie diese unechten Brüche (wie ich Ihnen weiter vorn in diesem Kapitel im Abschnitt »Brüche multiplizieren und dividieren« gezeigt habe).**

   $$\frac{8}{5} \cdot \frac{7}{3} = \frac{8 \cdot 7}{5 \cdot 3} = \frac{56}{15}$$

3. **Wenn das Ergebnis ein unechter Bruch ist, wandeln Sie es wieder in die gemischte Schreibweise um (siehe Kapitel 9).**

   $$\frac{56}{15} = 56 \div 15 = 3\,R\,11 = 3\frac{11}{15}$$

   In diesem Fall brauchen Sie nicht weiter zu kürzen.

Als zweites Beispiel wollen wir $3^2/_3$ durch $1^4/_7$ dividieren.

1. **Wandeln Sie $3^2/_3$ und $1^4/_7$ in unechte Brüche um:**

   $$3\frac{2}{3} = \frac{3 \cdot 3 + 2}{3} = \frac{11}{3}$$
   $$1\frac{4}{7} = \frac{7 \cdot 1 + 4}{7} = \frac{11}{7}$$

2. **Dividieren Sie diese unechten Brüche.**

   Brüche werden dividiert, indem der erste Bruch mit dem Kehrwert des zweiten Bruchs multipliziert wird (siehe hierzu weiter vorn in diesem Kapitel den Abschnitt »Brüche multiplizieren und dividieren«):

   $$\frac{11}{3} \div \frac{11}{7} = \frac{11}{3} \cdot \frac{7}{11}$$

   Vor dem Multiplizieren können Sie hier den Faktor 11 im Zähler und im Nenner kürzen:

   $$\frac{1\ \not{11}}{3} \cdot \frac{7}{\not{11}\ 1} = \frac{1 \cdot 7}{3 \cdot 1} = \frac{7}{3}$$

3. Wandeln Sie das Ergebnis in die gemischte Schreibweise um.

$$\frac{7}{3} = 7 \div 3 = 2R1 = 2\frac{1}{3}$$

Zahlen in gemischter Schreibweise addieren und subtrahieren

Eine Möglichkeit, Zahlen in gemischter Schreibweise zu addieren und zu subtrahieren, besteht darin, sie in unechte Brüche umzuwandeln, so wie im Abschnitt »Zahlen in gemischter Schreibweise multiplizieren und dividieren« beschrieben, und sie dann mithilfe der in den Abschnitten »Zusammengezählt: Brüche addieren« und »Weg damit: Brüche subtrahieren« beschriebenen Methoden zu addieren beziehungsweise zu subtrahieren. Damit erhalten Sie ein korrektes Ergebnis, ohne eine neue Methode kennenlernen zu müssen.

Leider lieben es die Lehrer, dass man Zahlen in gemischter Schreibweise auf ganz bestimmte Weise addiert und subtrahiert. Das Gute daran ist, dass diese Methode sehr viel einfacher ist, als das Ganze umzuwandeln.

Paarweise: Zwei Zahlen in gemischter Schreibweise addieren

Die Addition von Zahlen in gemischter Schreibweise sieht ganz ähnlich aus wie die Addition ganzer Zahlen. Sie schreiben sie übereinander, ziehen eine Linie und addieren. Aus diesem Grund addieren manche Schüler lieber Zahlen in gemischter Schreibweise als Brüche. Und so addieren Sie zwei Zahlen in gemischter Schreibweise:

1. **Addieren Sie die Bruchteile unter Verwendung einer beliebigen Methode, wandeln Sie diese Summe gegebenenfalls in die gemischte Schreibweise um und kürzen Sie.**
2. **Wenn das Ergebnis aus Schritt 1 ein unechter Bruch ist, wandeln Sie ihn in die gemischte Schreibweise um, schreiben den Bruchteil auf und bilden aus dem ganzzahligen Teil einen Übertrag für die ganzzahlige Spalte.**
3. **Addieren Sie die ganzzahligen Teile (einschließlich des Übertrags).**

In den folgenden Beispielen zeige ich Ihnen alles, was Sie wissen müssen.

Zahlen in gemischter Schreibweise addieren, wenn die Nenner gleich sind

Wie bei jeder Aufgabe, in der Brüche enthalten sind, ist es immer am einfachsten, wenn die Nenner gleich sind. Angenommen, Sie wollen $3^1/_3 + 5^1/_3$ berechnen. Die Berechnung von Aufgaben mit Zahlen in gemischter Schreibweise ist häufig einfacher, wenn Sie die Zahlen untereinander schreiben:

$$\begin{array}{r} 3\,^1\!/_3 \\ +5\,^1\!/_3 \\ \hline \end{array}$$

Wie Sie sehen, ist diese Anordnung vergleichbar mit der Anordnung bei ganzen Zahlen, beinhaltet aber eine zusätzliche Spalte für Brüche. Hier sehen Sie, wie Sie diese beiden Zahlen schrittweise addieren:

1. **Addieren Sie die Brüche.**

   $$\frac{1}{3}+\frac{1}{3}=\frac{2}{3}$$

2. **Wandeln Sie unechte Brüche in gemischte Zahlen um und schreiben Sie Ihr Ergebnis auf.**

   Weil $^2/_3$ ein echter Bruch ist, brauchen Sie nichts umzuwandeln.

3. **Addieren Sie die ganzzahligen Teile.**

   $3 + 5 = 8$

Und so sieht Ihre Aufgabe in Spaltenform aus:

$$\begin{array}{r} 3\,^1/_3 \\ +5\,^1/_3 \\ \hline 8\,^2/_3 \end{array}$$

Diese Aufgabe ist völlig unkompliziert. Hier sind alle drei Schritte ganz einfach. Manchmal müssen Sie für Schritt 2 etwas mehr Aufwand betreiben. Angenommen, Sie wollen $8^3/_5 + 6^4/_5$ berechnen. Sie gehen wie folgt vor:

1. **Addieren Sie die Brüche.**

   $$\frac{3}{5}+\frac{4}{5}=\frac{7}{5}$$

2. **Wandeln Sie unechte Brüche in die gemischte Schreibweise um, schreiben den Bruchteil auf und bilden Sie aus der ganzen Zahl einen Übertrag.**

   Weil die Summe ein unechter Bruch ist, wandeln Sie sie in die gemischte Schreibweise $1^2/_5$ um (weitere Informationen über die Umwandlung unechter Brüche in die gemischte Schreibweise finden Sie in Kapitel 9). Schreiben Sie $^2/_5$ auf und bilden Sie aus der 1 einen Übertrag für die ganzzahlige Spalte.

3. **Addieren Sie die ganzzahligen Teile, einschließlich aller ganzen Zahlen, die Sie bei der Umwandlung in die gemischte Schreibweise als Übertrag gebildet haben.**

   $1 + 8 + 6 = 15$

Und so sieht die gelöste Aufgabe in Spaltenform aus. (Achten Sie darauf, die ganzen Zahlen in eine Spalte zu schreiben, die Bruchteile in eine andere.)

$$\begin{array}{r} 1 \\ 8\,^3/_5 \\ +\,6\,^4/_5 \\ \hline 15\,^2/_5 \end{array}$$

Wie bei allen anderen Aufgaben mit Brüchen müssen Sie manchmal nach Schritt 1 kürzen.

Dasselbe grundlegende Konzept funktioniert immer, unabhängig davon, wie viele Zahlen in gemischter Schreibweise Sie addieren wollen. Angenommen, Sie wollen $5^4/_9 + 11^7/_9 + 3^8/_9 + 1^5/_9$ berechnen:

1. **Addieren Sie die Brüche.**

   $$\frac{4}{9}+\frac{7}{9}+\frac{8}{9}+\frac{5}{9}=\frac{24}{9}$$

2. **Wandeln Sie unechte Brüche in die gemischte Schreibweise um, schreiben den Bruchteil auf und bilden Sie aus der ganzen Zahl einen Übertrag.**

   Weil das Ergebnis ein unechter Bruch ist, wandeln Sie ihn in die gemischte Schreibweise $2^6/_9$ um und kürzen dann auf $2^2/_3$ (weitere Informationen über das Umwandeln und Kürzen von Brüchen finden Sie in Kapitel 9). Ich empfehle Ihnen, diese Berechnungen auf einem Blatt Papier durchzuführen.

   Schreiben Sie $^2/_3$ auf und bilden Sie aus der 2 einen Übertrag für die ganzzahlige Spalte.

3. **Addieren Sie die ganzen Zahlen.**

   $2 + 5 + 11 + 3 + 1 = 22$

So sieht die Aufgabe aus, nachdem Sie sie gelöst haben:

$$\begin{array}{r} 2 \\ 5\,^4\!/_9 \\ 11\,^7\!/_9 \\ 3\,^8\!/_9 \\ +1\,^5\!/_9 \\ \hline 22\,^2\!/_3 \end{array}$$

Zahlen in gemischter Schreibweise mit unterschiedlichen Nennern addieren

Die schwierigste Art der Addition bei Zahlen in gemischter Schreibweise liegt vor, wenn sich die Nenner der Brüche unterscheiden. Dieser Unterschied ändert nichts an den Schritten 2 und 3, macht aber Schritt 1 komplizierter.

Angenommen, Sie wollen $16^3/_5$ und $7^7/_9$ addieren.

1. **Addieren Sie die Brüche.**

   Addieren Sie $^3/_5$ und $^7/_9$. Sie können dafür eine beliebige Methode vom Anfang des Kapitels verwenden. Ich gehe hier nach der einfachen Methode vor:

   $$\frac{3}{5}+\frac{7}{9}=\frac{3\cdot 9+7\cdot 5}{5\cdot 9}=\frac{27+35}{45}=\frac{62}{45}$$

2. **Wandeln Sie unechte Brüche in die gemischte Schreibweise um, schreiben den Bruchteil auf und bilden Sie aus der ganzen Zahl einen Übertrag.**

Dieser Bruch ist unecht, deshalb wandeln Sie ihn in die gemischte Schreibweise $1^{17}/_{45}$ um. Schreiben Sie die $^{17}/_{45}$ auf und verwenden Sie die 1 als Übertrag für die ganzzahlige Spalte.

3. **Addieren Sie die ganzen Zahlen.**

   1 + 16 + 7 = 24

Und so sieht die gelöste Aufgabe aus:

$$\begin{array}{r} 1 \\ 16\,^{3}/_{5} \\ +\ 7\,^{7}/_{9} \\ \hline 24\,^{17}/_{45} \end{array}$$

Zahlen in gemischter Schreibweise subtrahieren

Grundsätzlich erfolgt die Subtraktion von Zahlen in gemischter Schreibweise ganz ähnlich wie die Addition. Die Subtraktion von Zahlen in gemischter Schreibweise ist ebenfalls der Subtraktion ganzer Zahlen ganz ähnlich. So subtrahieren Sie zwei Zahlen in gemischter Schreibweise:

1. **Ermitteln Sie die Differenz der Bruchteile unter Verwendung einer beliebigen Methode.**
2. **Ermitteln Sie die Differenz der ganzzahligen Teile.**

Dabei treten möglicherweise verschiedene weitere Komplikationen auf. Ich zeige Ihnen, wie das Ganze geht, sodass Sie die Subtraktion von Zahlen in gemischter Schreibweise beherrschen, nachdem Sie diesen Abschnitt durchgearbeitet haben.

Zahlen in gemischter Schreibweise mit gleichem Nenner subtrahieren

Wie die Addition ist auch die Subtraktion sehr viel einfacher, wenn gleiche Nenner vorliegen. Angenommen, Sie wollen $7^{3}/_{5} - 3^{1}/_{5}$ berechnen. So sieht die Aufgabe in Spaltenform aus:

$$\begin{array}{r} 7\,^{3}/_{5} \\ -3\,^{1}/_{5} \\ \hline 4\,^{2}/_{5} \end{array}$$

Bei dieser Aufgabe subtrahieren Sie $^{3}/_{5} - ^{1}/_{5} = ^{2}/_{5}$. Anschließend subtrahieren Sie 7 – 3 = 4. Gar nicht schlimm.

Eine Komplikation entsteht, wenn Sie versuchen, einen größeren Bruchteil von einem kleineren Bruchteil zu subtrahieren. Angenommen, Sie wollen $11^{1}/_{6} - 2^{5}/_{6}$ berechnen. Wenn Sie jetzt die Brüche subtrahieren, erhalten Sie

$$^{1}/_{6} - ^{5}/_{6} = -^{4}/_{6}$$

Natürlich wollen Sie in Ihrem Ergebnis keine negative Zahl haben. Sie lösen dieses Problem, indem Sie sich eine 1 von der Spalte auf der linken Seite borgen. Dieses Konzept ist ganz ähnlich zu dem Borgen bei der regulären Subtraktion, mit einem entscheidenden Unterschied.

Wenn Sie bei der Subtraktion von Zahlen in gemischter Schreibweise borgen, gehen Sie wie folgt vor:

1. **Borgen Sie die 1 vom ganzzahligen Teil und addieren sie zum Bruchteil, wodurch der Bruch in die gemischte Schreibweise umgewandelt wird.**

   Um $11^1/_6 - 2^5/_6$ zu berechnen, borgen Sie 1 von der 11 und addieren sie zu $^1/_6$, wodurch die gemischte Zahl $1^1/_6$ entsteht:

   $11^1/_6 = 10 + 1^1/_6$

2. **Wandeln Sie die neue Zahl in gemischter Schreibweise in einen unechten Bruch um.**

   Das erhalten Sie, wenn Sie $1^1/_6$ in einen unechten Bruch umwandeln:

   $$10 + 1\frac{1}{6} = 10\frac{7}{6}$$

   Das Ergebnis ist $10^7/_6$. Das Ergebnis ist eine wilde Kreuzung aus Zahl in gemischter Schreibweise und unechtem Bruch, aber genau das brauchen Sie, um Ihre Aufgabe zu erledigen.

3. **Verwenden Sie das Ergebnis in Ihrer Subtraktion.**

   $$\begin{array}{r} 10\,^7/_6 \\ -2\,^5/_6 \\ \hline 8\,^2/_6 \end{array}$$

   In diesem Fall müssen Sie den Bruchteil des Ergebnisses kürzen:

   $8^2/_6 = 8^1/_3$

Zahlen in gemischter Schreibweise mit unterschiedlichen Nennern subtrahieren

Die Subtraktion von Zahlen in gemischter Schreibweise mit unterschiedlichen Nennern ist mit das Schwierigste, dem Sie auf diesem Niveau der Mathematik begegnen werden. Glücklicherweise besitzen Sie alle Kenntnisse, die Sie brauchen, nachdem Sie dieses Kapitel durchgearbeitet haben.

Angenommen, Sie wollen $15^4/_{11} - 12^3/_7$ berechnen. Weil die Nenner unterschiedlich sind, ist die Subtraktion der Brüche schwieriger. Es gibt jedoch noch ein weiteres Problem, um das Sie sich Gedanken machen müssen: Müssen Sie bei dieser Aufgabe etwas borgen? Wenn $^4/_{11}$ größer als $^3/_7$ ist, müssen Sie nichts borgen. Ist dagegen $^4/_{11}$ kleiner als $^3/_7$, ist das sehr wohl notwendig. (Weitere Informationen über das Borgen bei der Subtraktion von Zahlen in gemischter Schreibweise finden Sie im vorherigen Abschnitt.)

In Kapitel 9 habe ich Ihnen gezeigt, wie Sie zwei Brüche mithilfe der Kreuzmultiplikation vergleichen, um zu prüfen, welcher davon größer ist:

$$\frac{4}{11} \times \frac{3}{7}$$

$4 \cdot 7 = 28$
$3 \cdot 11 = 33$

Weil 28 kleiner als 33 ist, ist $4/11$ kleiner als $3/7$; Sie müssen also borgen. Sie erledigen zuerst die Sache mit dem Borgen:

$$15\frac{4}{11} = 14 + 1\frac{4}{11} = 14\frac{15}{11}$$

Jetzt sieht die Aufgabe wie folgt aus:

$$14\frac{15}{11} - 12\frac{3}{7}$$

Der erste Schritt, die Subtraktion der Brüche, ist der zeitaufwendigste, wie weiter vorn in diesem Kapitel im Abschnitt »Brüche mit unterschiedlichen Nennern subtrahieren« gezeigt, deshalb kümmern Sie sich jetzt darum:

$$\frac{15}{11} - \frac{3}{7} = \frac{15 \cdot 7 - 3 \cdot 11}{11 \cdot 7} = \frac{105 - 33}{77} = \frac{72}{77}$$

Das Gute ist, dass dieser Bruch nicht gekürzt werden kann. (Er kann nicht gekürzt werden, weil 72 und 77 keine gemeinsamen Faktoren haben: $72 = 2 \cdot 2 \cdot 2 \cdot 3 \cdot 3$ und $77 = 7 \cdot 11$.) Der schwierigste Teil der Aufgabe ist also erledigt, der Rest ist ganz einfach:

$$\begin{array}{r} 14\,{}^{15}\!/_{11} \\ -12\,{}^{3}\!/_{7} \\ \hline 2\,{}^{72}\!/_{77} \end{array}$$

Diese Aufgabe zeigt den Schwierigkeitsgrad einer Subtraktion mit Zahlen in gemischter Schreibweise. Sehen Sie sie sich Schritt für Schritt an. Noch besser wäre es, die Aufgabe abzuschreiben, das Buch zu schließen und dann zu versuchen, die Schritte selbst nachzuvollziehen. Wenn Sie stecken bleiben, ist das kein Problem. Besser jetzt als in einer Prüfung!

Dezimalzahlen

11

In diesem Kapitel ...

- Die Grundlagen der Dezimalzahlen verstehen
- Die vier großen Operationen auf Dezimalzahlen anwenden
- Die Umwandlung von Dezimalzahlen und Brüchen betrachten
- Periodische Dezimalzahlen verstehen

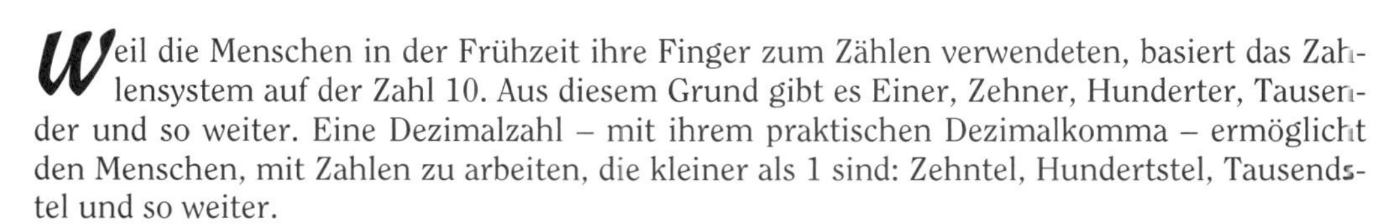

Weil die Menschen in der Frühzeit ihre Finger zum Zählen verwendeten, basiert das Zahlensystem auf der Zahl 10. Aus diesem Grund gibt es Einer, Zehner, Hunderter, Tausender und so weiter. Eine Dezimalzahl – mit ihrem praktischen Dezimalkomma – ermöglicht den Menschen, mit Zahlen zu arbeiten, die kleiner als 1 sind: Zehntel, Hundertstel, Tausendstel und so weiter.

Hier eine gute Nachricht: Dezimalzahlen sind sehr viel einfacher zu handhaben als Brüche (um die es in Kapitel 9 und 10 geht). Dezimalzahlen sehen sehr viel mehr wie ganze Zahlen aus als Brüche – und bei der Arbeit mit ihnen müssen Sie sich keine Gedanken um das Kürzen und Erweitern von Termen, unechte Brüche, gemischte Zahlen und vieles andere mehr machen.

Die Anwendung der vier großen Operationen – Addition, Subtraktion, Multiplikation und Division – auf Dezimalzahlen ist vergleichbar mit ihrer Anwendung auf ganze Zahlen (die ich in Teil II dieses Buches beschreibe). Die Ziffern 0 bis 9 verhalten sich wie gewohnt. Solange Sie das Dezimalkomma an der richtigen Stelle setzen, ist das Ganze ein Heimspiel.

In diesem Kapitel bringe ich Ihnen alles über die Arbeit mit Dezimalzahlen bei. Außerdem zeige ich Ihnen, wie Sie Brüche in Dezimalzahlen und Dezimalzahlen in Brüche umwandeln. Und schließlich biete ich Ihnen Einblicke in die wundersame Welt der periodischen Dezimalzahlen.

Grundlegende Informationen über Dezimalzahlen

Praktisch an den Dezimalzahlen ist, dass sie sehr viel mehr wie ganze Zahlen aussehen als beispielsweise Brüche. Vieles, was Sie in Kapitel 2 für ganze Zahlen gelernt haben, trifft also auch für Dezimalzahlen zu. In diesem Abschnitt stelle ich Ihnen die Dezimalzahlen vor, beginnend mit dem Stellenwert.

Nachdem Sie die Stellenwerte bei Dezimalzahlen verstanden haben, wird vieles einfacher. Anschließend geht es um nachfolgende Nullen und was passiert, wenn Sie das Dezimalkomma nach links oder nach rechts verschieben.

Euros und Dezimalzahlen zählen

Beim Zählen von Geld verwendet man ständig Dezimalzahlen. Und Euro und Cent sind eine gute Möglichkeit, sich mit Dezimalzahlen vertraut zu machen. Sie wissen beispielsweise, dass 50 Cent ein halber Euro sind (siehe Abbildung 11.1); diese Information teilt Ihnen also Folgendes mit:

$0{,}5 = \frac{1}{2}$

Abbildung 11.1: Eine Hälfte (0,5) eines Euros (© Andy Lidstone/Shutterstock.com)

Beachten Sie, dass bei der Dezimalzahl 0,5 die Null am Ende weggelassen wurde. Das ist eine übliche Vorgehensweise bei Dezimalzahlen.

Sie wissen auch, dass 0,25 Cent ein viertel Euro sind – das heißt, ein Viertel eines Euros (siehe Abbildung 11.2); also gilt:

$0{,}25 = \frac{1}{4}$

Abbildung 11.2: Ein Viertel (0,25) eines Euros (© Andy Lidstone/Shutterstock.com)

Genauso wissen Sie, dass 0,75 Cent drei Viertel eines Euros sind (siehe Abbildung 11.3); also gilt:

$0{,}75 = \frac{3}{4}$

Abbildung 11.3: Drei Viertel (0,75) eines Euros (© Andy Lidstone/Shutterstock.com)

Dieses Konzept können Sie fortsetzen und die weiteren Nennwerte betrachten – 1 Cent, 5 Cent, 10 Cent –, um weitere Verbindungen zwischen Dezimalzahlen und Brüchen herzustellen.

10 Cent = 0,10 Euro = $^1/_{10}$ eines Euros, also gilt $^1/_{10} = 0{,}1$

20 Cent = 0,20 Euro = $^2/_{10}$ eines Euros, also gilt $^2/_{10} = 0{,}2$

5 Cent = 0,05 Euro = $^1/_{20}$ eines Euros, also gilt $^1/_{20} = 0{,}05$

1 Cent = 0,01 Euro = $^1/_{100}$ eines Euros, also gilt $^1/_{100} = 0{,}01$

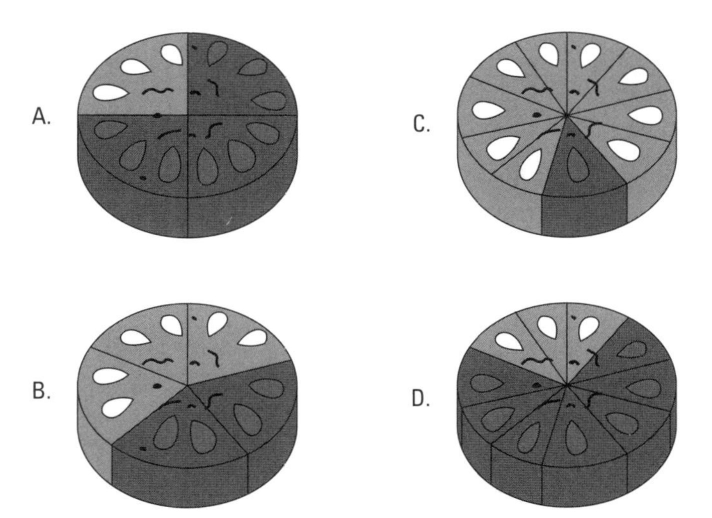

Abbildung 11.4: Torten, zerlegt und dunkel gefärbt in 0,75 (A), 0,4 (B), 0,1 (C) und 0,7 (D) Teile

Beachten Sie, dass ich wieder die 0 bei der Dezimalzahl 0,1 weggelassen, aber die Nullen bei den Dezimalzahlen 0,05 und 0,01 beibehalten habe. Man darf Nullen am Ende einer Dezimalzahl weglassen, aber keine Nullen, die zwischen dem Dezimalkomma und einer anderen Ziffer liegen.

Dezimalzahlen sind nicht nur für die Aufteilung von Geld, sondern auch für die Zerlegung von Torten geeignet. Abbildung 11.4 zeigt die vier aufgeteilten Torten, die ich Ihnen auch in Kapitel 9 präsentiert habe. Jetzt verwende ich Dezimalzahlen, um zu beschreiben, wie viel Torte Sie haben. Brüche und Dezimalzahlen erledigen dieselbe Aufgabe: Sie ermöglichen Ihnen, ein ganzes Objekt in Teile zu zerlegen und dann anzugeben, wie viele solcher Teile Sie haben.

Der Stellenwert von Dezimalzahlen

In Kapitel 2 haben Sie die Stellenwerte von ganzen Zahlen kennengelernt. Tabelle 11.1 beispielsweise zeigt, wie die ganze Zahl 4.672 im Hinblick auf ihre Stellenwerte zerlegt werden kann.

Tausender	Hunderter	Zehner	Einer
4	6	7	2

Tabelle 11.1: Zerlegung von 4.672 im Hinblick auf die Stellenwerte

Diese Zahl bedeutet 4.000 + 600 + 70 + 2.

Mit Dezimalzahlen wird dieses Konzept erweitert. Zuerst wird rechts von der Einerstelle einer ganzen Zahl ein Dezimalkomma platziert. Anschließend werden weitere Zahlen rechts vom Dezimalkomma angefügt.

Tausender	Hunderter	Zehner	Einer	Dezimalkomma	Zehntel	Hundertstel	Tausendstel
4	6	7	2	,	3	8	9

Tabelle 11.2: Zerlegung der Dezimalzahl 4.672,389

Die Dezimalzahl 4.672,389 beispielsweise kann wie in Tabelle 11.2 gezeigt zerlegt werden.

Diese Dezimalzahl bedeutet $4.000 + 600 + 70 + 2 + {}^{3}/_{10} + {}^{8}/_{100} + {}^{9}/_{1.000}$.

Die Verknüpfung zwischen Brüchen und Dezimalzahlen wird offensichtlich, wenn Sie sich die Stellenwerte genauer ansehen. Dezimalzahlen sind eigentlich eine abkürzende Notation für Brüche. Sie können jeden Bruch als Dezimalzahl darstellen.

Die dezimalen Tatsachen des Lebens

Nachdem Sie wissen, was die Stellenwerte für Dezimalzahlen bedeuten (wie im vorherigen Abschnitt erklärt), werden viele Informationen über Dezimalzahlen plötzlich klarer. Zwei wichtige Konzepte sind führende Nullen und der Effekt davon, wenn man ein Dezimalkomma nach links oder nach rechts verschiebt.

Nachfolgende Nullen

Wahrscheinlich wissen Sie, dass Sie einer Zahl vorne Nullen hinzufügen können, ohne ihren Wert zu verändern. Beispielsweise haben die folgenden Zahlen alle denselben Wert:

27 027 0.000.027

Der Grund dafür wird deutlich, wenn Sie die Stellenwerte ganzer Zahlen betrachten. Sehen Sie sich dazu Tabelle 11.3 an.

Millionen	Hundert-tausender	Zehn-tausender	Tausender	Hunderter	Zehner	Einer
0	0	0	0	0	2	7

Tabelle 11.3: Beispiel für das Anfügen führender Nullen

Wie Sie sehen, bedeutet 0.000.027 einfach 0 + 0 + 0 + 0 + 20 + 7. Egal wie viele Nullen Sie am Anfang einer Zahl hinzufügen, die Zahl ändert sich nicht.

Nullen, die auf diese Weise am Anfang eingefügt werden, werden auch als *führende Nullen* bezeichnet.

Bei den Dezimalzahlen ist eine *nachfolgende Null* eine Null, die rechts sowohl vom Dezimalkomma als auch von jeder anderen Ziffer als Null steht.

Zum Beispiel:

34,8 34,80 34,8000

Alle drei Zahlen haben denselben Wert. Der Grund dafür wird deutlich, wenn Sie verstehen, wie sich Stellenwerte bei Dezimalzahlen verhalten. Betrachten Sie dazu Tabelle 11.4.

Zehner	Einer	Dezimal-komma	Zehntel	Hundertstel	Tausendstel	Zehntau-sendstel
3	4	,	8	0	0	0

Tabelle 11.4: Beispiel für angehängte Nullen

In diesem Beispiel steht 34,8000 für 30 + 4 + $^{8}/_{10}$ + 0 + 0 + 0.

Sie können beliebig viele nachfolgende Nullen hinter dem Dezimalkomma anfügen, ohne den Wert einer Zahl zu verändern.

Nachdem Sie das Konzept der nachfolgenden Nullen verstanden haben, erkennen Sie, dass jede ganze Zahl ganz einfach in eine Dezimalzahl umgewandelt werden kann. Sie fügen einfach ein Dezimalkomma und eine 0 am Ende an. Zum Beispiel:

4 = 4,0

20 = 20,0

971 = 971,0

Achten Sie darauf, keine nicht nachfolgenden oder nicht führenden Nullen hinzuzufügen oder zu entfernen, weil dies den Wert der Dezimalzahl verändern würde.

Betrachten Sie beispielsweise die folgende Zahl:

0450,0070

Bei dieser Zahl können Sie die führenden und die nachfolgenden Nullen entfernen, ohne den Wert zu ändern:

450,007

Die restlichen Nullen müssen jedoch dort bleiben, wo sie sind, nämlich als *Platzhalter* zwischen dem Dezimalkomma und den Ziffern ungleich Null (siehe Tabelle 11.5).

Tausender	Hunderter	Zehner	Einer	Dezimalkomma	Zehntel	Hundertstel	Tausendstel	Zehntausendstel
0	4	5	0	,	0	0	7	0

Tabelle 11.5: Beispiel für Nullen als Platzhalter

Im nächsten Abschnitt beschreibe ich die Rolle der Nullen als Platzhalter genauer.

Das Dezimalkomma verschieben

Wenn Sie mit ganzen Zahlen arbeiten, können Sie jede Zahl mit 10 multiplizieren, indem Sie an ihrem Ende eine Null anfügen. Zum Beispiel:

45.971 · 10 = 459.710

Um nachzuvollziehen, warum das so ist, denken Sie wieder über die Stellenwerte von Ziffern nach und sehen sich Tabelle 11.6 an.

Und das bedeuten diese beiden Zahlen eigentlich:

45.971 = 40.000 + 5.000 + 900 + 70 + 1

459.710 = 400.000 + 50.000 + 9.000 + 700 + 10 + 0

Millionen	Hundert-tausender	Zehntau-sender	Tausender	Hunderter	Zehner	Einer
		4	5	9	7	1
	4	5	9	7	1	0

Tabelle 11.6: Beispiel, Dezimalkommas und die Stellenwerte von Ziffern

Wie Sie sehen, macht diese Null einen wesentlichen Unterschied aus, weil sie bewirkt, dass die restlichen Ziffern um eine Stelle nach links verschoben werden.

Dieses Konzept ist vor allem dann sinnvoll, wenn Sie über das Dezimalkomma nachdenken (siehe Tabelle 11.7).

Hundert-tausen-der	Zehntau-sender	Tau-sender	Hunder-ter	Zehner	Einer	Dezimal-komma	Zehner	Hunder-ter
	4	5	9	7	1	,	0	0
4	5	9	7	1	0	,	0	0

Tabelle 11.7: Beispiel, Zahlen werden um eine Stelle verschoben

Das Hinzufügen einer 0 am Ende einer ganzen Zahl verschiebt letztlich das Dezimalkomma um eine Stelle nach rechts. Wenn Sie bei einer Dezimalzahl das Dezimalkomma um eine Stelle nach rechts verschieben, multiplizieren Sie diese Zahl mit 10. Das wird deutlich, wenn Sie mit einer einfachen Zahl wie beispielsweise 7 anfangen:

In diesem Fall bewirken Sie, dass das Dezimalkomma um drei Stellen nach rechts verschoben wird, was dasselbe ist, als würde die 7 mit 1.000 multipliziert.

Um eine Zahl durch 10 zu dividieren, verschieben Sie analog dazu das Dezimalkomma um eine Stelle nach links. Zum Beispiel:

7,0

0,7

0,07

0,007

Jetzt bewirken Sie damit, dass das Dezimalkomma um drei Stellen nach links verschoben wurde, was dasselbe ist, als würden Sie 7 durch 1.000 dividieren.

Dezimalzahlen runden

Das Runden von Dezimalzahlen erfolgt auf fast dieselbe Weise wie das Runden von ganzen Zahlen. Sie verwenden diese Möglichkeit weiter hinten in diesem Kapitel, wenn Sie Dezimalzahlen dividieren. Größtenteils rundet man eine Dezimalzahl entweder auf eine ganze Zahl oder auf eine oder zwei Dezimalstellen.

Um eine Dezimalzahl auf eine ganze Zahl zu runden, konzentrieren Sie sich auf die Einerziffern und Zehntelziffern. Sie runden die Dezimalzahl zur *nächsten* ganzen Zahl auf oder ab und lassen das Dezimalkomma wegfallen:

7,1 → 7   32,9 → 33   184,3 → 184

Wenn die Zehntelziffer gleich 5 ist, runden Sie die Dezimalzahl *auf*:

83,5 → 84   296,5 → 297   1.788,5 → 1.789

Hat die Dezimalzahl weitere Dezimalstellen, verwerfen Sie diese einfach:

18,47 → 18   21,618 → 22   3,1415927 → 3

Manchmal bewirkt eine kleine Änderung an den Einerziffern auch eine Veränderung der anderen Ziffern (das erinnert Sie vielleicht an den Kilometerzähler in Ihrem Auto, bei dem eine Reihe von Neunen dann wieder in Nullen übergeht):

99,9 → 100   999,5 → 1.000   99.999,712 → 100.000

Dasselbe grundlegende Konzept gilt für das Runden von Dezimalzahlen auf beliebige Stellen. Um beispielsweise eine Dezimalzahl auf eine Dezimalstelle zu runden, konzentrieren Sie sich auf die erste und auf die zweite Dezimalstelle (die Zehntel- und die Hundertstelstelle):

76,543 → 76,5   100,6822 → 100,7   10,10101 → 10,1

Um eine Dezimalzahl auf zwei Dezimalstellen zu runden, konzentrieren Sie sich auf die zweite und die dritte Dezimalstelle (das heißt, die Hundertstel- und die Tausendstelstellen):

444,4444 → 444,44   26,55555 → 25,56   99,997 → 100,00

Die großen vier Operationen für Dezimalzahlen

Alles, was Sie bereits über die Addition, Subtraktion, Multiplikation und Division von ganzen Zahlen wissen (siehe Kapitel 3), gilt auch für Dezimalzahlen. Es gibt jedoch immer einen wesentlichen Unterschied: Das nervige kleine Dezimalkomma muss berücksichtigt werden. In diesem Abschnitt zeige ich Ihnen die vier großen Operationen für Dezimalzahlen.

Am häufigsten verwenden Sie die Addition und Subtraktion von Dezimalzahlen beim Umgang mit Geld – beispielsweise auf Ihrem Konto. Weiter hinten in diesem Buch werden Sie feststellen, dass das Multiplizieren und Dividieren mit Dezimalzahlen praktisch für das Berechnen von Prozentwerten ist (siehe Kapitel 12), für die wissenschaftliche Notation (siehe Kapitel 14) und für das Messen mit dem metrischen System (siehe Kapitel 15).

Dezimalzahlen addieren

Das Addieren von Dezimalzahlen ist fast so einfach wie das Addieren ganzer Zahlen. Solange Sie die Aufgabe korrekt ausgerichtet schreiben, kann gar nichts passieren. Um Dezimalzahlen zu addieren, gehen Sie wie folgt vor:

1. **Richten Sie die Dezimalkommas untereinander aus.**
2. **Addieren Sie wie üblich spaltenweise von rechts nach links.**
3. **Platzieren Sie das Dezimalkomma für das Ergebnis an derselben Stelle wie die anderen Dezimalkommas der Aufgabe.**

Angenommen, Sie wollen die Zahlen 14,5 und 1,89 addieren. Sie schreiben die Dezimalkommas schön untereinander:

$$\begin{array}{r} 14{,}5 \\ +\ 1{,}89 \\ \hline \end{array}$$

Addieren Sie beginnend bei der rechten Spalte. Betrachten Sie die leere Stelle hinter 14,5 als 0 – Sie können auch eine nachfolgende Null an die Stelle schreiben (weitere Informationen darüber, warum das Hinzufügen von Nullen am Ende einer Dezimalzahl deren Wert nicht ändert, finden Sie weiter vorn in diesem Kapitel). Wenn Sie diese Spalte addieren, erhalten Sie 0 + 9 = 9:

$$\begin{array}{r} 14{,}5 \\ +\ 1{,}89 \\ \hline 9 \end{array}$$

Sie machen mit der nächsten Spalte links weiter, 5 + 8 = 13, schreiben also 3 an und bilden aus der 1 einen Übertrag:

$$\begin{array}{r} 14{,}50 \\ +\ 1{,}89 \\ 1 \\ \hline 39 \end{array}$$

Sie vervollständigen die Aufgabe Spalte um Spalte und schreiben schließlich das Dezimalkomma direkt unter die anderen Dezimalkommas:

$$\begin{array}{r} 14{,}5 \\ +\ 1{,}89 \\ \hline 16{,}39 \end{array}$$

Wenn Sie mehr als eine Dezimalzahl addieren, gelten dieselben Regeln. Angenommen, Sie wollen 15,1 + 0,005 + 800 + 1,2345 berechnen. Wichtig ist, dass Sie das Dezimalkomma überall korrekt ausrichten:

$$\begin{array}{r@{,}l} 15 & 1 \\ 0 & 005 \\ 800 & 0 \\ +\ 1 & 2345 \\ \hline \end{array}$$

Um Fehler zu vermeiden, seien Sie bei der Addition sehr vieler Dezimalzahlen besonders sorgfältig, was die Ausrichtung des Dezimalkommas betrifft.

Weil die Zahl 800 keine Dezimalzahl ist, habe ich ein Dezimalkomma und eine 0 dahinter geschrieben, um zu verdeutlichen, wie sie ausgerichtet werden muss. Wenn Sie möchten, können Sie alle Zahlen mit derselben Anzahl an Dezimalstellen schreiben (in diesem Fall sind das vier), indem Sie nachfolgende Nullen einfügen. Nachdem Sie die Aufgabe korrekt ausgerichtet aufgeschrieben haben, ist die Addition von Dezimalzahlen nicht schwieriger als jede andere Additionsaufgabe:

$$\begin{array}{r} 15{,}1000 \\ 0{,}0050 \\ 800{,}0000 \\ +\ 1{,}2345 \\ \hline 816{,}3395 \end{array}$$

Dezimalzahlen subtrahieren

Bei der Subtraktion von Dezimalzahlen gehen Sie genauso vor wie bei der Addition (um die es im vorherigen Abschnitt ging). So subtrahieren Sie Dezimalzahlen:

1. **Richten Sie die Dezimalkommas untereinander aus.**
2. **Subtrahieren Sie wie üblich spaltenweise von rechts nach links.**
3. **Platzieren Sie das Dezimalkomma für das Ergebnis an derselben Stelle wie die anderen Dezimalkommas der Aufgabe.**

Angenommen, Sie wollen 144,87 – 0,321 berechnen. Zuerst schreiben Sie die Dezimalzahlen korrekt nach Dezimalkomma ausgerichtet untereinander:

$$\begin{array}{r} 144{,}870 \\ -\quad 0{,}321 \\ \hline \end{array}$$

In diesem Fall habe ich eine Null hinter der ersten Dezimalzahl eingefügt. Dieser Platzhalter erinnert Sie daran, dass Sie in der daneben stehenden Spalte borgen müssen, um 0 – 1 berechnen zu können:

$$\begin{array}{r} \mathbf{6} \\ 144{,}8\mathbf{71}0 \\ -\quad 0{,}32\;1 \\ \hline 4\;\;9 \end{array}$$

Die restliche Aufgabe ist ganz einfach. Sie schließen die Subtraktion ab und schreiben das Dezimalkomma an dieselbe Stelle, an der es auch in den anderen Zahlen steht:

$$\begin{array}{r} \mathbf{6} \\ 144{,}8\mathbf{7}10 \\ -\quad 0{,}32\;1 \\ \hline 144{,}54\;9 \end{array}$$

Wie bei der Addition steht das Dezimalkomma unmittelbar unter den anderen Dezimalkommas der Aufgabenstellung.

Dezimalzahlen multiplizieren

Das Multiplizieren von Dezimalzahlen unterscheidet sich von ihrer Addition und Subtraktion, weil Sie hier die Dezimalkommas nicht mehr ausrichten müssen (siehe vorherige Abschnitte). Der einzige Unterschied zur Multiplikation ganzer Zahlen kommt ganz zum Schluss.

Und so multiplizieren Sie Dezimalzahlen:

1. **Führen Sie die Multiplikation aus wie für ganze Zahlen üblich.**
2. **Nachdem Sie fertig sind, zählen Sie die Anzahl der Ziffern rechts vom Dezimalkomma jedes Faktors und addieren sie.**
3. **Platzieren Sie das Dezimalkomma in Ihrem Ergebnis so, dass das Ergebnis die in Schritt 2 ermittelte Anzahl von Dezimalstellen hinter dem Dezimalkomma aufweist.**

Das hört sich kompliziert an, aber die Multiplikation von Dezimalzahlen kann einfacher sein als ihre Addition oder Subtraktion. Angenommen, Sie wollen 23,5 mit 0,16 multiplizieren. Im ersten Schritt tun Sie so, als würden Sie Zahlen ohne Dezimalkomma multiplizieren:

$$\begin{array}{r} 23{,}5 \cdot 0{,}16 \\ \hline 2350 \\ 1410 \\ \hline 3760 \end{array}$$

Dieses Ergebnis ist jedoch nicht vollständig, weil Sie noch herausfinden müssen, wo das Dezimalkomma stehen soll. Dazu beachten Sie, dass 23,5 eine und 0,16 zwei Ziffern hinter dem Dezimalkomma aufweist. Weil 1 + 2 = 3, platzieren Sie das Dezimalkomma im Ergebnis so, dass drei Ziffern hinter dem Dezimalkomma stehen. (Sie können Ihren Stift hinter der Zahl 3760 ansetzen, drei Stellen nach links gehen und dort das Dezimalkomma einfügen.)

$23{,}5 \cdot 0{,}16$	eine plus zwei Stellen hinter dem Komma
2 350	
1 410	
3,760	eine plus zwei Stellen hinter dem Komma = drei Stellen hinter dem Komma

Auch wenn die letzte Ziffer im Ergebnis eine 0 ist, müssen Sie sie beim Eintragen des Dezimalkommas als Ziffer berücksichtigen. Nachdem das Dezimalkomma eingetragen wurde, können Sie nachfolgende Nullen entfernen (im Abschnitt »Grundlegende Informationen über Dezimalzahlen« weiter vorn in diesem Kapitel erfahren Sie, warum die Nullen am Ende einer Dezimalzahl den Wert der Zahl nicht verändern).

Das Ergebnis ist also 3,760, was 3,76 entspricht.

Dezimalzahlen dividieren

Die schriftliche Division war noch nie sehr beliebt bei Schülern. Das Dividieren von Dezimalzahlen ist ganz ähnlich dem Dividieren ganzer Zahlen, deshalb mögen es auch viele Leute nicht.

Wenn Sie jedoch wissen, wie die schriftliche Division durchzuführen ist (siehe Kapitel 3), können Sie auch Dezimalzahlen ganz einfach dividieren. Der wichtigste Unterschied erfolgt am Anfang, bevor Sie mit der Division beginnen.

So dividieren Sie Dezimalzahlen:

1. **Wandeln Sie den *Divisor* (die Zahl, durch die Sie dividieren) in eine ganze Zahl um, indem Sie das Dezimalkomma ganz nach rechts verschieben. Gleichzeitig verschieben Sie das Dezimalkomma im Dividenden (die Zahl, die Sie dividieren), um dieselbe Anzahl an Stellen nach rechts.**

   Angenommen, Sie wollen 10,274 durch 0,11 dividieren. Sie schreiben die Aufgabe wie gewohnt auf:

   $10{,}274 \div 0{,}11$

   Sie wandeln die 0,11 in eine ganze Zahl um, indem Sie das Dezimalkomma um zwei Stellen nach rechts verschieben, womit Sie 11 erhalten. Gleichzeitig verschieben Sie das Dezimalkomma in 10,274 um zwei Stellen nach rechts, sodass Sie 1.027,4 erhalten:

   $1027{,}4 \div 11$

2. **Jetzt dividieren Sie wie üblich, als ob kein Dezimalkomma vorhanden wäre (siehe Kapitel 3). An der Stelle in der Division, an der Sie das Komma überschreiten, müssen Sie das Dezimalkomma im Ergebnis setzen.**

   1027,**4** ÷ 11 = 93,4
   –99
   37
   –33
   4**4**
   –44
   0

   Sobald Sie die 4 nach unten geholt haben, setzen Sie das Dezimalkomma im Ergebnis.

Das Ergebnis lautet also 93,4. Wie Sie sehen, ist die Division von Dezimalzahlen auch keine Hexerei. Sie müssen nur das Dezimalkomma richtig setzen.

Weitere Nullen im Dividenden verwenden

Manchmal muss man dem Dividenden eine oder mehrere nachfolgende Nullen hinzufügen. Wie ich Ihnen weiter vorn in diesem Kapitel erklärt habe, können Sie einer Dezimalzahl beliebig viele folgende Nullen hinzufügen, ohne ihren Wert zu verändern. Angenommen, Sie wollen 67,8 durch 0,333 dividieren:

67,8 ÷ 0,333

1. **Sie machen aus der 0,333 eine ganze Zahl, indem Sie das Dezimalkomma um drei Stellen nach rechts verschieben. Gleichzeitig verschieben Sie das Dezimalkomma in 67,8 um drei Stellen nach rechts:**

   67800, ÷ 333,

   Wenn Sie das Dezimalkomma in 67,8 verschieben, geht Ihnen gewissermaßen der Platz aus, deshalb fügen Sie dem Dividenden ein paar Nullen hinzu. Das ist völlig in Ordnung, und Sie müssen es immer tun, wenn der Divisor mehr Dezimalstellen hat als der Dividend.

2. **Jetzt dividieren Sie wie üblich. Die Division geht bei der letzten Null des Dividenden nicht auf:**

   67800 ÷ 333 = 203
   –666
   120
   –0
   1200
   –999
   201

3. **Deshalb setzen Sie an dieser Stelle im Ergebnis das Dezimalkomma. Im Dividenden setzen Sie ebenfalls ein Komma und fügen weitere Nullen hinzu. Jetzt können Sie mit diesen Nullen weiterrechnen, um die Stellen hinter dem Dezimalkomma zu erhalten:**

$$
\begin{array}{l}
67800{,}000 \div 333 = 203{,}603 \\
\underline{-666} \\
\quad 120 \\
\quad \underline{-0} \\
\quad 1200 \\
\quad \underline{-999} \\
\quad\;\; 2010 \\
\quad \underline{-1998} \\
\qquad\;\; 120 \\
\qquad\;\;\; \underline{-0} \\
\qquad\;\; 1200 \\
\qquad\;\; \underline{-999} \\
\qquad\;\;\; 201
\end{array}
$$

An dieser Stelle wiederholt sich das Muster, und Sie erhalten die periodische Dezimalzahl, $203{,}603603603603\ldots = 203{,}\overline{603}$. Um periodische Dezimalzahlen geht es weiter hinten in diesem Kapitel im Abschnitt »Die unendliche Geschichte: Periodische Dezimalzahlen« noch genauer.

Hätte es sich bei dieser Aufgabe um eine Berechnung mit ganzen Zahlen gehandelt, hätten Sie einfach einen Rest angeben können und wären fertig gewesen (weitere Informationen über den Rest bei der Division finden Sie in Kapitel 3). Aber die Dezimalzahlen sind anders. Im nächsten Abschnitt erfahren Sie, warum das so ist. Bei Dezimalzahlen muss es einfach immer weitergehen.

Die Dezimaldivision abschließen

Wenn Sie ganze Zahlen dividieren, beenden Sie die Aufgabe, indem Sie irgendwann einen Rest hinschreiben. Reste sind jedoch bei der Division von Dezimalzahlen *nicht erlaubt*. Sie müssen aber irgendwie zu einem Ende kommen.

Häufig wird eine Aufgabe mit Dezimaldivision abgeschlossen, indem das Ergebnis gerundet wird. Größtenteils werden Sie angewiesen, Ihr Ergebnis auf die nächste ganze Zahl oder auf ein oder zwei Dezimalstellen zu runden (wie Dezimalzahlen gerundet werden, ist weiter vorn in diesem Kapitel beschrieben).

Um eine Aufgabe mit Dezimaldivision abzuschließen, müssen Sie dem Dividenden mindestens eine nachfolgende Null hinzufügen. Um eine Dezimalzahl

- ✓ auf eine ganze Zahl zu runden, fügen Sie eine nachfolgende Null hinzu.
- ✓ auf eine Dezimalstelle zu runden, fügen Sie zwei nachfolgende Nullen hinzu.
- ✓ auf zwei Dezimalstellen zu runden, fügen Sie drei nachfolgende Nullen hinzu

Angenommen, Sie wollen in diesem Beispiel auf eine ganze Zahl runden; deshalb benötigen Sie eine Stelle hinter dem Dezimalkomma. Dazu fügen Sie hier eine zusätzliche Null hinter dem Dezimalkomma im Dividenden ein (siehe vorherigen Abschnitt).

$$
\begin{array}{l}
67800{,}0 \div 333 = 203{,}6 \\
\underline{-666} \\
\quad 120 \\
\quad \underline{-0} \\
\quad 1200 \\
\quad \underline{-999} \\
\quad\; 2010 \\
\quad \underline{-1998} \\
\qquad 12
\end{array}
$$

Auf diese Weise haben Sie die Dezimalzahl nicht verändert, aber Sie können eine weitere Null herunterholen, womit 201 zu 2010 wird. Das Ergebnis ist 203,6. Gerundet auf die nächste ganze Zahl ergibt das 204. Wollten Sie auf eine Dezimalstelle runden, würden Sie eine weitere Null anfügen. Wollten Sie auf zwei Dezimalstellen runden, würden Sie zwei weitere Nullen anfügen. Und so weiter. Weitere Informationen über die Division von Dezimalzahlen finden Sie weiter hinten in diesem Kapitel.

Dezimalzahlen und Brüchen ineinander umwandeln

Brüche (siehe Kapitel 9 und 10) und Dezimalzahlen sind sich ähnlich, weil sie Ihnen beide ermöglichen, Teile des Ganzen darzustellen – das heißt, diese Zahlen liegen auf dem Zahlenstrahl *zwischen* den ganzen Zahlen.

In der Praxis ist jedoch manchmal die eine Darstellung der anderen vorzuziehen. Taschenrechner beispielsweise geben Dezimalzahlen aus und sind weniger gut für Brüche geeignet. Um Ihren Taschenrechner nutzen zu können, müssen Sie möglicherweise Brüche in Dezimalzahlen umwandeln.

Als weiteres Beispiel sind einige Maßeinheiten (wie beispielsweise Zoll) zu nennen, die Brüche verwenden, während in anderen (wie etwa Meter) Dezimalzahlen erscheinen. Um die Einheiten umzurechnen, müssen Sie möglicherweise Brüche und Dezimalzahlen ineinander umwandeln.

In diesem Abschnitt zeige ich Ihnen, wie Sie zwischen Brüchen und Dezimalzahlen hin und her wechseln. (Wenn Sie eine Auffrischung zum Thema Brüche benötigen, lesen Sie zuvor in den Kapiteln 9 und 10 nach.)

Einfache Umwandlungen

Einige Dezimalzahlen sind so gebräuchlich, dass Sie sich merken sollten, wie sie als Bruch dargestellt werden. Hier erfahren Sie, wie Sie alle einstelligen Dezimalzahlen in Brüche umwandeln:

0,1 = 1/10 0,2 = 1/5 0,3 = 3/10 0,4 = 2/5 0,5 = 1/2

0,6 = 3/5 0,7 = 7/10 0,8 = 4/5 0,9 = 9/10

Und hier einige weitere Dezimalzahlen, die einfach in Brüche umgewandelt werden können:

0,125 = 1/8 0,25 = 1/4 0,375 = 3/8 0,625 = 5/8 0,75 = 3/4 0,875 = 7/8

Dezimalzahlen in Brüche umwandeln

Die Umwandlung einer Dezimalzahl in einen Bruch ist ganz einfach. Kompliziert wird es nur, wenn der Bruch gekürzt oder in die gemischte Schreibweise umgewandelt werden muss.

In diesem Abschnitt zeige ich Ihnen zuerst den einfachen Fall, in dem keine weitere Arbeit erforderlich ist. Anschließend zeige ich Ihnen den schwierigeren Fall, bei dem Sie den Bruch weiter bearbeiten müssen. Außerdem verrate ich Ihnen einen praktischen, zeitsparenden Trick.

Eine grundlegende Umwandlung einer Dezimalzahl in einen Bruch

So wird eine Dezimalzahl in einen Bruch umgewandelt:

1. **Zeichnen Sie einen Bruchstrich unter die Dezimalzahl und schreiben Sie 1 darunter.**

   Angenommen, Sie wollen die Dezimalzahl 0,3763 in einen Bruch umwandeln. Zeichnen Sie einen Bruchstrich unter 0,3763 und schreiben Sie 1 darunter:

   $$\frac{0{,}3763}{1}$$

   Diese Zahl sieht aus wie ein Bruch, ist aber eigentlich gar keiner, weil die obere Zahl (der Zähler) eine Dezimalzahl ist.

2. **Verschieben Sie das Dezimalkomma um eine Stelle nach rechts und fügen Sie eine 0 hinter der 1 ein.**

   $$\frac{3{,}763}{10}$$

3. **Wiederholen Sie Schritt 2, bis das Dezimalkomma ganz nach rechts herausgeschoben wurde, sodass Sie es völlig weglassen können.**

   In diesem Fall gehen Sie in drei Einzelschritten vor:

   $$\frac{37{,}63}{100} = \frac{376{,}3}{1.000} = \frac{3.763}{10.000}$$

Wie Sie im letzten Schritt sehen, ist das Dezimalkomma im Zähler ganz ans Ende der Zahl gewandert, deshalb können Sie es auch einfach ganz weglassen.

Hinweis: Das Verschieben des Dezimalkommas um eine Stelle nach rechts ist dasselbe, als würden Sie die Zahl mit 10 multiplizieren. Wenn Sie das Dezimalkomma in dieser Aufgabe um vier Stellen nach rechts verschieben, multiplizieren Sie die 0,3763 und die 1 mit 10.000. Beachten Sie, dass die Anzahl der Ziffern hinter dem Dezimalkomma in der ursprünglichen Dezimalzahl gleich der Anzahl der Nullen ist, die der 1 angefügt werden.

4. **Wandeln Sie den Bruch, den Sie als Ergebnis erhalten, gegebenenfalls in eine gemischte Zahl um und/oder kürzen Sie ihn.**

   Der Bruch $^{3.763}/_{10.000}$ sieht wie eine sehr große Zahl aus, ist aber kleiner als 1, weil der Zähler kleiner als der Nenner (untere Zahl) ist. Dieser Bruch ist also ein echter Bruch und kann nicht in die gemischte Schreibweise umgewandelt werden (weitere Informationen über die gemischte Schreibweise finden Sie in Kapitel 10). Dieser Bruch liegt außerdem schon gekürzt vor (siehe Kapitel 9), deshalb sind Sie hier mit dieser Aufgabe fertig.

Im folgenden Abschnitt zeige ich Ihnen, wie Sie Dezimalzahlen in Brüche umwandeln, wenn Sie es mit der gemischten Schreibweise zu tun haben und den Bruch kürzen müssen.

Die gemischte Schreibweise und zu kürzende Brüche

Manchmal müssen Sie einen Bruch kürzen, nachdem Sie ihn umgewandelt haben (weitere Informationen über das Kürzen von Brüchen finden Sie in Kapitel 9). Das Kürzen ist dabei normalerweise einfach, denn egal, wie groß der Nenner ist, es handelt sich bei ihm um ein Vielfaches von 10, das nur zwei Primfaktoren hat: 2 und 5 (weitere Informationen über Primfaktoren finden Sie in Kapitel 8).

Wenn Sie eine Dezimalzahl in einen Bruch umwandeln und die Dezimalzahl mit einer geraden Zahl oder mit 5 endet, können Sie den Bruch kürzen, andernfalls nicht. Wenn Sie überdies eine Zahl größer 0 irgendwo vor dem Dezimalkomma haben, schreiben Sie die Zahl in der gemischten Schreibweise auf.

Angenommen, Sie wollen die Dezimalzahl 12,16 in einen Bruch umwandeln. Gehen Sie wie folgt vor:

1. **Zeichnen Sie einen Bruchstrich unter 12,16 und schreiben Sie 1 darunter:**

   $$\frac{12,16}{1}$$

2. **Verschieben Sie das Dezimalkomma um eine Stelle nach rechts und fügen Sie hinter der 1 eine 0 hinzu.**

   $$\frac{121,6}{10}$$

3. **Wiederholen Sie Schritt 2.**

   $$\frac{1.216}{100}$$

4. **Wandeln Sie gegebenenfalls $^{1.216}/_{100}$ in die gemischte Schreibweise um und kürzen Sie.**

   Hier ist der Zähler größer als der Nenner, deshalb ist

   $$\frac{1.216}{100}$$

   ein unechter Bruch und muss in die gemischte Schreibweise umgewandelt werden.

Nachdem Sie eine Dezimalzahl in einen unechten Bruch umgewandelt haben, können Sie ihn in die gemischte Schreibweise umwandeln, indem Sie den ursprünglichen ganzzahligen Teil der Dezimalzahl aus dem Bruch »herausziehen«.

In diesem Fall war die ursprüngliche Dezimalzahl 12,16, deshalb war der ganzzahlige Teil 12. Das Folgende ist also völlig in Ordnung:

$$\frac{1.216}{100} = 12\frac{16}{100}$$

Dieser Trick funktioniert nur, wenn Sie eine Dezimalzahl in einen Bruch umgewandelt haben – versuchen Sie es nicht bei anderen Brüchen, sonst erhalten Sie ein falsches Ergebnis.

Die Zahl $12^{16}/_{100}$ kann außerdem wie folgt gekürzt werden (falls Ihnen dieser letzte Schritt nicht ganz klar ist, lesen Sie in Kapitel 9 nach, in dem es um das Kürzen von Brüchen geht):

$$12\frac{16}{100} = 12\frac{8}{50} = 12\frac{4}{25}$$

Brüche in Dezimalzahlen umwandeln

Die Umwandlung von Brüchen in Dezimalzahlen ist nicht schwierig, aber Sie müssen dazu die Dezimaldivision beherrschen. Wenn Sie dazu eine Wiederholung brauchen, lesen Sie im Abschnitt »Dezimalzahlen dividieren« weiter vorn in diesem Kapitel nach.

Um einen Bruch in eine Dezimalzahl umzuwandeln, gehen Sie wie folgt vor:

1. **Schreiben Sie den Bruch als Dezimaldivision und dividieren Sie den Zähler (obere Zahl) durch den Nenner (untere Zahl).**
2. **Fügen Sie dem Zähler ausreichend viele nachfolgende Nullen hinzu, sodass Sie dividieren können, bis das Ergebnis entweder eine *endliche* oder eine *periodische Dezimalzahl* ist.**

Machen Sie sich keine Gedanken, ich erkläre die Begriffe *endliche* und *periodische Dezimalzahlen* gleich.

Der letzte Halt: Endliche Dezimalzahlen

Manchmal geht die Division des Zählers eines Bruchs durch den Nenner auf. Das Ergebnis ist eine *endliche Dezimalzahl.*

Angenommen, Sie wollen den Bruch $^2/_5$ in eine Dezimalzahl umwandeln. Hier der erste Schritt:

$$2 \div 5$$

Auf den ersten Blick hat es den Anschein, als wäre das von Anfang an zum Scheitern verurteilt, weil 5 nicht in 2 geht. Aber beobachten Sie, was passiert, wenn Sie ein paar nachfolgende Nullen einfügen.

$$2{,}000 \div 5$$

Wenn Sie nun dividieren, versuchen Sie zuerst, 2 durch 5 zu teilen. Das geht nicht, also schreiben Sie als erste Zahl des Ergebnisses 0 auf. Weil an dieser Stelle in der Ausgangszahl (2,000) ein Dezimalkomma steht, muss alles Weitere im Ergebnis ebenfalls hinter einem Dezimalkomma stehen. Nun holen Sie für die Division die nächste Null herunter, nämlich die hinter dem Dezimalkomma, und dividieren 20 durch 5:

$$\mathbf{2},000 \div 5 = \mathbf{0}$$

20 dividiert durch 5 ist 4, das ist die erste Zahl hinter dem Dezimalkomma.

$$\begin{array}{l} 2{,}00 \div 5 = 0{,}\mathbf{4} \\ \underline{\mathbf{20}} \\ 0 \end{array}$$

Sie sind fertig! Wie sich zeigt, hätten Sie nur eine nachfolgende Null gebraucht, deshalb können Sie den Rest ignorieren:

$$\frac{2}{5} = 0{,}4$$

Weil die Division aufgegangen ist, ist das Ergebnis ein Beispiel für eine *endliche Dezimalzahl*.

Nehmen wir als weiteres Beispiel an, dass Sie feststellen wollen, wie $^7/_{16}$ als Dezimalzahl dargestellt wird. Wie oben gezeigt, fügen Sie zunächst drei nachfolgende Nullen an:

$$\begin{array}{l} 7{,}000 \div 16 = 0{,}437 \\ \underline{-64} \\ \quad 60 \\ \underline{-48} \\ \quad 120 \\ \underline{-112} \\ \qquad 8 \end{array}$$

Hier sind drei nachfolgende Nullen nicht ausreichend, um ein Ergebnis zu erhalten, deshalb fügen Sie noch ein paar mehr Nullen hinzu und rechnen weiter:

$$\begin{array}{l} 7{,}000000 \div 16 = 0{,}4375 \\ \underline{-64} \\ \quad 60 \\ \underline{-48} \\ \quad 120 \\ \underline{-112} \\ \qquad 80 \\ \quad \underline{-80} \\ \qquad 0 \end{array}$$

Jetzt ist die Division aufgegangen, das Ergebnis ist also wieder eine endliche Dezimalzahl. Sie erhalten $^7/_{16} = 0{,}4375$.

Die unendliche Geschichte: Periodische Dezimalzahlen

Manchmal versucht man, einen Bruch in eine Dezimalzahl umzuwandeln, aber die Division geht nie glatt auf. Das Ergebnis ist eine *periodische Dezimalzahl* – das heißt eine Dezimalzahl, die immer wieder dasselbe Zahlenmuster aufweist.

Sie kennen diese kleinen Biester vielleicht von Ihrem Taschenrechner, wenn eine scheinbar einfache Division eine ewig lange Zahlenkette erzeugt.

Um beispielsweise $^2/_3$ in eine Dezimalzahl umzuwandeln, dividieren Sie zunächst 2 durch 3. Wie im letzten Abschnitt fügen Sie zuerst drei nachfolgende Nullen an und beobachten, was passiert:

$$\begin{array}{l} 2{,}000 \div 3 = 0{,}666 \\ \underline{-18} \\ \quad 20 \\ \underline{-18} \\ \quad 20 \\ \underline{-18} \\ \quad 2 \end{array}$$

Damit haben Sie noch kein exaktes Ergebnis erhalten. Sie haben aber vielleicht bemerkt, dass sich innerhalb der Division ein wiederholtes Muster gebildet hat. Egal wie viele nachfolgende Nullen Sie hinzufügen, es wird sich immer wieder dasselbe Muster wiederholen. Das Ergebnis, 0,666…, ist ein Beispiel für eine periodische Dezimalzahl. Sie können $^2/_3$ schreiben als:

$$^2/_3 = 0,\bar{6}$$

Der Strich über der 6 bedeutet, dass sich in dieser Dezimalzahl die Zahl 6 unendlich oft wiederholt. Sie können viele einfache Brüche als periodische Dezimalzahlen darstellen. Letztlich kann jeder Bruch entweder als periodische oder als endliche Dezimalzahl dargestellt werden – das heißt als normale Dezimalzahl, die irgendwo endet.

Nehmen wir jetzt an, dass Sie die Dezimaldarstellung für $^5/_{11}$ finden wollen. Die Aufgabe kann wie folgt geschrieben werden:

$$\begin{array}{l}
5,0000 \div 11 = 0,4545 \\
\underline{-44} \\
\quad 60 \\
\quad \underline{-55} \\
\qquad 50 \\
\qquad \underline{-44} \\
\qquad\quad 60 \\
\qquad\quad \underline{-55} \\
\qquad\qquad 5
\end{array}$$

Jetzt wiederholt sich ein Muster endlos über zwei Zahlen 4, 5, dann wieder 4 und dann wieder 5. Wenn Sie weitere nachfolgende Nullen an die ursprüngliche Dezimalzahl anfügen, wird dieses Muster unendlich fortgesetzt. Sie können also schreiben:

$$^5/_{11} = 0,\overline{45}$$

Jetzt befindet sich der Strich über der 4 und der 5, das heißt, dass sich diese beiden Zahlen endlos abwechseln.

Periodische Dezimalzahlen sind eigenartig, aber die Arbeit mit ihnen ist nicht schwierig. Sobald Sie zeigen können, dass eine Dezimaldivision periodisch ist, haben Sie Ihr Ergebnis. Denken Sie jedoch daran, den Strich über die Zahlen zu schreiben, die sich permanent wiederholen.

Einige Dezimalzahlen enden nie und zeigen auch kein periodisches Muster. Man kann sie nicht als Bruch darstellen, deshalb haben sich die Mathematiker geeinigt, kürzere Darstellungen zu verwenden, sodass es nicht bis in alle Ewigkeit dauert, sie zu schreiben.

Prozentsätze

12

In diesem Kapitel ...

- Verstehen, was Prozentsätze sind
- Prozentsätze in Dezimalzahlen und Brüche umwandeln und umgekehrt
- Einfache und schwierige Prozentaufgaben lösen
- Mithilfe des Prozentkreises drei verschiedene Prozentaufgaben lösen

Wie ganze Zahlen und Dezimalzahlen stellen auch Prozentsätze eine Möglichkeit dar, über Teile eines Ganzen zu sprechen. Das Wort *Prozent* bedeutet »von 100«. Wenn Sie also 50 Prozent von etwas haben, haben Sie 50 von 100. Wenn Sie 25 Prozent davon haben, haben Sie 25 von 100. Und wenn Sie 100 Prozent von etwas haben, haben Sie natürlich das Ganze.

In diesem Kapitel zeige ich Ihnen, wie Sie mit Prozentsätzen arbeiten können. Weil Prozentsätze an Dezimalzahlen erinnern, zeige ich Ihnen zuerst, wie Sie zwischen Prozentsätzen und Dezimalzahlen umwandeln. Keine Sorge, diese Umwandlung ist sehr einfach! Anschließend zeige ich Ihnen, wie Sie zwischen Prozentsätzen und Brüchen umwandeln – was auch nicht besonders schwierig ist. Nachdem Sie verstanden haben, wie die Umwandlung funktioniert, stelle ich Ihnen drei grundlegende Aufgabentypen für Prozentsätze vor, sowie eine Methode, die die Aufgaben ganz einfach macht.

Prozentsätze verstehen

Das Wort *Prozent* bedeutet im wörtlichen Sinne »für 100«, aber in der Praxis bedeutet es eher »von 100«. Angenommen, eine Schule hat genau 100 Kinder – 50 Mädchen und 50 Jungen. Sie können also sagen, dass »50 von 100« Kindern Mädchen sind – oder abgekürzt einfach »50 Prozent«. Noch kürzer ist es, das Symbol % zu verwenden, das für *Prozent* steht.

Wenn man sagt, dass 50 % der Schüler Mädchen sind, ist das dasselbe, als würde man sagen, dass ½ von ihnen Mädchen sind. Wenn Sie Dezimalzahlen bevorzugen, können Sie auch sagen, 0,5 aller Schüler sind Mädchen. An diesem Beispiel erkennen Sie, dass Prozentsätze wie Brüche und Dezimalzahlen einfach nur eine weitere Möglichkeit darstellen, über Teile des Ganzen zu sprechen. In diesem Fall ist das Ganze die Gesamtzahl der Kinder an der Schule.

Sie müssen nicht wirklich 100 Stück von etwas haben, um einen Prozentsatz verwenden zu können. Sie werden sehr wahrscheinlich auch selten einen Kuchen in 100 Stücke schneiden, aber das spielt ohnehin keine Rolle. Die Werte sind dieselben. Egal, ob Sie über Kuchen, einen Euro oder eine Gruppe Kinder sprechen – 50 % sind immer die Hälfte, 25 % sind immer ein Viertel und 75 % sind immer drei Viertel und so weiter.

Jeder Prozentsatz kleiner 100 % bedeutet, dass es sich um weniger als das Ganze handelt – je kleiner der Prozentsatz, desto weniger ist es. Wahrscheinlich kennen Sie diese Tatsache vom Notensystem in der Schule. Wenn Sie 100 % richtig haben, erhalten Sie die Bestnote. 90 % sind eine 2, 80 % sind eine 3, 70 % sind eine 4 – den Rest kennen Sie.

Natürlich bedeutet 0 % dann »0 von 100«, also nichts.

Der Umgang mit Prozentsätzen größer 100 Prozent

100 % steht für »100 von 100«, also alles. Wenn ich also sage, ich habe 100 % Vertrauen in Sie, dann habe ich komplettes Vertrauen in Sie.

Was bedeuten Prozentsätze größer 100 %? Manchmal sind sie nicht sehr sinnvoll. Sie können beispielsweise nicht zu mehr als 100 % Ihrer Zeit Fußball spielen, egal wie sportbegeistert Sie sind. Sie haben 100 % Zeit – nicht mehr.

Es gibt aber auch viele Situationen, in denen eine Angabe von mehr als 100 % absolut vernünftig ist. Angenommen, Sie besitzen einen Hotdog-Stand und verkaufen Folgendes:

10 Hotdogs am Vormittag

30 Hotdogs am Nachmittag

Die Anzahl der am Nachmittag verkauften Hotdogs beträgt 300 % der am Vormittag verkauften Hotdogs. Das ist dreimal so viel.

Noch eine Betrachtungsweise: Ich verkaufe am Nachmittag 20 Hotdogs mehr als am Vormittag; es handelt sich also um eine *Steigerung* von 200 % am Nachmittag – 20 ist doppelt so viel wie 10.

Sehen Sie sich dieses Beispiel gut an, bis Sie es verstanden haben. Wir kommen in Kapitel 13, in dem es um Textaufgaben mit Prozentsätzen geht, noch einmal auf solche Dinge zurück.

Prozentsätze, Dezimalzahlen und Brüche ineinander umwandeln

Für die Lösung vieler Prozentaufgaben müssen Sie den Prozentsatz entweder in eine Dezimalzahl oder in einen Bruch umwandeln. Anschließend können Sie das anwenden, was Sie über das Lösen von Aufgaben mit Dezimalzahlen und Brüchen wissen. Aus diesem Grund zeige ich Ihnen hier, wie Sie von Prozentsätzen und in Prozentsätze umwandeln, bevor ich Ihnen zeige, wie man Prozentaufgaben löst.

Prozente und Dezimalzahlen sind sehr ähnliche Ausdrucksformen für Teile eines Ganzen. Aufgrund dieser Ähnlichkeit ist es für die Umwandlung zwischen Prozentsätzen und Dezimalzahlen größtenteils nur notwendig, das Dezimalkomma zu verschieben. Das ist so einfach, dass Sie es im Schlaf beherrschen werden (aber vielleicht sollten Sie wach bleiben, bis Sie das Prinzip verstanden haben).

Prozentsätze und Brüche drücken beide auf unterschiedliche Weise dasselbe Konzept aus – die Darstellung von Teilen eines Ganzen. Die Umwandlung zwischen Prozentsätzen und Brüchen ist nicht ganz so einfach, wie nur das Dezimalkomma zu verschieben. In diesem Abschnitt beschreibe ich, wie Prozentsätze, Dezimalzahlen und Brüche ineinander umgewandelt werden, beginnend bei der Umwandlung von Prozentsätzen in Dezimalzahlen.

Von Prozentsätzen zu Dezimalzahlen

Um einen Prozentsatz in eine Dezimalzahl umzuwandeln, lassen Sie das Prozentzeichen (%) weg und verschieben das Dezimalkomma um zwei Stellen nach links. Das ist alles. Bei einer ganzen Zahl steht das Komma ganz am Ende. Zum Beispiel:

2,5 % = 0,025

4 % = 0,04

36 % = 0,36

111 % = 1,11

Von Dezimalzahlen zu Prozentsätzen

Um eine Dezimalzahl in einen Prozentsatz umzuwandeln, verschieben Sie das Dezimalkomma um zwei Stellen nach rechts und fügen ein Prozentzeichen (%) hinzu:

0,07 = 7 %

0,21 = 21 %

0,375 = 37,5 %

Von Prozentsätzen zu Brüchen

Die Umwandlung von Prozentsätzen in Brüche ist ganz einfach. Sie wissen, dass das Wort *Prozent* »von 100« bedeutet. Für die Umwandlung von Prozentsätzen in Brüche müssen Sie also die Zahl 100 einbeziehen.

Um einen Prozentsatz in einen Bruch umzuwandeln, verwenden Sie die Zahl aus dem Prozentsatz als Zähler (die obere Zahl) und die Zahl 100 als Nenner (die untere Zahl):

$$39\ \% = \frac{39}{100}; \qquad 86\ \% = \frac{86}{100}; \qquad 217\ \% = \frac{217}{100}$$

Wie immer bei Brüchen können Sie kürzen oder einen unechten Bruch in die gemischte Schreibweise umwandeln (weitere Informationen über diese Themen finden Sie in Kapitel 9).

In den drei Beispielen kann $^{39}/_{100}$ nicht gekürzt oder in die gemischte Schreibweise umgewandelt werden. $^{86}/_{100}$ dagegen kann gekürzt werden, weil Zähler und Nenner gerade Zahlen sind:

$$\frac{86}{100} = \frac{43}{50}$$

Und $^{217}/_{100}$ kann in die gemischte Schreibweise umgewandelt werden, weil der Zähler (217) größer als der Nenner (100) ist:

$$\frac{217}{100} = 2\frac{17}{100}$$

Früher oder später werden Ihnen Prozentsätze mit Dezimalzahlen begegnen, wie etwa 99,9 %. Die Regel bleibt dieselbe, aber hier haben Sie eine Dezimalzahl im Zähler (obere Zahl), was die meisten Menschen gar nicht gerne haben. Um sie loszuwerden, verschieben Sie das Dezimalkomma im Zähler und im Nenner um eine Stelle nach rechts:

$$99,9\ \% = \frac{99,9}{100} = \frac{999}{1.000}$$

99,9 % kann also in den Bruch $^{999}/_{1.000}$ umgewandelt werden.

Von Brüchen zu Prozentsätzen

Die Umwandlung eines Bruchs in einen Prozentsatz ist ein zweistufiger Prozess. Sie gehen dabei wie folgt vor:

1. **Wandeln Sie den Bruch in eine Dezimalzahl um.**

   Angenommen, Sie wollen den Bruch $^4/_5$ in einen Prozentsatz umwandeln. Um $^4/_5$ in eine Dezimalzahl umzuwandeln, dividieren Sie den Zähler durch den Nenner, wie in Kapitel 11 beschrieben:

   $^4/_5 = 0{,}8$

2. **Wandeln Sie die Dezimalzahl in einen Prozentsatz um.**

   Wandeln Sie 0,8 in einen Prozentsatz um, indem Sie das Dezimalkomma um zwei Stellen nach rechts verschieben und das Prozentzeichen einfügen (wie ich weiter vorn in diesem Kapitel im Abschnitt »Von Dezimalzahlen zu Prozentsätzen« beschrieben habe).

   0,8 = 80 %

Angenommen, Sie wollen den Bruch $^5/_8$ in einen Prozentsatz umwandeln. Sie gehen also wie folgt vor:

1. **Sie wandeln $^5/_8$ in eine Dezimalzahl um, indem Sie den Zähler durch den Nenner dividieren.**

   $$\begin{array}{l} 5{,}000 \div 8 = 0{,}625 \\ \underline{-48} \\ 20 \\ \underline{-16} \\ 40 \\ \underline{-40} \\ 0 \end{array}$$

   Damit erhalten Sie $^5/_8$ = 0,625.

2. **Wandeln Sie 0,625 in einen Prozentsatz um, indem Sie das Dezimalkomma um zwei Stellen nach rechts verschieben und ein Prozentzeichen (%) hinzufügen):**

   0,625 = 62,5 %

Prozentaufgaben lösen

Wenn Sie die Beziehung zwischen Prozentsätzen und Brüchen kennen, wie im Abschnitt »Prozentsätze, Dezimalzahlen und Brüche ineinander umwandeln« weiter vorn in diesem Kapitel beschrieben, können Sie viele Prozentaufgaben mit ein paar einfachen Tricks lösen. Für andere dagegen ist etwas mehr Aufwand erforderlich. In diesem Abschnitt zeige ich Ihnen, wie Sie eine einfache Prozentaufgabe von einer schwierigen unterscheiden können, und ich gebe Ihnen Werkzeuge an die Hand, um sie alle zu lösen.

Ein paar einfache Prozentaufgaben lösen

Viele Prozentaufgaben erweisen sich als ganz einfach, wenn Sie sich ein wenig damit beschäftigen. Häufig müssen Sie nur an die Beziehung zwischen Prozentsätzen und Brüchen denken, dann ist das schon die halbe Miete.

- ✓ **100 % einer Zahl bestimmen:** Sie wissen, dass 100 % für das Ganze steht, deshalb ist 100 % einfach die Zahl selbst.

  100 % von 5 ist 5

  100 % von 91 ist 91

  100 % von 732 ist 732

- ✓ **50 % einer Zahl bestimmen:** Sie wissen, dass 50 % gerade die Hälfte bedeutet. Um 50 % einer Zahl zu bestimmen, dividieren Sie also einfach durch 2:

  50 % von 20 ist 10

  50 % von 88 ist 44

  50 % von 7 $= \frac{7}{2}$ (oder $3\frac{1}{2}$ oder 3,5)

- **25 % einer Zahl bestimmen:** Sie wissen, dass 25 % gleich ¼ ist. Um 25 % einer Zahl zu bestimmen, dividieren Sie sie also durch 4:

  25 % von 40 ist 10

  25 % von 88 ist 22

  25 % von 15 ist $\frac{15}{4}$ (oder $3\frac{3}{4}$ oder 3, 75)

- **20 % einer Zahl bestimmen:** Die Berechnung von 20 % ist dann wichtig, wenn Ihnen der Service in einem Restaurant gefällt, weil 20 % von der Rechnungssumme ein angemessenes Trinkgeld darstellen. Weil 20 % gleich $1/5$ ist, bestimmen Sie 20 % einer Zahl, indem Sie diese durch 5 dividieren. Ich kann Ihnen aber auch eine einfachere Methode verraten:

  Um 20 % einer Zahl zu bestimmen, verschieben Sie das Dezimalkomma um eine Stelle nach links und verdoppeln das Ergebnis:

  20 % von 80 = 8 · 2 = 16

  20 % von 300 = 30 · 2 = 60

  20 % von 41 = 4,1 · 2 = 8,2

- **10 % einer Zahl bestimmen:** 10 % einer Zahl ist dasselbe wie $1/10$ dieser Zahl. Dazu verschieben Sie einfach das Dezimalkomma um eine Stelle nach links:

  10 % von 30 ist 3

  10 % von 41 ist 4,1

  10 % von 7 ist 0,7

- **200 %, 300 % und so weiter einer Zahl bestimmen:** Die Arbeit mit Prozentsätzen, bei denen es sich um Vielfache von 100 handelt, ist ganz simpel. Sie lassen einfach die beiden Nullen weg und multiplizieren die Zahl mit dem, was übrig bleibt:

  200 % von 7 sind 2 · 7 = 14

  300 % von 10 = 3 · 10 = 30

  1.000 % von 45 = 10 · 45 = 450

Aufgabenstellungen umkehren

Im Folgenden stelle ich Ihnen einen Trick vor, der schwierig aussehende Prozentaufgaben so einfach macht, dass Sie sie im Kopf rechnen können. Sie verschieben lediglich das Prozentzeichen von der einen Zahl zur anderen und kehren die Reihenfolge der Zahlen um.

Angenommen, Sie sollen Folgendes berechnen:

88 % von 50

Die Bestimmung von 88 % von irgendetwas ist nicht gerade verlockend. Aber man kann die Aufgabe einfach lösen, indem man sie umdreht:

88 % von 50 = 50 % von 88

Diese Verschiebung ist völlig korrekt, und sie macht die Aufgabe sehr viel einfacher. Wie im vorherigen Abschnitt »Ein paar einfache Prozentaufgaben lösen« beschrieben, ist 50 % von 88 einfach die Hälfte von 88:

88 % von 50 = 50 % von 88 = 44

Als weiteres Beispiel berechnen Sie Folgendes:

7 % von 200

Auch die Berechnung von 7 % ist nicht ganz einfach, aber die Bestimmung von 200 % ist unproblematisch, deshalb stellen wir die Aufgabe um:

7 % von 200 = 200 % von 7

Im vorherigen Abschnitt haben Sie gelernt, dass Sie 200 % einer Zahl berechnen, indem Sie die Zahl einfach mit 2 multiplizieren:

7 % von 200 = 200 % von 7 = $2 \cdot 7$ = 14

Schwierigere Prozentaufgaben lösen

Viele Prozentaufgaben können Sie mithilfe der Tricks lösen, die ich Ihnen zuvor in diesem Kapitel vorgestellt habe. Aber was machen Sie mit der folgenden Aufgabe:

35 % von 80 = ?

Jetzt sehen die Zahlen nicht mehr ganz so einladend aus. Wenn die Zahlen in einer Prozentaufgabe schwieriger werden, funktionieren die Tricks nicht mehr; Sie müssen also wissen, wie *alle* Prozentaufgaben gelöst werden.

So bestimmen Sie beliebige Prozente einer Zahl:

1. **Tauschen Sie das Wort *von* gegen ein Multiplikationszeichen und wandeln Sie den Prozentsatz in eine Dezimalzahl um (wie weiter vorn in diesem Kapitel gezeigt).**

   Der Austausch des Wortes *von* gegen ein Multiplikationszeichen ist ein einfaches Beispiel dafür, wie man Wörter in Zahlen umwandelt, wie in den Kapiteln 6 und 13 beschrieben. Diese Änderung macht eine komplizierte Aufgabe zu einer übersichtlicheren Aufgabe.

   Angenommen, Sie wollen 35 % von 80 berechnen. Sie fangen so an:

   35 % von 80 = $0{,}35 \cdot 80$

2. **Lösen Sie das Problem unter Anwendung der Dezimalmultiplikation (siehe Kapitel 11).**

   So sieht das Beispiel jetzt aus:

$$\begin{array}{r} 0{,}35 \cdot 80 \\ \hline 28{,}00 \end{array}$$

   35 % von 80 sind also 28.

Als weiteres Beispiel wollen wir 12 % von 31 berechnen. Auch hier wandeln Sie den Prozentsatz in eine Dezimalzahl um und das Wort *von* in ein Multiplikationszeichen:

12 % von 31 = 0,12 · 31

Jetzt können Sie die Aufgabe unter Anwendung der Dezimalmultiplikation lösen:

$$\begin{array}{r} 0{,}12 \cdot 31 \\ \hline 036 \\ 012 \\ \hline 3{,}72 \end{array}$$

12 % von 31 sind also 3,72.

Alle Prozentaufgaben kombinieren

Im Abschnitt »Prozentaufgaben lösen« weiter vorn in diesem Kapitel habe ich Ihnen ein paar Methoden gezeigt, einen bestimmten Prozentsatz für eine beliebige Zahl zu berechnen. Diese Art von Prozentaufgabe kommt am häufigsten vor – deshalb wurde sie auch als Erstes betrachtet.

Prozentsätze werden üblicherweise in Geschäftsanwendungen benötigt, wie etwa in den Bereichen Banken, Immobilien, Lohnbuchhaltung und Steuern. (Einige der Anwendungsmöglichkeiten in der Praxis zeige ich Ihnen bei den Textaufgaben in Kapitel 13.) Abhängig von der Situation können auch noch zwei weitere übliche Arten von Prozentaufgaben auftreten.

In diesem Abschnitt zeige ich Ihnen diese beiden zusätzlichen Arten von Prozentaufgaben und in welcher Beziehung sie zu den Aufgaben stehen, die Sie jetzt bereits lösen können. Außerdem stelle ich Ihnen ein einfaches Werkzeug vor, mit dem Sie alle drei Aufgabenarten schnell lösen können.

Die drei Arten von Prozentaufgaben identifizieren

Weiter vorn in diesem Kapitel habe ich Ihnen gezeigt, wie Sie Aufgaben wie die folgende lösen:

50 % von 2 sind ?

Die Lösung lautet natürlich 1. (Weitere Informationen darüber, wie Sie zu dieser Lösung gelangen, finden Sie weiter vorn in diesem Kapitel im Abschnitt »Prozentaufgaben lösen«.) Anhand von zwei Informationen – dem Prozentsatz und dem Grundwert – können Sie ermitteln, welcher Prozentwert sich ergibt.

Jetzt nehmen wir an, der Prozentsatz ist nicht angegeben, sondern nur der Grundwert und der Prozentwert:

? % von 2 sind 1

Sie können diesen Platzhalter ohne größere Probleme ermitteln. Jetzt stellen Sie sich noch vor, dass Sie keinen Grundwert haben, sondern nur den Prozentsatz und den Prozentwert:

50 % von ? sind 1

Auch hier können Sie die Lücke füllen.

Wenn Sie dieses grundlegende Konzept verstanden haben, können Sie Prozentaufgaben lösen. Fast alle Prozentaufgaben lassen sich auf eine der drei Arten zurückführen, die ich in Tabelle 12.1 beschreibe.

Aufgabentyp	Was bestimmt werden soll	Beispiel
Typ 1	der Prozentwert	50 % von 2 sind **was**?
Typ 2	der Prozentsatz	**Wie viel** Prozent von 2 sind 1?
Typ 3	der Grundwert	50 % **wovon** sind 1?

Tabelle 12.1: Die drei wichtigsten Arten von Prozentaufgaben

In jedem Fall bietet Ihnen die Aufgabenstellung zwei von drei Informationen, und Ihre Aufgabe ist es dann, die dritte Information zu bestimmen. Im nächsten Abschnitt stelle ich Ihnen ein einfaches Werkzeug vor, mit dem Sie alle drei Arten von Prozentaufgaben lösen können.

Der Prozentkreis

Der *Prozentkreis* ist eine sehr einfache visuelle Hilfe, mit der Sie sich Prozentaufgaben besser vorstellen können, sodass ihre Lösung einfacher wird. Der Trick ist, einen Prozentkreis zu verwenden, in den Sie Information eintragen können. Abbildung 12.1 zeigt, wie die Information eingetragen wird, dass 50 % von 2 gleich 1 ist.

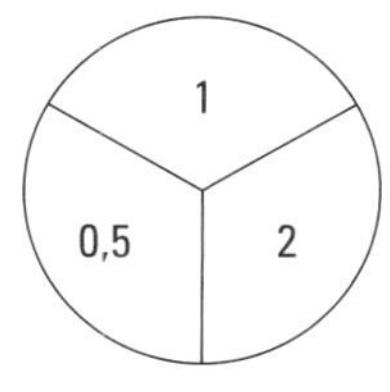

Abbildung 12.1: Im Prozentkreis steht der Prozentwert oben, der Prozentsatz links und der Grundwert rechts.

Beachten Sie, dass ich beim Ausfüllen des Prozentkreises den Prozentsatz, 50 %, in sein dezimales Äquivalent umgewandelt habe, 0,5 (weitere Informationen über die Umwandlung von Prozentsätzen in Dezimalzahlen finden Sie im Abschnitt »Von Prozentsätzen zu Dezimalzahlen« weiter vorn in diesem Kapitel).

Hier die beiden wichtigsten Merkmale des Prozentkreises:

- ✓ Wenn Sie die beiden unteren Zahlen multiplizieren, erhalten Sie die obere Zahl:

  $0{,}5 \cdot 2 = 1$

- ✓ Wenn Sie aus der oberen Zahl und einer der unteren Zahlen einen Bruch erstellen, ist dieser Bruch gleich der *anderen* unteren Zahl.

  $\frac{1}{2} = 0{,}5$ und $\frac{1}{0{,}5} = 2$

Diese Merkmale bilden Herz und Seele des Prozentkreises. Sie ermöglichen Ihnen, jede der drei verschiedenen Arten von Prozentaufgaben schnell und einfach zu lösen.

Die meisten Prozentaufgaben stellen ausreichend viele Informationen bereit, um zwei Teile des Prozentkreises auszufüllen. Aber unabhängig davon, welche beiden Teile Sie ausfüllen, können Sie aus diesen beiden Angaben die Zahl für den dritten Teil bestimmen.

Den Prozentwert bestimmen

Angenommen, Sie wollen die folgende Aufgabe lösen:

Was sind 75 % von 20?

Sie haben den Prozentsatz und den Grundwert und sollen den Prozentwert bestimmen. Um für diese Aufgabe den Prozentkreis einzusetzen, tragen Sie die Informationen wie in Abbildung 12.2 gezeigt ein.

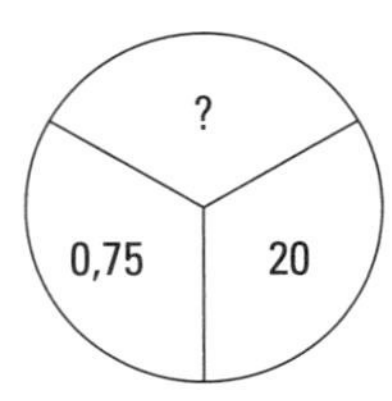

Abbildung 12.2: 75 % und 20 werden in den Prozentkreis eingetragen.

Weil 0,75 und 20 unten im Kreis stehen, multiplizieren Sie sie, um die Lösung zu erhalten:

$$\begin{array}{r} 0{,}75 \cdot 20 \\ \hline 15{,}00 \end{array}$$

75 % von 20 sind also 15.

Wie Sie sehen, entspricht diese Methode im Wesentlichen dem, was ich weiter vorn in diesem Kapitel im Abschnitt »Schwierigere Prozentaufgaben lösen« beschrieben habe, in dem Sie das Wort *von* gegen ein Multiplikationszeichen ausgetauscht haben. Sie verwenden immer noch die Multiplikation, um die Lösung zu erhalten, aber mithilfe des Prozentkreises ist alles sehr viel übersichtlicher.

Den Prozentsatz berechnen

Bei der zweiten Aufgabenart liegen der Grundwert und der Prozentwert vor, und Sie müssen den Prozentsatz bestimmen. Hier ein Beispiel:

Wie viel Prozent von 50 sind 35?

In diesem Fall ist der Grundwert 50 und der Prozentwert ist 35. Tragen Sie die Informationen in den Prozentkreis ein, wie in Abbildung 12.3 gezeigt.

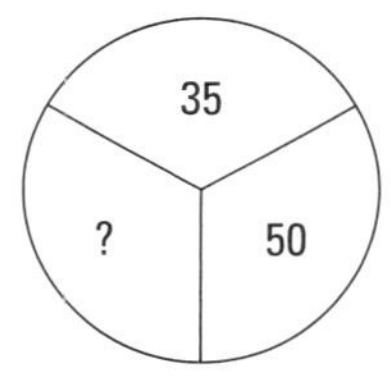

Abbildung 12.3: Berechnen, wie viel Prozent von 50 gleich 35 sind

Jetzt steht 35 über 50, also machen Sie einen Bruch aus den beiden Zahlen:

$$\frac{35}{50}$$

Dieser Bruch ist Ihre Lösung, und Sie müssen ihn nur noch in einen Prozentsatz umwandeln, wie weiter vorn in diesem Kapitel im Abschnitt »Von Brüchen zu Prozentsätzen« beschrieben. Zuerst wandeln Sie $^{35}/_{50}$ in eine Dezimalzahl um:

$$\begin{array}{l} 35{,}0 \div 50 = 0{,}7 \\ \underline{-350} \\ \quad\;\; 0 \end{array}$$

Dann wandeln Sie 0,7 in einen Prozentsatz um:

$0{,}7 = 70\ \%$

Den Grundwert bestimmen

Bei der dritten Aufgabenart erhalten Sie als Vorgabe den Prozentsatz und den Prozentwert und sollen den Grundwert bestimmen. Zum Beispiel:

15 % wovon sind gleich 18?

Hier ist der Prozentsatz gleich 15 % und der Prozentwert ist 18; Sie füllen also den Prozentkreis wie in Abbildung 12.4 gezeigt aus.

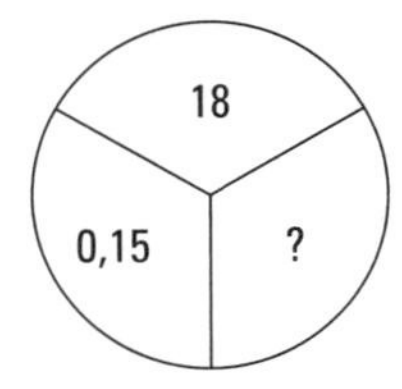

Abbildung 12.4: Berechnen, wovon 15 % gleich 18 sind

Weil 18 im Kreis über 0,15 steht, machen Sie einen Bruch aus den beiden Zahlen:

$$\frac{18}{0,15}$$

Dieser Bruch ist die Lösung, und Sie müssen ihn wie in Kapitel 11 gezeigt in eine Dezimalzahl umwandeln:

$$\begin{array}{l} 1800 \div 15 = 120 \\ \underline{-15} \\ 30 \\ \underline{-30} \\ 0 \end{array}$$

In diesem Fall ist die Dezimalzahl, die Sie bestimmen, die ganze Zahl 120; Sie erhalten also die Lösung, dass 15 % von 120 gleich 18 sind.

Textaufgaben mit Brüchen, Dezimalzahlen und Prozentsätzen

13

In diesem Kapitel ...

- Brüche, Dezimalzahlen und Prozentsätze in Textaufgaben addieren und subtrahieren
- Das Wort *von* in eine Multiplikation umwandeln
- In Textaufgaben Prozentsätze in Dezimalzahlen umwandeln
- Geschäftsanwendungen mit prozentualen Zunahmen und Abnahmen berechnen

In Kapitel 6 habe ich Ihnen gezeigt, wie Textaufgaben gelöst werden, indem Wortgleichungen mit den vier großen Operationen (Addition, Subtraktion, Multiplikation und Division) aufgestellt werden. In diesem Kapitel zeige ich Ihnen, wie Sie diese Fähigkeiten erweitern und Textaufgaben mit Brüchen, Dezimalzahlen und Prozentsätzen lösen.

Als Erstes zeige ich Ihnen, wie Sie relativ einfache Aufgabenstellungen lösen, wobei Sie nur Brüche, Dezimalzahlen oder Prozentsätze addieren oder subtrahieren müssen. Anschließend geht es um Aufgabenstellungen, für die Brüche multipliziert werden müssen. Diese Aufgaben sind einfach zu erkennen, weil sie fast immer das Wort *von* enthalten. Anschließend erfahren Sie, wie Prozentaufgaben gelöst werden, indem Wortgleichungen aufgestellt und der Prozentsatz in eine Dezimalzahl umgewandelt wird. Schließlich zeige ich Ihnen noch, wie Sie Aufgabenstellungen mit prozentualer Zunahme oder Abnahme bewältigen. Diese Aufgabenstellungen sind häufig praktische Aufgaben, die mit Geld zu tun haben, wofür Sie Informationen über Gehälter und Zulagen, Kosten und Rabatte oder Beträge vor und nach Steuern erhalten.

Teile des Ganzen in Textaufgaben addieren und subtrahieren

Für bestimmte Textaufgaben mit Brüchen, Dezimalzahlen und Prozentsätzen brauchen Sie eigentlich nur zu addieren oder zu subtrahieren. Sie können Brüche, Dezimalzahlen oder Prozentsätze auf die unterschiedlichsten Arten addieren und mit den unterschiedlichsten Vorgaben aus der Realität, die mit Gewichten und Maßen zu tun haben – wie beispielsweise beim Kochen oder beim Schreinern – umgehen. (In Kapitel 15 wird es noch genauer um diese Anwendungen gehen.)

Um diese Aufgaben zu lösen, wenden Sie die Kenntnisse an, die Sie in Kapitel 10 (zum Addieren und Subtrahieren von Brüchen), Kapitel 11 (zum Addieren und Subtrahieren von Dezimalwerten) und Kapitel 12 (zum Addieren und Subtrahieren von Prozentsätzen) erworben haben.

Eine Pizza teilen: Brüche

Vielleicht müssen Sie Brüche in solchen Aufgaben addieren oder subtrahieren, in denen ein Ganzes aufgeteilt werden soll. Betrachten Sie beispielsweise Folgendes:

> Karl isst $^1/_6$ einer Pizza, Otto isst $^1/_4$ und Susi isst $^1/_3$. Wie viel ist von der Pizza übrig, nachdem alle gegessen haben?

Bei dieser Aufgabenstellung halten Sie die bereitgestellte Information in Wortgleichungen fest:

$$\text{Karl} = \frac{1}{6} \qquad \text{Otto} = \frac{1}{4} \qquad \text{Susi} = \frac{1}{3}$$

Diese Brüche sind Teile einer ganzen Pizza. Um die Aufgabe zu lösen, müssen Sie feststellen, wie viel die drei Leute zusammen gegessen haben; Sie bilden also die folgende Wortgleichung:

Alle drei = Karl + Otto + Susi

Jetzt können Sie wie folgt ersetzen:

$$\text{Alle drei} = \frac{1}{6} + \frac{1}{4} + \frac{1}{3}$$

In Kapitel 10 haben Sie verschiedene Möglichkeiten kennengelernt, diese Brüche zu addieren. Hier eine davon:

$$\text{Alle drei} = \frac{2}{12} + \frac{3}{12} + \frac{4}{12} = \frac{9}{12} = \frac{3}{4}$$

Die Frage lautet jedoch, wie viel von der Pizza *übrig* ist, nachdem alle gegessen haben; Sie müssen also diesen Betrag vom Ganzen abziehen:

$$1 - \frac{3}{4} = \frac{1}{4}$$

Die drei Leute haben also $^1/_4$ der Pizza übrig gelassen.

Kiloweise kaufen: Dezimalzahlen

Häufig arbeitet man mit Dezimalzahlen, wenn es um Geld, metrische Maße (siehe Kapitel 15) oder kiloweise verkaufte Nahrungsmittel geht. Für die folgende Aufgabe müssen Sie Dezimalzahlen addieren und subtrahieren, wie in Kapitel 11 beschrieben. Auch wenn die Dezimalzahlen vielleicht beunruhigend aussehen, ist diese Aufgabe ganz einfach zu lösen:

> Antonia kauft 4,53 Kilogramm Rindfleisch und 3,1 Kilogramm Lamm. Ludwig kauft 5,24 Kilogramm Huhn und 0,7 Kilogramm Schweinefleisch. Wer hat mehr Fleisch gekauft, und wie viel mehr?

Um diese Aufgabe zu lösen, finden Sie zuerst heraus, wie viel jede der Personen gekauft hat:

Antonia = 4,53 + 3,1 = 7,63

Ludwig = 5,24 + 0,7 = 5,94

Sie erkennen bereits, dass Antonia mehr gekauft hat als Ludwig. Um festzustellen, um wie viel mehr sie gekauft hat, subtrahieren Sie:

7,63 – 5,94 = 1,69

Antonia hat also 1,69 Kilogramm mehr als Ludwig gekauft.

Geteilte Stimmen: Prozentsätze

Wenn Prozentsätze Ergebnisse von Umfragen, Stimmen bei einer Wahl oder Anteile eines Haushaltsbetrags darstellen, muss die Summe häufig 100 % ergeben. In der Realität werden solche Informationen gerne als Tortendiagramm dargestellt (siehe Kapitel 17). Bei der Lösung von Aufgaben mit dieser Art von Informationen müssen Sie oft nur Prozentsätze addieren oder subtrahieren. Hier ein Beispiel:

> Bei der letzten Bürgermeisterwahl gab es fünf Kandidaten. Maier bekam 39 % der Stimmen, Schulz 31 %, Hempel 18 %, Böck 7 % und Obermaier 3 %. Die restlichen Stimmen gingen an spontan auf den Stimmzettel geschriebene Kandidaten. Wie viele Wähler haben einen eigenen Kandidaten auf den Stimmzettel geschrieben?

Die Kandidaten nahmen an einer einzigen Wahl teil, deshalb müssen alle Stimmen insgesamt 100 % ergeben. Im ersten Schritt addieren Sie einfach die fünf Prozentsätze. Anschließend subtrahieren Sie diesen Wert von 100 %:

39 % + 31 % + 18 % + 7% + 3 % = 98 %

100 % – 98 % = 2 %

Weil 98 % der Wähler für je einen der fünf Kandidaten gestimmt haben, haben die restlichen 2 % einen anderen Favoriten direkt auf den Stimmzettel geschrieben.

Aufgaben zum Multiplizieren von Brüchen

In Textaufgaben steht das Wort *von* fast immer für eine *Multiplikation*. Immer wenn Sie also das Wort *von* gefolgt von einem Bruch, einer Dezimalzahl oder einem Prozentsatz sehen, können Sie es normalerweise durch ein Multiplikationssymbol ersetzen.

Wenn Sie darüber nachdenken, bedeutet *von* auch dann eine Multiplikation, wenn es nicht um Brüche geht. Wenn Sie beispielsweise in ein Geschäft gehen und sagen »Ich hätte gerne drei Stück davon«, dann sagen Sie letztlich: »Ich nehme dieses, *multipliziert mit* drei.«

Die folgenden Beispiele vermitteln Ihnen Übung mit Textaufgaben, die das Wort *von* in Multiplikationsaufgaben enthalten und die Sie mithilfe der Bruchmultiplikation lösen können.

Wenn Sie ein einzelnes Ding aufteilen – etwa eine Pizza oder einen Schokoladenkuchen –, bedeutet das Wort *von* immer noch eine Multiplikation. Technisch gesehen multiplizieren Sie jeden Bruch mit 1. Der Bruch beispielsweise, der die Hälfte einer Pizza darstellt, ist $\frac{1}{2}$ von 1 Pizza, also $\frac{1}{2} \cdot 1 = \frac{1}{2}$. Weil irgendetwas mit 1 multipliziert wieder das ursprüngliche irgendetwas ist, müssen Sie die 1 nicht mehr angeben – Sie addieren einfach die Brüche, wie weiter vorn in diesem Kapitel im Abschnitt »Eine Pizza teilen: Brüche« beschrieben.

Durchblick in der Metzgerei

Nachdem Sie verstanden haben, dass das Wort *von* für die Multiplikation steht, besitzen Sie ein leistungsfähiges Werkzeug für die Lösung von Textaufgaben. Beispielsweise können Sie berechnen, wie viel Sie ausgeben, wenn Sie Lebensmittel nicht in genau der Menge kaufen, die auf den Preisschildern angegeben ist. Hier ein Beispiel:

Wenn Rindfleisch 4 € pro Kilo kostet, wie viel kosten dann $\frac{5}{8}$ Kilo davon?

Wenn Sie das (da)*von* in ein Multiplikationszeichen umwandeln, erhalten Sie:

$$\frac{5}{8} \cdot 1 \text{ Kilo Rindfleisch}$$

Diese Menge Rindfleisch wollen Sie kaufen. Sie wollen jedoch wissen, was es kostet. Weil die Aufgabe vorgibt, dass 1 Kilo 4 € kostet, können Sie *1 Kilo Rindfleisch* durch *4 €* ersetzen:

$$= \frac{5}{8} \cdot 4 \text{ €}$$

Damit haben Sie einen Ausdruck, den Sie berechnen können. Unter Anwendung der Regeln für die Multiplikation von Brüchen, die Sie aus Kapitel 10 kennen, lösen Sie:

$$= \frac{5 \cdot 4 \text{ €}}{8 \cdot 1} = \frac{20}{8} \text{ €}$$

Dieser Bruch kann gekürzt werden auf $\frac{5}{2}$ €. Dieses Ergebnis sieht etwas ungewohnt aus, weil Euro in der Regel als Dezimalzahlen und nicht als Brüche angegeben werden. Sie wandeln also diesen Bruch in eine Dezimalzahl um, wie in Kapitel 11 beschrieben:

$$\frac{5}{2} \text{ €} = 5 \text{ €} \div 2 = 2,5 \text{ €}$$

Sie wissen, dass 2,5 € normalerweise als 2,50 € dargestellt wird, und haben damit Ihre Lösung.

Kuchenreste

Wenn man Dinge wie etwa einen Kuchen aufteilt, kommen nicht alle gleichzeitig, um sich ein Stück zu holen. Die Kuchenfans warten ungeduldig auf das erste Stück und kümmern sich nicht darum, dass der Kuchen in gleiche Stücke geschnitten werden sollte. Die langsameren, unaufgeregteren oder einfach nicht so hungrigen Esser schneiden ihren Teil von dem ab, was übrig ist. Wenn sich jemand einen Teil vom Rest nimmt, können Sie ein bisschen multiplizieren, um festzustellen, wie viel vom *ganzen* Kuchen dieser Teil darstellt.

Betrachten Sie das folgende Beispiel:

> Johann hat einen Kuchen gekauft und $1/5$ davon gegessen. Anschließend aß seine Frau Dora $1/6$ von dem Rest. Wie viel ist von dem Kuchen noch übrig?

Um diese Aufgabe zu lösen, notieren Sie sich zuerst, was im ersten Satz an Informationen zur Verfügung steht:

$$\text{Johann} = \frac{1}{5}$$

Dora hat einen Teil vom Rest gegessen; Sie schreiben also eine Wortgleichung auf, die angibt, wie viel vom Kuchen noch übrig war, nachdem Johann seinen Teil gegessen hat. Er begann bei einem ganzen Kuchen, also subtrahieren Sie diesen Teil von 1:

$$\text{Kuchen, nachdem Johann gegessen hat} = 1 - \frac{1}{5} = \frac{4}{5}$$

Anschließend isst Dora $1/6$ von diesem Rest. Sie schreiben das Wort *von* als Multiplikation und lösen wie folgt. Diese Lösung gibt an, wie viel Dora vom *ganzen* Kuchen gegessen hat:

$$\text{Dora} = \frac{1}{6} \cdot \frac{4}{5} = \frac{4}{30}$$

Um die Zahlen ein wenig kleiner zu machen, kürzen Sie den Bruch:

$$\text{Dora} = \frac{2}{15}$$

Jetzt wissen Sie, wie viel Johann und Dora zusammen gegessen haben, und addieren diese Mengen:

$$\text{Johann} + \text{Dora} = \frac{1}{5} + \frac{2}{15}$$

Sie lösen diese Aufgabe, wie in Kapitel 10 gezeigt:

$$= \frac{3}{15} + \frac{2}{15} = \frac{5}{15}$$

Dieser Bruch kann auf $1/3$ gekürzt werden. Jetzt wissen Sie, dass Johann und Dora $1/3$ des Kuchens gegessen haben, aber in der Aufgabe wird gefragt, wie viel vom Kuchen noch übrig ist. Sie subtrahieren also und erhalten die Antwort:

$$1 - \frac{1}{3} = \frac{2}{3}$$

Es sind noch $2/3$ von dem Kuchen übrig.

Dezimalzahlen und Prozentsätze in Textaufgaben multiplizieren

Im Abschnitt »Aufgaben zum Multiplizieren von Brüchen« weiter vorn in diesem Kapitel habe ich Ihnen gezeigt, dass das Wort *von* in einer Textaufgabe mit Brüchen normalerweise *Multiplikation* bedeutet. Dieses Konzept gilt auch für Textaufgaben mit Dezimalzahlen und Prozentsätzen. Die Methode zur Lösung dieser beiden Aufgabentypen ist vergleichbar, deshalb fasse ich sie im Folgenden zusammen.

Sie können Textaufgaben mit Prozentsätzen ganz einfach lösen, indem Sie die Prozentsätze in Dezimalzahlen umwandeln (siehe Kapitel 12). Hier einige gebräuchliche Prozentsätze und ihre Dezimaldarstellungen:

25 % = 0,25　　50 % = 0,5　　75 % = 0,75　　99 % = 0,99

Wie viel Geld ist übrig?

Eine häufige Aufgabenstellung geht von einem Anfangsbetrag aus, stellt Ihnen außerdem verschiedene andere Informationen bereit und fordert Sie dann auf, zu berechnen, wie viel Geld übrig ist. Hier ein Beispiel:

> Die Großeltern schenken Maria 125 € zum Geburtstag. Sie spart 40 % von dem Geld, gibt 35 % von dem Rest für ein Paar Schuhe aus und kauft sich von diesem Rest ein Kleid. Wie viel hat das Kleid gekostet?

Wir beginnen wie immer damit, eine Wortgleichung aufzustellen, um festzustellen, wie viel Geld Maria gespart hat:

Gespart = 40 % von 125 €

Um diese Wortgleichung zu lösen, wandeln Sie den Prozentsatz in eine Dezimalzahl um und ersetzen das Wort *von* durch ein Multiplikationszeichen. Anschließend multiplizieren Sie:

Gespart = 0,4 · 125 € = 50 €

Passen Sie besonders auf, wenn Sie berechnen sollen, wie viel von etwas ausgegeben wurde oder wie viel von etwas übrig ist. Wenn Sie den verbleibenden Teil berechnen sollen, müssen Sie möglicherweise den ausgegebenen Betrag von Ihrem Ausgangsbetrag abziehen.

Weil Maria zu Beginn 125 € hatte, kann sie jetzt noch 75 € ausgeben:

Übriges Geld = Geld von den Großeltern – Gespartes Geld

= 125 € – 50 € = 75 €

Anschließend sagt die Aufgabe, sie gibt 35 % von *diesem* Betrag für ein Paar Schuhe aus. Auch hier wandeln Sie den Prozentsatz in eine Dezimalzahl um und ersetzen das Wort *von* durch ein Multiplikationszeichen:

Schuhe = 35 % von 75 € = 0,35 · 75 € = 26,25 €

Sie gibt den Rest des Geldes für ein Kleid aus, also berechnen Sie:

Kleid = 75 € – 26,25 € = 48,75 €

Maria gibt also 48,75 € für das Kleid aus.

Den Grundwert bestimmen

In einigen Aufgaben wird der Prozentwert angegeben, und Sie müssen den Grundwert bestimmen. Im Allgemeinen sind diese Aufgaben schwieriger zu lösen, weil Sie nicht daran gewöhnt sind, rückwärts zu denken. Hier ein Beispiel, das im Übrigen nicht ganz einfach ist, machen Sie sich also auf etwas gefasst:

> Maria hat zum Geburtstag Geld von ihrer Tante bekommen. Sie spart wieder die üblichen 40 %, gibt 75 % vom Rest für eine Tasche aus und hat dann noch 12 € übrig, mit denen sie essen geht. Wie viel hat ihr ihre Tante gegeben?

Diese Aufgabe ist vergleichbar mit der Aufgabe aus dem vorherigen Abschnitt, aber Sie müssen hier am Ende beginnen und rückwärts arbeiten. Beachten Sie, dass der einzige Eurobetrag in der Aufgabe *nach* den beiden Prozentsätzen kommt. Die Aufgabe teilt Ihnen mit, dass Maria nach den beiden Aktionen noch 12 € übrig hat – nachdem sie also Geld gespart und eine Tasche gekauft hat. Sie sollen berechnen, wie hoch der Anfangsbetrag war.

Um diese Aufgabe zu lösen, stellen Sie zwei Wortgleichungen auf, um die beiden Aktionen zu beschreiben:

Geld von der Tante – Gespart = Geld nach dem Sparen

Geld nach dem Sparen – Geld für die Tasche = 12 €

Sehen Sie sich genau an, was Ihnen diese beiden Wortgleichungen sagen. Die erste besagt, dass Maria das Geld von ihrer Tante erhalten hat, einen Teil davon gespart hat und dann einen neuen Geldbetrag hat, den ich als *Geld nach dem Sparen* bezeichne. Die zweite Wortgleichung beginnt dort, wo die erste aufhört. Sie teilt Ihnen mit, dass Maria von dem Geld nach dem Sparen Geld für eine Tasche wegnimmt und dann noch 12 € übrig hat.

Diese zweite Gleichung enthält bereits einen Geldbetrag, deshalb fangen wir hier an. Um diese Aufgabe zu lösen, beachten Sie, dass Maria 75 % ihres *aktuell vorhandenen* Geldes für die Tasche ausgegeben hat – das bedeutet, 75 % des Geldes, das sie nach dem Sparen noch übrig hat:

Geld nach dem Sparen – 75 % des Geldes nach dem Sparen = 12 €

Ich werde eine kleine Änderung an dieser Gleichung vornehmen, sodass Sie besser erkennen, was sie eigentlich bedeutet:

100 % des Geldes nach dem Sparen – 75 % des Geldes nach dem Sparen = 12 €

Durch die zusätzliche Angabe *100 % von* ändert sich nichts an der Gleichung, weil Sie damit letztlich nur mit 1 multiplizieren. Sie können diese Angabe überall dort einfügen, wo Sie es für notwendig halten, ohne dass sich irgendetwas ändert. Sie werden sich aber recht albern vorkommen, wenn Sie eines Tages sagen: »Gestern Abend bin ich mit 100 % meines Autos von der Arbeit nach Hause gefahren, bin dann mit 100 % meines Hundes spazieren gegangen und habe dann 100 % meiner Frau abgeholt, um 100 % eines Films mit ihr zu sehen.«

In unserem Fall jedoch hilft Ihnen diese Angabe, eine Verbindung herzustellen, weil 100 % – 75 % = 25 % ist. Sie können die Gleichung also (besser) auch wie folgt schreiben:

25 % · Geld nach dem Sparen = 12 €

Bevor wir weitermachen, sollten Sie unbedingt verstanden haben, was bisher passiert ist. Der Prozentkreis (siehe Kapitel 12) zeigt, wie Sie mit 12 € ÷ 0,25 zu dem Betrag von 48 € gelangen.

Jetzt wissen Sie, wie viel Geld Maria nach dem Sparen hatte, und setzen diesen Betrag in die erste Gleichung ein:

Geld von der Tante – Geld nach dem Sparen = 48 €

Nun können Sie wieder denselben Ansatz verwenden, um diese Gleichung zu lösen (und nun geht es sehr viel schneller!). Als Erstes hat Maria 40 % des Geldes von ihrer Tante gespart:

Geld von der Tante – 40 % vom Geld von der Tante = 48 €

Sie schreiben diese Gleichung wieder um, sodass sie eine deutlichere Aussage darstellt:

100 % Geld von der Tante – 40 % Geld von der Tante = 48 €

Weil 100 % – 40 % = 60 % ist, können Sie erneut umschreiben:

60 % · Geld von der Tante = 48 €

Nun wenden Sie wieder den Prozentkreis an, den Sie in Kapitel 12 kennengelernt haben, um die Gleichung zu lösen (siehe Abbildung 13.1). In diesem Fall erkennen Sie anhand des Prozentkreises, dass Sie mit 48 € ÷ 0,6 als gesuchten Betrag 80 € erhalten. Die Tante hat Maria also 80 € zum Geburtstag geschenkt.

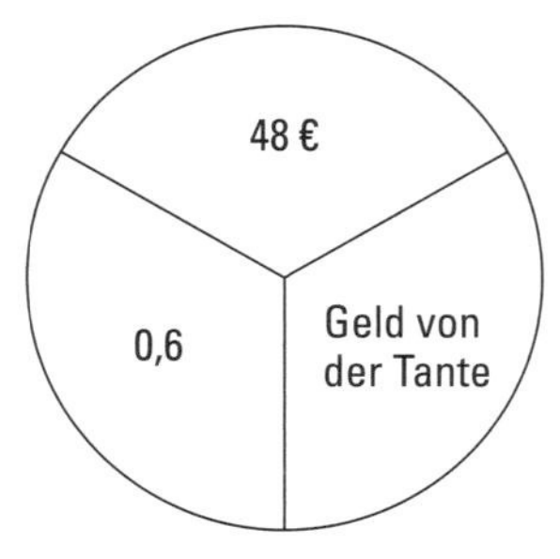

Abbildung 13.1: Geld von der Tante = 48 € ÷ 0,6 = 80 €

Prozentuale Steigerungen und Abnahmen in Textaufgaben

Textaufgaben, in denen es um prozentuale Steigerungen und Abnahmen geht, bringen einen weiteren Schwierigkeitsgrad mit sich. Typische Aufgabenstellungen mit prozentualen Steigerungen drehen sich um die Berechnung von Gehältern plus einer Zulage, die Kosten für einen Artikel plus der Steuern oder einen Geldbetrag plus eines Zinsbetrags oder einer Dividende. Typische Aufgaben mit prozentualen Abnahmen beschäftigen sich mit Gehältern abzüglich Steuern oder den Kosten für einen Artikel minus Rabatt.

Um ehrlich zu sein, kann es sein, dass Sie bereits solche Aufgaben weiter vorn in diesem Kapitel im Abschnitt »Dezimalzahlen und Prozentsätze in Textaufgaben multiplizieren« gelöst haben. Aber häufig lässt man sich durch den Wortlaut dieser Aufgaben in die Irre führen – der im Übrigen nur der im Geschäftsleben üblichen Sprache entspricht –, deshalb will ich Ihnen hier ein bisschen Übung bei der Lösung solcher Aufgaben verschaffen.

Gehaltserhöhungen berechnen

Sie sollten erkennen, dass die Wörter *Gehaltssteigerung* oder *Gehaltserhöhung* mehr Geld bedeuten, deshalb geht es hier um die Addition. Hier ein Beispiel:

> Annas Gehalt betrug im letzten Jahr 40.000 €. Zum Jahresende hat sie eine Gehaltserhöhung um 5 % bekommen. Was wird sie in diesem Jahr verdienen?

Um diese Aufgabe zu lösen, müssen Sie zuerst erkennen, dass Anna eine Erhöhung erhält. Sie wird also im nächsten Jahr auf alle Fälle *mehr* bekommen. Der Schlüssel für die Lösung dieser Aufgabe besteht darin, sich eine prozentuale Steigerung vorzustellen als »100 % des letztjährigen Gehalts plus 5 % des letztjährigen Gehalts«. Hier die Wortgleichung:

> Diesjähriges Gehalt = 100 % vom letztjährigen Gehalt + 5 % vom letztjährigen Gehalt

Ein schneller Blick auf die Distributiveigenschaft

Die Distributiveigenschaft besagt, dass die Multiplikation einer Zahl mit der Summe aus zwei anderen Zahlen in Klammern dasselbe ist, als würde man die beiden Zahlen innerhalb der Klammern jeweils einzeln mit der Zahl multiplizieren und die Produkte dann addieren. Mit anderen Worten:

$3 \cdot (1+5) = 3 \cdot 1 + 3 \cdot 5$

Wenn Sie beide Seiten der Gleichung berechnen, erkennen Sie, dass sie gleich sind:

$3 \cdot 6 = 3 + 15$

$18 = 18$

Diese Eigenschaft funktioniert auch für die Subtraktion:

$5 \cdot (6 - 4) = 5 \cdot 6 - 5 \cdot 4$

$5 \cdot 2 = 30 - 20$

$10 = 10$

Was Prozentsätze betrifft, so bedeutet das, dass die folgenden Aussagen zutreffen:

Gehalt (100 % + 5 %) = Gehalt (100 %) + Gehalt (5 %)

Gehalt (100 % – 5 %) = Gehalt (100 %) – Gehalt (5 %)

Was will ich Ihnen damit sagen? Sie können Prozentaufgaben beliebig lösen, aber häufig ist es am einfachsten, zuerst die Prozente korrekt anzuordnen. Sie können dann die Addition oder Subtraktion womöglich im Kopf durchführen, und sobald Sie die Multiplikation durchgeführt haben, erhalten Sie die Lösung.

Weitere Informationen über die Distributiveigenschaft finden Sie in Kapitel 4.

Jetzt können Sie die Prozentsätze addieren (wie das funktioniert, ist im Kasten »Ein schneller Blick auf die Distributiveigenschaft« beschrieben):

Diesjähriges Gehalt = (100 % + 5 %) vom letztjährigen Gehalt

= 105 % vom letztjährigen Gehalt

Sie wandeln den Prozentsatz in eine Dezimalzahl um, ersetzen das Wort *vom* durch ein Multiplikationszeichen und setzen dann den Betrag des letztjährigen Gehalts ein:

Diesjähriges Gehalt = 1,05 · 40.000 €

Jetzt können Sie multiplizieren:

Diesjähriges Gehalt = 42.000 €

Annas neues Gehalt beträgt also 42.000 €.

Zinsen und Zinseszinsen

Das Wort *Zinsen* bedeutet mehr Geld. Wenn Sie Zinsen von der Bank erhalten, vermehrt sich Ihr Geld. Und wenn Sie Zinsen für ein Darlehen zahlen, zahlen Sie mehr Geld als sie geliehen haben. Manchmal erhalten Menschen Zinsen für die Zinsen, die sie erhalten haben, sodass die Geldbeträge noch schneller wachsen. Hier ein Beispiel:

> Georg hat 9.500 € in einem einjährigen Sparvertrag angelegt, für den er 4 % Zinsen erhält. Im nächsten Jahr zahlt er das Geld in einen Fonds ein, der 6 % Zinsen im Jahr erbringt. Wie viel hat Georg nach zwei Jahren mit seiner Investition verdient?

Bei dieser Aufgabe geht es um Zinsen, also wieder um eine prozentuale Zunahme; aber jetzt haben wir es mit zwei Transaktionen zu tun. Wir betrachten sie einzeln nacheinander.

Die erste Transaktion ist eine prozentuale Steigerung um 4 % für 9.500 €. Die folgende Wortgleichung verdeutlicht das Ganze:

Geld nach dem ersten Jahr = 100 % der Anfangseinzahlung + 4 % der Anfangseinzahlung

Geld nach dem ersten Jahr = (100 % + 4 %) von 9.500 € = 104 % von 9.500 €

Jetzt wechseln wir vom Prozentsatz zu einer Dezimalzahl und tauschen das Wort *von* gegen ein Multiplikationszeichen:

Geld nach dem ersten Jahr = 1,04 · 9.500 €

Die Multiplikation liefert das folgende Ergebnis:

Geld nach dem ersten Jahr = 9.880 €

Jetzt können wir die zweite Transaktion betrachten. Es handelt sich dabei um eine prozentuale Zunahme um 6 % für 9.880 €:

Endbetrag = 106 % von 9.880 €

Auch hier wechseln Sie von Prozentsatz zu Dezimalzahl und ersetzen das Wort *von* durch ein Multiplikationszeichen:

Endbetrag = 1,06 · 9.880 € = 10.472,80 €

Anschließend subtrahieren Sie die Anfangseinzahlung vom Endbetrag:

Gewinn = Endbetrag – Anfangseinzahlung = 10.472.80 € – 9.500 € = 972,80 €

Georg hat also 972,80 € mit seinen Investitionen verdient.

Schnäppchenjagd: Rabatte berechnen

Wenn Sie die Wörter *Rabatt* oder *Nachlass* hören, denken Sie an Subtraktion. Hier ein Beispiel:

Otto will sich ein Fernsehgerät kaufen, für das ein Listenpreis von 2.100 € angegeben ist. Der Verkäufer bietet ihm 30 % Rabatt an, wenn er es heute noch kauft. Was kostet das Fernsehgerät?

Bei dieser Aufgabenstellung müssen Sie erkennen, dass der Rabatt den Preis des Fernsehgeräts verringert, Sie müssen also subtrahieren:

Verkaufspreis = 100 % vom regulären Preis – 30 % vom regulären Preis

Jetzt subtrahieren Sie die Prozentsätze:

Verkaufspreis = (100 % – 30 %) vom regulären Preis = 70 Prozent vom regulären Preis

Jetzt können Sie die Werte einsetzen, wie in diesem Kapitel mehrfach gezeigt:

Verkaufspreis = 0,7 · 2.100 € = 1.470 €

Das Fernsehgerät kostet also nach dem Rabatt 1.470 €.

Teil IV
Visualisieren und Messen – Graphen, Maße, Statistik und Mengen

In diesem Teil …

Hier stelle ich Ihnen die wissenschaftliche Notation als praktische Methode vor, sehr große und sehr kleine Zahlen darzustellen. Es geht hier um zwei wichtige Maßsysteme – das englische System und das metrische System. Außerdem zeige ich Ihnen, wie Sie zwischen diesen Systemen hin- und herwechseln. Sie erfahren mehr über die Geometrie und lernen, den Umfang und die Fläche wichtiger Formen zu bestimmen, wie beispielsweise für Quadrate, Rechtecke und Dreiecke. Anschließend erhalten Sie ein paar Informationen darüber, wie verschiedene Graphen gelesen werden, und ich stelle Ihnen das kartesische Koordinatensystem vor. Sie lernen grundlegende Mengentheorie sowie Statistik und Wahrscheinlichkeitsrechnung kennen. Und schließlich zeige ich Ihnen noch, wie Sie all dieses Wissen auf Textaufgaben anwenden, einschließlich von Maßen und Geometrie.

Die perfekte Zehn: Zahlen in wissenschaftlicher Notation

14

In diesem Kapitel …

- Wissen, wie Zehnerpotenzen in wissenschaftlicher Form ausgedrückt werden
- Erkennen, wie und warum die wissenschaftliche Notation funktioniert
- Größenordnungen verstehen
- Zahlen in wissenschaftlicher Notation multiplizieren

Wissenschaftler arbeiten häufig mit sehr kleinen oder sehr großen Maßen – dem Abstand zur nächsten Galaxie, der Größe eines Atoms, der Masse der Erde oder der Anzahl der Bakterien, die seit der letzten Woche in ihrem übriggebliebenen Fast Food gewachsen sind. Um Zeit und Platz zu sparen – und sich die Berechnungen einfacher zu machen –, haben die Menschen eine Art Abkürzung erfunden: die wissenschaftliche Notation.

Die wissenschaftliche Notation verwendet eine Zahlenfolge, die man auch als Zehnerpotenzen bezeichnet, und die ich Ihnen in Kapitel 2 vorgestellt habe:

1   10   100   1.000   10.000   100.000   1.000.000   10.000.000 …

Jede Zahl in der Folge ist zehnmal so groß wie die vorherige Zahl.

Zehnerpotenzen sind einfach zu verarbeiten, insbesondere wenn Sie sie multiplizieren und dividieren, weil Sie dafür einfach nur Nullen hinzufügen oder weglassen oder das Dezimalkomma verschieben. Außerdem sind sie in Exponentialform einfach darzustellen (wie ich Ihnen in Kapitel 4 gezeigt habe).

10^0 10^1 10^2 10^3 10^4 10^5 10^6 10^7…

Die wissenschaftliche Notation ist ein praktisches System, um sehr große und sehr kleine Zahlen zu schreiben, ohne jedes Mal unzählige Nullen angeben zu müssen. Dazu werden sowohl Dezimalzahlen als auch Exponenten verwendet (falls Sie eine Auffrischung zu den Dezimalzahlen benötigen, lesen Sie in Kapitel 11 nach). In diesem Kapitel stelle ich Ihnen diese leistungsstarke Methode der Zahlendarstellung vor. Außerdem erkläre ich die Größenordnung von Zahlen. Abschließend zeige ich Ihnen, wie Zahlen in wissenschaftlicher Notation multipliziert werden.

Das Wichtigste zuerst: Zehnerpotenzen als Exponenten

Die wissenschaftliche Notation verwendet Zehnerpotenzen, die als Exponenten dargestellt werden, Sie brauchen also ein gewisses Hintergrundwissen, bevor es losgehen kann. In diesem Abschnitt vervollständige ich Ihr Wissen über Exponenten, die ich Ihnen in Kapitel 4 bereits vorgestellt habe.

Nullen zählen und Exponenten schreiben

Zahlen, die mit 1 beginnen, und denen nur Nullen folgen (wie etwa 10, 100, 1.000, 10.000 und so weiter), werden als *Zehnerpotenzen* bezeichnet. Sie können auf einfache Weise als Exponenten dargestellt werden. Zehnerpotenzen entstehen, wenn man 10 beliebig oft mit sich selbst multipliziert.

Um eine Zahl, bei der es sich um eine Potenz von 10 handelt, als Exponentialzahl darzustellen, zählen Sie die Nullen und erheben dann 10 in diese Potenz. 1.000 beispielsweise hat drei Nullen, also gilt $1.000 = 10^3$ (10^3 bedeutet, dass 10 dreimal mit sich selbst multipliziert wird, also $10 \cdot 10 \cdot 10$). Tabelle 14.1 zeigt einige Zehnerpotenzen.

Zahl	Exponent
1	10^0
10	10^1
100	10^2
1.000	10^3
10.000	10^4
100.000	10^5
1.000.000	10^6

Tabelle 14.1: Zehnerpotenzen, dargestellt als Exponenten

Nachdem Sie diesen Trick kennen, ist die Darstellung sehr vieler großer Zahlen als Zehnerpotenzen ganz einfach – Sie zählen einfach nur die Nullen! Die Zahl 1 Billion beispielsweise, 1.000.000.000.000, ist eine 1 mit zwölf Nullen, also gilt:

$$1.000.000.000.000 = 10^{12}$$

Das scheint keine besonders große Sache zu sein, aber je größer die Zahlen werden, desto mehr Platz sparen Sie, wenn Sie Exponenten verwenden. Eine sehr große Zahl beispielsweise ist ein *Googol*: eine 1 gefolgt von hundert Nullen. Sie könnten das so schreiben:

10.000.000.000.000.000.000.000.000.000.000.000.000.000.000.000.000.000.
000.000.000.000.000.000.000.000.000.000.000.000.000.000.000.000.000

Wie Sie sehen, ist eine Zahl dieser Größe nicht mehr besonders handlich. Sie sparen sich eine Menge Arbeit, wenn Sie stattdessen 10^{100} schreiben.

Eine 10 in einer negativen Potenz ist ebenfalls eine Zehnerpotenz.

Sie können Dezimalzahlen auch unter Verwendung *negativer Exponenten* darstellen. Zum Beispiel:

$10^{-1} = 0{,}1$ $10^{-2} = 0{,}01$ $10^{-3} = 0{,}001$ $10^{-4} = 0{,}0001$

Obwohl das Konzept des negativen Exponenten vielleicht seltsam erscheint, ist es durchaus sinnvoll, wenn Sie dabei daran denken, was Sie über positive Exponenten wissen. Um beispielsweise den Wert von 10^7 zu berechnen, beginnen Sie bei 1 und vergrößern diesen Wert, indem Sie das Dezimalkomma um sieben Stellen nach *rechts* verschieben:

$10^7 = 10.000.000$

Um den Wert von 10^{-7} zu bestimmen, beginnen Sie ebenfalls bei 1 und machen diesen Wert kleiner, indem Sie das Dezimalkomma um sieben Stellen nach links verschieben:

$10^{-7} = 0{,}0000001$

Negative Potenzen von 10 haben *immer eine 0 weniger* zwischen der 1 und dem Dezimalkomma, als die Potenz angibt. In diesem Beispiel hat 10^{-7} sechs Nullen zwischen der 1 und dem Dezimalkomma.

Wie bei sehr großen Zahlen ist die Verwendung von Exponenten zur Darstellung sehr kleiner Dezimalzahlen sehr praktisch. Zum Beispiel:

$10^{-23} = 0{,}00000000000000000000001$

Wie Sie sehen, ist diese Dezimalzahl in Exponentialform relativ handlich, während sie in der Normaldarstellung fast nicht lesbar ist.

Zum Multiplizieren Exponenten addieren

Ein Vorteil bei der Verwendung der Exponentialform zur Darstellung von Zehnerpotenzen ist, dass diese Form völlig problemlos zu multiplizieren ist. Um zwei Potenzen von 10 in Exponentialform zu multiplizieren, addieren Sie einfach ihre Exponenten. Hier einige Beispiele:

✓ $10^1 \cdot 10^2 = 10^{1+2} = 10^3$

Hier multiplizieren Sie diese Zahlen:

$10 \cdot 100 = 1.000$

- $10^{14} \cdot 10^{15} = 10^{14+15} = 10^{29}$

  Und das multiplizieren Sie dabei:

  100.000.000.000.000 · 1.000.000.000.000.000

  = 100.000.000.000.000.000.000.000.000.000

  Sie können überprüfen, ob die Multiplikation korrekt ist, indem Sie die Nullen zählen.

- $10^{100} \cdot 10^{0} = 10^{100+0} = 10^{100}$

  Hier multipliziere ich ein Googol mit 1 (jede Zahl mit Exponent 0 ist gleich 1), das Ergebnis ist also ein Googol.

In jedem dieser Fälle können Sie sich die Multiplikation von Zehnerpotenzen so vorstellen, als würden Sie der Zahl zusätzliche Nullen hinzufügen.

Die Regeln für die Multiplikation von Zehnerpotenzen durch die Addition von Exponenten gelten auch für negative Exponenten, zum Beispiel:

$$10^{3} \cdot 10^{-5} = 10^{(3-5)} = 10^{-2} = 0{,}01$$

Mit der wissenschaftlichen Notation arbeiten

Die wissenschaftliche Notation ist ein System, um sehr große und sehr kleine Zahlen darzustellen, sodass man leichter damit arbeiten kann. Jede Zahl kann in wissenschaftlicher Notation als das Produkt von zwei Zahlen dargestellt werden (zwei miteinander multiplizierte Zahlen):

- einem Dezimalwert größer oder gleich 1 und kleiner 10 (weitere Informationen zu Dezimalwerten finden Sie in Kapitel 11)
- einer Zehnerpotenz, dargestellt als Exponent (siehe vorherigen Abschnitt)

In wissenschaftlicher Notation schreiben

Und so schreiben Sie eine Zahl in wissenschaftlicher Notation:

1. **Schreiben Sie die Zahl als Dezimalwert (falls es sich noch nicht um einen solchen handelt).**

   Angenommen, Sie wollen die Zahl 360.000.000 in wissenschaftlicher Notation darstellen. Als Erstes schreiben Sie sie in Dezimalform:

   360.000.000,0

2. **Verschieben Sie das Dezimalkomma so weit, dass diese Zahl zu einer neuen Zahl wird, die zwischen 1 und 10 liegt.**

   Verschieben Sie das Dezimalkomma nach rechts oder links, sodass nur noch eine Ziffer ungleich Null vor dem Dezimalkomma steht. Lassen Sie alle führenden oder nachfolgenden Nullen weg.

   Bei der Zahl 360.000.000,0 sollte nur noch die 3 vor dem Dezimalkomma stehen. Sie schieben das Dezimalkomma also um acht Stellen nach links, lassen die nachfolgenden Nullen weg und erhalten damit 3,6:

   360.000.000,0 wird zu 3,6.

3. **Multiplizieren Sie die neue Zahl mit 10, erhoben in die Potenz, die aus der Anzahl an Stellen entsteht, um die Sie das Dezimalkomma in Schritt 2 verschoben haben.**

   Sie haben das Dezimalkomma um acht Stellen verschoben, deshalb multiplizieren Sie die neue Zahl mit 10^8:

   $3{,}6 \cdot 10^8$

4. **Hätten Sie das Dezimalkomma in Schritt 2 nach rechts verschoben, müssten Sie ein Minuszeichen vor den Exponenten schreiben.**

   Sie haben das Dezimalkomma nach links verschoben, deshalb sind hier keine weiteren Maßnahmen erforderlich. 360.000.000 in wissenschaftlicher Notation ist also $3{,}6 \cdot 10^8$.

Die Umwandlung eines Dezimalwerts in die wissenschaftliche Notation erfolgt grundsätzlich auf die gleiche Weise. Angenommen, Sie wollen die Zahl 0,00006113 in wissenschaftlicher Notation darstellen:

1. **Schreiben Sie 0,00006113 als Dezimalwert (das ist ganz einfach, weil es sich bereits um einen Dezimalwert handelt):**

   0,00006113

2. **Um 0,00006113 in eine Zahl zwischen 1 und 10 umzuformen, verschieben Sie das Dezimalkomma um fünf Stellen nach rechts und lassen die führenden Nullen weg:**

   6,113

3. **Weil Sie das Dezimalkomma um fünf Stellen verschoben haben, multiplizieren Sie die neue Zahl mit 10^5:**

   $6{,}113 \cdot 10^5$

4. **Weil Sie das Dezimalkomma nach rechts verschoben haben, setzen Sie ein Minuszeichen vor den Exponenten:**

   $6{,}113 \cdot 10^{-5}$

   In wissenschaftlicher Notation ist also 0,00006113 gleich $6{,}113 \cdot 10^{-5}$.

Nachdem Sie sich daran gewöhnt haben, Zahlen in wissenschaftlicher Notation darzustellen, können Sie alles in einem Schritt erledigen. Hier einige Beispiele:

$17.400 = 1{,}7400 \cdot 10^4$

$212{,}04 = 2{,}1204 \cdot 10^2$

$0{,}003002 = 3{,}002 \cdot 10^{-3}$

Warum die wissenschaftliche Notation funktioniert

Nachdem Sie verstanden haben, *wie* die wissenschaftliche Notation funktioniert, befinden Sie sich in einer besseren Position, um zu verstehen, *warum* sie funktioniert. Angenommen, Sie arbeiten mit der Zahl 4.500. Sie können jede Zahl mit 1 multiplizieren, ohne ihren Wert zu ändern, die folgende Gleichung ist also gültig:

$4.500 = 4.500 \cdot 1$

Weil die Zahl 4.500 mit einer 0 endet, ist sie durch 10 teilbar (weitere Informationen zur Teilbarkeit finden Sie in Kapitel 7). Sie können also 10 als Faktor herausziehen:

$4.500 = 450 \cdot 10$

Und weil die Zahl 4.500 mit zwei Nullen endet, ist sie durch 100 teilbar; Sie können also auch 100 herausziehen:

$4.500 = 45 \cdot 100$

In jedem Fall lassen Sie eine weitere 0 hinter der 45 wegfallen und stellen sie hinter die 1. Nun haben Sie keine weiteren Nullen mehr, die wegfallen können, aber Sie können das Muster fortsetzen, indem Sie das Dezimalkomma um eine Stelle nach links verschieben:

$4.500 = 4{,}5 \cdot 1.000$

$4.500 = 0{,}45 \cdot 10.000$

$4.500 = 0{,}045 \cdot 100.000$

Sie haben damit zunächst das Dezimalkomma um eine Stelle nach links verschoben und dann mit 10 multipliziert. Aber Sie können das Dezimalkomma auch genauso gut um eine Stelle nach rechts verschieben und mit 0,1 multiplizieren, um zwei Stellen nach rechts verschieben und mit 0,01 multiplizieren sowie um drei Stellen nach rechts verschieben, um mit 0,001 zu multiplizieren:

$4.500 = 45.000 \cdot 0{,}1$

$4.500 = 450.000 \cdot 0{,}01$

$4.500 = 4.500.000 \cdot 0{,}001$

Wie Sie sehen, sind Sie vollkommen flexibel, wenn es darum geht, 4.500 als Dezimalzahl multipliziert mit einer Zehnerpotenz darzustellen. Bei der wissenschaftlichen Notation muss die Dezimalzahl zwischen 1 und 10 liegen, deshalb sieht die Gleichung der Wahl wie folgt aus:

$4.500 = 4{,}5 \cdot 1.000$

Im letzten Schritt wandeln Sie 1.000 in die Exponentialform um. Sie zählen einfach die Nullen in 1.000 und geben diese Anzahl als Exponent für die 10 an:

$4.500 = 4{,}5 \cdot 10^3$

Letztlich haben Sie damit das Dezimalkomma um drei Stellen nach links verschoben und die 10 mit dem Exponenten 3 versehen. Daran erkennen Sie, dass dieses Konzept für jede Zahl funktioniert, unabhängig davon, wie groß oder wie klein sie ist.

Die Größenordnung verstehen

Eine gute Frage ist, warum die wissenschaftliche Notation immer eine Dezimalzahl zwischen 1 und 10 verwendet. Die Antwort hat mit der Größenordnung zu tun. Die Größenordnung stellt eine einfache Methode dar, um zu überblicken, wie groß eine Zahl in etwa ist, sodass Sie Zahlen besser vergleichen können. Die *Größenordnung* einer Zahl ist ihr Exponent aus der wissenschaftlichen Notation. Zum Beispiel:

$703 = 7{,}03 \cdot 10^2$ – Größenordnung 2

$600.000 = 6 \cdot 10^5$ – Größenordnung 5

$0{,}00095 = 9{,}5 \cdot 10^{-4}$ – Größenordnung –4

Jede Zahl ab 10, aber unter 100 hat die Größenordnung 1. Jede Zahl ab 100, aber unter 1.000 hat die Größenordnung 2.

Multiplizieren mit der wissenschaftlichen Notation

Die Multiplikation von Zahlen in wissenschaftlicher Notation ist relativ einfach, weil die Multiplikation von Zehnerpotenzen einfach ist, wie Sie weiter vorn in diesem Kapitel im Abschnitt »Zum Multiplizieren Exponenten addieren« erfahren haben. Im Folgenden beschreibe ich, wie zwei Zahlen in wissenschaftlicher Notation multipliziert werden:

1. **Multiplizieren Sie die beiden Dezimalanteile der Zahlen.**

   Angenommen, Sie wollen Folgendes multiplizieren:

   $(4{,}3 \cdot 10^5)\ (2 \cdot 10^7)$

   Die Multiplikation ist kommutativ (siehe Kapitel 4), Sie können also die Reihenfolge der Zahlen ändern, ohne dass sich am Ergebnis etwas ändert. Und aufgrund der Assoziativeigenschaft können Sie auch die Gruppierung der Zahlen ändern. Sie können diese Aufgabe also wie folgt umschreiben:

   $(4{,}3 \cdot 2)\ (10^5 \cdot 10^7)$

   Sie multiplizieren den Inhalt der ersten Klammer, $4{,}3 \cdot 2$, um den Dezimalteil der Lösung zu bestimmen:

   $4{,}3 \cdot 2 = 8{,}6$

2. **Multiplizieren Sie die beiden Exponentialteile, indem Sie ihre Exponenten addieren.**

   Jetzt multiplizieren Sie 10^5 mit 10^7:

   $10^5 \cdot 10^7 = 10^{5+7} = 10^{12}$

3. **Schreiben Sie die Lösung als das Produkt der Zahlen, die Sie in den Schritten 1 und 2 ermittelt haben.**

   $8{,}6 \cdot 10^{12}$

4. **Wenn der Dezimalteil der Lösung größer oder gleich 10 ist, verschieben Sie das Dezimalkomma um eine Stelle nach links und addieren 1 zum Exponenten.**

   Weil 8,6 kleiner als 10 ist, müssen Sie das Dezimalkomma nicht erneut verschieben, die Lösung lautet also $8{,}6 \cdot 10^{12}$.

   Hinweis: Diese Zahl ist gleich 8.600.000.000.000.

Weil die wissenschaftliche Notation positive Dezimalzahlen kleiner 10 verwendet, ist das Ergebnis immer eine positive Zahl kleiner 100, wenn Sie zwei dieser Dezimalwerte multiplizieren. In Schritt 4 der obigen Anleitung müssen Sie das Dezimalkomma also nie um mehr als um eine Stelle nach links verschieben.

Diese Methode funktioniert auch dann, wenn einer der Exponenten oder beide negativ sind. Angenommen, Sie wollen Folgendes multiplizieren:

$(6{,}02 \cdot 10^{23})\ (9 \cdot 10^{-28})$

1. **Multiplizieren Sie 6,02 mit 9, um den Dezimalteil der Lösung zu bestimmen:**

   $6{,}02 \cdot 9 = 54{,}18$

2. **Multiplizieren Sie 10^{23} mit 10^{-28}, indem Sie die Exponenten addieren (weitere Informationen zur Addition negativer Zahlen finden Sie in Kapitel 4):**

   $10^{23} \cdot 10^{-28} = 10^{23+-28} = 10^{-5}$

3. **Die Lösung ist das Produkt aus den beiden Zahlen:**

   $54{,}18 \cdot 10^{-5}$

4. **Weil 54,18 größer 10 ist, verschieben Sie das Dezimalkomma um eine Stelle nach links und addieren 1 zum Exponenten:**

   $5{,}418 \cdot 10^{-4}$

   Hinweis: In dezimaler Form ist diese Zahl gleich 0,0005418.

Die wissenschaftliche Notation zahlt sich insbesondere aus, wenn Sie sehr große und sehr kleine Zahlen multiplizieren. Wenn Sie versuchen, die Zahlen aus dem vorherigen Beispiel zu multiplizieren, müssten Sie in der dezimalen Form Folgendes schreiben:

602.000.000.000.000.000.000.000 · 0,0000000000000000000000000009

Wie Sie sehen, macht einem die wissenschaftliche Notation das Leben sehr viel leichter.

Maße und Gewichte

15

In diesem Kapitel …

- Dinge messen
- Unterschiede zwischen dem englischen und dem metrischen System erkennen
- Umwandlungen zwischen englischem und metrischem System schätzen und berechnen

In Kapitel 4 habe ich Ihnen *Einheiten* vorgestellt, also Dinge, die man zählen kann, wie etwa Äpfel, Münzen oder Hüte. Äpfel, Münzen und Hüte sind einfach zu zählen, weil es sich dabei um separate Dinge handelt – Sie erkennen ganz einfach, wo das eine aufhört und das andere anfängt. Aber nicht immer ist es so einfach. Wie beispielsweise zählen Sie Wasser? Tropfenweise? Und selbst wenn Sie das ausprobieren würden – wie groß ist ein Tropfen?

Hier kommen die Maßeinheiten ins Spiel. Eine *Maßeinheit* erlaubt Ihnen, etwas zu zählen, beziehungsweise zu messen, das nicht separat ist: eine Flüssigkeitsmenge oder einen Festkörper, den Abstand von einem Ort zu einem anderen, eine Zeitdauer, eine Reisegeschwindigkeit oder die Lufttemperatur.

In diesem Kapitel stelle ich Ihnen zwei wichtige Maßsysteme vor, das englische und das metrische System. Mit dem metrischen System sind Sie wahrscheinlich gut vertraut, aber möglicherweise wollen Sie auch mehr über das englische System wissen, weil es einem immer wieder begegnet, sei es im Jeansgeschäft oder bei den Rohölpreisen in den Nachrichten. Jedes dieser Maßsysteme bietet eine andere Möglichkeit, Abstand, Inhalt, Gewicht (oder Masse), Zeit und Geschwindigkeit zu messen. Anschließend zeige ich Ihnen, wie man metrische Beträge in englischen Einheiten schätzt. Und zum Schluss geht es darum, wie englische in metrische Einheiten umgewandelt werden und umgekehrt.

Unterschiede zwischen dem englischen und dem metrischen System untersuchen

Die beiden gebräuchlichsten Maßsysteme sind heute das *metrische System* und das *englische System*.

Die meisten Amerikaner lernen die Einheiten aus dem englischen System – zum Beispiel mit Pound und Unzen, Fuß und Inch und so weiter – und benutzen sie täglich. Auch bei uns findet man ab und an Maßangaben in diesem englischen System, beispielsweise in Kochrezepten. Leider ist es für die Verwendung in der Mathematik sehr ungeeignet. Englische Einheiten wie Inch und Unzen werden häufig in Brüchen gemessen, die (wie Sie aus Kapitel 9 und 10 wissen) nicht ganz unproblematisch im Umgang sind.

Das *metrische System* wurde erfunden, um die Anwendung von Mathematik auf Maße zu vereinfachen. Metrische Einheiten basieren auf der Zahl 10, sodass sie viel einfacher zu verarbeiten sind. Teile von Einheiten werden als Dezimalwerte dargestellt (wie in Kapitel 11 gezeigt), die sehr viel benutzerfreundlicher als Brüche sind.

Trotz dieser Vorteile setzt sich das metrische System in Amerika nur langsam durch. Viele Amerikaner sind mit den Einheiten des englischen Systems vertraut und weigern sich, davon Abschied zu nehmen – deshalb begegnet es auch uns immer wieder. Das ist verständlich. Sie haben gelernt, was es heißt, eine 20 lb schwere Tasche über 1/4 Meile zu tragen. Sagt man ihnen dagegen, sie sollen eine Tasche mit 10 kg über einen halben Kilometer tragen, können sie sich darunter oft nichts Genaues vorstellen – umgekehrt ginge es uns genauso!

In diesem Abschnitt stelle ich Ihnen die grundlegenden Maßeinheiten für das englische und für das metrische System vor.

Wenn Sie ein Beispiel dafür brauchen, wie wichtig eine korrekte Umrechnung ist, denken Sie an die NASA – Ende der 90er-Jahre verlor man eine Marssonde, weil ein Entwicklerteam in englischen Einheiten rechnete, während die NASA für die Navigation metrische Einheiten verwendete.

Das englische System

Das *englische Maßsystem* wird hauptsächlich in Amerika benutzt (ironischerweise nicht in England). Sie kennen sehr wahrscheinlich viele der englischen Maßeinheiten. In der folgenden Liste stelle ich die wichtigsten davon vor. Außerdem zeige ich Ihnen einige äquivalente Werte, die Ihnen helfen können, Umrechnungen zwischen den verschiedenen Einheiten vorzunehmen.

- **Längeneinheiten:** Distanzen werden in Inch (in.), Fuß (ft.), Yard (yd.) und Meilen (mi.) gemessen:

  12 Inch = 1 Fuß

  3 Fuß = 1 Yard

  5.280 Fuß = 1 Meile

- **Flüssigkeitsmaße:** Das Flüssigkeitsvolumen ist der Raum, den eine Flüssigkeit wie etwa Wasser, Milch oder Wein einnimmt. Ich spreche in Kapitel 16 beim Thema Geometrie noch über das Volumen. Volumen wird in Fluid Ounces (fl. Oz.), Cups (c.), Pints (pt.), Quarts (qt.) und Gallons (gal.) gemessen:

  8 Fluid Ounces = 1 Cup

  2 Cups = 1 Pint

  2 Pints = 1 Quart

  4 Quarts = 1 Gallon

Einheiten für das Flüssigkeitsvolumen werden typischerweise verwendet, um das Volumen von Dingen zu messen, die gegossen werden können. Das Volumen von Festkörpern wird üblicherweise in Kubiklängeneinheiten gemessen, wie etwa Kubikinch, Kubikfuß und so weiter.

- ✓ **Gewichtseinheiten:** Gewicht ist das Maß dafür, wie stark die Schwerkraft ein Objekt an die Erde zieht. Gewicht wird in Ounces (oz.), Pound (lb.) und Tonnen gemessen.

  16 Ounces = 1 Pound

  2.000 Pound = 1 Ton

Verwechseln Sie *Fluid Ounces*, die ein Volumen messen, nicht mit *Ounces*, die Gewicht messen. Es handelt sich um zwei völlig unterschiedliche Maßeinheiten!

- ✓ **Zeiteinheiten:** Zeit ist schwer zu definieren, aber jeder weiß, worum es sich dabei handelt. Zeit wird in Sekunden, Minuten, Stunden, Tagen, Wochen und Jahren gemessen:

  60 Sekunden = 1 Minute

  60 Minuten = 1 Stunde

  24 Stunden = 1 Tag

  7 Tage = 1 Woche

  365 Tage ≈ 1 Jahr

Die Umwandlung von Tagen in Jahre ist ein angenäherter Wert, weil die tägliche Drehung der Erde um ihre Achse und ihre jährliche Umrundung der Sonne nicht exakt synchron sind. Ein Jahr dauert ziemlich genau 365,25 Tage, deshalb gibt es Schaltjahre.

Ich habe die Monate weggelassen, weil die Definition eines Monats ungenau ist – sie kann zwischen 28 und 31 Tagen variieren.

- ✓ **Geschwindigkeitseinheiten:** Geschwindigkeit ist das Maß dafür, wie viel Zeit ein Objekt benötigt, um sich über eine bestimmte Distanz zu bewegen. Die gebräuchlichste Geschwindigkeitsmaßeinheit ist Meilen pro Stunde (mph).
- ✓ **Temperatureinheiten:** Die Temperatur misst, wie viel Wärme ein Objekt enthält. Bei diesem Objekt kann es sich um ein Glas Wasser, einen Truthahn im Ofen oder um die Luft in Ihrem Büro handeln. Temperatur wird im englischen System in Grad Fahrenheit (°F) gemessen.

Das metrische System

Wie das englische System bietet auch das metrische System Maßeinheiten für Länge, Volumen und so weiter. Anders als das englische System baut das metrische System diese Einheiten jedoch unter Verwendung einer *Basiseinheit* und einer festen Menge an *Präfixen* auf.

Tabelle 15.1 zeigt die fünf wichtigsten Basiseinheiten im metrischen System.

Messung von	Metrische Basiseinheit
Länge	Meter
Volumen (Kapazität)	Liter
Masse (Gewicht)	Gramm
Zeit	Sekunde
Temperatur	Grad (Celsius)

Tabelle 15.1: Fünf metrische Basiseinheiten

Für wissenschaftliche Zwecke wurde das metrische System modernisiert, und zwar zu dem strenger definierten *System of International Units* (*SI*). Jede SI-Basiseinheit entspricht direkt einem messbaren wissenschaftlichen Prozess, der sie definiert. In SI ist das Kilogramm (nicht das Gramm) die Basiseinheit für die Masse, Kelvin ist die Basiseinheit für Temperatur, und der Liter wird nicht als Basiseinheit betrachtet. Aus technischen Gründen tendieren Wissenschaftler zur Verwendung des strenger definierten SI, aber die meisten anderen Leute verwenden das lockerere metrische System. Im täglichen Leben können Sie sich die in Tabelle 15.1 aufgelisteten Einheiten als Basiseinheiten vorstellen.

Tabelle 15.2 zeigt zehn metrische Präfixe, wobei die drei gebräuchlichsten fett ausgezeichnet sind (in Kapitel 14 finden Sie weitere Informationen über Zehnerpotenzen).

Große und kleine metrische Einheiten werden gebildet, indem eine Basiseinheit mit einem Präfix verbunden wird. Wenn Sie beispielsweise das Präfix *Kilo* mit der Basiseinheit *Meter* verbinden, erhalten Sie einen *Kilometer*, also 1.000 Meter. Wenn Sie das Präfix *Milli* mit der Basiseinheit *Liter* verbinden, erhalten Sie Milliliter, also 0,001 (ein Tausendstel) eines Liters.

Hier eine Liste mit den wichtigsten Daten:

- ✓ **Längeneinheiten:** Die grundlegende metrische Längeneinheit ist der Meter (m). Andere gebräuchliche Einheiten sind Millimeter (mm), Zentimeter (cm) und Kilometer (km):

  1 Kilometer = 1.000 Meter

  1 Meter = 100 Zentimeter

  1 Meter = 1.000 Millimeter

Präfix	Bedeutung	Zahl	Zehnerpotenz
Giga	Eine Milliarde	1.000.000.000	10^9
Mega	Eine Million	1.000.000	10^6
Kilo	Tausend	1.000	10^3
Hekto	Hundert	100	10^2
Deka	Zehn	10	10^1
(keines)	Eins	1	10^0
Dezi	Ein Zehntel	0,1	10^{-1}
Zenti	Ein Hundertstel	0,01	10^{-2}
Milli	Ein Tausendstel	0,001	10^{-3}
Mikro	Ein Millionstel	0,000001	10^{-6}
Nano	Ein Milliardstel	0,000000001	10^{-9}

Tabelle 15.2: Zehn metrische Präfixe

- **Flüssigkeitsmaße:** Die grundlegende metrische Einheit für das Flüssigkeitsvolumen (auch Kapazität) ist der Liter (l). Eine weitere gebräuchliche Einheit ist der Milliliter (ml):

  1 Liter = 1.000 Milliliter

  Hinweis: Ein Milliliter ist gleich einem Kubikzentimeter (cm^3).

- **Masseeinheiten:** Technisch ausgedrückt misst das metrische System nicht das Gewicht, sondern die Masse. *Gewicht* ist das Maß dafür, wie stark die Schwerkraft ein Objekt an die Erde zieht. Die *Masse* dagegen ist das Maß für die Menge an Materie, aus der ein Objekt besteht. Wenn Sie zum Mond fliegen, ändert sich Ihr Gewicht, sodass Sie sich leichter fühlen. Ihre Masse würde jedoch dieselbe bleiben, weil Sie immer noch komplett vorhanden sind. Wenn Sie nicht gerade einen Ausflug ins äußere Universum planen oder ein wissenschaftliches Experiment durchführen, brauchen Sie den Unterschied zwischen Gewicht und Masse wahrscheinlich nicht zu kennen. In diesem Kapitel gehen wir davon aus, dass sie äquivalent sind, und ich verwende das Wort *Gewicht,* wenn ich mich auf eine metrische Masse beziehe.

Die Basiseinheit für das Gewicht im metrischen System ist das *Gramm* (g). Noch häufiger wird allerdings das *Kilogramm* (kg) verwendet:

1 Kilogramm = 1.000 Gramm

Hinweis: 1 Kilogramm Wasser hat ein Volumen von 1 Liter.

- **Zeiteinheiten:** Sowohl im metrischen wie auch im englischen System ist die Basiseinheit für die Zeit eine *Sekunde* (s). Wir verwenden aber auch die anderen englischen Einheiten, wie etwa Minuten, Stunden und so weiter.

  Für viele wissenschaftliche Zwecke ist die Sekunde die einzige Einheit für die Messung von Zeit. Große und kleine Sekundenwerte werden unter Verwendung der *wissenschaftlichen Notation* dargestellt, die ich in Kapitel 14 vorgestellt habe.

- **Geschwindigkeitseinheiten:** Für die meisten Anwendungszwecke ist die gebräuchlichste metrische Geschwindigkeitseinheit *Kilometer pro Stunde* (km/h). Eine weitere gebräuchliche Einheit ist *Meter pro Sekunde* (m/s).

- **Temperatureinheiten** (Grad Celsius): Die metrische Basiseinheit für die Temperatur ist *Grad Celsius* (°C). Die Celsiusskala ist so eingerichtet, dass Wasser auf Meereshöhe bei 0 °C friert und bei 100 °C kocht.

Wissenschaftler verwenden häufig eine andere Einheit – Kelvin (K) –, wenn sie über Temperatur sprechen. Die Grade haben dieselbe Größe wie in Celsius, aber 0 K liegt beim *absoluten Nullpunkt*, der Temperatur, bei der sich Atome nicht bewegen. Der absolute Nullpunkt entspricht etwa –273,15 °C.

Das englische und das metrische System – schätzen und umrechnen

Die meisten Amerikaner verwenden ausnahmslos das englische Maßsystem und besitzen nur wenige Kenntnisse über das metrische System – und umgekehrt gilt dasselbe hierzulande. Englische Einheiten werden jedoch immer häufiger als Einheiten für Werkzeuge, Schuhe, Getränke und viele andere Dinge verwendet. Und wer ins Ausland reist, sollte wissen, wie weit 100 Meilen sind, oder wie weit man mit 10 Gallonen Benzin fahren kann.

In diesem Abschnitt zeige ich Ihnen, wie Sie ungefähre Schätzungen metrischer Einheiten im Hinblick auf englische Einheiten machen können, was Ihnen helfen kann, besser mit englischen Einheiten umzugehen. Außerdem zeige ich Ihnen, wie englische und metrische Einheiten ineinander umgewandelt werden, was einen häufig anzutreffenden Aufgabentyp in der Mathematik darstellt.

Wenn ich *schätzen* sage, meine ich eine sehr lockere Betrachtung metrischer Beträge im Hinblick auf englische Einheiten, mit denen Sie vertraut sind. Wenn ich dagegen von *umrechnen* spreche, dann gehe ich von einer Gleichung aus, die Einheiten aus einem System in das andere umrechnet. Keine der Methoden ist exakt, aber das Umrechnen bietet eine sehr viel genauere Annäherung (und dauert länger) als das Schätzen.

Schätzen zwischen den Systemen

Ein Grund dafür, warum sich Menschen im englischen System manchmal unsicher fühlen, liegt darin, dass es schwierig ist, Größen zu schätzen, die einem nicht vertraut sind. Wenn ich Ihnen beispielsweise sage, dass der Strand ¼ Kilometer entfernt ist, können Sie sich auf einen kurzen Spaziergang gefasst machen. Und wenn ich Ihnen sage, er ist 10 Kilometer entfernt, dann nehmen Sie wahrscheinlich das Auto. Aber was machen Sie mit der Information, dass der Strand 3 Meilen entfernt ist?

Wenn ich Ihnen sage, dass die Temperatur 30 Grad Celsius beträgt, dann tragen Sie wahrscheinlich Badekleidung oder kurze Hosen. Und wenn ich Ihnen sage, dass sie 10 Grad Celsius beträgt, dann ziehen Sie Ihren Mantel an. Aber was tragen Sie, wenn ich sage, die Temperatur beträgt 85 Grad Fahrenheit? Und wie viel sind 105 Grad Fahrenheit Fieber?

In diesem Abschnitt stelle ich Ihnen zwei Faustregeln vor, mit denen Sie englische Angaben abschätzen können. In jedem Fall zeige ich Ihnen, wie eine allgemein verwendete englische Maßangabe einer metrischen Maßangabe zugeordnet werden kann, mit der Sie bereits vertraut sind.

Kurze Distanzen abschätzen: 1 Yard (3 Fuß) ist etwa 1 Meter

So wandeln Sie Meter in Fuß um und umgekehrt: 1 Meter ≈ 3,26 Fuß, 1 Fuß ≈ 0,3048 Meter. Aber für die Schätzung verwenden Sie die einfache Regel, dass 1 Meter etwa 1 Yard ist (also etwa 3 Fuß).

Nach dieser Schätzung misst ein 6 Fuß großer Mann etwa 2 Meter und ein 15 Fuß breites Zimmer etwa 5 Meter. Ein etwa 100 Yard langes Fußballfeld besitzt eine Länge von etwa 100 Meter, ein 4 Meter tiefer Fluss etwa eine Tiefe von 12 Fuß und ein 3.000 Meter hoher Berg ungefähr eine Höhe von 9.000 Fuß. Und ein Säugling, der nur einen halben Meter groß ist, misst ungefähr eineinhalb Fuß.

Längere Distanzen und Geschwindigkeit abschätzen

So wandeln Sie Kilometer in Meilen um und umgekehrt: 1 Kilometer ≈ 0,62 Meilen, 1 Meile ≈ 1609,344 Meter. Grob geschätzt, können Sie sich merken, dass 1 Kilometer etwa eine halbe Meile ist. Dementsprechend ist ein Kilometer pro Stunde etwa eine halbe Meile pro Stunde.

Anhand dieser Regel erkennen Sie, dass Ihr Weg zum nächsten Supermarkt etwa 4 Kilometer beträgt, wenn Sie 2 Meilen von ihm entfernt leben. Ein Marathon mit 26 Meilen umfasst 52 Kilometer. Und wenn Sie auf einem Laufband mit 6 Meilen pro Stunde laufen, dann beträgt ihre Geschwindigkeit etwa 12 Kilometer pro Stunde. Ein 10-Kilometer-Rennen ist etwa 5 Meilen lang. Und die Tour de France geht über eine Distanz von etwa 4.000 Kilometern, also etwa 2.000 Meilen. Licht bewegt sich mit einer Geschwindigkeit von 300.000 Kilometer pro Sekunde, also mit etwa 150.000 Meilen pro Sekunde.

Volumen abschätzen: 1 Liter ist etwa 1 Quart (¼ Gallone)

Und so wandeln Sie Liter in Gallonen um und umgekehrt: 1 Liter ≈ 0,26 Gallonen, 1 Gallone ≈ 3,785 Liter. Eine gute Schätzung ist hier, dass 1 Liter etwa 1 Quart ist (das heißt, eine Gallone sind etwa 4 Liter).

Anhand dieser Schätzung können Sie sagen: Eine Gallone Milch umfasst 4 Quarts, also etwa 4 Liter. Wenn Sie 10 Gallonen Benzin tanken, dann sind das etwa 40 Liter. Und in die andere Richtung: Wenn Sie eine 2-Liter-Flasche Cola kaufen, haben Sie etwa 2 Quarts. Wenn Sie ein Aquarium mit einer Kapazität von 100 Litern kaufen, dann nimmt es etwa 25 Gallonen Wasser auf. Und wenn ein Pool 8.000 Liter Wasser enthält, dann sind das etwa 2.000 Gallonen.

Gewicht schätzen: 1 Kilogramm sind etwa 2 Pound

Und so wandeln Sie Kilogramm in Pound um und umgekehrt: 1 Kilogramm ≈ 2,2 Pound, 1 Pound ≈ 0,4536 Kilogramm. Für die Schätzung können Sie davon ausgehen, dass 1 Kilogramm etwa 2 Pound sind.

Mit dieser Schätzung wiegt eine 5-Kilo-Tüte Tomaten also etwa 10 Pound. Wenn Sie 70 Kilogramm stemmen können, dann sind das etwa 140 Pound. Und weil ein Liter Wasser genau 1 Kilogramm wiegt, wissen Sie, dass 1 Quart Wasser etwa 2 Pound wiegt. Analog dazu gilt: Wenn ein Baby bei seiner Geburt 8 Pound wiegt, dann sind das etwa 4 Kilogramm. Wenn Sie 150 Pound wiegen, dann sind Sie etwa 75 Kilogramm schwer. Und wenn Sie sich zum neuen Jahr vorgenommen haben, 20 Pound abzunehmen, dann entspricht das immerhin 10 Kilogramm.

Temperatur schätzen

Der eigentliche Grund dafür, Temperatur in unterschiedlichen Einheiten anzugeben, ist der Zusammenhang mit dem Wetter. Die Formel für die Umwandlung von Celsius in Fahrenheit und die Formel für die Umwandlung von Fahrenheit in Celsius sind etwas unübersichtlich:

Von Celsius in Fahrenheit: $((\text{Celsius} \cdot 9)/5) + 32 = \text{Fahrenheit}$

Von Fahrenheit in Celsius: $(\text{Fahrenheit} - 32) \cdot 5/9 = \text{Celsius}$

Verwenden Sie stattdessen die praktische Übersicht in Tabelle 15.3.

Jede Temperatur unter 0 °C ist kalt, jede Temperatur über 30 °C ist heiß. Größtenteils liegt die Temperatur innerhalb dieses Bereiches. Sie wissen also, dass Sie einen Mantel tragen sollten, wenn es 32 °F hat. Bei 55 °F reicht eine leichte Jacke oder zumindest ein langärmliger Pullover. Und bei 90 °F geht es an den Strand!

Celsius (Centigrade)	Beschreibung	Fahrenheit
0 Grad	kalt	32 Grad
10 Grad	kalt	50 Grad
20 Grad	warm	68 Grad
30 Grad	heiß	86 Grad

Tabelle 15.3: Vergleich von Temperaturen in Celsius und Fahrenheit

Maßeinheiten umrechnen

Viele Bücher stellen eine Formel bereit, wie Sie vom englischen ins metrische Maß umrechnen, und eine weitere Formel zum Umrechnen vom metrischen Maß ins englische. Diese Umwandlungsmethode ist häufig verwirrend, weil Sie sich merken müssen, welche Formel Sie in welche Richtung verwenden.

In diesem Abschnitt zeige ich Ihnen eine einfache Methode, um zwischen englischen und metrischen Einheiten umzurechnen, wofür nur eine Formel pro Umrechnungstyp verwendet wird.

Umrechnungsfaktoren verstehen

Wenn Sie eine Zahl mit 1 multiplizieren, bleibt sie unverändert. Beispielsweise ist 36 · 1 = 36. Und wenn in einem Bruch *Zähler* (obere Zahl) und *Nenner* (unter Zahl) identisch sind, dann ist dieser Bruch gleich 1 (weitere Informationen über Brüche finden Sie in Kapitel 10). Wenn Sie also eine Zahl mit einem Bruch gleich 1 multiplizieren, bleibt die Zahl gleich. Zum Beispiel:

$$36 \cdot \frac{5}{5} = 36$$

Wenn Sie ein Maß mit einem bestimmten Bruch multiplizieren, der gleich 1 ist, können Sie zwischen den Maßeinheiten wechseln, ohne den Wert zu ändern. Man spricht auch von *Umrechnungsfaktoren*.

Betrachten Sie im Folgenden einige Gleichungen, die zeigen, in welchem Zusammenhang metrische und englische Einheiten stehen (alle Umrechnungen zwischen englischen und metrischen Einheiten sind Annäherungen).

- ✓ 1 Meter $\approx$ 3,26 Fuß
- ✓ 1 Kilometer $\approx$ 0,62 Meilen
- ✓ 1 Liter $\approx$ 0,26 Gallonen
- ✓ 1 Kilogramm $\approx$ 2,2 Pound

Weil die Werte auf jeder Seite der Gleichungen gleich sind, können Sie Brüche erzeugen, die gleich 1 sind, also etwa

- $\frac{1\text{ Meter}}{3{,}26\text{ Fuß}}$ oder $\frac{3{,}26\text{ Fuß}}{1\text{ Meter}}$
- $\frac{1\text{ Kilometer}}{0{,}62\text{ Meilen}}$ oder $\frac{0{,}62\text{ Meilen}}{1\text{ Kilometer}}$
- $\frac{1\text{ Liter}}{0{,}26\text{ allonen}}$ oder $\frac{0{,}26\text{ Gallonen}}{1\text{ Liter}}$
- $\frac{1\text{ Kilogramm}}{2{,}2\text{ Pound}}$ oder $\frac{2{,}2\text{ Pound}}{1\text{ Kilogramm}}$

Nachdem Sie verstanden haben, welche Maßeinheiten sich gegeneinander kürzen lassen (wie im nächsten Abschnitt beschrieben), können Sie einfach wählen, welche Brüche Sie verwenden, um zwischen den Maßeinheiten umzurechnen.

Maßeinheiten kürzen

Wenn Sie Brüche multiplizieren, können Sie jeden Faktor kürzen, der sowohl im Zähler als auch im Nenner vorkommt (weitere Informationen hierzu finden Sie in Kapitel 9). Genau wie Zahlen können Sie auch Maßeinheiten in Brüchen kürzen. Angenommen, Sie wollen den folgenden Bruch berechnen:

$$\frac{6\text{ Liter}}{2\text{ Liter}}$$

Sie wissen bereits, dass Sie den Faktor 2 im Zähler und im Nenner kürzen können. Sie können aber auch die Einheit Liter im Zähler und im Nenner kürzen:

$$\frac{3\,\cancel{6\text{ Liter}}}{\cancel{2\text{ Liter}}}$$

Dieser Bruch ergibt also einfach:

$$= 3$$

Einheiten umwandeln

Nachdem Sie verstanden haben, wie Sie Einheiten in Brüchen kürzen und Brüche gleich 1 erzeugen (siehe vorherige Abschnitte), haben Sie ein narrensicheres System für die Umwandlung von Maßeinheiten.

Angenommen, Sie wollen 7 Meter in Fuß umrechnen. Unter Verwendung der Gleichung 1 Meter = 3,26 Fuß können Sie einen Bruch aus den beiden Werten erstellen:

$$\frac{1\text{ Meter}}{3{,}26\text{ Fuß}} = 1 \quad \text{oder} \quad \frac{3{,}26\text{ Fuß}}{1\text{ Meter}} = 1$$

Beide Brüche sind gleich 1, weil der Zähler und der Nenner gleich sind. Sie können also die Menge, die Sie umrechnen wollen (7 Meter) mit einem dieser Brüche multiplizieren, ohne die Menge zu verändern. Sie wissen, dass Sie die Einheit *Meter* kürzen wollen. Das Wort *Meter* steht bei der umzuwandelnden Menge bereits im Zähler (um das zu verdeutlichen, habe ich die 1 in den Nenner gestellt), deshalb verwenden Sie den Bruch, der 1 Meter im Nenner hat:

$$\frac{7\text{ Meter}}{1} \cdot \frac{3{,}26\text{ Fuß}}{1\text{ Meter}}$$

Nun kürzen Sie die Einheit, die sowohl im Zähler als auch im Nenner vorkommt:

$$= \frac{7\,\cancel{\text{Meter}}}{1} \cdot \frac{3{,}26\text{ Fuß}}{1\,\cancel{\text{Meter}}}$$

Nun haben Sie im Nenner nur noch den Wert 1, den Sie ignorieren können. Die einzige verbleibende Einheit ist Fuß, deshalb schreiben Sie sie an das Ende des Ausdrucks:

$$= 7 \cdot 3{,}26\text{ Fuß}$$

Nun multiplizieren Sie (wie Dezimalwerte multipliziert werden, lesen Sie in Kapitel 11):

$$= 22{,}82\text{ Fuß}$$

Es erscheint vielleicht komisch, dass die Lösung sofort in der richtigen Einheit erscheint, aber genau darin besteht die Eleganz dieser Lösung: Wenn Sie die Ausdrücke richtig verwenden, erscheint unmittelbar die richtige Antwort.

Weitere Übung in der Umrechnung von Maßen erhalten Sie in Kapitel 18, in dem ich Ihnen Umrechnungsketten und Textaufgaben mit Maßen zeige.

Ein Bild sagt mehr als tausend Worte: Grundlegende Geometrie

16

In diesem Kapitel ...

- Die grundlegenden Komponenten der Geometrie kennenlernen: Punkte, Linien, Winkel und Figuren
- Zweidimensionale Figuren untersuchen
- Körpergeometrie verstehen
- Verschiedenartige Figuren vermessen lernen

Die Geometrie ist die Mathematik der Figuren, wie beispielsweise Quadrate, Kreise, Dreiecke, Linien und so weiter. Weil die Geometrie die Mathematik des physikalischen Raums ist, handelt es sich dabei um einen der Bereiche, die stark an der Praxis orientiert sind. Die Geometrie kommt ins Spiel, wenn Räume oder Wände in einem Haus vermessen werden sollen, die Fläche eines kreisförmigen Gartens, das Volumen eines Pools oder die kürzeste Distanz über ein rechteckiges Feld.

Sie werden erstaunt sein, wie schnell Sie sich die grundlegenden Kenntnisse aneignen können, die Sie für die Geometrie brauchen. In einem Geometriekurs lernen Sie größtenteils, geometrische Beweise zu erstellen, was Sie für die Algebra nicht brauchen – und auch nicht für die Trigonometrie oder die Analysis.

In diesem Kapitel biete ich Ihnen einen schnellen und praktischen Überblick über die Geometrie. Zuerst zeige ich Ihnen vier wichtige Konzepte der Ebenengeometrie: Punkte, Linien, Winkel und Figuren. Anschließend geht es um die Grundlagen von geometrischen Figuren, von flachen Kreisen bis hin zu Würfeln. Und schließlich beschäftigen wir uns damit, wie geometrische Figuren vermessen werden, wie die Fläche und der Umfang von zweidimensionalen Figuren sowie der Inhalt und die Oberfläche von Körpern berechnet werden.

Wenn Sie mehr über Geometrie erfahren wollen, schlagen Sie am besten in *Geometrie für Dummies* nach (ebenfalls im Verlag Wiley-VCH erschienen).

Alles auf der Ebene: Punkte, Linien, Winkel und Figuren

Die Ebenengeometrie beschäftigt sich mit dem Studium von Figuren auf einer zweidimensionalen Oberfläche – das heißt auf einer Ebene. Man kann sich eine Ebene als Blatt Papier vorstellen, das keine Dicke hat. Technisch gesehen endet eine Ebene jedoch nicht am Rand des Papiers – sie erstreckt sich endlos darüber hinaus.

In diesem Abschnitt stelle ich Ihnen vier wichtige Konzepte aus der Ebenengeometrie vor: Punkte, Linien, Winkel und Figuren (wie etwa Quadrate, Kreise, Dreiecke und so weiter).

Punkte machen

Ein *Punkt* ist eine Stelle auf einer Ebene. Er hat keine Größe und keine Form. Letztlich ist ein Punkt viel zu klein, als dass Sie ihn überhaupt sehen können, deshalb symbolisieren wir ihn visuell durch ein kleines ausgefülltes Kreuz.

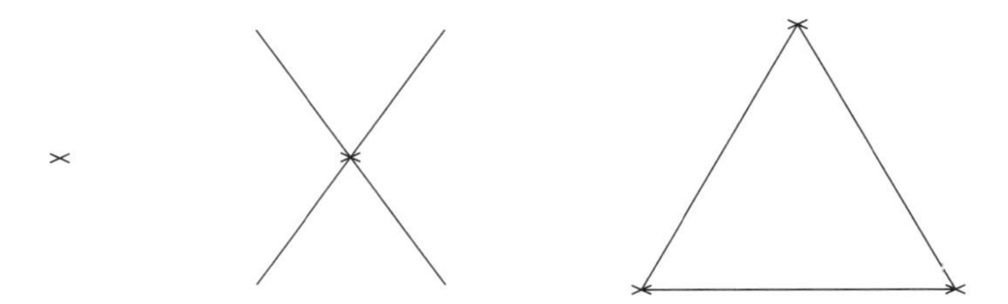

Wenn sich zwei Linien schneiden (wie in der Abbildung gezeigt) haben sie einen gemeinsamen Punkt. Darüber hinaus stellt jede Ecke eines Polygons einen Punkt dar. (Weitere Informationen über Linien und Polygone finden Sie im weiteren Verlauf dieses Kapitels.)

Auf der Linie

Eine *Linie* – auch als *Gerade* bezeichnet – ist genau das, wonach es sich anhört: Sie verläuft gerade durch zwei Punkte, ist aber in beide Richtungen unbeschränkt. Sie hat eine Länge, aber keine Breite, was sie zu einer eindimensionalen (1D) Figur macht.

Für zwei Punkte können Sie genau eine Gerade zeichnen, die sie beide durchläuft. Das bedeutet, zwei Punkte *bestimmen* eine Gerade.

Wenn sich zwei Geraden schneiden, haben sie einen einzigen Punkt gemeinsam. Wenn sich zwei Geraden nicht schneiden, sind sie parallel, das heißt, sie behalten stets denselben Abstand voneinander. Man kann sich parallele Geraden ähnlich wie ein Bahngleis vorstellen. In der Geometrie zeichnen Sie einfach eine Linie ohne die Endpunkte zu markieren. Das bedeutet, dass die Gerade endlos verläuft (wie in Kapitel 1 angesprochen, in dem es um den Zahlenstrahl ging).

Eine *Strecke* ist ein Teil einer Geraden mit Endpunkten, wie nachfolgend gezeigt:

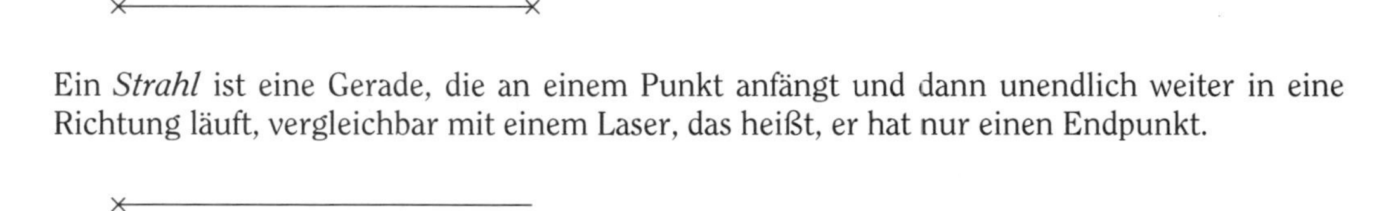

Ein *Strahl* ist eine Gerade, die an einem Punkt anfängt und dann unendlich weiter in eine Richtung läuft, vergleichbar mit einem Laser, das heißt, er hat nur einen Endpunkt.

Winkel

Ein *Winkel* entsteht, wenn zwei Strahlen von demselben Punkt ausgehen.

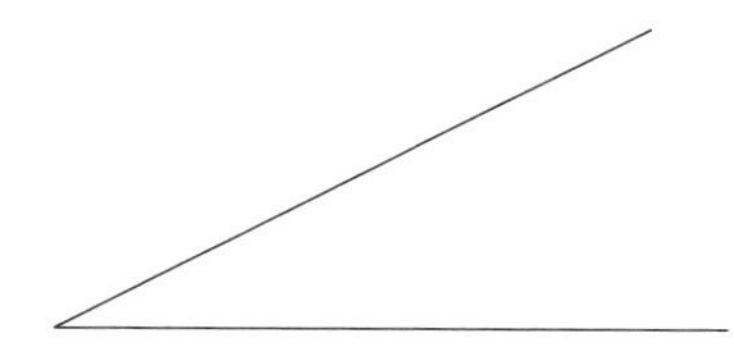

Winkel werden häufig in der Schreinerei verwendet, um die Ecken von Objekten zu messen. Außerdem braucht man sie in der Navigation, um eine plötzliche Richtungsänderung anzuzeigen. Und wenn Sie Auto fahren, erkennen Sie häufig, ob der Winkel einer Kurve »spitz« oder »stumpf« ist.

Ein Winkel wird normalerweise in *Grad* gemessen. Der gebräuchlichste Winkel ist der *rechte Winkel* – der Winkel in der Ecke eines Quadrats, ein 90-Grad-Winkel:

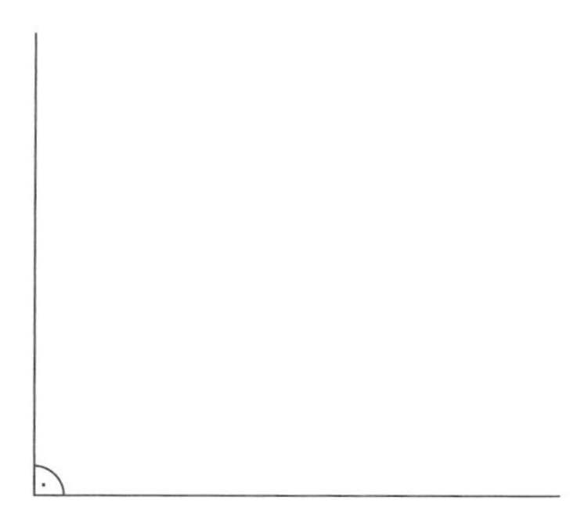

Winkel, die weniger als 90 Grad aufweisen – das heißt Winkel, die spitzer als ein rechter Winkel sind –, werden als *spitze Winkel* bezeichnet, und sie sehen wie folgt aus:

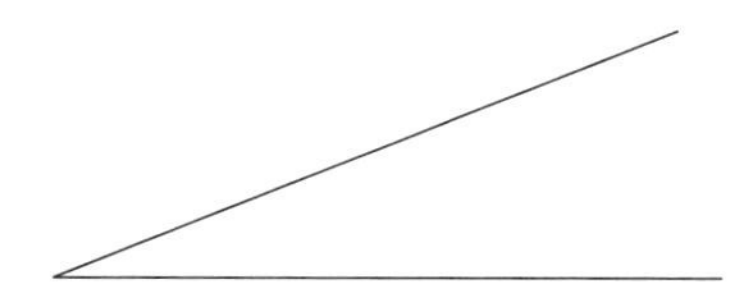

Winkel mit mehr als 90 Grad – das heißt, Winkel, die nicht so spitz wie ein rechter Winkel sind –, werden als *stumpfe Winkel* bezeichnet, und sie sehen wie folgt aus:

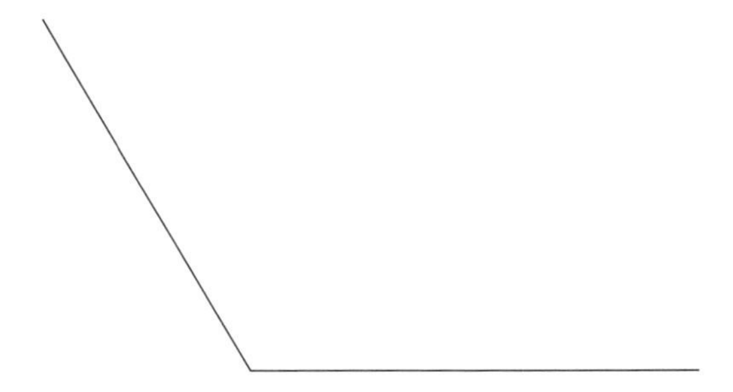

Wenn ein Winkel genau 180 Grad hat, bildet er eine Gerade und wird als *gestreckter Winkel* bezeichnet.

Figuren

Eine Figur ist eine geschlossene geometrische Form, die einen inneren von einem äußeren Bereich trennt. Beispiele für Figuren sind Kreise, Quadrate, Dreiecke und Polygone.

Ein Großteil der Ebenengeometrie beschäftigt sich mit den verschiedenen Figurentypen. Im nächsten Abschnitt zeige ich Ihnen, wie Sie verschiedene Figuren erkennen. Weiter hinten in diesem Kapitel geht es darum, wie diese Figuren vermessen werden.

Geschlossener Umriss: Weiter zu den 2D-Figuren

Eine *Figur* ist eine beliebige geschlossene zweidimensionale (2D) geometrische Form, die einen *inneren* von einem *äußeren Bereich* durch ihre Umgrenzung (den *Umfang*) trennt. Die *Fläche* einer Figur ist das Maß der Größe innerhalb der Figur.

Einige Figuren, die Sie vielleicht schon kennen, sind zum Beispiel das Quadrat, das Rechteck und das Dreieck. Es gibt jedoch noch viele andere Figuren, die keine besonderen Namen haben, wie Abbildung 16.1 zeigt:

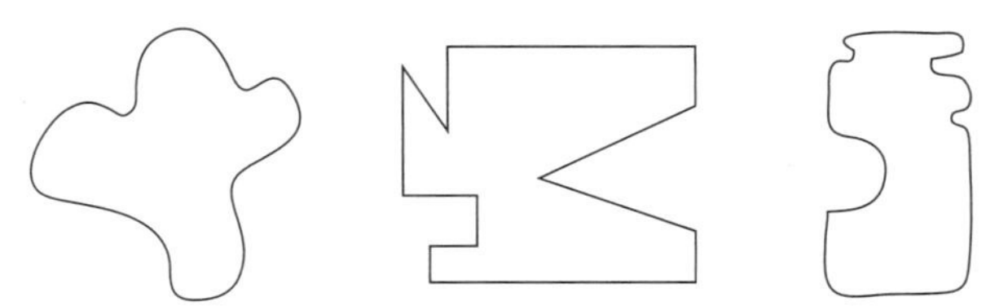

Abbildung 16.1: Unbenannte Figuren

Das Messen von Umfang und Fläche von Figuren ist in vielen Situationen sehr praktisch, von der Landvermessung (um Informationen über ein Grundstück zu erhalten) bis hin zu Sägearbeiten (um zu berechnen, wie viel Material man für ein bestimmtes Projekt benötigt). In diesem Abschnitt stelle ich Ihnen verschiedene geometrische Figuren vor. Weiter hinten in diesem Kapitel zeige ich Ihnen, wie man dafür jeweils den Umfang und die Fläche ermittelt, aber hier wollen wir uns erst einmal nur mit den verschiedenen Figuren vertraut machen.

Kreise

Ein *Kreis* ist die Menge aller Punkte, die im gleichen Abstand von einem Kreismittelpunkt liegen. Der Abstand jedes Punktes auf dem Kreis zum Kreismittelpunkt wird als *Radius* des Kreises bezeichnet. Der Abstand von einem Punkt auf dem Kreis durch den Mittelpunkt zu seinem direkt gegenüberliegenden Punkt auf dem Kreis wird als *Durchmesser* des Kreises bezeichnet.

Anders als die Polygone, um die es im nächsten Abschnitt geht, hat der Kreis keine geraden Kanten. Die alten Griechen – die viel von der heute bekannten Geometrie entdeckt haben – waren der Meinung, der Kreis sei die perfekte geometrische Figur.

Polygone

Ein *Polygon* ist eine beliebige Figur, deren Seiten alle gerade sind. Jedes Polygon hat drei oder mehr Seiten (hätte es weniger als drei, wäre es keine Figur). Im Folgenden stelle ich einige der gebräuchlichsten Polygone vor.

Dreiecke

Die grundlegendste Figur mit geraden Seiten ist das *Dreieck*, ein dreiseitiges Polygon. In der Trigonometrie erfahren Sie sehr viel über Dreiecke (am besten, Sie lesen dazu *Trigonometrie für Dummies*; ebenfalls im Verlag Wiley-VCH erschienen). Vergleichen Sie die unterschiedlichen Arten von Dreiecken (siehe Abbildung 16.2):

- ✓ **Gleichseitig:** Ein *gleichseitiges Dreieck* hat drei Seiten der gleichen Länge und drei Winkel mit je 60 Grad.
- ✓ **Gleichschenklig:** Ein *gleichschenkliges Dreieck* hat zwei gleich lange Seiten und zwei gleiche Winkel.
- ✓ **Ungleichseitig:** Ein *ungleichseitiges Dreieck* hat drei Seiten unterschiedlicher Längen und drei unterschiedliche Winkel.
- ✓ **Rechtwinklig:** Ein *rechtwinkliges Dreieck* hat einen rechten Winkel. Es kann gleichschenklig sein oder nicht.

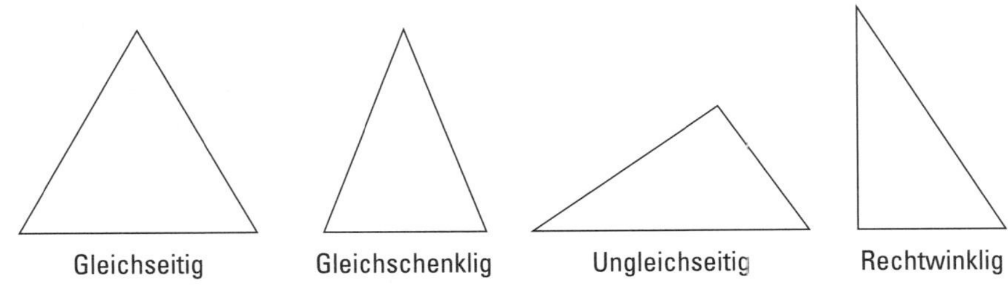

Abbildung 16.2: Dreieckstypen

Vierecke

Ein Viereck ist eine Figur mit vier geraden Seiten. Vierecke sind die meistverbreiteten Figuren im alltäglichen Leben. Wenn Sie das nicht glauben, sehen Sie sich einfach einmal um. Die meisten Wände, Türen, Fenster und Tische sind Vierecke. Hier einige bekannte Vierecke (siehe auch Abbildung 16.3):

- **Quadrat:** Ein *Quadrat* hat vier rechte Winkel und vier gleich lange Seiten. Die jeweils gegenüberliegenden Seiten sind parallel.
- **Rechteck:** Wie ein Quadrat hat ein *Rechteck* vier rechte Winkel und zwei Paar gegenüberliegender paralleler Seiten. Anders als beim Quadrat können beim Rechteck jedoch *benachbarte* Seiten unterschiedliche Längen haben, wenngleich gegenüberliegende Seiten immer gleich lang sind.
- **Raute:** Stellen Sie sich vor, Sie drücken ein Quadrat zusammen, als wären seine Ecken Scharniere. Diese Form wird als *Raute* bezeichnet. Alle vier Seiten sind gleich lang und beide Paare gegenüberliegender Seiten sind parallel.
- **Parallelogramm:** Stellen Sie sich vor, Sie drücken ein Rechteck zusammen, als wären seine Ecken Scharniere. Diese Form wird als *Parallelogramm* bezeichnet – beide Paare gegenüberliegender Seiten sind gleich lang und beide Paare gegenüberliegender Seiten sind parallel.
- **Trapez:** Die einzige wichtige Eigenschaft des *Trapezes* ist, dass mindestens zwei einander gegenüberliegende Seiten parallel sind.
- **Drachen:** Ein *Drachen* ist ein Viereck, bei dem zwei benachbarte Seiten dieselbe Länge haben.

Ein Viereck kann gleichzeitig zu mehreren dieser Kategorien gehören. Beispielsweise ist jedes Parallelogramm (mit zweimal zwei parallelen Seiten) auch ein Trapez (mit mindestens zwei parallelen Seiten). Jedes Rechteck und jede Raute sind ebenfalls sowohl ein Parallelogramm als auch ein Trapez. Und jedes Quadrat ist zugleich auch Vertreter jedes der fünf anderen Viereckstypen. In der Praxis versucht man jedoch, ein Viereck so genau wie möglich zu beschreiben – das bedeutet, man verwendet den *ersten* Begriff aus der obigen Liste, der es exakt beschreibt.

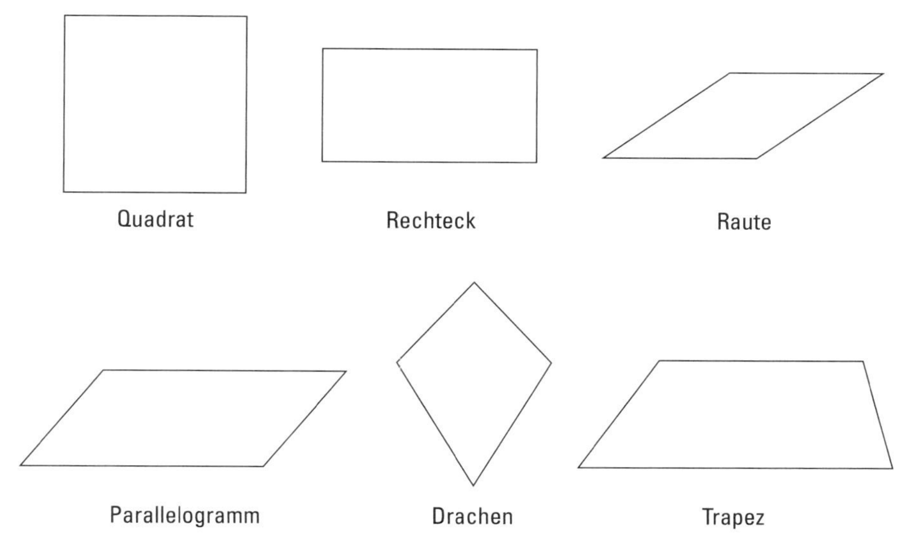

Abbildung 16.3: Gebräuchliche Vierecke

Größere Polygone

Ein Polygon kann beliebig viele Seiten haben. Polygone mit mehr als vier Seiten kommen nicht so häufig vor wie Dreiecke und Vierecke, aber man sollte sie dennoch kennen. Größere Polygone gibt es in zwei Grundvarianten: regelmäßig und unregelmäßig.

Ein *regelmäßiges Polygon* hat gleich lange Seiten und gleiche Winkel. Die häufigsten regelmäßigen Polygone sind regelmäßige Pentagone (fünf Seiten), regelmäßige Hexagone (sechs Seiten) und regelmäßige Oktogone (acht Seiten); siehe Abbildung 16.4.

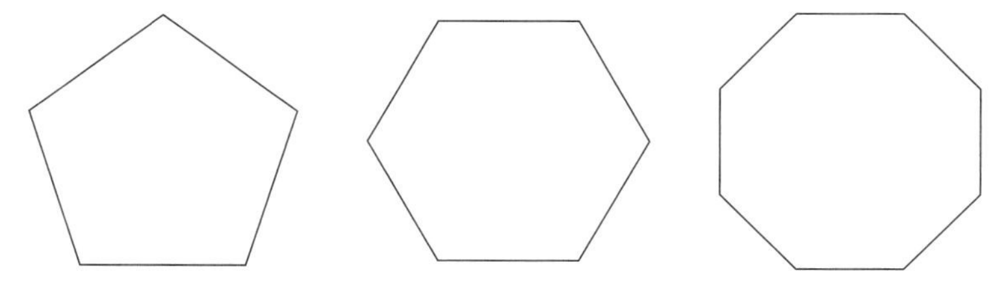

Abbildung 16.4: Pentagon, Hexagon und Oktogon

Jedes andere Polygon ist ein *unregelmäßiges Polygon* (siehe Abbildung 16.5).

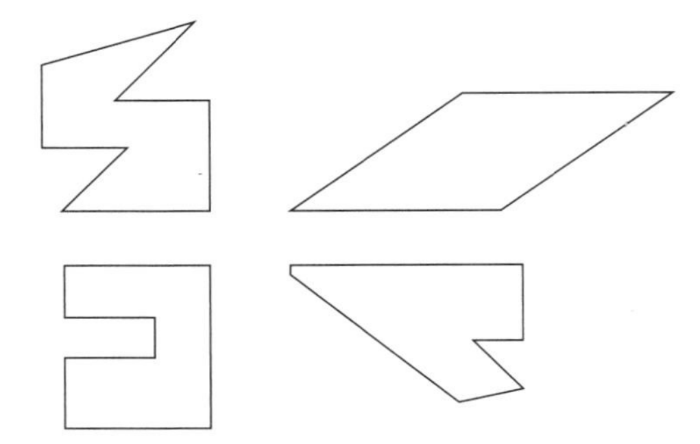

Abbildung 16.5: Verschiedene unregelmäßige Polygone

Die nächste Dimension: Körpergeometrie

Die Körpergeometrie beschäftigt sich mit Körpern im *Raum* – also 3D-Körpern. Ein Körper ist das räumliche (dreidimensionale, 3D) Äquivalent einer Figur. Jeder Körper trennt durch seine Oberfläche einen *Innenraum* von einem *Außenraum* ab. Im Folgenden stelle ich Ihnen verschiedene Körper vor.

Die vielen Gesichter der Polyeder

Ein *Polyeder* ist das dreidimensionale Äquivalent zu einem Polygon. Wie Sie aus vorhergehenden Abschnitten dieses Kapitels vielleicht noch wissen, ist ein Polygon eine Figur, die nur gerade Seiten hat. Vergleichbar dazu ist ein Polyeder ein Körper mit ausschließlich geraden Kanten und flachen Oberflächen (das heißt Seiten, bei denen es sich um Polygone handelt).

Der gebräuchlichste Polyeder ist der *Würfel* (siehe Abbildung 16.6). Wie Sie sehen, hat ein Würfel sechs flache Seiten, bei denen es sich um Polygone handelt – in diesem Fall sind alle Seiten quadratisch –, und zwölf gerade Kanten. Darüber hinaus besitzt ein Würfel acht Ecken. Später in diesem Kapitel zeige ich Ihnen, wie die Oberfläche und das Volumen eines Würfels berechnet werden.

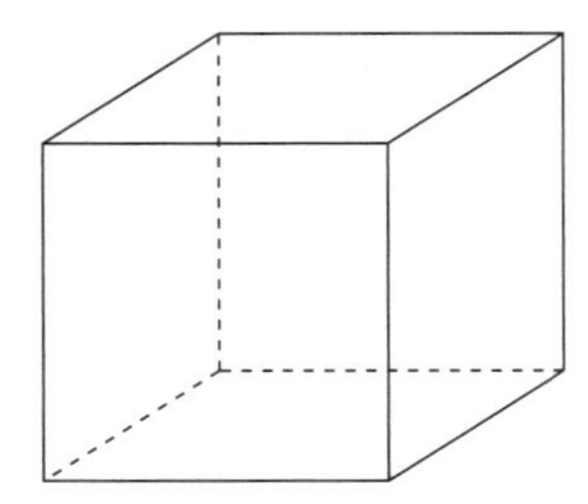

Abbildung 16.6: Ein typischer Würfel

Abbildung 16.7 zeigt ein paar gebräuchliche Polyeder.

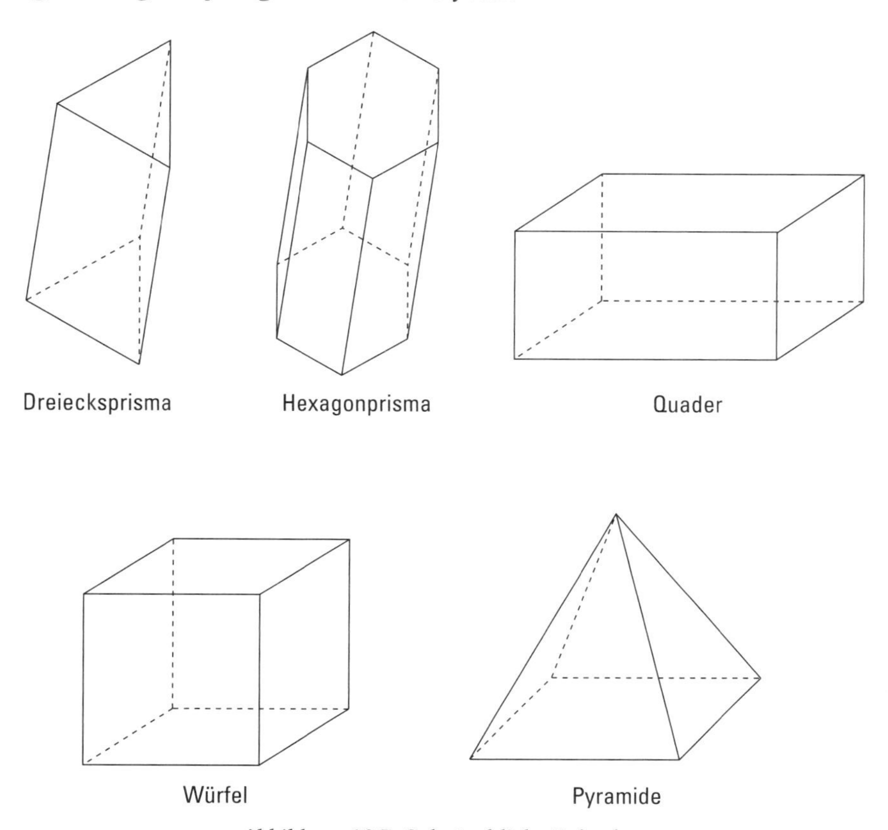

Abbildung 16.7: Gebräuchliche Polyeder

Weiter hinten in diesem Kapitel zeige ich Ihnen, wie Polyeder vermessen werden, um ihr Volumen zu berechnen – das heißt den Inhalt innerhalb der Oberfläche.

Eine Sondermenge von Polyedern sind die sogenannten *fünf regelmäßigen Körper* (siehe Abbildung 16.8). Jeder regelmäßige Körper besteht aus identischen Flächen, bei denen es sich um regelmäßige Polygone handelt. Sie sehen, dass ein Würfel eine besondere Art regelmäßiger Körper ist. Ganz ähnlich der Tetraeder, eine Pyramide mit vier Seiten, bei denen es sich jeweils um gleichseitige Dreiecke handelt.

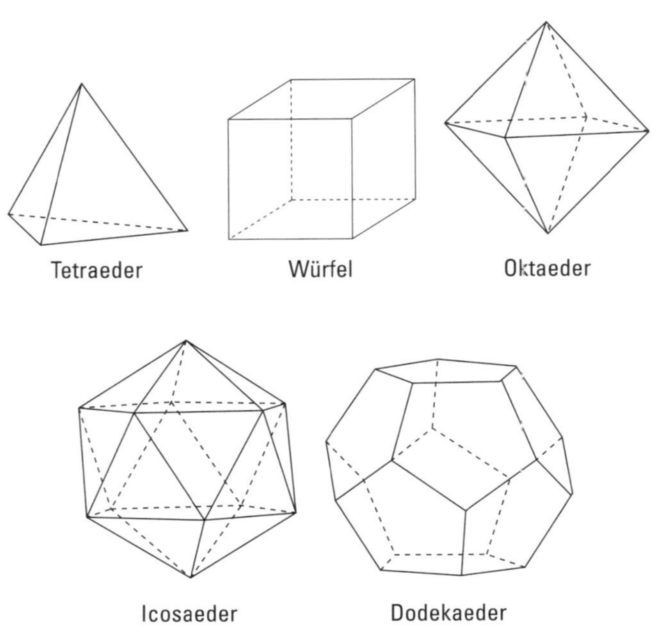

Abbildung 16.8: Die fünf regelmäßigen Körper

3D-Körper mit Kurven

Viele Körper sind keine Polyeder, weil sie mindestens eine gekrümmte Oberfläche haben. Hier einige der bekanntesten dieser Körper (siehe auch Abbildung 16.9):

- ✓ **Kugel:** Eine *Kugel* ist der entsprechende Körper oder das dreidimensionale Äquivalent zu einem Kreis. Stellen Sie sich einfach einen Ball vor.
- ✓ **Zylinder:** Ein *Zylinder* hat eine kreisförmige Grundfläche und erhebt sich vertikal von der Ebene. Stellen Sie sich eine Suppendose vor.
- ✓ **Kegel:** Ein *Kegel* ist ein Körper mit kreisförmiger Grundfläche, die vertikal auf einen einzigen Punkt zuläuft. Stellen Sie sich eine Eiswaffel vor.

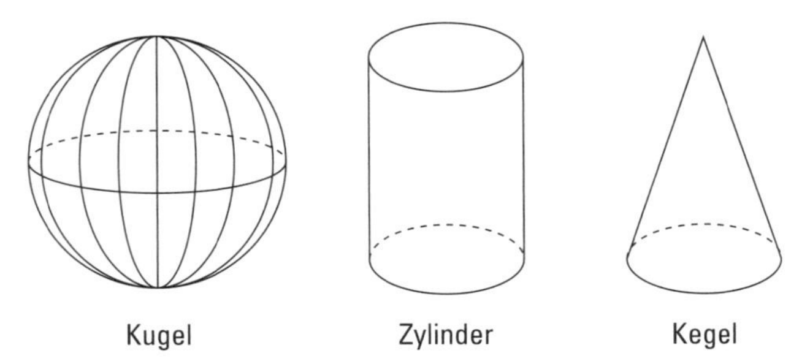

Abbildung 16.9: Kugel, Zylinder und Kegel

Im nächsten Abschnitt zeige ich Ihnen, wie diese Körper vermessen werden, um ihr Volumen zu berechnen – das heißt den Raum, der sich innerhalb ihrer Oberfläche befindet.

Figuren messen: Umfang, Fläche, Oberfläche und Volumen

In diesem Abschnitt zeige ich Ihnen einige wichtige Formeln zum Vermessen von Figuren in der Ebene und Körpern im Raum. Diese Formeln beinhalten Buchstaben für Zahlen, die Sie für sie einsetzen können, um spezifische Werte zu berechnen. Die Verwendung von Buchstaben anstelle von Zahlen ist eine Vorgehensweise, die Sie in Teil V dieses Buches noch genauer kennenlernen – dann nämlich, wenn es um Algebra geht.

2D: In der Ebene messen

Zwei wichtige Fertigkeiten bei der Geometrie – und im wirklichen Leben – bestehen darin, den Umfang und die Fläche von Figuren zu bestimmen. Der *Umfang* ist ein Maß für die Gesamtlänge aller Seiten. Sie verwenden den Umfang, um die Länge der Kanten eines Zimmers, eines Gebäudes oder einer Wendeltreppe zu messen. Die *Fläche* einer Form ist ein Maß dafür, wie viel Oberfläche sie besitzt. Sie beziehen sich auf die Fläche, wenn Sie die Größe einer Wand, eines Tischs oder eines Gemäldes angeben.

In Abbildung 16.10 sehen Sie die Längen der Seiten der einzelnen Figuren.

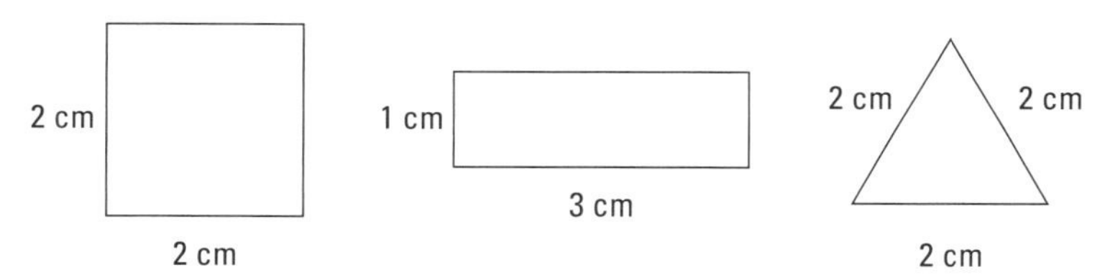

Abbildung 16.10: Die Seiten von Figuren messen

Wenn jede Seite einer Figur gerade ist, berechnen Sie den Umfang, indem Sie die Längen aller Seiten addieren.

In Abbildung 16.11 sehen Sie die Flächen von Figuren.

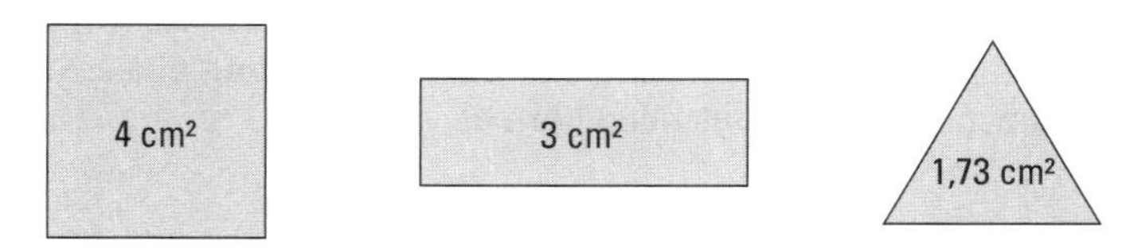

Abbildung 16.11: Die Flächen von Figuren

Die Fläche einer Figur wird immer in *Quadrateinheiten* gemessen: Quadratmillimeter (mm^2), Quadratzentimeter (cm^2), Quadratmeter (m^2), Quadratkilometer (km^2) und so weiter, selbst wenn es um die Fläche eines Kreises geht. (Weitere Informationen über Maße finden Sie in Kapitel 15.)

Diese Berechnungen beschreibe ich in diesem Abschnitt. (Weitere Informationen über die Namen der Figuren finden Sie im Abschnitt »Geschlossener Umriss: Weiter zu den 2D-Figuren« weiter vorn in diesem Kapitel.)

Im Kreis laufen

Der *Mittelpunkt* eines Kreises ist der Punkt, der denselben Abstand von allen Punkten der Kreislinie hat. Dieser Abstand wiederum wird auch als der *Radius* des Kreises bezeichnet, kurz r. Und jedes Liniensegment von einem Punkt auf dem Kreis durch den Mittelpunkt zu einem anderen Punkt auf dem Kreis wird als *Durchmesser* bezeichnet, kurz d (siehe Abbildung 16.12).

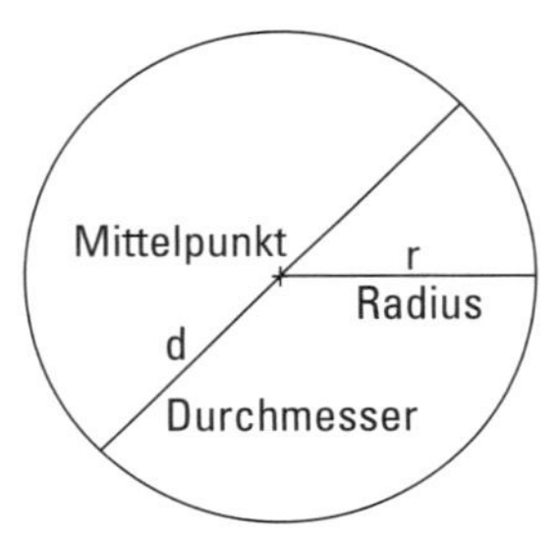

Abbildung 16.12: Die Bestandteile eines Kreises

Wie Sie sehen, besteht der Durchmesser eines Kreises aus einem Radius plus einem weiteren Radius, also zwei Radien. Dieses Konzept bringt uns die folgende praktische Formel:

$$d = 2 \cdot r$$

Wenn Sie beispielsweise einen Kreis mit einem Radius von 5 mm haben, können Sie den Durchmesser wie folgt berechnen:

$$d = 2 \cdot 5\text{ mm} = 10\text{ mm}$$

Weil es sich bei einem Kreis um eine besondere Figur handelt, hat sein Umfang (die Länge seiner Kreislinie) einen besonderen Namen: *Kreisumfang* (kurz U). Die frühen Mathematiker haben sich viele Gedanken darüber gemacht, wie man den Umfang eines Kreises berechnen kann. Schließlich kamen sie zu der folgenden Formel:

$$U = 2 \cdot \pi \cdot r$$

Hinweis: Weil $2 \cdot r$ dasselbe ist wie der Durchmesser, kann die Formel auch als $U = \pi \cdot d$ geschrieben werden.

Das Symbol π heißt *Pi*. Dabei handelt es sich um eine Zahl, deren annähernder Wert wie folgt lautet (der Dezimalteil von Pi hat unendlich viele Stellen, deshalb gibt es keinen exakten Wert für Pi):

$$\pi \approx 3{,}14$$

Wenn Sie einen Kreis mit dem Radius 5 mm haben, können Sie den Umfang näherungsweise wie folgt berechnen:

$$U \approx 2 \cdot 3{,}14 \cdot 5\ \text{mm} = 31{,}4\ \text{mm}$$

In der Formel für die Fläche des Kreises (A) erscheint ebenfalls π:

$$A = \pi \cdot r^2$$

Und so wenden Sie diese Formel an, um die Fläche eines Kreises mit dem Radius 5 mm annähernd genau zu berechnen:

$$A \approx 3{,}14 \cdot (5\ \text{mm})^2 = 3{,}14 \cdot 25\ \text{mm}^2 = 78{,}5\ \text{mm}^2$$

Dreiecke vermessen

In diesem Abschnitt geht es darum, den Umfang und die Fläche von Dreiecken zu bestimmen. Anschließend zeige ich Ihnen ein spezielles Merkmal von rechtwinkligen Dreiecken, das Ihnen ermöglicht, diese Größen auf einfachere Weise zu ermitteln.

Den Umfang und die Fläche eines Dreiecks bestimmen

Die Mathematiker haben keine spezielle Formel, um den Umfang eines Dreiecks zu bestimmen – sie addieren einfach nur die Seitenlängen.

Um die Fläche eines Dreiecks zu bestimmen, müssen Sie die Länge einer Seite – der Grundlinie oder Basis (kurz b) – und die Höhe (h) kennen. Beachten Sie, dass die Höhe einen rechten Winkel zur Basis bildet. Abbildung 16.13 zeigt ein Dreieck mit einer Basis von 5 cm und einer Höhe von 2 cm.

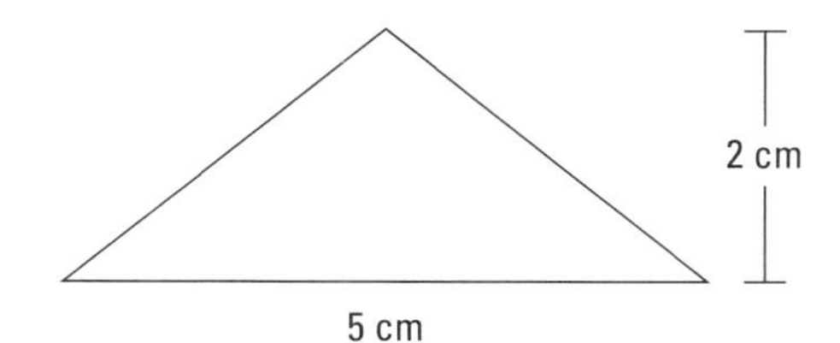

Abbildung 16.13: Die Basis und die Höhe eines Dreiecks

Und hier die Formel für die Fläche eines Dreiecks:

$$A = \frac{1}{2}(b \cdot h)$$

Um die Fläche eines Dreiecks mit einer Grundlinie (Basis) von 5 cm und einer Höhe von 2 cm zu bestimmen, rechnen Sie also:

$$A = \frac{1}{2}\,(5\text{ cm} \cdot 2\text{ cm}) = \frac{1}{2}\,(10\text{ cm}^2) = 5\text{ cm}^2$$

Pythagoras eilt zu Hilfe: Die dritte Seite eines rechtwinkligen Dreiecks bestimmen

Die lange Seite eines rechtwinkligen Dreiecks (c) wird als *Hypotenuse* bezeichnet, die beiden kürzeren Seiten (a und b) als die beiden *Katheten* (siehe Abbildung 16.14). Die wichtigste Formel für das rechtwinklige Dreieck ist der *Satz von Pythagoras*:

$$a^2 + b^2 = c^2$$

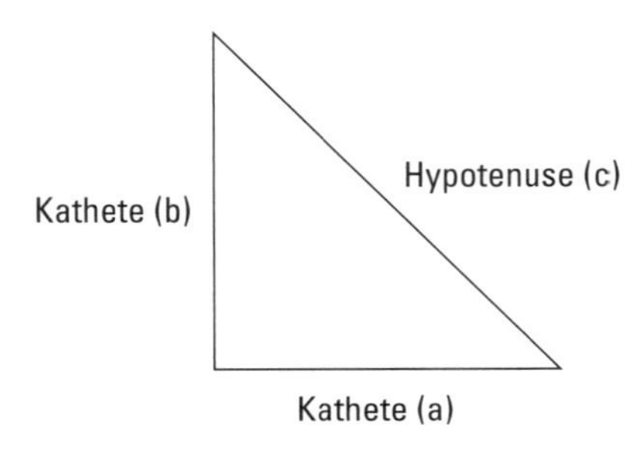

Abbildung 16.14: Die Hypotenuse und die Kathete eines rechtwinkligen Dreiecks

Mithilfe dieser Formel bestimmen Sie die Hypotenuse eines Dreiecks, wenn Sie nur die Längen der beiden *Katheten* haben. Angenommen, die *Katheten* eines Rechtecks sind 3 und 4 Einheiten lang. Sie wenden den Satz von Pythagoras an, um die Länge der Hypotenuse zu bestimmen:

$$3^2 + 4^2 = c^2$$

$$9 + 16 = c^2$$

$$25 = c^2$$

Wenn Sie also c mit sich selbst multiplizieren, ist das Ergebnis 25. Es ist also:

$$c = 5$$

Die Länge der Hypotenuse beträgt 5 Einheiten.

Quadrate vermessen

Der Buchstabe s stellt die Länge der Seite eines Quadrats dar. Ist die Seite eines Quadrats beispielsweise 3 cm lang, sagen Sie $s = 3$ cm. Die Bestimmung des Umfangs (U) eines Quadrats ist einfach. Sie multiplizieren die Länge einer Seite mit 4. Hier die Formel für den Umfang eines Quadrats:

$$U = 4 \cdot s$$

Ist beispielsweise die Länge der Seite gleich 3 cm, setzen Sie 3 cm für s in die Formel ein:

$$U = 4 \cdot 3\ \text{cm} = 12\ \text{cm}$$

Die Bestimmung der Fläche eines Quadrats ist ebenfalls ganz einfach. Sie multiplizieren dazu die Länge der Seite mit sich selbst – und bilden das *Quadrat* der Seite. Sie können die Formel für die Fläche eines Quadrats auf zweierlei Arten schreiben (s^2 wird »s-Quadrat« gesprochen):

$$A = s^2 \quad \text{oder} \quad A = s \cdot s$$

Beträgt beispielsweise die Länge der Seite 3 cm, erhalten Sie Folgendes:

$$A = (3\ \text{cm})^{-2} = 3\ \text{cm} \cdot 3\ \text{cm} = 9\ \text{cm}^2$$

Mit Rechtecken arbeiten

Die lange Seite eines Rechtecks liefert Ihnen die *Länge*, kurz l, und die kurze Seite die *Breite*, kurz b. In einem Rechteck mit den Seitenlängen 5 cm und 4 cm ist $l = 5$ cm und $b = 4$ cm.

Weil ein Rechteck zwei Längen und zwei Breiten hat, können Sie seinen Umfang mit der folgenden Formel berechnen:

$$U = 2 \cdot (l + b)$$

Berechnen Sie den Umfang eines Rechtecks mit einer Länge von 5 m und einer Breite von 2 m wie folgt:

$$U = 2 \cdot (5\ \text{m} + 2\ \text{m}) = 2 \cdot 7\ \text{m} = 14\ \text{m}$$

Die Formel für die Fläche eines Rechtecks lautet:

$$A = l \cdot b$$

Um die Fläche desselben Rechtecks zu bestimmen, berechnen Sie:

$$A = 5\ \text{m} \cdot 2\ \text{m} = 10\ \text{m}^2$$

Mit Rauten rechnen

Wie beim Quadrat stellen Sie die Seite einer Raute mit s dar. Ein weiteres wichtiges Maß für eine Raute ist die *Höhe*. Die Höhe einer Raute (kurz h) ist der kürzeste Abstand von einer Seite zur entgegengesetzten Seite. In Abbildung 16.15 ist $s = 4$ cm und $h = 2$ cm.

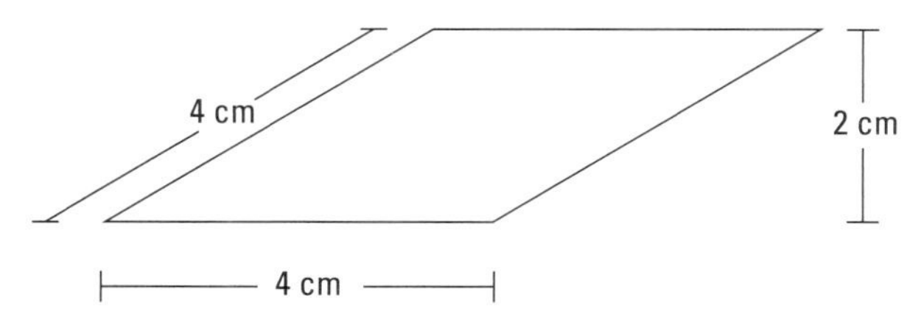

Abbildung 16.15: Messung einer Raute

Die Formel für den Umfang einer Raute ist dieselbe wie für ein Quadrat:

$$U = 4 \cdot s$$

Und so berechnen Sie den Umfang einer Raute mit der Seitenlänge 4 cm:

$$U = 4 \cdot 4 \text{ cm} = 16 \text{ cm}$$

Um die Fläche einer Raute zu bestimmen, benötigen Sie die Seitenlänge und die Höhe. Hier die Formel:

$$A = s \cdot h$$

Und so bestimmen Sie die Fläche einer Raute mit einer Seitenlänge von 4 cm und einer Höhe von 2 cm:

$$A = 4 \text{ cm} \cdot 2 \text{ cm} = 8 \text{ cm}^2$$

8 cm^2 wird als »8 Quadratzentimeter« und seltener auch als »8 Zentimeter zum Quadrat« gelesen.

Parallelogramme messen

Von den vier Seiten (s) eines Parallelogramms können jeweils zwei gegenüberliegende Seiten die Basis (b) bilden. Und wie bei Rauten ist ein weiteres wichtiges Maß für ein Parallelogramm seine Höhe (h), nämlich der kürzeste Abstand zwischen seinen Basislinien. Das Parallelogramm in Abbildung 16.16 hat drei Maße: $b = 6$ cm, $s = 3$ cm und $h = 2$ cm.

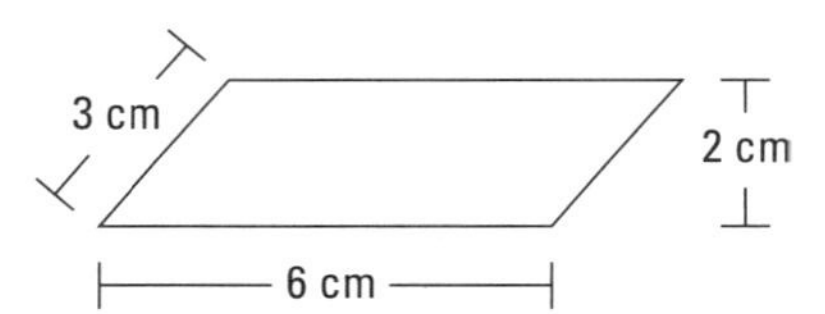

Abbildung 16.16: Maße eines Parallelogramms

Jedes Parallelogramm hat zwei gleiche Basislinien und zwei gleiche Seiten. Hier die Formel für den Umfang eines Parallelogramms:

$$U = 2 \cdot (b + s)$$

Um den Umfang des Parallelogramms aus diesem Abschnitt zu berechnen, setzen Sie einfach die Maße für die Basislinien und die Seiten ein:

$$U = 2 \cdot (6 \text{ cm} + 3 \text{ cm}) = 2 \cdot 9 \text{ cm} = 18 \text{ cm}$$

Und hier die Formel für die Fläche des Parallelogramms:

$$A = b \cdot h$$

Die Fläche desselben Parallelogramms wird wie folgt berechnet:

$$A = 6 \text{ cm} \cdot 2 \text{ cm} = 12 \text{ cm}^2$$

Trapeze messen

Die parallelen Seiten eines Trapezes werden als seine Basislinien bezeichnet. Weil diese Basislinien unterschiedliche Längen haben, sprechen wir von b_1 und b_2. Die Höhe (h) des Trapezes ist der kürzeste Abstand zwischen den Grundlinien. Das Trapez in Abbildung 16.17 hat die Maße $b_1 = 2$ cm, $b_2 = 3$ cm und $h = 2$ cm.

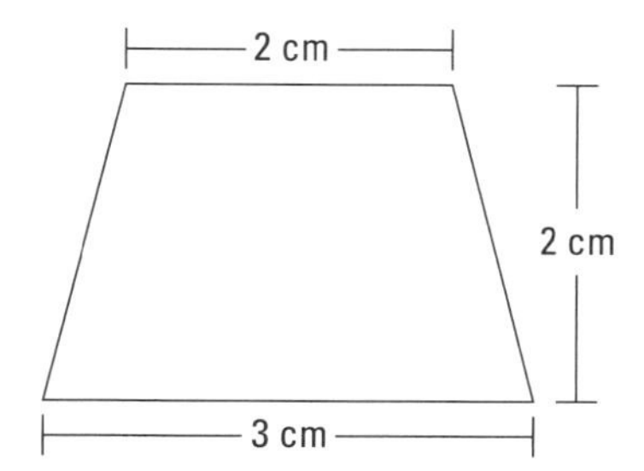

Abbildung 16.17: Maße eines Trapezes

Weil ein Trapez vier Seiten unterschiedlicher Länge haben kann, gibt es keine spezielle Formel für die Bestimmung seines Umfangs. Sie addieren einfach nur die Seitenlängen für die Lösung.

Die Formel für die Fläche eines Trapezes lautet:

$$A = \frac{1}{2} \cdot (b_1 + b_2) \cdot h$$

Um die Fläche des hier dargestellten Trapezes zu bestimmen, berechnen Sie also:

$$\begin{aligned} A &= \frac{1}{2} \cdot (2\text{ cm} + 3\text{ cm}) \cdot 2\text{ cm} \\ &= \frac{1}{2} \cdot 5\text{ cm} \cdot 2\text{ cm} \\ &= \frac{1}{2} \cdot 10\text{ cm}^2 = 5\text{ cm}^2 \end{aligned}$$

Hinweis: Aufgrund der Assoziativeigenschaft (siehe Kapitel 4) können Sie 5 cm · 2 cm multiplizieren, bevor Sie mit ½ multiplizieren.

Weiter in den Raum: In drei Dimensionen messen

Für die dritte Dimension müssen die Konzepte im Hinblick auf Umfang und Fläche etwas angepasst werden.

Sie wissen, dass in 2D der Umfang einer Figur die Länge seines Umrisses ist, und die Fläche einer Figur die Größe dessen, was sich innerhalb der Figur befindet. In 3D ist der Umriss eines Körpers die *Oberfläche*, und das, was sich innerhalb des Körpers befindet, ist sein *Volumen*.

Die *Oberfläche* eines Körpers ist ein Maß für die Größe seiner Außenseite, sie wird in Quadrateinheiten, wie etwa Quadratzentimetern (cm^2), Quadratmetern (m^2) und so weiter angegeben. Das *Volumen* (*V*) eines Körpers ist ein Maß für den Raum, den er einnimmt, es wird in Kubikeinheiten, wie etwa Kubikzentimetern (cm^3), Kubikmetern (m^3) und so weiter bestimmt. (Weitere Informationen über Maße finden Sie in Kapitel 15.)

Sie bestimmen die Oberfläche eines Polyeders (Körper, dessen Seiten durch Polygone gebildet werden – siehe den Abschnitt »Die vielen Gesichter der Polyeder« weiter vorn in diesem Kapitel), indem Sie die Flächen seiner Seiten addieren. Entsprechende Formeln haben Sie in den vorherigen Abschnitten kennengelernt. In den meisten anderen Fällen müssen Sie die Formel für die Bestimmung der Oberfläche eines Körpers nicht kennen. (Die Namen von Körpern finden Sie im Abschnitt »Die nächste Dimension: Körpergeometrie« weiter vorn in diesem Kapitel.)

Die Bestimmung des Volumens von Körpern ist etwas, was Mathematiker lieben. Und Sie sollten wissen, wie man dabei vorgeht. In den nächsten Abschnitten zeige ich Ihnen Formeln, mit denen Sie die Volumen verschiedener Körper berechnen.

Kugeln

Der *Mittelpunkt* einer Kugel ist der Punkt, der von jedem Punkt auf der Kugeloberfläche denselben Abstand hat. Dieser Abstand wird als *Radius* (*r*) der Kugel bezeichnet. Wenn Sie den Radius einer Kugel kennen, berechnen Sie ihr Volumen nach der folgenden Formel:

$$V = \frac{4}{3} \cdot \pi \cdot r^3$$

Weil diese Formel π (ungefähr 3,14) enthält, erhalten Sie auch für das Volumen lediglich eine Annäherung. Nachfolgend berechnen Sie näherungsweise das Volumen einer Kugel mit einem Radius von 4 cm:

$$\begin{aligned} V &\approx \frac{4}{3} \cdot 3{,}14 \cdot (4\ \text{cm})^3 \\ &\approx \frac{4}{3} \cdot 3{,}14 \cdot 64\ \text{cm}^3 \\ &\approx 267{,}95\ \text{cm}^3 \end{aligned}$$

Würfel

Das wichtigste Maß bei einem Würfel ist seine Seitenlänge (*s*). Mithilfe dieses Maßes können Sie das Volumen eines Würfels anhand der folgenden Formel berechnen:

$$V = s^3$$

Beträgt die Seitenlänge eines Würfels also 5 m, berechnen Sie sein Volumen wie folgt:

$$V = (5\ \text{m})^3 = 5\ \text{m} \cdot 5\ \text{m} \cdot 5\ \text{m} = 125\ \text{m}^3$$

Sie lesen 125 m^3 als *125 Kubikmeter* oder seltener als *125 Meter hoch 3.*

Quader (rechteckige Körper)

Die drei Maße eines Quaders (oder rechteckigen Körpers) sind seine Länge (l), seine Breite (b) und seine Höhe (h). Der Quader in Abbildung 16.18 hat die folgenden Maße: $l = 4$ m, $b = 3$ m und $h = 2$ m.

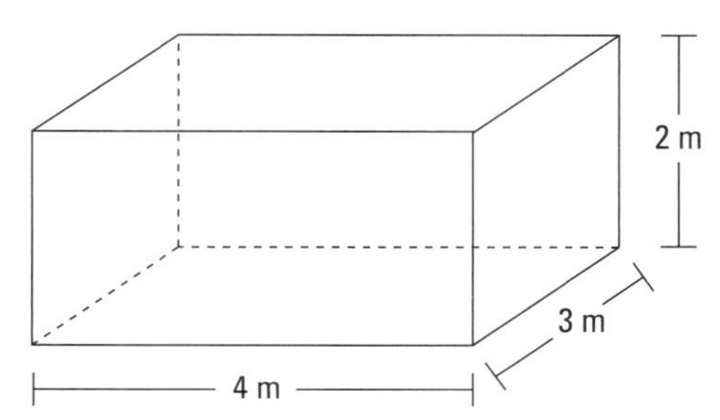

Abbildung 16.18: Maße eines Quaders

Sie bestimmen das Volumen eines Quaders anhand der folgenden Formel:

$$V = l \cdot b \cdot h$$

Für das Volumen des hier abgebildeten Quaders gilt also:

$$V = 4\ \text{m} \cdot 3\ \text{m} \cdot 2\ \text{m} = 24\ \text{m}^3$$

Prismen

Die Bestimmung des Volumens eines Prismas (siehe Abbildung 16.7) ist einfach, wenn Sie zwei Maße haben. Eines dieser Maße ist die Höhe (h) des Prismas. Das zweite ist die *Grundfläche* (A_b). Die Grundfläche ist das Polygon, das sich vertikal aus der Ebene erhebt. (Im Abschnitt »2D: Messen in der Ebene« weiter vorn in diesem Kapitel habe ich Ihnen gezeigt, wie Sie die Fläche verschiedener Figuren bestimmen.)

Hier die Formel für die Bestimmung des Volumens eines Prismas:

$$V = A_b \cdot h$$

Angenommen, ein Prisma hat eine Basis mit einer Fläche von 5 cm^2 und eine Höhe von 3 cm. So bestimmen Sie sein Volumen:

$$V = 5\ \text{cm}^2 \cdot 3\ \text{cm} = 15\ \text{cm}^3$$

Beachten Sie, dass auch die Maßeinheiten (cm^2 und cm) multipliziert werden, woraus sich schließlich cm^3 ergeben.

Zylinder

Das Volumen von Zylindern wird auf dieselbe Weise berechnet wie das Volumen von Prismen – Sie multiplizieren die Grundfläche (A_b) mit der Höhe des Zylinders (h):

$$V = A_b \cdot h$$

Angenommen, Sie wollen das Volumen eines Zylinders berechnen, der 4 cm hoch ist und dessen Basis ein Kreis mit einem Radius von 2 cm bildet. Zuerst bestimmen Sie die Grundfläche unter Anwendung der Formel für die Kreisfläche:

$A_b = \pi \cdot r^2$

- ✓ $\approx 3{,}14 \cdot (2\text{ cm})^{-2}$
- ✓ $= 3{,}14 \cdot 4\text{ cm}^2$
- ✓ $= 12{,}56\text{ cm}^2$

Diese Fläche ist *angenähert*, weil 3,14 als gerundeter Wert für π verwendet wird.

Nun verwenden Sie diese Fläche, um das Volumen des Zylinders zu bestimmen:

$V \approx 12{,}56\text{ cm}^2 \cdot 4\text{ cm} = 50{,}24\text{ cm}^3$

Beachten Sie, dass durch die Multiplikation von Quadratzentimetern (cm^2) mit Zentimetern ein Ergebnis in Kubikzentimetern (cm^3) entsteht.

Pyramiden und Kegel

Die beiden wichtigsten Maße für Pyramiden und Kegel sind dieselben wie für Prismen und Zylinder (siehe vorhergehende Abschnitte): die Höhe (h) und die Grundfläche (A_b). Hier die Formel für das Volumen einer Pyramide oder eines Kegels:

$$V = \frac{1}{3}(A_b \cdot h)$$

Angenommen, Sie wollen das Volumen einer kegelförmigen Eiswaffel berechnen, die 4 cm hoch ist, und die eine Grundfläche von 3 cm^2 hat. Dazu rechnen Sie wie folgt:

$$\begin{aligned} V &= \frac{1}{3}\,(3\text{ cm}^2 \cdot 4\text{ cm}) \\ &= \frac{1}{3}\,(12\text{ cm}^3) \\ &= 4\text{ cm}^3 \end{aligned}$$

Nun nehmen wir an, Sie wollen das Volumen einer Pyramide in Ägypten berechnen, die 60 m hoch ist und eine Seitenlänge von je 50 m aufweist. Zuerst bestimmen Sie die Grundfläche, indem Sie die Formel für die Fläche eines Quadrats aus dem Abschnitt »2D: Messen in der Ebene« anwenden:

$A_b = s^2 = (50\text{ m})^{-2} = 2.500\text{ m}^2$

Nun berechnen Sie unter Verwendung dieser Fläche das Volumen der Pyramide:

$$V = \frac{1}{3}(2500\text{ m}^2 \cdot 60\text{ m})$$

$$V = \frac{1}{3}(150000\text{ m}^3)$$

$$V = 50000\text{ m}^3$$

Sehen ist glauben: Graphen als visuelles Werkzeug

17

In diesem Kapitel ...

- Balkendiagramme, Tortendiagramme und Liniendiagramme lesen
- Das kartesische Koordinatensystem verstehen
- Punkte und Linien in einen Graphen eintragen
- Aufgaben unter Verwendung von Graphen lösen

Ein *Graph* ist ein visuelles Werkzeug für die Anordnung und Präsentation von Informationen über Zahlen. Die meisten Schüler finden Graphen relativ einfach, weil sie statt einem Haufen Zahlen ein Bild bieten, mit dem sie arbeiten können. Aufgrund ihrer Einfachheit werden Graphen oft in Zeitungen, Magazinen und Geschäftsberichten eingesetzt, und auch überall dort, wo eine klare visuelle Kommunikation wichtig ist.

In diesem Kapitel stelle ich Ihnen drei allgemeine Graphenstile vor: das Balkendiagramm, das Tortendiagramm und das Liniendiagramm. Ich zeige Ihnen, wie diese Graphen gelesen werden müssen, um die darin enthaltenen Informationen zu verstehen. Außerdem zeige ich Ihnen die Fragen, die man dazu stellen kann.

Im übrigen Kapitel geht es um das wichtigste Hilfsmittel zum Erstellen mathematischer Graphen: das kartesische Koordinatensystem. Dieses System ist so gebräuchlich, dass Mathematiker fast immer dieses meinen, wenn sie über Graphen sprechen. Ich zeige Ihnen die verschiedenen Bestandteile des Koordinatensystems und die Methode wie Punkte und Linien eingetragen werden. Zum Schluss erfahren Sie, wie Sie mithilfe eines Graphen mathematische Aufgaben lösen können.

Die drei wichtigsten Graphenstile

In diesem Abschnitt führe ich Ihnen vor, wie Sie drei Graphenstile lesen und verstehen: das Balkendiagramm, das Tortendiagramm und das Liniendiagramm. Dies sind nicht die einzigen Graphentypen, die es gibt, aber sie sind sehr gebräuchlich. Wenn Sie diese Typen verstanden haben, werden Sie auch alle anderen Graphentypen leichter lesen können.

Jeder dieser Graphenstile hat eine spezielle Funktion:

- ✓ Das Balkendiagramm ist am besten dafür geeignet, voneinander unabhängige Zahlen darzustellen.
- ✓ Das Tortendiagramm ermöglicht zu zeigen, wie ein Ganzes in Teile aufgeteilt wird.
- ✓ Das Liniendiagramm verdeutlicht, wie sich Zahlen im Laufe der Zeit ändern.

Balkendiagramm

Ein *Balkendiagramm* bietet eine einfache Möglichkeit, Zahlen oder Werte zu vergleichen. Abbildung 17.1 beispielsweise zeigt ein Balkendiagramm, das die Leistung von fünf Trainern in einem Fitnesscenter beschreibt.

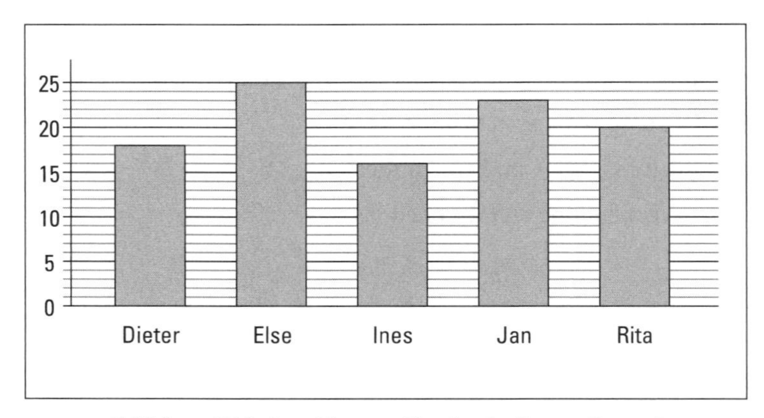

Abbildung 17.1: Anzahl neuer Kunden in diesem Quartal

Wie Sie aus der Bildunterschrift erkennen, zeigt dieser Graph, wie viele neue Kunden jeder Trainer in diesem Quartal angeworben hat. Der Vorteil bei einem solchen Graphen liegt darin, dass Sie auf den ersten Blick erkennen, dass beispielsweise Else die meisten neuen Kunden hat, während Ines die wenigsten hat. Das Balkendiagramm bietet eine praktische Möglichkeit, voneinander unabhängige Zahlen darzustellen. Wenn beispielsweise Ines einen neuen Kunden anwirbt, beeinflusst das nicht unbedingt die Leistung der anderen Trainer.

Das Lesen eines Balkendiagramms ist ganz einfach, wenn Sie sich erst daran gewöhnt haben. Hier einige typische Fragen, die man zu dem Balkendiagramm in Abbildung 17.1 stellen könnte:

- ✓ **Einzelwerte:** *Wie viele neue Kunden hat Jan?* Finden Sie den Balken, der die Kunden von Jan darstellt, und Sie stellen fest, dass er 23 neue Kunden hat.
- ✓ **Wertedifferenzen:** *Wie viele Kunden hat Rita mehr als Dieter?* Sie sehen, dass Rita 20 neue Kunden hat, und Dieter 18, Rita hat also zwei neue Kunden mehr.
- ✓ **Summen:** *Wie viele Kunden haben die drei Frauen zusammen*? Die drei Frauen – Else, Ines und Rita – haben 25, 16 und 20 neue Kunden, also insgesamt 61.

Tortendiagramm

Ein *Tortendiagramm*, das wie ein unterteilter Kreis aussieht, zeigt Ihnen, wie ein ganzes Objekt in einzelne Teile zerlegt ist. Tortendiagramme werden häufig verwendet, um Prozentwerte darzustellen. Abbildung 17.2 beispielsweise zeigt ein Tortendiagramm, das die monatlichen Ausgaben von Maria darstellt.

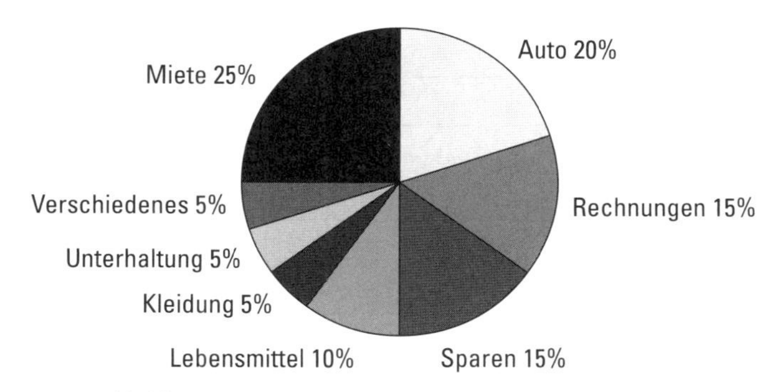

Abbildung 17.2: Die monatlichen Ausgaben von Maria

Sie sehen auf den ersten Blick, dass Maria einen Großteil für Miete ausgibt und dass der zweite große Posten das Auto ist. Anders als das Balkendiagramm zeigt das Tortendiagramm Zahlen, die voneinander abhängig sind. Steigt beispielsweise die Miete auf 30 %, muss sie ihre Ausgaben in mindestens einem anderen Bereich einschränken.

Hier einige typische Fragen, die zu einem Tortendiagramm gestellt werden können:

- ✓ **Einzelne Prozentwerte:** *Wie viel Prozent gibt Maria monatlich für Lebensmittel aus?* Sie suchen das Segment, das die Ausgaben von Maria für Lebensmittel darstellt, und erkennen, dass sie 10 % ihres Einkommens für Lebensmittel ausgibt.
- ✓ **Differenzen in den Prozentwerten:** *Wie viel Prozent mehr gibt sie für ihr Auto im Vergleich zur Unterhaltung aus?* Maria gibt 20 % für ihr Auto aus, aber nur 5 % für Unterhaltung, die Differenz zwischen diesen beiden Prozentzahlen liegt also bei 15 %.
- ✓ **Wie viel Euro ein Prozent darstellt:** *Wenn Maria im Monat 2.000 Euro verdient, wie viel spart sie dann jeden Monat?* Maria spart jeden Monat 15 %. Sie müssen also 15 % von 2.000 Euro ausrechnen. Mit Ihren Kenntnissen aus Kapitel 12 lösen Sie diese Aufgabe indem Sie 15 % in einen Dezimalwert umwandeln und dann multiplizieren:

  $0{,}15 \cdot 2.000 = 300$

  Maria spart also jeden Monat 300 Euro.

Liniendiagramm

Die gebräuchlichste Verwendung eines *Liniendiagramms* ist die Darstellung der Veränderung von Werten im Laufe der Zeit. Abbildung 17.3 ist ein Liniendiagramm, das die Verkaufszahlen für den Gemüseladen von Lisa im letzten Jahr zeigt.

Das Liniendiagramm zeigt eine Entwicklung in einem Zeitraum. Auf den ersten Blick erkennen Sie, dass die Geschäfte von Lisa zu Jahresbeginn stark angestiegen sind, im Sommer abgenommen haben, im Herbst wieder gestiegen sind und im Dezember dann wieder abgenommen haben.

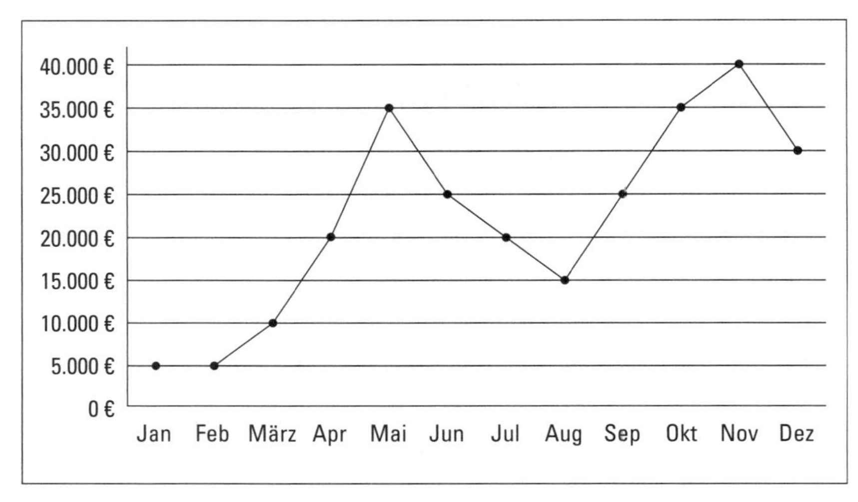

Abbildung 17.3: Bruttoeinnahmen des Gemüseladens von Lisa

Hier einige typische Fragen, die Sie mithilfe eines Liniendiagramms beantworten können:

- **Höchst- oder Tiefstwerte und ihr zeitliches Auftreten:** *In welchem Monat hat Lisa am meisten verdient, und wie viel?* Beachten Sie, dass der höchste Punkt im Graphen im November liegt, als Lisa 40.000 Euro eingenommen hat.
- **Gesamtsumme über eine Zeitdauer:** *Wie viel hat sie im letzten Quartal verdient?* Ein Quartal sind drei Monate, das letzte Quartal sind also die letzten drei Monate des Jahres. Lisa hat 35.000 Euro im Oktober, 40.000 Euro im November und 30.000 Euro im Dezember verdient; ihre Gesamteinnahmen für das letzte Quartal betragen also insgesamt 105.000 Euro.
- **Größte Änderung:** *In welchem Monat hat ihr Geschäft den höchsten Gewinn im Vergleich zum Vormonat gemacht?* Sie wollen das Liniensegment im Graphen mit der steilsten Steigung bestimmen. Diese Steigung ist zwischen April und Mai aufgetreten, als die Einnahmen von Lisa um 15.000 Euro zugenommen haben; ihr Geschäft hatte also im Mai den höchsten Gewinn.

Kartesische Koordinaten

Wenn die Mathematiker über einen Graphen sprechen, dann befindet er sich meistens in einem *kartesischen Koordinatensystem*, wie in Abbildung 17.4 gezeigt. In Kapitel 25 erfahren Sie, warum ich dieses Koordinatensystem für eine der zehn bedeutendsten mathematischen Erfindungen aller Zeiten halte. Sie werden noch viel von diesem Koordinatensystem hören, wenn Sie sich mit Algebra beschäftigen, deshalb sollten Sie sich bereits jetzt damit vertraut machen.

Ein kartesisches Koordinatensystem besteht letztlich aus zwei Zahlenstrahlen, die sich an der 0 schneiden. Diese Zahlenstrahlen werden als *horizontale Achse* (auch x-Achse) und *vertikale Achse* (auch y-Achse) bezeichnet. Die Stelle, an der sich diese beiden Achsen schneiden, ist der *Ursprung*.

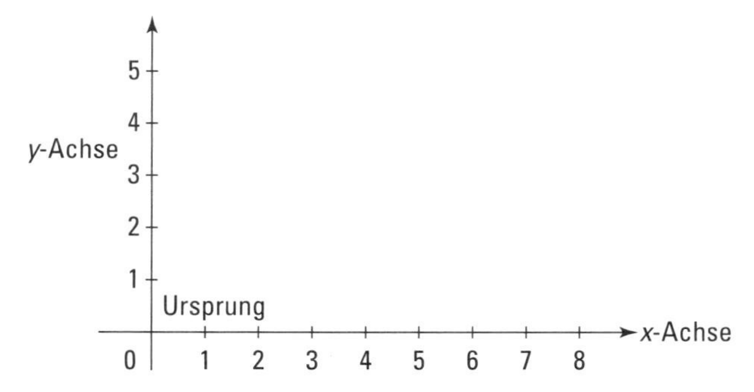

Abbildung 17.4: Ein kartesisches Koordinatensystem besteht aus einer horizontalen und einer vertikalen Achse, die sich am Ursprung (0, 0) schneiden.

Punkte in ein kartesisches Koordinatensystem eintragen

Das *Eintragen von Punkten* (sie finden und ihre Position markieren) ist nicht sehr viel komplizierter, als einen Punkt auf dem Zahlenstrahl zu finden, weil ein Koordinatensystem letztlich aus zwei kombinierten Zahlenstrahlen besteht. (Weitere Informationen zum Zahlenstrahl finden Sie in Kapitel 1.)

Jeder Punkt in einem kartesischen Koordinatensystem wird durch zwei Zahlen in Klammern dargestellt, die durch ein Komma voneinander getrennt sind. Man spricht auch von einem *Koordinatenpaar*. Um einen Punkt einzutragen, beginnen Sie am Ursprung, an dem sich die beiden Achsen schneiden. Die erste Zahl gibt an, wie weit Sie entlang der horizontalen Achse nach rechts (für einen positiven Wert) oder links (für einen negativen Wert) gehen müssen. Die zweite Zahl gibt an, wie weit Sie entlang der vertikalen Achse nach oben (für einen positiven Wert) oder nach unten (für einen negativen Wert) gehen müssen.

Nachfolgend die Koordinaten für vier Punkte A, B, C und D:

$A = (2, 3)$ $B = (-4, 1)$ $C = (0, -5)$ $D = (6, 0)$

Abbildung 17.5 zeigt ein Koordinatensystem mit diesen vier Punkten. Beginnen Sie am Ursprung, (0, 0). Um den Punkt A einzutragen, zählen Sie zwei Stellen nach rechts und drei Stellen nach oben. Um den Punkt B einzutragen, zählen Sie vier Stellen nach links (in die negative Richtung) und eine Stelle nach oben. Um den Punkt C einzutragen, zählen Sie null Stellen nach rechts oder links und fünf Stellen nach unten (in die negative Richtung). Um den Punkt D einzutragen, zählen Sie sechs Stellen nach rechts und null Stellen nach unten oder oben.

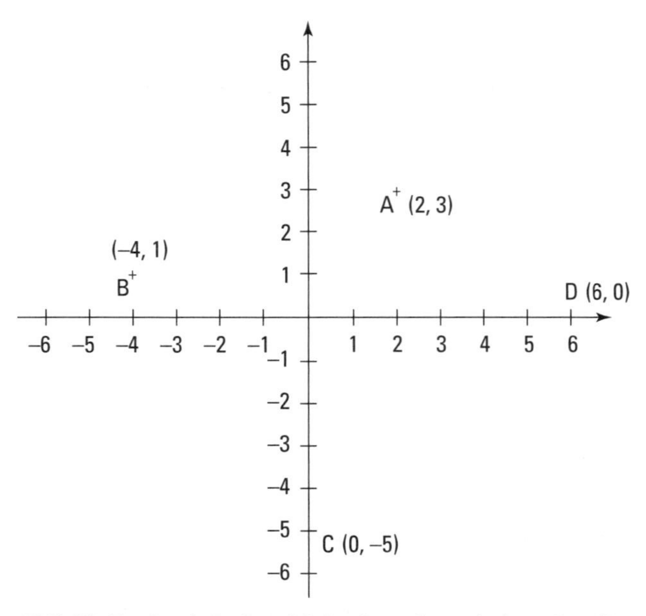

Abbildung 17.5: Die Punkte A, B, C und D in einem kartesischen Koordinatensystem

Geraden in einem kartesischen Koordinatensystem zeichnen

Nachdem Sie verstanden haben, wie Punkte in einem Koordinatensystem dargestellt werden (siehe vorherigen Abschnitt), können Sie anfangen, Geraden zu zeichnen, und mit ihrer Hilfe mathematische Zusammenhänge aufzeigen.

Die Beispiele in diesem Abschnitt konzentrieren sich auf den Eurobetrag, den zwei Personen, Xaver und Yvonne, mit sich tragen. Die horizontale Achse stellt das Geld von Xaver dar, die vertikale Achse das Geld von Yvonne. Angenommen, Sie wollen eine Gerade zeichnen, die die folgende Aussage repräsentiert:

> Xaver hat 1 Euro mehr als Yvonne.

Dazu legen Sie eine Tabelle an:

Xaver	1	2	3	4	5
Yvonne					

Nun füllen Sie alle Zellen der Tabelle für Yvonne aus, wobei Sie jeweils von dem darüber stehenden Betrag von Xaver ausgehen. Hat Xaver beispielsweise 1 Euro, dann hat Yvonne 0 Euro. Und wenn Xaver 2 Euro hat, dann hat Yvonne 1 Euro. Setzen Sie dies fort, bis Ihre Tabelle wie folgt aussieht:

Xaver	1	2	3	4	5
Yvonne	0	1	2	3	4

Jetzt haben Sie fünf Punktepaare, die Sie in Ihrem Koordinatensystem als (Xaver, Yvonne) darstellen können: (1, 0), (2, 1), (3, 2), (4, 3) und (5, 4). Anschließend zeichnen Sie eine Gerade durch diese Punkte, wie in Abbildung 17.6 gezeigt.

Diese Gerade in dem Koordinatensystem stellt alle möglichen Betragspaare für Xaver und Yvonne dar. Beachten Sie beispielsweise, dass sich der Punkt (6, 5) auf der Geraden befindet. Dieser Punkt stellt die Situation dar, dass Xaver 6 Euro hat und Yvonne 5 Euro.

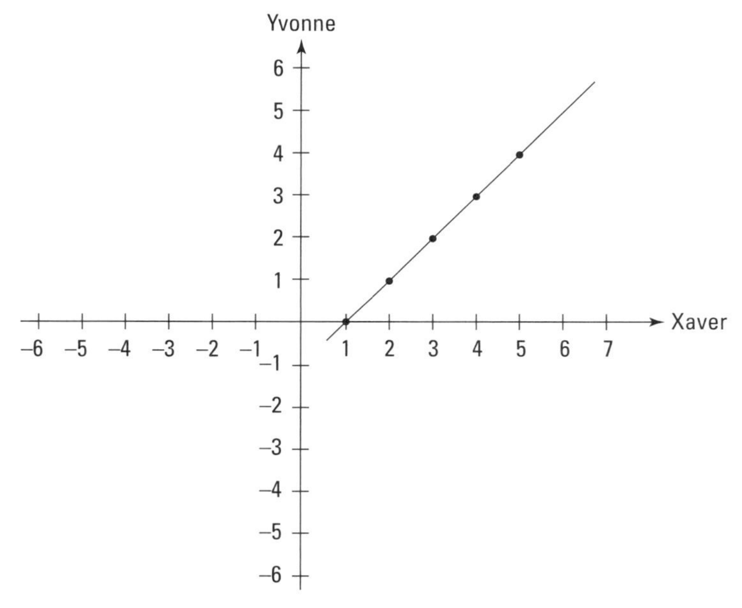

Abbildung 17.6: Alle möglichen Geldbeträge von Xaver und Yvonne, wenn Xaver jeweils 1 Euro mehr als Yvonne hat

Und jetzt ein etwas komplizierteres Beispiel:

Yvonne hat 3 Euro mehr als den doppelten Betrag von Xaver.

Sie legen wieder die Tabelle an:

Xaver	1	2	3	4	5
Yvonne					

Nun füllen Sie die Tabelle aus, indem Sie davon ausgehen, dass Xaver einen bestimmten Geldbetrag hat, und dann berechnen, wie viel Geld Yvonne in diesem Fall hätte. Hat Xaver beispielsweise 1 Euro, dann ist das Doppelte dieses Betrags 2 Euro, und weil Yvonne 3 Euro mehr hat als das Doppelte, ergeben sich 5 Euro. Und wenn Xaver 2 Euro hat, dann ist der doppelte Betrag gleich 4 Euro, und 3 Euro mehr sind 7 Euro. Setzen Sie die Tabelle auf diese Weise fort.

Xaver	1	2	3	4	5
Yvonne	5	7	9	11	13

Nun tragen Sie diese fünf Punkte im Koordinatensystem ein und zeichnen eine Gerade durch sie, wie in Abbildung 17.7 gezeigt.

Wie in den anderen Beispielen stellt dieser Graph mögliche Geldbeträge dar, die Xaver und Yvonne besitzen können. Wenn Xaver beispielsweise 7 Euro hat, dann hat Yvonne 17 Euro.

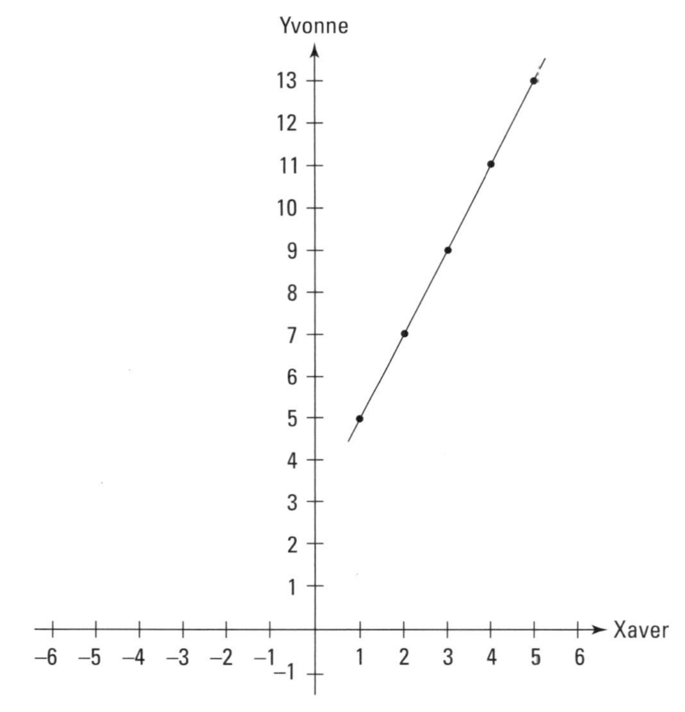

Abbildung 17.7: Alle möglichen Geldbeträge von Xaver und Yvonne, wenn Yvonne 3 Euro mehr als den doppelten Betrag von Xaver hat

Aufgaben mithilfe von kartesischen Koordinaten lösen

Nachdem Sie verstanden haben, wie man Punkte einträgt und Geraden zeichnet, können Sie mithilfe von Graphen verschiedene Arten mathematischer Aufgabenstellungen lösen. Wenn Sie zwei Geraden zeichnen, die unterschiedliche Teile einer Textaufgabe darstellen, ist der Punkt, an dem sich die Geraden schneiden (an dem sie sich kreuzen) Ihre Lösung.

Ein Beispiel:

> Jakob ist genau 5 Jahre jünger als Adele, und zusammen sind sie jetzt 15 Jahre alt. Wie alt sind Jakob und Adele?

Um diese Aufgabe zu lösen, legen Sie als Erstes eine Tabelle an, um zu zeigen, dass Jakob 5 Jahre jünger als Adele ist:

Jakob	1	2	3	4	5
Adele	6	7	8	9	10

Anschließend legen Sie eine weitere Tabelle an, die zeigt, dass die beiden Kinder zusammen 15 Jahre alt sind:

Jakob	1	2	3	4	5
Adele	14	13	12	11	10

Nun tragen Sie beide Geraden in ein Koordinatensystem ein (siehe Abbildung 17.8), wobei die horizontale Achse das Alter von Jakob darstellt, und die vertikale Achse das Alter von Adele. Beachten Sie, dass sich die beiden Achsen an dem Punkt schneiden, an dem Jakob 5 und Adele 10 sind, womit Sie die Lösung für das Alter der beiden Kinder haben.

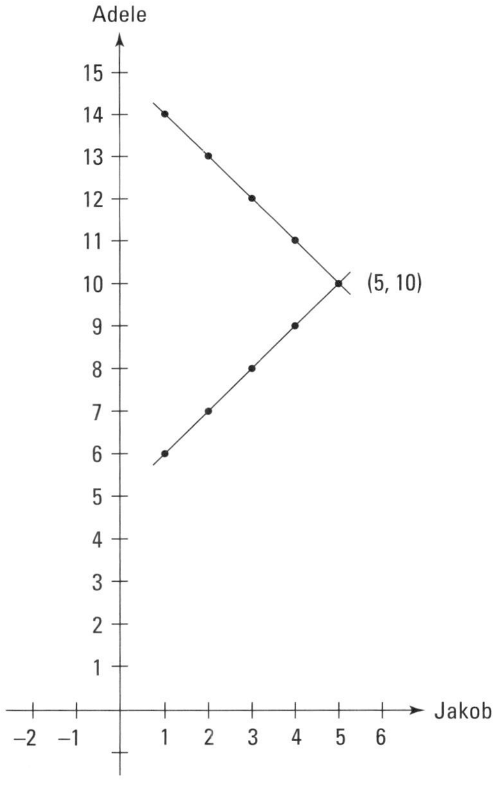

Abbildung 17.8: Beide Geraden in einem Koordinatensystem

Textaufgaben mit Geometrie und Maßen lösen

18

In diesem Kapitel ...

- Maßprobleme mithilfe von Umrechnungsketten lösen
- Mit einem Bild Geometrieaufgaben lösen

In diesem Kapitel konzentriere ich mich auf zwei wichtige Arten von Textaufgaben: Maßaufgaben und Geometrieaufgaben. In einer Textaufgabe mit Maßen werden Sie häufig aufgefordert, eine Umrechnung von einer Einheit in eine andere vorzunehmen. Manchmal hat man keine Umrechnungsgleichung parat, um diese Art Aufgabe direkt zu lösen, deshalb müssen Sie eine Umrechnungskette einrichten, die ich weiter hinten in diesem Kapitel genauer beschreibe.

Ein weiterer gebräuchlicher Aufgabentyp bezieht sich auf die geometrischen Formeln, die ich in Kapitel 16 vorgestellt habe. Manchmal erhalten Sie in einer Textaufgabe in der Geometrie eine Abbildung, mit der Sie arbeiten können. In anderen Fällen müssen Sie das Bild selbst zeichnen, nachdem Sie die Aufgabe sorgfältig durchgelesen haben. Nachfolgend vermittle ich Ihnen ein bisschen Übung mit beiden Aufgabentypen.

Der Kettentrick: Maßaufgaben mithilfe von Umrechnungsketten lösen

In Kapitel 15 haben Sie verschiedene grundlegende Umrechnungsformeln für die Umrechnung von Maßeinheiten kennengelernt. Außerdem habe ich Ihnen gezeigt, wie diese Gleichungen in Umrechnungsfaktoren umgewandelt werden können – Brüche, die Sie nutzen können, um Einheiten umzurechnen. Diese Information ist ganz praktisch, dort wo sie angewendet werden kann, aber man hat nicht immer eine Gleichung für die exakte Umrechnung parat, die man gerade durchführen will. Wie rechnen Sie beispielsweise Jahre in Sekunden um?

Für komplexere Umrechnungsaufgaben ist die Umrechnungskette ein sinnvolles Werkzeug. Eine *Umrechnungskette* verknüpft eine Folge von Einheitenumrechnungen.

Eine kurze Kette einrichten

Die folgende Aufgabe zeigt, wie Sie eine kurze Umrechnungskette einrichten, um eine Umrechnung vorzunehmen, für die Sie keine spezielle Gleichung finden:

> Die Verkäufer beim Erdbeer-Festival verkaufen 7 Tonnen Erdbeeren an einem Wochenende. Wie vielen Portionen zu 100 g entspricht das?

Sie haben keine Gleichung, um Tonnen direkt in Portionen zu je 100 Gramm umzurechnen. Aber Sie können Tonnen in Kilogramm und Kilogramm in Portionen zu 100 Gramm umrechnen. Mithilfe dieser Gleichungen bauen Sie eine Brücke von einer Einheit zur anderen:

Tonnen → Kilogramm → 100-Gramm-Portion

Hier die beiden Gleichungen, die Sie verwenden könnten:

1 Tonne = 1.000 kg

1 kg = 10 Portionen

Um Tonnen in Kilogramm umzuwandeln, beachten Sie, dass die beiden folgenden Brüche gleich 1 sind, weil der Zähler (obere Zahl) gleich dem Nenner (untere Zahl) ist:

$$\frac{1 \text{ Tonne}}{1000 \text{ kg}} \quad \text{oder} \quad \frac{1000 \text{ kg}}{1 \text{ Tonne}}$$

Um Kilogramm in 100-Gramm-Portionen umzuwandeln, beachten Sie, dass die beiden folgenden Brüche gleich 1 sind:

$$\frac{1 \text{ kg}}{10 \text{ Portionen}} \quad \text{oder} \quad \frac{10 \text{ Portionen}}{1 \text{ kg}}$$

Diese Umformung könnten Sie in zwei Schritten vornehmen. Aber wenn Sie das Konzept verstehen, können Sie auch eine Umrechnungskette einrichten. Um dieses Konzept zu verdeutlichen, betrachten Sie, wie Sie von Tonnen zu 100-Gramm-Portionen gelangen:

Tonnen → Kilogramm → 100-Gramm-Portion

Sie richten also eine Umrechnungskette ein, die 7 Tonnen in Kilogramm und dann in Portionen umwandelt. Weil die Tonnen bereits oben stehen, verwenden Sie den Tonnen-Kilogramm-Bruch, der *Tonnen* im Nenner hat. Und weil dieser Bruch Kilogramm im Zähler hat, verwenden Sie den Kilogramm-Portionen-Bruch, der die Kilogramm im Nenner hat:

$$\frac{7 \text{ Tonnen}}{1} \cdot \frac{1000 \text{ kg}}{1 \text{ Tonne}} \cdot \frac{10 \text{ Portionen}}{1 \text{ kg}}$$

Jetzt können Sie Tonne und Kilogramm kürzen und erhalten einen Wert für die 100-Gramm-Portionen:

$$\frac{7 \not{\text{Tonnen}}}{1} \cdot \frac{1000 \not{\text{kg}}}{1 \not{\text{Tonne}}} \cdot \frac{10 \text{ Portionen}}{1 \not{\text{kg}}}$$

Wenn sich die Einheiten nicht korrekt kürzen lassen, haben Sie möglicherweise bei der Einrichtung der Kette einen Fehler gemacht. Vertauschen Sie Zähler und Nenner von einem oder mehreren Brüchen, bis sich die Einheiten so kürzen, wie Sie es brauchen.

Jetzt können Sie den Ausdruck vereinfachen:

= 70.000 Portionen zu je 100 g

Eine Umrechnungskette ändert nichts an dem *Wert* des Ausdrucks, sondern nur an den Maßeinheiten.

Mit mehr Verknüpfungen arbeiten

Nachdem Sie das grundlegende Konzept der Umrechnungsketten verstanden haben, können Sie beliebig lange Ketten einrichten, um umfangreichere Aufgaben einfacher zu lösen. Hier folgt ein weiteres Beispiel, das eine Umrechnungskette für die Zeit verwendet.

> Johanna ist heute genau 12 Jahre alt. Sie haben vergessen, ein Geschenk für sie zu besorgen, aber Sie können ihr Ihre mathematischen Fähigkeiten verehren – Sie berechnen neu, wie alt sie ist. Vorausgesetzt, ein Jahr hat genau 365 Tage, wie viele Sekunden ist Johanna dann alt?

Hier die Umrechnungsgleichungen, mit denen Sie in diesem Fall arbeiten müssen:

1 Jahr = 365 Tage

1 Tag = 24 Stunden

1 Stunde = 60 Minuten

1 Minute = 60 Sekunden

Um das Problem zu lösen, müssen Sie eine Brücke von den Jahren zu den Sekunden bauen:

Jahre → Tage → Stunden → Minuten → Sekunden

Sie richten also eine lange Umrechnungskette ein:

$$\frac{12\text{ Jahre}}{1} \cdot \frac{365\text{ Tage}}{1\text{ Jahr}} \cdot \frac{24\text{ Stunden}}{1\text{ Tag}} \cdot \frac{60\text{ Minuten}}{1\text{ Stunde}} \cdot \frac{60\text{ Sekunden}}{1\text{ Minute}}$$

Jetzt kürzen Sie alle Einheiten, die sowohl im Zähler als auch im Nenner vorkommen:

$$\frac{12\text{ }\cancel{\text{Jahre}}}{1} \cdot \frac{365\text{ }\cancel{\text{Tage}}}{1\text{ }\cancel{\text{Jahr}}} \cdot \frac{24\text{ }\cancel{\text{Stunden}}}{1\text{ }\cancel{\text{Tag}}} \cdot \frac{60\text{ }\cancel{\text{Minuten}}}{1\text{ }\cancel{\text{Stunde}}} \cdot \frac{60\text{ Sekunden}}{1\text{ }\cancel{\text{Minute}}}$$

Wenn Sie die Einheiten kürzen, achten Sie darauf, dass sich ein *diagonales* Muster ergibt: der Zähler (die obere Zahl) eines Bruchs kann gegen den Nenner (untere Zahl) des nächsten gekürzt werden und so weiter.

Nachdem sich die Nebel gelichtet haben, verbleibt Folgendes:

= 12 · 365 · 24 · 60 · 60 Sekunden

Dafür müssen Sie ein bisschen multiplizieren, aber die eigentliche Arbeit ist nicht mehr kompliziert:

= 378.432.000 Sekunden

Die Umrechnungskette von 12 Jahren zu 378.432.000 Sekunden ändert nicht den Wert des Ausdrucks, sondern nur die Maßeinheit.

Abrunden: Die Suche nach der kürzesten Antwort

Manchmal sind Messungen in der Praxis nicht ganz exakt. Würden Sie die Länge eines Fußballfeldes mit Ihrem guten alten Lineal messen, dann könnten Sie wahrscheinlich um einen oder zwei Zentimeter danebenliegen. Bei der Berechnung mit solchen Maßen erkennen Sie, dass die Angabe von unzähligen Dezimalstellen nicht sinnvoll ist, weil die Lösung nur näherungsweise anzugeben ist. Stattdessen sollten Sie Ihre Antwort auf die Stellen runden, die höchstwahrscheinlich korrekt sind. Hier eine Aufgabe, in der Sie genau das machen:

> Hedwig wiegt ihren neuen Hamster Piepsi und stellt fest, dass er 4 Unzen wiegt. Wie viel Gramm wiegt Piepsi, gerundet auf das nächste ganze Gramm?

Bei dieser Aufgabenstellung müssen Sie englische in metrische Einheiten umwandeln, deshalb brauchen Sie die folgende Umrechnungsgleichung:

1 Kilogramm ≈ 2,20 Pound

Beachten Sie, dass diese Umrechnungsgleichung nur Kilogramm und Pound enthält, in der Aufgabe aber von Unzen und Gramm gesprochen wird. Um also von Unzen in Pound umzurechnen und von Kilogramm in Gramm, verwenden Sie die folgenden Gleichungen, die Ihnen helfen, eine Brücke zwischen Unzen und Gramm zu bauen:

1 Pound = 16 Unzen

1 Kilogramm = 1.000 Gramm

Ihre Kette führt die folgenden Umrechnungen aus:

Unzen → Pound → Kilogramm → Gramm

Sie richten Ihren Ausdruck also wie folgt ein:

$$\frac{4\text{ Unzen}}{1}\cdot\frac{1\text{ Pound}}{16\text{ Unzen}}\cdot\frac{1\text{ kg}}{2{,}2\text{ Pound}}\cdot\frac{1.000\text{ g}}{1\text{ kg}}$$

Wie immer können Sie jetzt alle Einheiten kürzen, außer derjenigen, in die Sie umrechnen:

$$=\frac{4\,\cancel{\text{Unzen}}}{1}\cdot\frac{1\,\cancel{\text{Pound}}}{16\,\cancel{\text{Unzen}}}\cdot\frac{1\,\cancel{\text{kg}}}{2,2\,\cancel{\text{Pound}}}\cdot\frac{1.000\text{ g}}{1\,\cancel{\text{kg}}}$$

Wenn Sie eine Kette mit Brüchen multiplizieren, können Sie einen einzigen großen Bruch aus allen Zahlen machen. Die Zahlen, die ursprünglich in den Zählern der Brüche standen, bleiben im Zähler. Die Zahlen, die ursprünglich im Nenner der Brüche standen, bleiben im Nenner. Anschließend schreiben Sie nur noch ein Multiplikationszeichen zwischen jedes Zahlenpaar.

$$= \frac{4 \cdot 1.000}{16 \cdot 2{,}2}\ \text{g}$$

Jetzt können Sie anfangen zu rechnen. Um sich Arbeit zu sparen, empfehle ich Ihnen, gemeinsame Faktoren zu kürzen. In diesem Fall kürzen Sie 4 im Zähler und im Nenner, womit die 16 im Nenner zu einer 4 wird:

$$= \frac{\cancel{4} \cdot 1.000}{{}_4\cancel{16} \cdot 2{,}2}\ \text{g}$$

Jetzt können Sie noch mal 4 im Zähler und im Nenner kürzen, womit die 1.000 im Zähler zu 250 wird:

$$= \frac{\cancel{4} \cdot \cancel{1.000}\ 250}{\cancel{4} \cdot \cancel{16} \cdot 2{,}2}\ \text{g}$$

Damit bleibt Folgendes übrig:

$$= \frac{250}{2{,}2}\ \text{g}$$

Dividieren Sie 250 durch 2,2, und Sie erhalten die Lösung der Aufgabe:

$$\approx 113{,}6\ \text{g}$$

Beachten Sie, dass ich das Ergebnis der Division auf eine Dezimalstelle gerundet habe. Weil die Zahl hinter dem Dezimalkomma eine 6 ist, runden Sie die Lösung auf das nächsthöhere Gramm. (Weitere Informationen über das Runden von Dezimalwerten finden Sie in Kapitel 11.)

Auf das nächste Gramm gerundet, wiegt Piepsi also 114 Gramm. Wie üblich ändert die Umrechnungskette nicht den Wert des Ausdrucks, sondern nur die Maßeinheit.

Textaufgaben aus der Geometrie lösen

Einige Textaufgaben in der Geometrie zeigen ein Bild. In anderen Fällen müssen Sie das Bild selbst zeichnen. Es ist immer sinnvoll, sich Bilder zu skizzieren, weil man daran im Allgemeinen erkennt, wie man vorgehen könnte. Die folgenden Abschnitte zeigen Ihnen beide Arten von Aufgabenstellungen. (Um diese Textaufgaben lösen zu können, benötigen Sie Formeln aus Kapitel 16.)

Mit Wörtern und Bildern arbeiten

Manchmal muss man ein Bild interpretieren, um eine Textaufgabe lösen zu können. Lesen Sie die Aufgabe sorgfältig durch, suchen Sie nach Mustern in der Zeichnung, achten Sie auf Beschriftungen und verwenden Sie alle verfügbaren Formeln, um eine Lösung zu finden. Bei dieser Aufgabenstellung bekommen Sie es mit einem Bild zu tun.

> Herr Bock ist Bauer mit zwei Söhnen im Teenageralter. Er gibt ihnen ein rechteckiges Stück Land, durch das diagonal ein Bach fließt, wie in Abbildung 18.1 gezeigt. Der ältere Sohn erhält die größere Fläche, der jüngere Sohn die kleinere. Wie viele Quadratmeter Land hat jeder der Söhne?

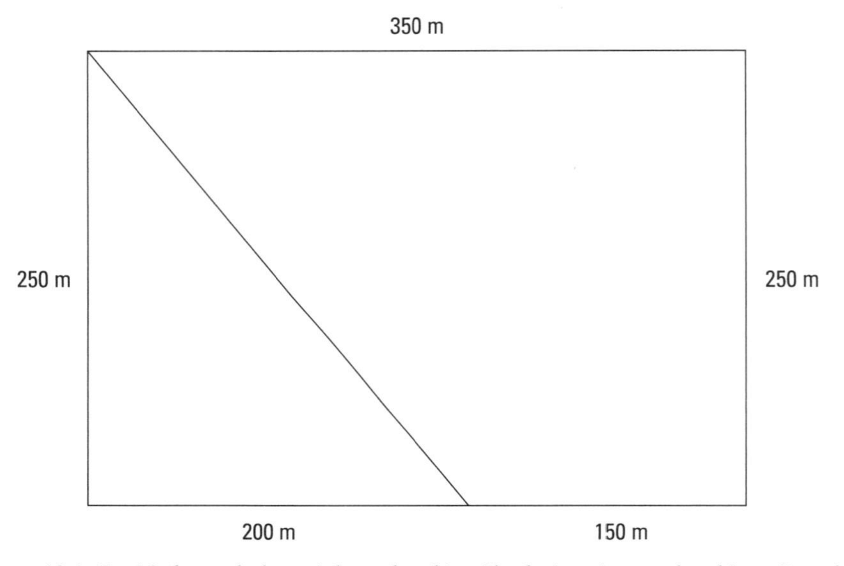

Abbildung 18.1: Zwei Söhne erhalten nicht rechteckige Abschnitte eines rechteckigen Grundstücks

Um herauszufinden, wie groß die kleinere, dreieckige Fläche ist, wenden Sie die Formel für die Fläche eines Dreiecks an, wobei A die Fläche, b die Grundlinie und h die Höhe darstellen:

$$A = \frac{1}{2}\,(b \cdot h)$$

Das gesamte Grundstück ist rechteckig, Sie wissen also, dass die Ecke des Dreiecks, die das Dreieck mit dem Rechteck gemeinsam hat, einen rechten Winkel darstellt. Sie wissen damit, dass die Seiten mit den Beschriftungen 200 m und 250 m die Grundlinie und die Höhe darstellen. Bestimmen Sie die Fläche dieses Teilgrundstücks, indem Sie die Grundlinie und die Höhe in die Formel einsetzen:

$$A = \frac{200\text{ m} \cdot 250\text{ m}}{2}$$

Um diese Berechnung etwas zu vereinfachen, kürzen Sie den Faktor 2 aus dem Zähler und dem Nenner:

$$A = \frac{{}^{100}\cancel{200}\text{ m} \cdot 250\text{ m}}{\cancel{2}} = 25.000 \text{ Quadratmeter}$$

Die Form der restlichen Fläche ist ein Trapez. Sie bestimmen seine Fläche, indem Sie die Formel für ein Trapez anwenden, aber es gibt auch noch eine einfachere Methode. Weil Sie die Fläche des Dreiecks kennen, können Sie mithilfe der folgenden Wortgleichung die Fläche des Trapezes bestimmen:

Fläche des Trapezes = Fläche des gesamten Grundstücks – Fläche des Dreiecks

Um die Fläche des gesamten Grundstücks zu berechnen, wenden Sie die Formel für die Fläche eines Rechtecks an. Setzen Sie Länge und Breite in die Formel ein:

$A = \text{Länge} \cdot \text{Breite}$

$A = 350\text{ m} \cdot 250\text{ m}$

$A = 87.500 \text{ Quadratmeter}$

Jetzt setzen Sie die bekannten Werte in die Wortgleichung ein, die Sie aufgestellt haben:

Fläche des Trapezes = 87.500 Quadratmeter – 25.000 Quadratmeter
= 62.500 Quadratmeter

Die Fläche, die der ältere Sohn erhält, beträgt also 62.500 Quadratmeter, die Fläche für den jüngeren Sohn 25.000 Quadratmeter.

Ein wenig Zeichentalent ist gefragt

Textaufgaben in der Geometrie erscheinen nicht besonders sinnvoll, solange Sie keine Bilder zeichnen. Nachfolgend finden Sie eine Aufgabenstellung aus der Geometrie ohne Bild:

> Im Stadtpark befindet sich der Fahnenmast südlich von den Schaukeln und genau 20 m westlich vom Baumhaus. Wenn die Fläche des Dreiecks aus Fahnenmast, Schaukeln und Baumhaus 150 Quadratmeter beträgt, wie weit ist dann der Abstand zwischen Schaukeln und Baumhaus?

Diese Aufgabe ist zunächst verwirrend, bis Sie sich ein Bild über das zeichnen, was darin gefordert ist. Sie beginnen mit dem ersten Satz, wie in Abbildung 18.2 dargestellt. Sie brauchen dazu nicht die Leiter zum Baumhaus, die schaukelnden Kinder oder eine Fahne mit der richtigen Anzahl von Sternen und Streifen an der Spitze des Fahnenmasts zu zeichnen – einfache Beschriftungen sind ausreichend. Wie Sie sehen, habe ich ein rechtwinkliges Dreieck gezeichnet, dessen Ecken die Schaukeln (S), der Fahnenmast (F) und das Baumhaus (B) bilden. Außerdem habe ich die Distanz zwischen Fahnenmast und Baumhaus mit 20 Metern eingetragen.

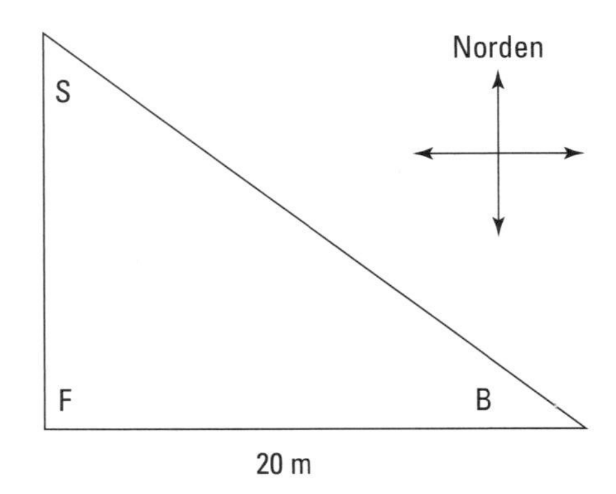

Abbildung 18.2: Eine beschriftete Skizze zeigt die wichtigsten Informationen aus einer Textaufgabe.

Im nächsten Satz ist die Fläche dieses Dreiecks angegeben:

$$A = 150 \text{ m}^2$$

Jetzt gibt es keine weiteren Informationen mehr, deshalb müssen Sie alles nutzen, was Sie aus der Geometrie noch wissen. Weil Sie die Fläche des Dreiecks kennen, könnte vielleicht die Formel für die Fläche eines Dreiecks hilfreich sein:

$$A = \frac{1}{2}\,(b \cdot h)$$

Hier ist b die Grundlinie und h ist die Höhe. Wir haben ein rechtwinkliges Dreieck, deshalb ist die Grundlinie die Distanz von F nach B, und die Höhe ist die Distanz von S nach F. Sie kennen die Fläche des Dreiecks, und Sie kennen die Länge der Grundlinie. Setzen Sie in die Gleichung ein:

$$150 = \frac{1}{2}\,(20 \cdot h)$$

Jetzt können Sie diese Gleichung nach h auflösen. Zuerst kürzen Sie:

$$150 = 10 \cdot h$$

Jetzt können Sie die Aufgabe in eine Division umformen, indem Sie die inverse Operation anwenden, wie in Kapitel 4 beschrieben:

$$150 \div 10 = h$$

$$15 = h$$

Damit wissen Sie, dass das Dreieck 15 m hoch ist. Tragen Sie diese Information in Ihr Bild ein, wie in Abbildung 18.3 gezeigt.

Um die Aufgabe zu lösen, müssen Sie noch die Distanz zwischen S und B bestimmen. Weil es sich um ein rechtwinkliges Dreieck handelt, können Sie den Satz von Pythagoras anwenden, um die Distanz zu bestimmen:

$$a^2 + b^2 = c^2$$

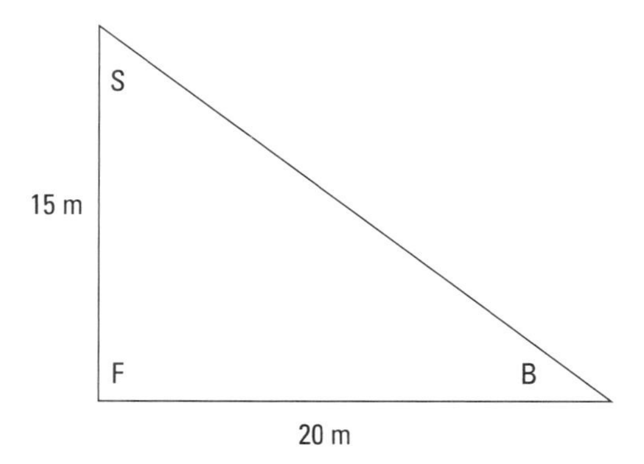

Abbildung 18.3: Ihre Skizze erhält neue Beschriftungen, während Sie an der Aufgabe arbeiten.

Sie wissen, dass a und b die Längen der kurzen Seiten sind, und c die Länge der längsten Seite, der sogenannten Hypotenuse. (Weitere Informationen zum Satz des Pythagoras finden Sie in Kapitel 16.) Jetzt setzen Sie die Zahlen in diese Formel ein:

$$15^2 + 20^2 = c^2$$

Lösen Sie nach c auf, indem Sie die linke Seite der Gleichung in der richtigen Operatorensreihenfolge berechnen (weitere Informationen hierzu finden Sie in Kapitel 5). Beginnen Sie mit den beiden Exponenten und gehen Sie dann weiter zur Addition:

$$225 + 400 = c^2$$

$$625 = c^2$$

Sie wissen, dass $c^2 = c \cdot c$ ist:

$$625 = c \cdot c$$

c ist also eine Zahl, die mit sich selbst multipliziert die Zahl 625 ergibt. Sie ist größer als 20 (weil eine der kürzeren Seiten des Dreiecks 20 ist), aber kleiner als 30 (weil $30 \cdot 30 = 900$). Nach ein paar Versuchen erhalten Sie:

$$625 = 25 \cdot 25$$

Die Distanz von den Schaukeln zum Baumhaus beträgt also 25 Meter.

Und jetzt alles zusammen: Geometrie und Maße in einer Aufgabenstellung

Textaufgaben verlangen häufig unterschiedliche Kenntnisse von Ihnen. Das ist vor allem bei Abschlussprüfungen beliebt (bei den Lehrern, nicht bei den Schülern!), wenn Sie zu allem geprüft werden, was während des Halbjahrs durchgenommen wurde. Hier ein Beispiel, das alles zusammenfasst, was Sie aus diesem Kapitel wissen:

Um einen kreisförmigen Brunnen mit einem Durchmesser von 32 Metern verläuft ein Fußweg, der an der Außenseite eine Länge von 120 Metern besitzt. Wie breit ist der Pfad in Fuß, gerundet auf den nächsten Fuß? (Verwenden Sie für π den Wert 3,1.)

Zuerst zeichnen Sie sich ein Bild, das zeigt, wonach in der Aufgabe gefragt ist, wie in Abbildung 18.4 gezeigt.

Wie Sie sehen, habe ich einen Kreis für den Brunnen gezeichnet und seinen Durchmesser mit 32 Metern eingetragen. Der äußere Umfang des Weges um den Brunnen ist ebenfalls ein Kreis, und er misst 120 Meter. Die Aufgabe fragt nach der Breite des Pfades. Das Bild zeigt, dass die Breite des Weges gleich der Distanz vom inneren Kreis zum äußeren Kreis ist.

Der *Radius* eines Kreises ist die Distanz von seinem Mittelpunkt zum eigentlichen Kreis (siehe Kapitel 16). Wenn Sie also den Radius jedes Kreises kennen, können Sie die Breite des Weges bestimmen, indem Sie subtrahieren:

Breite des Weges = Radius des äußeren Kreises – Radius des inneren Kreises

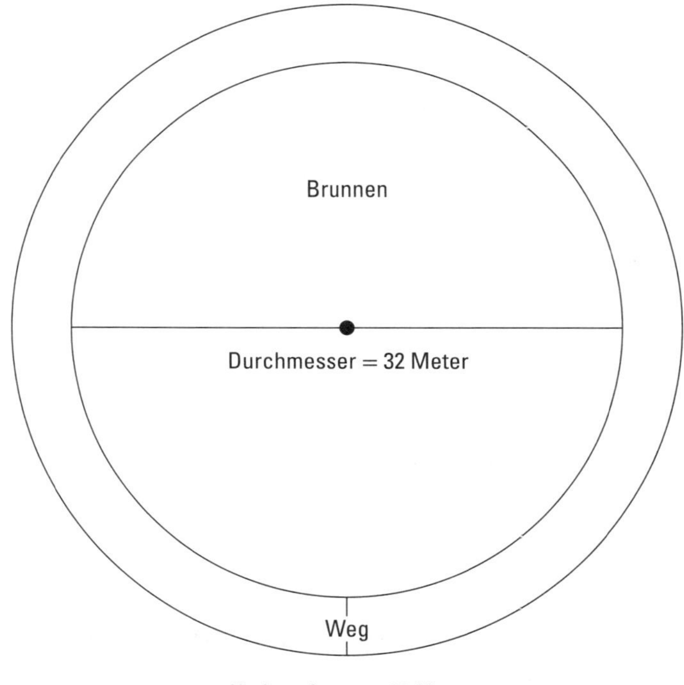

Abbildung 18.4: Ein Pfad um einen Brunnen soll gemessen werden.

Diese Wortgleichung ist der Schlüssel zu dem Problem. Betrachten Sie die Zeichnung und stellen Sie sicher, dass Sie sie verstanden haben, bevor Sie weiterarbeiten.

Sie wissen bereits, dass der innere Kreis einen Durchmesser von 32 Metern hat. Sie finden den Radius des äußeren Kreises anhand der Formel aus Kapitel 16, die den Umfang U und den Radius r verwendet:

$$U = 2 \cdot \pi \cdot r$$

Setzen Sie den Umfang und 3,1 für π ein, dann erhalten Sie:

120 Meter = 2 · 3,1 · Radius des äußeren Kreises

Diese Gleichung kann etwas vereinfacht werden:

120 Meter = 6,2 · Radius des äußeren Kreises

Jetzt können Sie inverse Operationen verwenden, um diese Multiplikationsaufgabe in eine Divisionsaufgabe umzuwandeln (wie das geht, ist in Kapitel 4 beschrieben).

120 Meter ÷ 6,2 = Radius des äußeren Kreises

Wenn Sie diese Division auf das nächste Zehntel runden, erhalten Sie die folgende Lösung:

Radius des äußeren Kreises ≈ 19,4 Meter

Jetzt haben Sie den Radius beider Kreise und können diese Werte in die oben aufgestellte Wortgleichung einfügen:

Breite des Weges ≈ 19,4 Meter – 16 Meter = 3,4 Meter

Die Aufgabe fragt nach der Lösung auf den nächsten Fuß-Wert. Hier die Umrechnungsgleichung:

1 Meter = 3,28 Fuß

Sie können den folgenden Ausdruck schreiben:

$$\frac{3{,}4\ \text{Meter}}{1} \cdot \frac{3{,}28\ \text{Fuß}}{1\ \text{Meter}}$$

Jetzt können Sie *Meter* kürzen, weil diese Einheit sowohl im Zähler als auch im Nenner vorkommt:

$$= \frac{3{,}4\ \cancel{\text{Meter}}}{1} \cdot \frac{3{,}28\ \text{Fuß}}{1\ \cancel{\text{Meter}}}$$

Dieser Ausdruck ergibt vereinfacht Folgendes:

= 3,4 · 3,28 Fuß = 11,152 Fuß

Die Breite des Weges beträgt also etwa 11 Fuß. Diese Aufgabe können Sie gut selbst nachvollziehen. Schreiben Sie sie ab und arbeiten Sie sie von Anfang bis Ende durch.

Chancen ausrechnen: Statistik und Wahrscheinlichkeitsrechnung

19

In diesem Kapitel …

- Statistik sowohl mit qualitativen als auch mit quantitativen Daten kennenlernen
- Prozentsätze und den häufigsten Wert einer Stichprobe berechnen
- Den Mittelwert und den Median (Zentralwert) berechnen
- Die Wahrscheinlichkeit eines Ereignisses bestimmen

Die Statistik und die Wahrscheinlichkeitsrechnung sind zwei der wichtigsten und der am häufigsten benutzten Anwendungen der Mathematik. Sie können fast überall in der realen Welt eingesetzt werden – in Wirtschaft, Biologie, Städteplanung, Politik, Meteorologie sowie in vielen anderen Forschungsbereichen. Selbst die Physik, von der man annahm, sie sei immun gegen Unsicherheiten, verlässt sich heute auf die Wahrscheinlichkeitsrechnung.

In diesem Kapitel vermittle ich Ihnen ein grundlegendes Verständnis dieser beiden mathematischen Konzepte. Als Erstes stelle ich Ihnen die Statistik vor – und den wichtigen Unterschied zwischen qualitativen und quantitativen Daten. Ich zeige Ihnen, wie Sie mit beiden Datentypen sinnvolle Lösungen bestimmen. Anschließend geht es um die Grundlagen der Wahrscheinlichkeitsrechnung. Ich zeige Ihnen, wie die Wahrscheinlichkeit, dass ein Ereignis auftritt, immer ein Bruch zwischen 0 und 1 ist. Anschließend erkläre ich Ihnen, wie Sie diesen Bruch erstellen, indem Sie die bevorzugten Ergebnisse und die möglichen Ergebnisse zählen. Schließlich setze ich das Ganze für Sie in die Praxis um, indem ich Ihnen zeige, wie Wahrscheinlichkeiten beim Werfen von Münzen oder Würfeln berechnet werden.

Mathematisch Daten sammeln: Grundlegende Statistik

Statistik ist die Wissenschaft, *Daten* zu sammeln und Schlüsse daraus zu ziehen. Daten sind Informationen, die objektiv auf unverzerrte, wiederholbare Weise gemessen werden.

Eine einzelne *Statistik* ist ein Schluss, der aus diesen Daten gezogen wurde. Hier einige Beispiele:

- ✓ Ein durchschnittlicher Arbeitnehmer trinkt täglich 3,7 Tassen Kaffee.
- ✓ Nur 52 Prozent aller Studenten, die für ein juristisches Studium eingeschrieben sind, machen einen Abschluss.
- ✓ Die Katze ist das beliebteste Haustier in Deutschland.
- ✓ Im letzten Jahr fiel der Preis für ein HD-Fernsehgerät um durchschnittlich 575 Euro.

Statistiker identifizieren für ihre Arbeit eine *Population,* die sie untersuchen wollen: Arbeitnehmer, Jurastudenten, Haustierbesitzer, Elektronikkäufer, was auch immer. Weil die meisten Populationen viel zu groß sind, um sie genauer betrachten zu können, sammelt ein Statistiker Daten aus einer kleineren, zufällig ausgewählten *Stichprobe* dieser Population. Viele Statistiker beschäftigen sich damit, zuverlässige und exakte Daten zu sammeln. Weitere Informationen darüber finden Sie in *Statistik für Dummies* (ebenfalls im Verlag Wiley-VCH erschienen).

In diesem Abschnitt biete ich Ihnen eine kurze Einführung in die mathematisch orientierten Aspekte der Statistik.

Der Unterschied zwischen qualitativen und quantitativen Daten

Daten – die in der Statistik verwendeten Informationen – können qualitativ oder quantitativ sein. Qualitative Daten unterteilen eine Datenmenge (alle Daten, die gesammelt wurden) abhängig von einem bestimmten Attribut in abgeschlossene Abschnitte. In einer Klasse mit Schülern könnte es beispielsweise die folgenden qualitativen Daten geben:

- ✓ das Geschlecht jedes Kindes
- ✓ seine Lieblingsfarbe
- ✓ ob es mindestens ein Haustier besitzt
- ✓ wie es in die Schule und wieder nach Hause kommt

Sie erkennen qualitative Daten daran, dass jedem Element der Datenmenge ein (oder mehrere) *Attribut(e)* – das heißt eine bestimmte Eigenschaft – zugeordnet ist. Vier Attribute von Emma beispielsweise sind, dass sie weiblich ist, dass ihre Lieblingsfarbe Grün ist, dass sie einen Hund besitzt und dass sie zu Fuß zur Schule geht.

Quantitative Daten dagegen stellen numerische Informationen bereit – das heißt Informationen über Mengen oder Beträge. Quantitative Daten für die Schüler aus derselben Klasse könnten beispielsweise wie folgt aussehen:

- ✓ die Größe jedes Kindes in Zentimetern
- ✓ sein Gewicht in Kilogramm
- ✓ die Anzahl seiner Geschwister
- ✓ die Anzahl der Wörter, die es im letzten Rechtschreibtest richtig geschrieben hat

Quantitative Daten erkennen Sie daran, dass sie jedem Element der Datenmenge eine Zahl zuordnen. Beispielsweise ist Karl 1,40 m groß, wiegt 32 Kilogramm, hat drei Geschwister und konnte 18 Wörter korrekt schreiben.

Die Arbeit mit qualitativen Daten

Qualitative Daten zerlegen eine Stichprobe normalerweise in abgeschlossene Abschnitte. Als meine Stichprobe – die natürlich rein fiktiv ist – verwende ich 25 Kinder der vierten Klasse unserer Grundschule. Angenommen, alle 25 Kinder dieser Klasse beantworten drei Ja/Nein-Fragen, wie in Tabelle 19.1 gezeigt.

Frage	Ja	Nein
Bist du Einzelkind?	5	20
Hast du ein Haustier?	14	11
Fährst du mit dem Bus zur Schule?	16	9

Tabelle 19.1: Umfrage in der vierten Klasse der Grundschule

Die Schüler beantworten auch die Frage »Was ist deine Lieblingsfarbe?« Tabelle 19.2 zeigt die Ergebnisse.

Farbe	Anzahl der Schüler
Blau	8
Rot	6
Grün	5
Lila	3
Orange	1
Gelb	1
Gold	1

Tabelle 19.2: Lieblingsfarben in der vierten Klasse der Grundschule

Auch wenn die von jedem Kind bereitgestellten Informationen nicht numerisch sind, können Sie sie numerisch verarbeiten, indem Sie zählen, wie viele Schüler eine bestimmte Antwort gegeben haben, und mit diesen Zahlen weiterarbeiten.

Anhand dieser Informationen können Sie nun fundiertere Aussagen über die Schüler in dieser Klasse machen, indem Sie sich einfach die Tabellen ansehen. Zum Beispiel:

- ✓ Genau 20 Kinder haben mindestens einen Bruder oder eine Schwester.
- ✓ Neun Kinder fahren nicht mit dem Bus zur Schule.
- ✓ Es gibt nur ein Kind mit der Lieblingsfarbe Gelb.

Prozentwerte berechnen

Sie können weiterreichende statistische Aussagen über qualitative Daten machen, wenn Sie den Prozentsatz der Stichprobenelemente ermitteln können, die bestimmte Attribute aufweisen. Dazu gehen Sie wie folgt vor:

1. **Formulieren Sie eine Aussage, die die Anzahl der Elemente enthält, die dieses Attribut aufweisen, ebenso wie die Gesamtzahl der Elemente in der Stichprobe.**

   Angenommen, Sie wollen wissen, wie hoch der Prozentsatz der Einzelkinder in dieser vierten Klasse der Grundschule ist. Aus der Tabelle wissen Sie, dass fünf Schüler keine Geschwister haben, und Sie wissen, dass 25 Kinder in der Klasse sind. Sie können die Frage also wie folgt beantworten:

   Fünf von 25 Kindern sind Einzelkinder.

2. **Schreiben Sie diese Aussage um, indem Sie die Zahlen als Bruch darstellen:**

   $$\frac{\text{Anzahl, die das Attribut aufweist}}{\text{Stichprobengröße}}$$

   In dem Beispiel sind $^5/_{25}$ der Kinder Einzelkinder.

3. **Machen Sie den Bruch zu einem Prozentwert. Wenden Sie dazu die in Kapitel 12 beschriebene Methode an.**

   Sie berechnen $5 \div 25 = 0{,}2$; also sind 20 % der Kinder Einzelkinder.

Angenommen, Sie wollen feststellen, wie hoch der Prozentsatz der Kinder ist, die mit dem Bus zur Schule fahren. Dazu lesen Sie aus der Tabelle ab, dass 16 Kinder den Bus nehmen; Sie können also die folgende Aussage schreiben:

16 von 25 Kindern fahren mit dem Bus zur Schule.

Nun können Sie diese Aussage wie folgt umschreiben:

$\frac{16}{25}$ der Kinder fahren mit dem Bus zur Schule.

Anschließend wandeln Sie den Bruch in einen Prozentwert um. Sie berechnen $16 \div 25$ und erhalten 0,64, also 64 %:

64 % der Kinder fahren mit dem Bus zur Schule.

Den häufigsten Wert finden

Der *häufigste Wert* ist die häufigste Antwort auf eine statistische Frage. In der Umfrage der vierten Grundschulklasse beispielsweise (siehe Tabellen 19.1 und 19.2) sind die Gruppen mit den häufigsten Werten Kinder, die

- ✓ mindestens einen Bruder oder eine Schwester haben (20 Schüler),
- ✓ mindestens ein Haustier besitzen (14 Schüler),
- ✓ mit dem Bus zur Schule fahren (16 Schüler),
- ✓ Blau als ihre Lieblingsfarbe angeben (acht Schüler).

Wenn eine Frage eine Datenmenge in zwei Teile unterteilt (wie es bei allen Ja/Nein-Fragen der Fall ist), stellt die Gruppe mit dem häufigsten Wert mehr als die Hälfte der Datenmenge dar. Unterteilt eine Frage eine Datenmenge in mehr als drei Bereiche, muss der häufigste Wert nicht unbedingt mehr als die Hälfte der Datenmenge darstellen.

Beispielsweise besitzen 14 Kinder mindestens ein Haustier, und die anderen Kinder besitzen keines. Die Gruppe mit dem häufigsten Wert – Kinder, die ein Haustier besitzen – besteht also aus mehr als der Hälfte der Klasse. Aber acht von 25 Kindern wählen Blau als ihre Lieblingsfarbe. Auch wenn es sich hier um die Gruppe mit dem häufigsten Wert handelt, haben weniger als die Hälfte der Kinder in der Klasse diese Farbe ausgewählt.

Bei einer kleinen Stichprobe hat man möglicherweise mehrere häufigste Werte – wenn beispielsweise die Anzahl der Schüler, die Rot mögen, gleich der Anzahl der Schüler ist, die Blau mögen. Bei größeren Stichproben ist das Problem, dass mehrere häufigste Werte auftreten, nicht so groß, weil es weniger wahrscheinlicher wird, dass dieselbe Anzahl von Personen dieselben Vorlieben hat.

Die Arbeit mit quantitativen Daten

Quantitative Daten ordnen jedem Element der Stichprobe einen numerischen Wert zu. Als Stichprobe verwende ich – wieder rein fiktiv – fünf Mitglieder des Handballteams der Grundschule. Tabelle 19.3 zeigt Informationen, die über die Größe und den letzten Rechtschreibtest jedes Teammitglieds gesammelt wurden.

Schüler	Größe in Metern	Anzahl der korrekt geschriebenen Wörter
Karl	1,45	18
Otto	1,50	20
Paul	1,44	14
Tom	1,38	17
Willi	1,52	18

Tabelle 19.3: Körpergröße und Ergebnisse des Rechtschreibtests

In diesem Abschnitt zeige ich Ihnen, wie diese Informationen genutzt werden, um den Mittelwert und den Median (Zentralwert) für beide Datenmengen zu bestimmen. Beide Begriffe beziehen sich auf Methoden, einen Durchschnittswert in einer quantitativen Datenmenge zu berechnen. Ein *Durchschnitt* bietet immer einen allgemeinen Anhaltspunkt, wie die meisten Elemente einer Datenmenge einzuordnen sind, woran Sie erkennen, welche Ergebnisse dem Standard entsprechen. Die durchschnittliche Größe in dieser vierten Grundschulklasse liegt sehr wahrscheinlich unterhalb der durchschnittlichen Größe der Handballnationalmannschaft. Wie ich Ihnen in den folgenden Abschnitten erkläre, kann ein Durchschnittswert in bestimmten Situationen irreführend sein, deshalb ist es wichtig zu wissen, wann man den Mittelwert und wann man den Median verwenden sollte.

Den Mittelwert berechnen

Der Mittelwert ist der gebräuchlichste Durchschnittswert. Die meisten Menschen meinen mit dem Begriff *Durchschnittswert* den Mittelwert. Und so finden Sie den *Mittelwert* einer Datenmenge:

1. **Addieren Sie alle Zahlen der Menge.**

   Um beispielsweise die durchschnittliche Größe aller fünf Teammitglieder zu bestimmen, addieren Sie zuerst alle Größen:

   1,45 + 1,50 + 1,44 + 1,38 + 1,52 = 7,29

2. **Dividieren Sie dieses Ergebnis durch die Anzahl der Elemente der Menge.**

   Dividieren Sie 7,29 durch 5 (das heißt durch die Gesamtzahl der Jungs im Team):

   7,29 ÷ 5 = 1,458

   Die mittlere Größe der Jungs im Team der Grundschule beträgt also etwa 1,46 Meter.

Um auf vergleichbare Weise die mittlere Anzahl der Wörter zu bestimmen, die die Jungs richtig geschrieben haben, addieren Sie zuerst die Anzahl der Wörter, die sie richtig geschrieben haben:

18 + 20 + 14 + 17 + 18 = 87

Dann dividieren Sie dieses Ergebnis durch 5:

87 ÷ 5 = 17,4

Wie Sie sehen, erhalten Sie beim Dividieren einen Dezimalwert. Wenn Sie zum nächsten ganzen Wert runden, beträgt die mittlere Anzahl der Wörter, die die Jungs korrekt geschrieben haben, 17 Wörter. (Weitere Informationen über das Runden finden Sie in Kapitel 2.)

Der Mittelwert kann irreführend sein, wenn Sie eine große *Verzerrung* innerhalb der Daten haben, das heißt, wenn es viele sehr hohe und ein paar sehr niedrige Werte gibt oder umgekehrt.

Angenommen, der Direktor eines Unternehmens teilt Ihnen mit: »Das Durchschnittsgehalt in meiner Firma beträgt 200.000 Euro jährlich!« An Ihrem ersten Arbeitstag stellen Sie fest, dass das Gehalt des Direktors 19.010.000 Euro beträgt und dass jeder seiner 99 Angestellten 10.000 Euro verdient. Um den Mittelwert zu bestimmen, addieren Sie alle Gehälter:

19.010.000 € + (99 · 10.000 €) = 20.000.000 €

Dann dividieren Sie diese Zahl durch die Gesamtzahl der Personen, die in dem Unternehmen arbeiten:

20.000.000 € ÷ 100 = 200.000 €

Der Direktor hat also nicht gelogen. Die Verzerrung der Gehälter hat jedoch einen irreführenden Mittelwert erbracht.

Den Median (Zentralwert) bestimmen

Wenn Datenwerte verzerrt sind (wenn es ein paar sehr hohe oder sehr niedrige Werte gibt, die sich wesentlich vom Rest unterscheiden), kann Ihnen der *Median* (Zentralwert) ein genaueres Bild darüber verschaffen, was der Standard ist. So bestimmen Sie den *Median* einer Datenmenge:

1. **Ordnen Sie die Menge vom niedrigsten zum höchsten Wert.**

   Um den Median für die Größe der Jungs aus Tabelle 19.3 zu bestimmen, ordnen Sie ihre fünf Größen der Reihe nach von der kleinsten zur größten an:

   1,38 1,44 1,45 1,50 1,52

2. **Wählen Sie den mittleren Wert.**

   Der mittlere Wert, 1,45, ist der Medianwert für die durchschnittliche Größe.

Um den Medianwert für die Anzahl der Wörter zu finden, die die Jungs korrekt geschrieben haben (siehe Tabelle 19.3), ordnen Sie ihre Ergebnisse vom niedrigsten zum höchsten an:

14 17 18 18 20

Jetzt ist der mittlere Wert gleich 18; 18 ist also der Medianwert.

Wenn die Datenmenge eine gerade Anzahl an Werten enthält, bringen Sie die Zahlen in ihre Reihenfolge und bestimmen den Mittelwert der *beiden mittleren Zahlen* in der Liste (weitere Informationen über den Mittelwert finden Sie im vorherigen Abschnitt). Betrachten Sie beispielsweise Folgendes:

2 3 5 7 9 11

Die beiden mittleren Zahlen sind 5 und 7. Addieren Sie sie. Sie erhalten 12. Anschließend dividieren Sie 12 durch 2, um den Mittelwert zu erhalten. Der Median für diese Liste ist 6.

Jetzt denken Sie noch einmal an den Firmendirektor, der 19.010.000 Euro jährlich verdient, und an seine 99 Angestellten, die 10.000 Euro verdienen. Und so sehen diese Daten aus:

10.000 10.000 10.000 … 10.000 19.010.000

Wie Sie sehen, wären die beiden mittleren Zahlen in diesem Fall 10.000. Das Median-Gehalt beträgt also 10.000 Euro. Dieses Ergebnis sagt sehr viel mehr über Ihren möglichen Verdienst in diesem Unternehmen aus als der Durchschnittswert.

Wahrscheinlichkeiten: Grundlegende Wahrscheinlichkeitsrechnung

Die *Wahrscheinlichkeitsrechnung* ist die Mathematik zur Berechnung, wie wahrscheinlich es ist, dass ein bestimmtes Ereignis auftritt. Zum Beispiel:

- ✓ Wie hoch ist die Wahrscheinlichkeit, dass mein Lotterielos gewinnt?
- ✓ Wie hoch ist die Wahrscheinlichkeit, dass mein neues Auto in die Werkstatt muss, bevor die Garantie ausläuft?
- ✓ Wie hoch ist die Wahrscheinlichkeit, dass in Hamburg in diesem Winter mehr als ein Meter Schnee fällt?

Die Wahrscheinlichkeitsrechnung findet die unterschiedlichsten Anwendungen in den Bereichen Versicherungen, Wettervorhersage oder Biologie und sogar in der Physik.

Die Lehre von der Wahrscheinlichkeitsrechnung begann vor Hunderten von Jahren, als eine Gruppe französischer Adliger zu vermuten begann, dass ihnen die Mathematik helfen könnte, in den von ihnen aufgesuchten Spielsalons Gewinne zu machen (oder zumindest keine so hohen Verluste zu erleiden).

Weitere Informationen über die Wahrscheinlichkeitsrechnung finden Sie in *Wahrscheinlichkeitsrechnung für Dummies* (ebenfalls im Verlag Wiley-VCH erschienen). In diesem Abschnitt präsentiere ich Ihnen einen kleinen Vorgeschmack zu diesem faszinierenden Thema.

Wahrscheinlichkeit berechnen

Die *Wahrscheinlichkeit*, dass ein Ereignis auftritt, ist ein Bruch, dessen Zähler (obere Zahl) und Nenner (untere Zahl) wie folgt aussehen (weitere Informationen über Brüche finden Sie in Kapitel 9):

$$\frac{\text{Anzahl der erwünschten Ergebnisse}}{\text{Gesamtzahl möglicher Ergebnisse}}$$

In diesem Fall ist ein *erwünschtes Ergebnis* einfach ein Ergebnis, in dem das gesuchte Ereignis auftritt. Im Gegensatz dazu ist ein *mögliches Ergebnis* jedes Ergebnis, das auftreten *kann*.

Angenommen, Sie wollen die Wahrscheinlichkeit bestimmen, dass eine geworfene Münze auf »Kopf« landet. Beachten Sie, dass es zwei mögliche Ergebnisse gibt (Kopf oder Zahl), aber dass nur eines dieser Ergebnisse erwünscht ist – das Ergebnis, bei dem Kopf oben liegt. Um die Wahrscheinlichkeit für dieses Ereignis zu berechnen, legen Sie einen Bruch an, der wie folgt aussehen kann:

$$\frac{\text{Anzahl der gewünschten Ergebnisse}}{\text{Gesamtzahl möglicher Ergebnisse}} = \frac{1}{2}$$

Die Wahrscheinlichkeit, dass die Münze mit Kopf nach oben landet, beträgt also $1/2$.

Wie hoch ist die Wahrscheinlichkeit, dass beim Würfeln die Zahl 3 fällt? Beachten Sie, dass es sechs verschiedene Ergebnisse gibt (1, 2, 3, 4, 5, 6), aber dass nur bei *einem* davon die 3 angezeigt wird. Um die Wahrscheinlichkeit dieses erwünschten Ergebnisses zu bestimmen, legen Sie den folgenden Bruch fest:

$$\frac{\text{Anzahl der gewünschten Ergebnisse}}{\text{Gesamtzahl möglicher Ergebnisse}} = \frac{1}{6}$$

Die Wahrscheinlichkeit, dass eine 3 fällt, beträgt also $^1/_6$.

Und wie hoch ist die Wahrscheinlichkeit, dass es sich bei einer Karte, die sie aus einem Kartendeck ziehen, um ein Ass handelt? Beachten Sie, dass es 52 mögliche Ergebnisse gibt (eines für jede Karte in dem Deck), Sie aber nur in *vier* Fällen ein Ass erhalten. Sie schreiben also:

$$\frac{\text{Anzahl der gewünschten Ergebnisse}}{\text{Gesamtzahl möglicher Ergebnisse}} = \frac{4}{52}$$

Die Wahrscheinlichkeit, dass Sie ein Ass ziehen, beträgt also $^4/_{52}$, was sich auf $^1/_{13}$ kürzen lässt (weitere Informationen über das Kürzen von Brüchen finden Sie in Kapitel 9).

Eine Wahrscheinlichkeit ist immer ein Bruch oder ein Dezimalwert zwischen 0 und 1. Wenn die Wahrscheinlichkeit eines Ergebnisses gleich 0 ist, ist das Ergebnis *unmöglich*. Ist die Wahrscheinlichkeit eines Ergebnisses gleich 1, ist das Ergebnis *sicher*.

Wahrscheinlichkeiten! Ergebnisse bei mehreren Münzen und Würfeln zählen

Obwohl die grundlegende Formel für die Wahrscheinlichkeit nicht besonders kompliziert ist, kann es manchmal schwierig sein, die richtigen Zahlen zu finden, die man dort einsetzen kann. Eine Ursache für Verwirrungen entsteht beim Zählen der Anzahl der Ergebnisse, sowohl der erwünschten als auch der möglichen. In diesem Abschnitt konzentriere ich mich auf geworfene Münzen und Würfel.

Münzen werfen

Wenn Sie eine Münze werfen, gibt es im Allgemeinen zwei mögliche Ergebnisse: Kopf oder Zahl. Wenn Sie zwei Münzen gleichzeitig werfen, etwa ein 5-Cent-Stück und ein 10-Cent-Stück, dann können Sie vier mögliche Ergebnisse erhalten:

Ergebnis	5-Cent-Stück	10-Cent-Stück
#1	Kopf	Kopf
#2	Kopf	Zahl
#3	Zahl	Kopf
#4	Zahl	Zahl

Wenn Sie drei Münzen werfen, etwa ein 5-Cent-Stück, ein 10-Cent-Stück, und ein 50-Cent-Stück, sind acht Ergebnisse möglich:

Ergebnis	5-Cent-Stück	10-Cent-Stück	50-Cent-Stück
#1	Kopf	Kopf	Kopf
#2	Kopf	Kopf	Zahl
#3	Kopf	Zahl	Kopf
#4	Kopf	Zahl	Zahl
#5	Zahl	Kopf	Kopf
#6	Zahl	Kopf	Zahl
#7	Zahl	Zahl	Kopf
#8	Zahl	Zahl	Zahl

Achten Sie auf das Muster: Immer wenn Sie eine weitere Münze hinzufügen, verdoppelt sich die Anzahl möglicher Ergebnisse. Wenn Sie also sechs Münzen werfen, erhalten Sie 64 mögliche Ergebnisse:

$$2 \cdot 2 \cdot 2 \cdot 2 \cdot 2 \cdot 2 = 64$$

Die Anzahl möglicher Ergebnisse ist gleich der Anzahl der Ergebnisse pro Münze (2) erhoben in die Potenz, die durch die Anzahl der Münzen (6) festgelegt wird. Mathematisch gesehen haben Sie also $2^6 = 64$ mögliche Ergebnisse.

Hier eine praktische Formel für die Berechnung der Anzahl der Ergebnisse, wenn Sie mehrere Münzen, Würfel oder andere Objekte werfen:

$$\text{Anzahl der Ergebnisse pro Objekt}^{\text{Anzahl der Objekte}}$$

Angenommen, Sie wollen die Wahrscheinlichkeit berechnen, dass sechs geworfene Münzen gleichzeitig Kopf ergeben. Dazu erstellen Sie einen Bruch, und Sie wissen bereits, dass der Nenner – die Anzahl möglicher Ergebnisse – gleich 64 ist. Nur ein Ergebnis ist erwünscht, deshalb ist der Zähler 1:

$$\frac{\text{Anzahl der gewünschten Ergebnisse}}{\text{Gesamtzahl möglicher Ergebnisse}} = \frac{1}{64}$$

Die Wahrscheinlichkeit, dass sechs geworfene Münzen alle Kopf ergeben, beträgt also $1/64$.

Noch eine subtilere Fragestellung: Wie hoch ist die Wahrscheinlichkeit, dass genau fünf von sechs geworfenen Münzen Kopf ergeben? Auch hier erstellen Sie einen Bruch, und Sie wissen bereits, dass der Nenner gleich 64 ist. Um den Zähler (die erwünschten Ergebnisse) zu finden, überlegen Sie Folgendes: Wenn die erste Münze auf Zahl fällt, müssen alle weiteren Münzen auf Kopf fallen. Fällt die zweite Münze auf Zahl, müssen ebenfalls alle restlichen auf Kopf fallen. Das trifft für alle sechs Münzen zu, Sie haben also *sechs* erwünschte Ergebnisse:

$$\frac{\text{Anzahl der gewünschten Ergebnisse}}{\text{Gesamtzahl möglicher Ergebnisse}} = \frac{6}{64}$$

Die Wahrscheinlichkeit, dass genau fünf von sechs Münzen auf Kopf fallen, beträgt also $^{6}/_{64}$, gekürzt $^{3}/_{32}$ (weitere Informationen über das Kürzen von Brüchen finden Sie in Kapitel 9).

Der Würfel ist gefallen!

Wenn Sie einen einzelnen Würfel werfen, können Sie sechs mögliche Ergebnisse erhalten: 1, 2, 3, 4, 5 oder 6. Wenn Sie dagegen zwei Würfel werfen, steigt diese Anzahl auf 36 (siehe Abbildung 19.1).

Immer wenn Sie einen weiteren Würfel hinzufügen, wird die Anzahl der möglichen Ergebnisse mit 6 multipliziert. Wenn Sie also vier Würfel werfen, erhalten Sie 1.296 mögliche Ergebnisse:

$$6^4 = 6 \cdot 6 \cdot 6 \cdot 6 = 1.296$$

Angenommen, Sie wollen die Wahrscheinlichkeit berechnen, viermal die 6 zu würfeln. Die Wahrscheinlichkeit ist ein Bruch, und Sie wissen bereits, dass der Nenner dieses Bruchs gleich 1.296 ist. In diesem Fall ist nur ein einziges Ergebnis erwünscht – alle vier Würfel zeigen die 6 –, deshalb sieht Ihr Bruch wie folgt aus:

$$\frac{\text{Anzahl der gewünschten Ergebnisse}}{\text{Gesamtzahl möglicher Ergebnisse}} = \frac{1}{1.296}$$

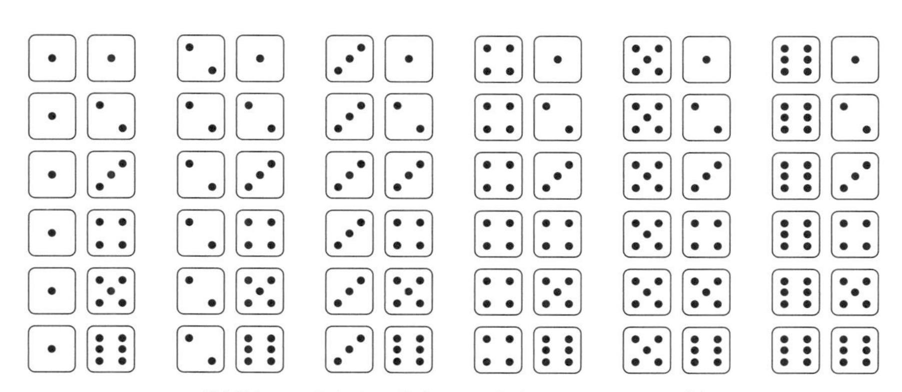

Abbildung 19.1: Mögliche Würfe für ein Paar Würfel

Die Wahrscheinlichkeit, dass Sie viermal die 6 würfeln, beträgt also $^{1}/_{1.296}$, und das ist wirklich eine sehr geringe Wahrscheinlichkeit.

Noch eine interessante Frage: Wie hoch ist die Wahrscheinlichkeit, dass alle vier Würfel eine 4, 5 oder 6 zeigen? Auch hier erstellen Sie einen Bruch mit dem Nenner 1.296. Um den Zähler zu bestimmen, überlegen Sie Folgendes: Für den ersten Würfel gibt es drei erwünschte Ergebnisse (4, 5 oder 6). Für die beiden ersten Würfel gibt es $3 \cdot 3 = 9$ erwünschte Ergebnisse, wie nachfolgend gezeigt:

4–4	4–5	4–6
5–4	5–5	5–6
6–4	6–5	6–6

Für drei Würfel sind es $3 \cdot 3 \cdot 3 = 27$ erwünschte Ergebnisse. Für alle vier Würfel sind es also $3 \cdot 3 \cdot 3 \cdot 3 = 81$ erwünschte Ergebnisse. Sie erhalten also:

$$\frac{\text{Anzahl der gewünschten Ergebnisse}}{\text{Gesamtzahl möglicher Ergebnisse}} = \frac{3^4}{6^4} = \frac{81}{1.296}$$

Die Wahrscheinlichkeit, dass alle vier Würfel 4, 5 oder 6 anzeigen, beträgt also $^{81}/_{1.296}$. Dieser Bruch kann gekürzt werden auf $^{1}/_{16}$ (weitere Informationen über das Kürzen von Brüchen finden Sie in Kapitel 9).

Jede Menge Mengenlehre

In diesem Kapitel ...

- Eine Menge und ihre Elemente definieren
- Untermengen und die leere Menge verstehen
- Die grundlegenden Operationen für Mengen kennenlernen, unter anderem Vereinigung und Schnitt

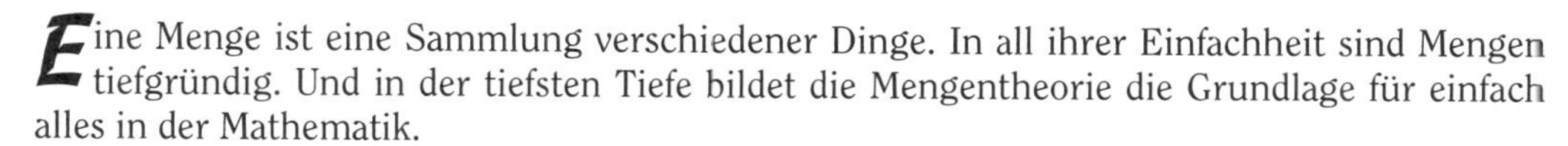

Eine Menge ist eine Sammlung verschiedener Dinge. In all ihrer Einfachheit sind Mengen tiefgründig. Und in der tiefsten Tiefe bildet die Mengentheorie die Grundlage für einfach alles in der Mathematik.

Die Mengentheorie bietet eine Möglichkeit, in aller Einfachheit und Klarheit über Zusammenstellungen von Zahlen zu sprechen, wie etwa gerade Zahlen, Primzahlen oder natürliche Zahlen. Außerdem stellt sie Regeln für die Durchführung von Berechnungen für Mengen bereit, die in der höheren Mathematik wichtig werden. Aus diesen Gründen wird die Mengentheorie immer wichtiger, je weiter Sie auf dem Gebiet der Mathematik vorwärts kommen – insbesondere wenn Sie anfangen, mathematische Beweise zu erstellen. Die Beschäftigung mit Mengen kann außerdem eine nette Abwechslung zu der ganzen anderen Mathematik darstellen, mit der Sie ständig arbeiten.

In diesem Kapitel stelle ich Ihnen die Grundlagen der Mengentheorie vor. Als Erstes zeige ich, wie man Mengen und ihre Elemente definiert und wie man erkennt, dass zwei Mengen gleich sind. Außerdem erkläre ich Ihnen das einfache Konzept der Kardinalität einer Menge. Anschließend geht es um Untermengen und die extrem wichtige leere Menge (∅). Zum Schluss stelle ich Ihnen vier Operationen für Mengen vor: Vereinigung, Schnitt, relatives Komplement und absolutes Komplement.

Mengen

Eine *Menge* ist eine Zusammenstellung von Dingen in beliebiger Reihenfolge. Dabei kann es sich um Häuser, Ohrenschützer, Glühwürmchen, Zahlen, Eigenschaften berühmter Personen, Spitznamen für Ihren kleinen Bruder oder was auch immer handeln.

Es gibt verschiedene häufig verwendete Methoden, eine Menge zu definieren:

- ✓ **Sie schreiben eine Liste aller Elemente in geschweifte Klammern { }.** Sie listen einfach alles auf, was in die Menge gehört. Wenn die Menge zu groß ist, verwenden Sie einfach die Auslassungspunkte (…), die für alle die Elemente der Menge stehen, die nicht aufgelistet wurden. Um beispielsweise die Menge der Zahlen von 1 bis 100 aufzulisten, können Sie {1, 2, 3, …, 100} schreiben. Um die Menge aller natürlichen Zahlen aufzulisten, schreiben Sie {1, 2, 3, …}.

✓ **Sie verwenden eine verbale Beschreibung.** Bei einer verbalen Beschreibung dessen, was die Menge enthält, müssen Sie sicherstellen, dass diese Beschreibung klar und eindeutig ist, sodass Sie genau wissen, was sich in der Menge befindet, und was nicht. Beispielsweise ist die Menge der vier Jahreszeiten sehr klar begrenzt, wohingegen es möglicherweise Diskussionen zu der Menge der Wörter gibt, die meine Kochkünste beschreiben, weil hierzu unterschiedliche Meinungen im Umlauf sind.

✓ **Sie schreiben eine mathematische Regel (Mengennotation).** In der höheren Algebra können Sie eine Gleichung schreiben, die anderen mitteilt, wie sie die Zahlen berechnen können, die zu einer Menge gehören. Lesen Sie dazu auch *Lineare Algebra für Dummies* (ebenfalls im Verlag Wiley-VCH erschienen).

Mengen werden häufig mit Großbuchstaben bezeichnet, um sie von Variablen in der Algebra zu unterschieden, die normalerweise mit Kleinbuchstaben dargestellt werden. (Weitere Informationen über Variablen finden Sie in Kapitel 21.)

Am besten verstehen Sie Mengen, indem Sie ein bisschen damit arbeiten. Beispielsweise definiere ich hier drei Mengen:

A = {Olympiastadion, Eiffelturm, Kolosseum}

B = {die Intelligenz von Albert Einstein, das Talent von Marilyn Monroe, die Sportlichkeit von Steffi Graf, die Skrupellosigkeit von Cäsar}

C = die vier Jahreszeiten

Die Menge A enthält drei konkrete Objekte: berühmte Bauwerke. Menge B enthält vier abstrakte Objekte: Eigenschaften berühmter Menschen. Und die Menge C enthält ebenfalls abstrakte Objekte: die vier Jahreszeiten. Die Mengentheorie erlaubt die Arbeit mit konkreten und abstrakten Objekten, vorausgesetzt, Sie definieren die Menge korrekt. In den folgenden Abschnitten zeige ich Ihnen die Grundlagen der Mengentheorie.

Elementar: Das Innenleben der Mengen

Die Dinge innerhalb einer Menge werden als *Elemente* bezeichnet. Betrachten Sie die beiden ersten Mengen, die ich im vorherigen Abschnitt beschrieben habe:

A = {Olympiastadion, Eiffelturm, Kolosseum}

B = {die Intelligenz von Albert Einstein, das Talent von Marilyn Monroe, die Sportlichkeit von Steffi Graf, die Schonungslosigkeit von Cäsar}

Das Olympiastadion ist ein Element von A, und das Talent von Marilyn Monroe ist ein Element von B. Sie schreiben diese Aussagen mithilfe des Symbols ∈, das für *ist ein Element von* steht:

Olympiastadion ∈ A

das Talent von Marilyn Monroe ∈ B

Das Olympiastadion ist jedoch kein Element von B. Sie schreiben diese Aussage mit dem Symbol $\notin$, das für *ist nicht Element von* steht:

Olympiastadion $\notin$ B

Diese beiden Symbole werden Sie noch häufiger verwenden, wenn Sie Ihre Studien im Bereich der Mathematik vertiefen. Die folgenden Abschnitte beschreiben, was sich innerhalb der geschweiften Klammern befindet und in welcher Beziehung Mengen zueinander stehen können.

Die Kardinalität von Mengen

Die *Kardinalität* einer Menge ist einfach ein kompliziertes Wort für die Anzahl der Elemente in dieser Menge.

Wenn A gleich {Olympiastadion, Eiffelturm, Kolosseum} ist, dann hat es drei Elemente, deshalb ist die Kardinalität von A gleich 3. Die Menge B, {die Intelligenz von Albert Einstein, das Talent von Marilyn Monroe, die Sportlichkeit von Steffi Graf, die Schonungslosigkeit von Cäsar}, hat vier Elemente, also ist die Kardinalität von B gleich 4.

Gleiche Mengen

Wenn zwei Mengen genau dieselben Elemente enthalten, sind sie *gleich* (Sie können auch sagen, sie sind *identisch* oder *äquivalent*). Die Reihenfolge der Elemente in den Mengen spielt dabei keine Rolle. Ein Element darf dabei in einer Menge auch mehrfach auftreten. Nur die eigentlichen Elemente müssen übereinstimmen, nicht ihre Anzahl.

Angenommen, ich definiere die folgenden Mengen:

C = die vier Jahreszeiten

D = {Frühling, Sommer, Herbst, Winter}

E = {Herbst, Frühling, Sommer, Winter}

F = {Sommer, Sommer, Sommer, Frühling, Herbst, Winter, Winter, Sommer}

Die Menge C gibt eine eindeutige Regel an, die eine Menge beschreibt. Die Menge D listet die vier Elemente von C explizit auf. Die Menge E listet die vier Jahreszeiten in einer anderen Reihenfolge auf. Und die Menge F listet die vier Jahreszeiten mit einigen Wiederholungen auf. Alle vier Mengen sind *gleich*. Wie bei Zahlen können Sie das Gleichheitszeichen verwenden, um auszudrücken, dass Mengen gleich sind:

C = D = E = F

Untermengen

Wenn alle Elemente einer Menge vollständig in einer zweiten Menge enthalten sind, ist die erste Menge eine *Untermenge* (oder Teilmenge) der zweiten Menge. Betrachten Sie beispielsweise die folgenden Mengen:

C = {Frühling, Sommer, Herbst, Winter}

G = {Frühling, Sommer, Herbst}

Wie Sie sehen, ist jedes Element von G auch ein Element von C, deshalb ist G eine Untermenge von C. Das Symbol für die Untermenge ist ⊆, Sie können also Folgendes schreiben:

$G \subseteq C$

Jede Menge ist eine Untermenge von sich selbst. Dieses Konzept scheint vielleicht seltsam, bis man erkannt hat, dass alle Elemente jeder Menge offensichtlich in dieser Menge enthalten sind.

Leere Mengen

Die *leere Menge* – auch als Nullmenge bezeichnet – ist eine Menge, die keine Elemente enthält:

$H = \{\}$

Wie Sie sehen, definiere ich H, indem ich seine Elemente aufliste, aber ich habe überhaupt kein Element aufgelistet, deshalb ist H leer. Die leere Menge wird durch das Symbol ∅ dargestellt. Es gilt also $H = \emptyset$.

Sie können eine leere Menge auch unter Verwendung einer Regel definieren. Zum Beispiel:

I = Hähne, die Eier legen

Hähne sind natürlich männlich und legen keine Eier, deshalb ist diese Menge leer.

Man kann sich ∅ als *Nichts* vorstellen. Und weil *Nichts* immer *Nichts* ist, gibt es nur eine leere Menge. Alle leeren Mengen sind gleich, in diesem Fall ist also $H = I$.

Darüber hinaus ist ∅ eine Untermenge jeder anderen Menge (Untermengen wurden im vorherigen Abschnitt angesprochen), deshalb gelten die folgenden Aussagen:

$\emptyset \subseteq A$

$\emptyset \subseteq B$

$\emptyset \subseteq C$

Sie werden dieses Konzept verstehen, wenn Sie ein bisschen darüber nachdenken. Sie wissen, dass ∅ *keine* Elemente enthält, deshalb ist, technisch gesehen, *jedes* Element aus ∅ in jeder anderen Menge enthalten.

Zahlenmengen

Eine wichtige Nutzung von Mengen ist die Definition von Zahlenmengen. Wie für alle anderen Mengen können Sie dazu entweder die Elemente auflisten oder einfach eine Regel beschreiben, die klar vorgibt, was in der Menge enthalten ist und was nicht. Betrachten Sie beispielsweise die folgenden Mengen:

J = {1, 2, 3, 4, 5}

K = {2, 4, 6, 8, 10, ...}

L = die Menge der natürlichen Zahlen

Meine Definitionen von J und K listen ihre Elemente explizit auf. Weil K unendlich groß ist, muss ich die Auslassungspunkte (...) angeben, um zu zeigen, dass diese Menge unendlich ist. Die Definition von L ist eine Beschreibung der Menge in Prosa.

In Kapitel 25 spreche ich einige wichtige Mengen genauer an.

Operationen für Mengen

In der Arithmetik ermöglichen Ihnen die vier großen Operationen (Addition, Subtraktion, Multiplikation und Division), Zahlen auf unterschiedliche Weisen zu kombinieren (siehe Kapitel 3 und 4). Die Mengentheorie kennt ebenfalls vier wichtige Operationen: Vereinigung, Schnitt, relatives Komplement und absolutes Komplement. Bei Ihrer Arbeit mit der Mathematik werden Sie diesen Operationen noch häufig begegnen.

Hier die Definitionen für drei Zahlenmengen:

P = {1, 7}

Q = {4, 5, 6}

R = {2, 4, 6, 8, 10}

In diesem Abschnitt benutze ich diese drei und ein paar weitere Mengen, um die vier Mengenoperationen zu erklären und Ihnen zu zeigen, wie sie funktionieren. (***Hinweis:*** Innerhalb von Gleichungen liste ich die Elemente neu auf und ersetze die Namen der Mengen durch ihr Äquivalent in den geschweiften Klammern. Auf diese Weise müssen Sie nicht dauernd hin und her blättern, um zu sehen, was in den jeweiligen Mengen enthalten ist.)

Vereinigung: Kombinierte Elemente

Die Vereinigungsmenge von zwei Mengen ist die Menge aller Elemente, die in einer oder beiden Mengen vorkommen. Die Vereinigungsmenge von {1, 2} und {3, 4} beispielsweise ist {1, 2, 3, 4}. Das Symbol für diese Operation ist $\cup$; Sie schreiben also:

$\{1, 2\} \cup \{3, 4\} = \{1, 2, 3, 4\}$

Und so finden Sie die Vereinigungsmenge von P und Q:

$P \cup Q = \{1, 7\} \cup \{4, 5, 6\} = \{1, 4, 5, 6, 7\}$

Wenn zwei Mengen ein oder mehrere Elemente gemeinsam haben, erscheinen diese Elemente nur einmal in der Vereinigungsmenge. Betrachten Sie beispielsweise die Vereinigung von Q und R. In diesem Fall sind die Elemente 4 und 6 in beiden Mengen enthalten, aber jede dieser Zahlen erscheint nur einmal in der Vereinigungsmenge:

$Q \cup R = \{4, 5, 6\} \cup \{2, 4, 6, 8, 10\} = \{2, 4, 5, 6, 8, 10\}$

Die Vereinigung einer beliebigen Menge mit sich selbst ist diese Menge:

$P \cup P = P$

Analog dazu ist die Vereinigung einer beliebigen Menge mit $\varnothing$ (siehe den Abschnitt »Leere Mengen« weiter vorn in diesem Kapitel) wieder die Menge selbst:

$P \cup \varnothing = P$

Schnitt: Gemeinsame Elemente

Die *Schnittmenge* von zwei Mengen ist die Menge ihrer gemeinsamen Elemente (den Elementen, die in beiden Mengen enthalten sind). Das Symbol für diese Operation ist $\cap$. Sie können also Folgendes schreiben:

$\{1, 2, 3\} \cap \{2, 3, 4\} = \{2, 3\}$

Und so schreiben Sie die Schnittmenge von Q und R:

$Q \cap R = \{4, 5, 6\} \cap \{2, 4, 6, 8, 10\} = \{4, 6\}$

Wenn zwei Mengen keine Elemente gemeinsam haben, ist ihre Schnittmenge die leere Menge ($\varnothing$):

$P \cap Q = \{1, 7\} \cap \{4, 5, 6\} = \varnothing$

Der Schnitt einer beliebigen Menge mit sich selbst ist wieder diese Menge selbst:

$P \cap P = P$

Der Schnitt einer beliebigen Menge mit $\varnothing$ ist wieder $\varnothing$:

$P \cap \varnothing = \varnothing$

Relatives Komplement: Subtraktion (so gut wie)

Das *relative Komplement* zweier Mengen ist eine mit der Subtraktion vergleichbare Operation. Das Symbol für diese Operation ist \. Beginnend mit der ersten Menge entfernt man daraus jedes in der zweiten Menge enthaltene Element, um schließlich zum relativen Komplement zu gelangen. Zum Beispiel:

$\{1, 2, 3, 4, 5\} \setminus \{1, 2, 5\} = \{3, 4\}$

Das relative Komplement von R und Q finden Sie wie folgt. Beide Mengen haben 4 und 6 gemeinsam, deshalb müssen Sie diese Elemente aus R entfernen:

$R \setminus Q = \{2, 4, 6, 8, 10\} \setminus \{4, 5, 6\} = \{2, 8, 10\}$

Beachten Sie, dass die Vertauschung der beidne Mengen bei dieser Operation ein anderes Ergebnis erzeugt. Jetzt entfernen Sie die gemeinsamen Elemente 4 und 6 aus Q:

$Q \setminus R = \{4, 5, 6\} \setminus \{2, 4, 6, 8, 10\} = \{5\}$

Wie die Subtraktion in der Arithmetik ist das relative Komplement *keine* kommutative Operation. Mit anderen Worten, die Reihenfolge spielt eine Rolle. (Weitere Informationen über kommutative und nicht kommutative Operationen finden Sie in Kapitel 4.)

Absolutes Komplement: Das glatte Gegenteil

Das *absolute Komplement* einer Menge ist alles, was nicht in dieser Menge enthalten ist. Weil *alles* ein schwer greifbares Konzept ist, müssen Sie zuerst definieren, was Sie mit *alles* meinen, nämlich die Universalmenge (U). Angenommen, Sie definieren die Universalmenge wie folgt:

$$U = \{0, 1, 2, 3, 4, 5, 6, 7, 8, 9\}$$

Und jetzt noch ein paar Mengen, mit denen wir arbeiten können:

$$M = \{1, 3, 5, 7, 9\}$$

$$N = \{6\}$$

Das absolute Komplement jeder Menge ist die Menge jedes Elements aus U, das nicht in der ursprünglichen Menge enthalten ist:

$$U \setminus M = \{0, 1, 2, 3, 4, 5, 6, 7, 8, 9\} \setminus \{1, 3, 5, 7, 9\} = \{0, 2, 4, 6, 8\}$$

$$U \setminus N = \{0, 1, 2, 3, 4, 5, 6, 7, 8, 9\} \setminus \{6\} = \{0, 1, 2, 3, 4, 5, 7, 8, 9\}$$

Das absolute Komplement ist eng mit dem relativen Komplement verbunden (siehe vorherigen Abschnitt). Beide Operationen sind vergleichbar mit der Subtraktion. Der größte Unterschied ist, dass das absolute Komplement *immer* eine Subtraktion einer Menge von U ist und dass das relative Komplement eine Subtraktion einer Menge von einer anderen Menge ist.

Das Symbol für das absolute Komplement ist $\bar{}$, Sie können also Folgendes schreiben:

$$\bar{M} = \{0, 2, 4, 6, 8\}$$

$$\bar{N} = \{0, 1, 2, 3, 4, 5, 7, 8, 9\}$$

Teil V
X-Akte: Einführung in die Algebra

In diesem Teil ...

In den Kapiteln dieses Teils biete ich Ihnen eine Einführung in die Algebra, ein erstaunliches Werkzeug für die Lösung der unterschiedlichsten Aufgabenstellungen in der Mathematik – schnell und präzise. Ich zeige Ihnen, wie Sie eine Variable deklarieren (wie beispielsweise x), die für eine unbekannte Zahl stehen kann. Anschließend stelle ich Ihnen jede Menge wichtige Werkzeuge für die Arbeit mit algebraischen Gleichungen vor. Danach setzen Sie diese Werkzeuge ein, um algebraische Gleichungen zu lösen. Und schließlich wird das Ganze kombiniert, wenn Sie algebraische Textaufgaben lösen.

Mr. X kennenlernen: Algebra und algebraische Ausdrücke

21

In diesem Kapitel ...

- Treffen Sie Mr. X!
- Verstehen, wie eine Variable wie etwa x für eine Zahl stehen kann
- Mit der Substitution algebraische Ausdrücke auswerten
- Die Terme in algebraischen Ausdrücken erkennen und neu anordnen
- Algebraische Ausdrücke vereinfachen

Ihre erste Liebe, Ihr erstes Auto und Ihr erstes x werden Sie nie vergessen. Leider verbinden einige Leute ihr erstes x in der Algebra mit ähnlichen Gefühlen wie mit ihrer ersten Liebe, die sie schnöde hat sitzen lassen, oder wie mit ihrem ersten Auto, das irgendwo mitten in der Pampa seinen Geist aufgegeben hat.

Die bekannteste Tatsache über die Algebra ist, dass sie Buchstaben verwendet – etwa x –, um Zahlen darzustellen. Wenn Sie also eine traumatische Geschichte mit dem x verbinden, dann sollten Sie (wie immer im Leben) nach vorn sehen: Alles wird gut!

Wozu braucht man eigentlich Algebra? Diese Frage wird häufig gestellt, und sie verdient eine ehrliche Antwort. Algebra wird für die Lösung von Aufgaben benötigt, die zu schwierig für die gewöhnliche Arithmetik sind. Und weil in der modernen Welt so viel mit Zahlen jongliert wird, ist die Algebra überall anzutreffen (auch wenn sie nicht unmittelbar sichtbar ist): Architektur, Ingenieurwissenschaften, Medizin, Statistik, Computer, Wirtschaft, Chemie, Physik, Biologie und natürlich höhere Mathematik. Überall, wo man Zahlen braucht, findet man auch die Algebra.

In diesem Kapitel stelle ich Ihnen diesen schwer fassbaren kleinen Zeitgenossen vor, Mr. X, sodass er Ihnen vielleicht in einem etwas freundlicheren Licht erscheint. Anschließend zeige ich Ihnen, inwieweit *algebraische Ausdrücke* vergleichbar mit den arithmetischen Ausdrücken sind, die Sie bereits beherrschen, und inwieweit sie sich von diesen unterscheiden. (Weitere Informationen über arithmetische Ausdrücke finden Sie in Kapitel 5.)

x als Platzhalter

In der Mathematik steht x für eine Zahl – eine beliebige Zahl. Ein Buchstabe, den Sie anstelle einer Zahl verwenden, wird als *Variable* bezeichnet. Ihr Wert kann *variieren* – das heißt, er ist nicht festgelegt. Im Gegensatz dazu werden Zahlen in der Algebra häufig als *Konstanten* bezeichnet, weil ihr Wert feststeht.

Manchmal besitzt man genügend Informationen, um die Identität von x herauszufinden. Betrachten Sie beispielsweise Folgendes:

$$2 + 2 = x$$

Offensichtlich steht x in dieser Gleichung für die Zahl 4. Es gibt jedoch auch Situationen, in denen die Zahl, für die x steht, für immer ein Geheimnis bleibt. Zum Beispiel:

$$x > 5$$

In dieser Ungleichung steht x für jede Zahl größer 5 – das kann 6 sein, vielleicht $7^1/_2$ oder auch 543.002.

Algebraische Ausdrücke

In Kapitel 5 habe ich Ihnen *arithmetische Ausdrücke* vorgestellt: Folgen aus Zahlen und Operatoren, die berechnet oder auf eine Seite einer Gleichung geschrieben werden können. Zum Beispiel:

$$2 + 3$$

$$7 \cdot 1{,}5 - 2$$

$$2^4 - |-4| - \sqrt{100}$$

In diesem Kapitel stelle ich Ihnen eine weitere Art mathematischer Ausdrücke vor: den algebraischen Ausdruck. Ein *algebraischer Ausdruck* ist eine beliebige Verknüpfung mathematischer Symbole, die auf einer Seite einer Gleichung angegeben werden kann und die mindestens eine Variable enthält.

Hier einige Beispiele für algebraische Ausdrücke:

$$5x$$

$$-5x + 2$$

$$x^2y + y^2x + \frac{z}{3} - xyz + 1$$

Wie Sie sehen, ist der Unterschied zwischen arithmetischen und algebraischen Ausdrücken einfach, dass ein algebraischer Ausdruck mindestens eine Variable enthält.

In diesem Abschnitt zeige ich Ihnen, wie Sie mit algebraischen Ausdrücken arbeiten. Zuerst erkläre ich Ihnen, wie Sie einen algebraischen Ausdruck berechnen, indem Sie die Werte seiner Variablen einsetzen. Anschließend zeige ich Ihnen, wie Sie einen algebraischen Ausdruck in einen oder mehrere Terme zerlegen können und wie Sie den Koeffizienten und den variablen Teil jedes Terms erkennen.

Algebraische Ausdrücke berechnen

Um einen algebraischen Ausdruck zu berechnen, müssen Sie die numerischen Werte aller Variablen kennen. Sie *setzen* für jede Variable des Ausdrucks die Zahl ein, für die diese Variable steht (man spricht auch von *Substitution*), und berechnen dann den Wert.

In Kapitel 5 habe ich Ihnen gezeigt, wie arithmetische Ausdrücke bestimmt werden. Kurz gesagt bestimmt man dabei den Wert dieses Ausdrucks, sodass man eine einzelne Zahl erhält (weitere Informationen zur Berechnung finden Sie in Kapitel 5).

Für die Berechnung algebraischer Ausdrücke ist es sehr praktisch, wenn man weiß, wie arithmetische Ausdrücke berechnet werden. Angenommen, Sie wollen den folgenden Ausdruck berechnen:

$$4x - 7$$

Beachten Sie, dass dieser Ausdruck die Variable x enthält, die unbekannt ist, deshalb ist der Wert des gesamten Ausdrucks ebenfalls unbekannt.

Ein algebraischer Ausdruck kann beliebig viele Variablen enthalten, aber in den meisten Aufgabenstellungen sind es nicht mehr als drei. Sie können jeden beliebigen Buchstaben als Variable verwenden, aber am gängigsten sind x, y und z.

Nehmen wir für die obige Aufgabe an, $x = 2$. Um den Ausdruck zu berechnen, ersetzen Sie x überall im Ausdruck durch 2:

$$4 \cdot 2 - 7$$

Nachdem Sie die Substitution vorgenommen haben, bleibt ein arithmetischer Ausdruck zurück; Sie können also Ihre Berechnungen durchführen, um den Wert des Ausdrucks zu bestimmen:

$$= 8 - 7 = 1$$

Für $x = 2$ ergibt sich also der algebraische Ausdruck $4x - 7 = 1$.

Angenommen, Sie wollen jetzt den folgenden Ausdruck berechnen, wobei $x = 4$ ist:

$$2x^2 - 5x - 15$$

Auch hier ist der erste Schritt, x überall im Ausdruck durch 4 zu ersetzen:

$$2 \cdot 4^2 - 5 \cdot 4 - 15$$

Dann rechnen Sie gemäß der in Kapitel 5 erklärten Operationsreihenfolge aus. Sie lösen zuerst die Potenzen auf, also werten Sie den Exponenten als Erstes aus, 4^2, was gleich $4 \cdot 4$ ist:

$$= 2 \cdot 16 - 5 \cdot 4 - 15$$

Dann führen Sie die Multiplikation aus, von links nach rechts:

$$= 32 - 5 \cdot 4 - 15$$

$$= 32 - 20 - 15$$

Anschließend führen Sie die Subtraktion aus, ebenfalls von links nach rechts:

$= 12 - 15$

$= -3$

Für $x = 4$ ergibt sich also der algebraische Ausdruck $2x^2 - 5x - 15 = -3$

Sie sind bei den Substitutionen jedoch nicht auf eine Variable beschränkt. Wenn Sie den Wert jeder Variablen in dem Ausdruck kennen, können Sie algebraische Ausdrücke mit beliebig vielen Variablen bestimmen. Angenommen, Sie wollen den folgenden Ausdruck auswerten:

$3x^2 + 2xy - xyz$

Dann brauchen Sie die Werte aller drei Variablen:

$x = 3$

$y = -2$

$z = 5$

Im ersten Schritt ersetzen Sie die Variablen im gesamten Ausdruck durch die jeweiligen Werte:

$3 \cdot 3^2 + 2 \cdot 3 \cdot (-2) - 3 \cdot (-2) \cdot 5$

Dann wenden Sie die Regeln für die Reihenfolge von Operationen aus Kapitel 5 an. Beginnen Sie beim Exponenten; 3^2:

$= 3 \cdot 9 + 2 \cdot 3 \cdot (-2) - 3 \cdot (-2) \cdot 5$

Anschließend führen Sie die Multiplikation von links nach rechts aus (weitere Informationen über die Regeln für die Multiplikation negativer Zahlen finden Sie in Kapitel 4):

$= 27 + 2 \cdot 3 \cdot (-2) - 3 \cdot (-2) \cdot 5$

$= 27 + 6 \cdot (-2) - 3 \cdot (-2) \cdot 5$

$= 27 + (-12) - 3 \cdot (-2) \cdot 5$

$= 27 + (-12) - (-6) \cdot 5$

$= 27 + (-12) - (-30)$

Nun brauchen Sie nur noch Addition und Subtraktion. Rechnen Sie von links nach rechts und beachten Sie dabei die Regeln für die Addition und Subtraktion negativer Zahlen aus Kapitel 4:

$= 15 - (-30) = 15 + 30 = 45$

Für die gegebenen Werte von x, y und z lautet der algebraische Ausdruck also $3x^2 + 2xy - xyz = 45$.

Kopieren Sie zu Übungszwecken den Ausdruck und die drei Werte, schließen Sie das Buch und überprüfen Sie, ob Sie selbst einsetzen und berechnen können.

Algebraische Terme

Ein *Term* ist ein algebraischer Ausdruck mit Symbolen, der vom restlichen Ausdruck durch eine Addition oder Subtraktion getrennt ist. Wenn die algebraischen Ausdrücke komplizierter werden, setzen sie sich aus immer mehreren Termen zusammen. Hier einige Beispiele:

Ausdruck	Anzahl der Terme	Terme
$5x$	einer	$5x$
$-5x + 2$	zwei	$-5x$ und 2
$x^2y + \frac{z}{3} - xyz + 8$	vier	x^2y, $\frac{z}{3}$, $-xyz$ und 8

Egal wie komplex ein algebraischer Ausdruck wird, Sie können ihn immer in einen oder mehrere Terme zerlegen.

Wenn Sie einen algebraischen Ausdruck in Terme zerlegen, ordnen Sie das Plus- oder Minuszeichen dem Term zu, dem es unmittelbar vorausgeht.

Wenn ein Term eine Variable enthält, wird er als *algebraischer Term* bezeichnet. Hat er keine Variable, handelt es sich um eine *Konstante*. Betrachten Sie beispielsweise den folgenden Ausdruck:

$$x^2y + \frac{z}{3} - xyz + 8$$

Die ersten drei Terme sind algebraische Terme, der letzte Term ist eine Konstante. Wie Sie sehen, ist in der Algebra der Begriff *Konstante* einfach nur eine komplizierte Bezeichnung für eine Zahl.

Terme sind wirklich praktisch, weil Sie Regeln befolgen können, um sie zu verschieben, zu kombinieren und die vier großen Operationen dafür auszuführen. Alle diese Fertigkeiten sind wichtig für das Lösen von Gleichungen, um die es im nächsten Kapitel geht. Hier soll es jedoch nur um Terme und ihre Eigenschaften gehen.

Kommutativ: Terme neu anordnen

Nachdem Sie verstanden haben, wie ein algebraischer Ausdruck in Terme zerlegt werden kann, können Sie einen Schritt weiter gehen, indem Sie die Terme in einer beliebigen Reihenfolge anordnen. Jeder Term wird als Einheit verschoben, ähnlich wie eine Gruppe von Personen in einer Fahrgemeinschaft – alle Mitfahrer in einem Auto bleiben für die gesamte Fahrt zusammen, auch wenn sie unterschiedliche Plätze einnehmen.

Angenommen, Sie beginnen mit dem Ausdruck $-5x + 2$. Sie können die beiden Terme in diesem Ausdruck anders anordnen, ohne seinen Wert zu verändern. Beachten Sie, dass das Vorzeichen eines Terms immer beim Term bleibt, obwohl es üblich ist, das Pluszeichen am Anfang eines Ausdrucks wegzulassen:

$$= 2 - 5x$$

Die Neuordnung von Termen auf diese Weise hat keine Auswirkungen auf den Wert des Ausdrucks, weil die Addition kommutativ ist – das bedeutet, Sie können Dinge, die Sie addieren, beliebig umordnen, ohne die Lösung zu verändern. (Weitere Informationen über die Kommutativeigenschaft der Addition finden Sie in Kapitel 4.)

Angenommen, $x = 3$. Der ursprüngliche Ausdruck und seine Umformung werden dann wie folgt berechnet (unter Verwendung der Regeln, die ich weiter vorn in diesem Kapitel im Abschnitt »Algebraische Ausdrücke berechnen« beschrieben habe):

$-5x + 2$	$2 - 5x$
$= -5 \cdot 3 + 2$	$= 2 - 5 \cdot 3$
$= -15 + 2$	$= 2 - 15$
$= -13$	$= -13$

Die Umordnung von Ausdrücken auf diese Weise wird weiter hinten in diesem Kapitel noch nützlich sein, wenn es um die Vereinfachung algebraischer Ausdrücke geht. Als weiteres Beispiel betrachten wir den folgenden Ausdruck:

$$4x - y + 6$$

Sie können ihn auf unterschiedliche Weise umformen:

$$= 6 + 4x - y$$

$$= -y + 4x + 6$$

Weil der Term $4x$ kein Vorzeichen hat, ist er positiv; Sie können also bei der Neuordnung der Terme bei Bedarf ein Pluszeichen davorschreiben.

Solange die Vorzeichen für jeden Term beibehalten werden, hat die Umordnung der Terme in einem Ausdruck keine Auswirkung auf dessen Wert.

Angenommen, wir haben $x = 2$ und $y = 3$. Nachfolgend sehen Sie, wie der ursprüngliche Ausdruck und seine beiden Neuordnungen berechnet werden:

$4x - y + 6$	$6 + 4x - y$	$-y + 4x + 6$
$= 4 \cdot 2 - 3 + 6$	$= 6 + 4 \cdot 2 - 3$	$= -3 + 4 \cdot 2 + 6$
$= 8 - 3 + 6$	$= 6 + 8 - 3$	$= -3 + 8 + 6$
$= 5 + 6$	$= 14 - 3$	$= 5 + 6$
$= 11$	$= 11$	$= 11$

Den Koeffizienten und die Variable identifizieren

Jeder Term in einem algebraischen Ausdruck hat einen Koeffizienten. Der *Koeffizient* ist der vorzeichenbehaftete numerische Teil eines Terms in einem algebraischen Ausdruck – das heißt die Zahl mit dem Vorzeichen (+ oder –) für den Term. Angenommen, Sie arbeiten mit dem folgenden algebraischen Ausdruck:

$$-4x^3 + x^2 - x - 7$$

Die folgende Tabelle zeigt die vier Terme dieses Ausdrucks, jeweils mit dem Koeffizienten jedes Terms:

Term	Koeffizient	Variable
$-4x^3$	-4	x^3
x^2	1	x^2
$-x$	-1	x
-7	-7	keine

Beachten Sie, dass das zum Term gehörige Vorzeichen Teil des Koeffizienten ist. Der Koeffizient von $-4x^3$ ist also -4.

Wenn ein Term scheinbar keinen Koeffizienten hat, ist der Koeffizient gleich 1. Der Koeffizient von x^2 ist also 1, und der Koeffizient von $-x$ ist -1. Und wenn ein Term eine Konstante ist (nur eine Zahl), ist die Zahl mit ihrem zugehörigen Vorzeichen der Koeffizient. Der Koeffizient von -7 ist also einfach -7.

Wenn der Koeffizient eines algebraischen Terms 0 ist, ist der Term gleich 0, unabhängig davon, wie der variable Anteil aussieht:

$$0x = 0 \qquad 0xyz = 0x^3y^4z^{10} = 0$$

Der *variable Teil* eines Ausdrucks dagegen ist alles außer dem Koeffizienten. Die obige Tabelle zeigt die vier Terme desselben Ausdrucks, wobei für jeden Term der variable Teil angegeben ist.

Ähnliche Terme identifizieren

Ähnliche Terme sind zwei algebraische Terme, die denselben variablen Teil haben – das heißt, sowohl die Buchstaben als auch ihre Exponenten stimmen exakt überein. Hier einige Beispiele:

Variabler Teil	Beispiele für ähnliche Terme		
x	$4x$	$12x$	$99{,}9x$
x^2	$6x^2$	$-20x^2$	$\frac{8}{3}x^2$
y	y	$1.000y$	πy
xy	$-7xy$	$800xy$	$\frac{22}{7}xy$
x^3y^3	$3x^3y^3$	$-111x^3y^3$	$3{,}14x^3y^3$

Wie Sie sehen, ist der variable Teil in allen drei ähnlichen Termen für jedes Beispiel gleich. Nur der Koeffizient ändert sich, und es kann sich dabei um eine beliebige reelle Zahl handeln: positiv oder negativ, ganze Zahl, Bruch, Dezimalwert oder sogar eine irrationale Zahl wie beispielsweise π. (Weitere Informationen über reelle Zahlen finden Sie in Kapitel 25.)

Algebraische Terme und die vier großen Operationen

In diesem Abschnitt zeige ich Ihnen, wie Sie die vier großen Operationen auf algebraische Ausdrücke anwenden. Momentan können Sie sich die Arbeit mit algebraischen Ausdrücken einfach nur als eine Menge von Werkzeugen vorstellen, die Sie sammeln, um sie anzuwenden, wenn es so weit ist. Sie werden diese Werkzeuge spätestens in Kapitel 22 sehr praktisch finden, wenn Sie anfangen, algebraische Gleichungen zu lösen.

Terme addieren

Ähnliche Terme werden addiert, indem ihre Koeffizienten addiert werden und der variable Teil unverändert bleibt.

Angenommen, Sie haben den Ausdruck $2x + 3x$. Sie wissen, dass $2x$ eigentlich eine Abkürzung für $x + x$ ist, und $3x$ steht für $x + x + x$. Wenn Sie sie also addieren, erhalten Sie:

$$= x + x + x + x + x = 5x$$

Wie Sie sehen, addieren Sie, wenn die variablen Teile von zwei Termen gleich sind, diese Terme, indem Sie ihre Koeffizienten addieren: $2x + 3x = (2 + 3)x$. Man kann sich hier vorstellen: 2 Äpfel + 3 Äpfel = 5 Äpfel.

Es ist *nicht* möglich, nicht ähnliche Terme zu addieren. Hier einige Fälle, in denen die Variablen oder ihre Exponenten unterschiedlich sind:

$2x + 3y$

$2yz + 3y$

$2x^2 + 3x$

In solchen Fällen können Sie keine Addition durchführen. Sie stehen einer Situation gegenüber, als müssten Sie zwei Äpfel und drei Orangen addieren. Weil diese Einheiten (Äpfel und Orangen) unterschiedlich sind, können Sie das Problem nicht lösen. (Weitere Informationen über das Arbeiten mit Einheiten finden Sie in Kapitel 4.)

Terme subtrahieren

Die Subtraktion von Termen ist mit der Addition vergleichbar. Sie subtrahieren ähnliche Terme, indem Sie die Differenz zwischen ihren Koeffizienten bestimmen und den variablen Teil beibehalten.

Angenommen, Sie haben $3x - x$. Sie wissen, dass $3x$ einfach eine Abkürzung für $x + x + x$ ist. Mit der Subtraktion erledigen Sie Folgendes:

$$x + x + x - x = 2x$$

Keine große Überraschung. Sie bestimmen einfach $(3 - 1)x$. Als Beispiel könnte man sich etwa 3 € – 1 € = 2 € vorstellen.

Noch ein Beispiel:

$$2x - 5x$$

Auch kein Problem, wenn man weiß, wie man mit negativen Zahlen umgeht (falls Sie weitere Informationen benötigen, lesen Sie in Kapitel 4 nach). Sie berechnen einfach die Differenz zwischen den Koeffizienten:

$$= (2 - 5)\,x = -3x$$

Stellen Sie sich dafür einfach vor: 2 € – 5 € = –3 € (das heißt, eine Schuld von 3 €).

Es ist *nicht* möglich, nicht ähnliche Terme voneinander zu subtrahieren. Beispielsweise können Sie Folgendes nicht subtrahieren:

$$7x - 4y$$

$$7x^2y - 4xy^2$$

Wie bei der Addition ist auch die Subtraktion bei unterschiedlichen Variablen nicht möglich. Das wäre, als wollten Sie 7 € – 4 $ berechnen. Weil die Einheiten (in diesem Fall Euro und Dollar) unterschiedlich sind, ist eine Subtraktion nicht möglich. (Weitere Informationen über Einheiten finden Sie in Kapitel 4.)

Terme multiplizieren

Anders als beim Addieren und Subtrahieren ist es sehr wohl möglich, nicht ähnliche Terme zu multiplizieren. Sie können beliebige Terme multiplizieren, indem Sie ihre Koeffizienten multiplizieren und alle Variablen aus beiden Termen zu einem einzigen Term kombinieren – das heißt zusammenfassen –, wie nachfolgend gezeigt.

Angenommen, Sie wollen $5x \cdot 3y$ multiplizieren. Um den Koeffizienten zu erhalten, multiplizieren Sie $5 \cdot 3$. Um den algebraischen Teil zu erhalten, kombinieren Sie die beiden Variablen x und y:

$$= 5 \cdot 3xy = 15xy$$

Jetzt nehmen wir an, Sie wollen $2x \cdot 7x$ multiplizieren. Wieder multiplizieren Sie die Koeffizienten und kombinieren die Variablen zu einem einzigen Term:

$$= 7 \cdot 2xx = 14xx$$

Sie wissen, dass x^2 die Abkürzung für xx ist, Sie können die Lösung also effizienter darstellen:

$$= 14x^2$$

Noch ein Beispiel. Multiplizieren Sie alle drei Koeffizienten und kombinieren Sie die Variablen:

$$2x^2 \cdot 3y \cdot 4xy$$

$$= 2 \cdot 3 \cdot 4x^2xyy$$

$$= 24x^3y^2$$

Wie Sie sehen, entspricht der Exponent 3, der dem x zugeordnet wurde, einfach der Anzahl der x in der Aufgabe. Dasselbe gilt für den Exponenten 2 für das y.

Eine schnelle Methode, Variablen mit Exponenten zu multiplizieren, besteht darin, die Exponenten zu addieren. Zum Beispiel:

$$x^4y^3 \cdot x^2y^5 \cdot x^6y = x^{12}y^9$$

In diesem Beispiel habe ich die Exponenten der x $(4 + 2 + 6 = 12)$ addiert, um den Exponenten für x in der Lösung zu erhalten. Analog dazu habe ich die Exponenten der y addiert $(3 + 5 + 1 = 9$ – vergessen Sie nicht, dass $y = y^1$ ist!), um den Exponenten für y in der Lösung zu erhalten.

Terme dividieren

Es ist üblich, die Division algebraischer Ausdrücke als Bruch darzustellen, statt mit dem Divisionssymbol (÷). Die Division algebraischer Terme verhält sich also wie das Kürzen eines Bruchs (weitere Informationen über das Kürzen finden Sie in Kapitel 9).

Um einen algebraischen Ausdruck durch einen anderen zu dividieren, gehen Sie wie folgt vor:

1. **Erstellen Sie einen Bruch aus den beiden Termen.**

   Angenommen, Sie wollen $3xy$ durch $12x^2$ dividieren. Zunächst stellen Sie die Aufgabe als Bruch dar:

   $$\frac{3xy}{12x^2}$$

2. **Kürzen Sie die Faktoren in den Koeffizienten, die sowohl im Zähler als auch im Nenner vorkommen.**

   In diesem Fall können Sie eine 3 kürzen. Beachten Sie, dass Sie den Koeffizienten weglassen können, wenn er zu 1 wird:

   $$= \frac{xy}{4x^2}$$

3. **Kürzen Sie alle Variablen, die sowohl im Zähler als auch im Nenner vorkommen.**

   Sie können x^2 als xx darstellen:

   $$= \frac{xy}{4xx}$$

   Jetzt können Sie ein x im Zähler und im Nenner kürzen:

   $$= \frac{y}{4x}$$

   Wie Sie sehen, ist der resultierende Bruch wirklich eine reduzierte Form des ursprünglichen Bruchs.

Als weiteres Beispiel nehmen wir an, Sie wollen $-6x^2yz^3$ durch $-8x^2y^2z$ dividieren. Zunächst schreiben Sie die Division als Bruch:

$$\frac{-6x^2yz^3}{-8x^2y^2z}$$

Zuerst kürzen Sie die Koeffizienten. Beachten Sie, dass beide Koeffizienten ursprünglich negativ waren, deshalb können Sie auch die Minuszeichen wegkürzen:

$$= \frac{3x^2yz^3}{4x^2y^2z}$$

Jetzt können Sie anfangen, die Variablen zu kürzen. Dazu gehen Sie in zwei Schritten vor, wie oben gezeigt:

$$= \frac{3xxyzzz}{4xxyyz}$$

Jetzt können Sie alle Variablen kürzen, die sowohl im Zähler als auch im Nenner vorkommen:

$$= \frac{3zz}{4y}$$

$$= \frac{3z^2}{4y}$$

Es ist nicht möglich, Variablen oder Koeffizienten zu kürzen, solange der Zähler oder der Nenner mehrere Terme in einer Summe enthalten.

Algebraische Ausdrücke vereinfachen

Wenn algebraische Ausdrücke sehr komplex werden, können sie durch eine Vereinfachung handlicher werden. Die Vereinfachung bedeutet (ganz einfach!), dass sie kleiner und übersichtlicher gemacht werden. Sie sehen, wie wichtig die Vereinfachung von Ausdrücken wird, wenn Sie anfangen, algebraische Gleichungen zu lösen.

Dieser Abschnitt ist als eine Art Algebra-Werkzeugkasten vorgesehen. Hier zeige ich Ihnen, *wie* Sie diese Werkzeuge einsetzen können. In Kapitel 22 zeige ich Ihnen, *wo* Sie sie einsetzen können.

Ähnliche Terme kombinieren

Wenn zwei algebraische Terme ähnlich sind (wenn ihre Variablen übereinstimmen), können Sie sie addieren oder subtrahieren (siehe den Abschnitt »Algebraische Terme und die vier großen Operationen« weiter vorn in diesem Kapitel). Dieses Merkmal wird dann praktisch, wenn Sie versuchen, einen Ausdruck zu vereinfachen. Angenommen, Sie wollen mit dem folgenden Ausdruck arbeiten:

$$4x - 3y - 2x + y - x + 2y$$

In dieser Form hat der Ausdruck sechs Terme. Aber drei Terme verwenden die Variable x, und weitere drei die Variable y. Beginnen Sie damit, diesen Ausdruck so neu anzuordnen, dass alle ähnlichen Terme zusammenstehen:

$$= 4x - 2x - x - 3y + y + 2y$$

Jetzt können Sie ähnliche Terme addieren und subtrahieren. Ich mache das in zwei Schritten, zuerst für die x-Terme und dann für die y-Terme:

$$= x - 3y + y + 2y$$

$$= x + 0y = x$$

Beachten Sie, dass die x-Terme zu x zusammengefasst werden können, und die y-Terme zu $0y$, das ist gleich 0, deshalb fallen die y-Terme vollständig aus dem Ausdruck heraus!

Nun folgt ein etwas komplizierteres Beispiel, das Variablen mit Exponenten beinhaltet:

$$12x - xy - 3x^2 + 8y + 10xy + 3x^2 - 7x$$

Hier haben Sie sieben Terme. Im ersten Schritt können Sie diese Terme neu anordnen, sodass immer Gruppen mit ähnlichen Termen zusammenstehen (ich unterstreiche diese vier Gruppen, sodass Sie sie deutlicher erkennen):

$$= \underline{12x - 7x} \; \underline{- xy + 10xy} \; \underline{- 3x^2 + 3x^2} \; \underline{+ 8y}$$

Jetzt fassen Sie die einzelnen ähnlichen Terme zusammen:

$$= 5x + 9xy + 0x^2 + 8y$$

Hier ergibt sich der Koeffizient 0 für den x^2-Term, deshalb fällt er ganz aus dem Ausdruck heraus:

$$= 5x + 9xy + 8y$$

Klammern aus einem algebraischen Ausdruck entfernen

Klammern halten Teile eines Ausdrucks als einzelne Einheit zusammen. In Kapitel 5 habe ich Ihnen gezeigt, wie man in einem arithmetischen Ausdruck mit Klammern umgeht. Diese Fertigkeit ist auch für algebraische Ausdrücke sehr praktisch. Wie Sie beim Lösen von algebraischen Gleichungen in Kapitel 22 feststellen werden, besteht häufig der erste Schritt zur Lösung darin, die Klammern zu entfernen. In diesem Abschnitt zeige ich Ihnen, wie Sie die vier großen Operationen mit allergrößter Leichtigkeit anwenden.

Alles weglassen: Klammern mit einem Pluszeichen

Wenn ein Ausdruck Klammern enthält, die unmittelbar hinter einem Pluszeichen (+) stehen, können Sie die Klammern einfach weglassen. Hier ein Beispiel:

$$2x \underline{+ (3x - y)} + 5y$$

$$= 2x \underline{+ 3x - y} + 5y$$

Jetzt können Sie den Ausdruck vereinfachen, indem Sie ähnliche Terme zusammenfassen:

$$= 5x + 4y$$

Wenn der erste Term innerhalb der Klammern negativ ist, ersetzt das Minuszeichen das Pluszeichen. Zum Beispiel:

$$6x + (-2x + y) - 4y$$

$$= 6x - 2x + y - 4y$$

Vorzeichenwechsel: Klammern mit einem Minuszeichen

Manchmal enthält ein Ausdruck Klammern, die unmittelbar hinter einem Minuszeichen (–) stehen. In diesem Fall ändert sich das Vorzeichen jedes Terms innerhalb der Klammern in das entgegengesetzte Vorzeichen. Anschließend entfernen Sie die Klammern.

Betrachten Sie das folgende Beispiel:

$$6x - (2xy - 3y) + 5xy$$

Vor der Klammer steht ein Minuszeichen, deshalb müssen Sie die Vorzeichen beider Terme innerhalb der Klammern ändern und die Klammern entfernen. Beachten Sie, dass der Term $2xy$ scheinbar kein Vorzeichen hat, weil es sich dabei um den ersten Term innerhalb der Klammern handelt. Dieser Ausdruck bedeutet eigentlich Folgendes:

$$6x \underline{- (+2xy - 3y)} + 5xy$$

Jetzt erkennen Sie, wie die Vorzeichen gewechselt werden:

$$= 6x \underline{- 2xy + 3y} + 5xy$$

Jetzt können Sie die beiden ähnlichen xy-Terme zusammenfassen:

$$= 6x + 3xy + 3y$$

Verteilen: Klammern ohne Vorzeichen

Wenn Sie zwischen einer Zahl und einem Klammernpaar nichts sehen, bedeutet das eine Multiplikation. Zum Beispiel:

$$2(3 + 2) = 10 \qquad 4(4 + 3) = 28 \qquad 10(15 + 5) = 200$$

Diese Notation wird in algebraischen Ausdrücken immer gebräuchlicher und ersetzt sogar das Punkt-Multiplikationssymbol (·):

$$3(4x + 1) = 12x + 3 \qquad 4x(2x + 1) = 8x^2 + 4x \qquad 3x(7y + 1) = 21xy + 3x$$

Um Klammern ohne Vorzeichen zu entfernen, multiplizieren Sie den Term außerhalb der Klammern mit jedem Term innerhalb der Klammern. Anschließend entfernen Sie die Klammern. Wenn Sie diese Schritte durchführen, wenden Sie die *Distributiveigenschaft* an.

Hier ein Beispiel:

$$2(3x - 5y + 4)$$

In diesem Fall multiplizieren Sie 2 mit jedem der Terme innerhalb der Klammern:

$$= 2 \cdot 3x + 2 \cdot (-5y) + 2 \cdot 4$$

Dieser Ausdruck sieht nun sehr viel komplizierter aus als der ursprüngliche Ausdruck, aber auf diese Weise können Sie alle Klammernpaare loswerden, indem Sie ausmultiplizieren:

$$= 6x - 10y + 8$$

Die Multiplikation mit jedem Term innerhalb der Klammern ist eine einfache Verteilung der Multiplikation über die Addition – auch als *Distributiveigenschaft* bezeichnet –, die ich in Kapitel 4 genauer beschreibe.

Als weiteres Beispiel wollen wir den folgenden Ausdruck betrachten:

$$-2x(-3x + y + 6) + 2xy - 5x^2$$

Wir beginnen mit der Multiplikation von $-2x$ mit den drei Termen innerhalb der Klammern:

$$-2x(-3x) - 2x \cdot y - 2x \cdot 6 + 2xy - 5x^2$$

Dieser Ausdruck sieht wiederum sehr viel komplizierter aus als der ursprüngliche Ausdruck, aber Sie werden die Klammern los, indem Sie multiplizieren:

$$= 6x^2 - 2xy - 12x + 2xy - 5x^2$$

Jetzt können Sie ähnliche Terme zusammenfassen. Ich mache dies in zwei Schritten, indem ich zuerst neu ordne und dann zusammenfasse:

$$= 6x^2 - 5x^2 - 2xy + 2xy - 12x$$

$$= x^2 - 12x$$

Klammern entfernen mit EAIL

Manchmal haben Ausdrücke zwei Klammernpaare nebeneinander ohne Symbol dazwischen. In diesem Fall müssen Sie *jeden Term* aus der ersten Klammer mit *jedem Term* in der zweiten Klammer multiplizieren.

Wenn Sie zwei Terme innerhalb jedes Klammernpaars haben, können Sie nach EAIL vorgehen – eine Abkürzung für *Erstes, Außen, Innen, Letztes*. Und so funktioniert das Ganze:

1. **Beginnen Sie, indem Sie die beiden *ersten* Terme in den Klammern multiplizieren.**

   Angenommen, Sie wollen den Ausdruck $(2x - 2)(3x - 6)$ vereinfachen. Der erste Term im ersten Klammernpaar ist $2x$, und der erste Term im zweiten Klammernpaar ist $3x$. Deshalb multiplizieren Sie $2x$ mal $3x$:

   $(\underline{2x} - 2)(\underline{3x} - 6) \qquad 2x \cdot 3x = 6x^2$

2. **Anschließend multiplizieren Sie die beiden *äußeren* Terme.**

   Die beiden äußeren Terme, $2x$ und -6, liegen an den Außenseiten:

   $(\underline{2x} - 2)(3x \underline{- 6}) \qquad 2x(-6) = -12x$

3. **Anschließend multiplizieren Sie die beiden *inneren* Terme.**

   Die beiden Terme in der Mitte sind –2 und $3x$:

   $(2x - 2)\ (3x - 6) \qquad -2 \cdot 3x = -6x$

4. **Nun multiplizieren Sie noch die beiden *letzten* Terme.**

   Der letzte Term im ersten Klammernpaar ist –2, der im zweiten Klammernpaar ist –6:

   $(2x - 2)\ (3x - 6) \qquad -2(-6) = 12$

Addieren Sie diese vier Ergebnisse, um den vereinfachten Ausdruck zu erhalten:

$6x^2 - 12x - 6x + 12$

In diesem Fall können Sie diesen Ausdruck vereinfachen, indem Sie die ähnlichen Terme –$12x$ und $-6x$ weiter zusammenfassen:

$= 6x^2 - 18x + 12$

Beachten Sie, dass Sie während dieses Prozesses jeden Term innerhalb eines Klammernpaars mit jedem Term innerhalb des anderen Klammernpaars multiplizieren. EAIL hilft Ihnen, den Überblick zu behalten, und sicherzustellen, dass Sie alles multiplizieren haben.

EAIL ist letztlich eine Anwendung der Distributiveigenschaft, die ich im vorigen Abschnitt beschrieben habe. Mit anderen Worten: $(2x - 2)\ (3x - 6)$ ist eigentlich dasselbe wie $2x(3x - 6) + -2(3x - 6)$, wenn es verteilt wird. Durch erneutes Verteilen erhalten Sie $6x^2 - 12x - 6x + 12$.

22 Mr. X enttarnen: Algebraische Gleichungen

In diesem Kapitel ...

- Variablen (wie x) in Gleichungen verwenden
- Schnelle Methoden zum Auflösen nach x in einfachen Gleichungen kennenlernen
- Die Waagschalenmethode zum Lösen von Gleichungen verstehen
- Terme in einer algebraischen Gleichung neu anordnen
- Algebraische Terme auf einer Seite einer Gleichung isolieren
- Klammern aus einer Gleichung entfernen
- Kreuzmultiplizieren, um Brüche zu entfernen

In der Algebra geht es hauptsächlich um das Lösen von Gleichungen.

Bei der Lösung algebraischer Gleichungen findet man heraus, für welche Zahl die Variable (normalerweise x) steht. Dieser Prozess wird logischerweise als *Auflösen nach x* bezeichnet, und wenn Sie verstanden haben, wie das geht, wird Ihr Selbstvertrauen ins Unermessliche steigen – nicht zu sprechen von Ihren Noten!

Dies ist das Thema dieses Kapitels. Zuerst zeige ich Ihnen ein paar informelle Methoden, um nach x aufzulösen, wenn eine Gleichung nicht allzu schwierig ist. Danach zeige ich Ihnen, wie Sie schwierigere Gleichungen auflösen, indem Sie sie sich als Waagschale vorstellen.

Die Bilanzmethode ist letztlich das Herz der Algebra (doch, die Algebra hat ein Herz!). Nachdem Sie dieses einfache Konzept verstanden haben, können Sie auch kompliziertere Gleichungen unter Verwendung der in Kapitel 21 vorgestellten Werkzeuge lösen, wie beispielsweise durch das Vereinfachen von Ausdrücken oder das Entfernen von Klammern. Sie lernen, diese Kenntnisse auf algebraische Gleichungen anzuwenden. Schließlich zeige ich Ihnen noch, wie Sie durch Kreuzmultiplizieren (siehe Kapitel 9) algebraische Gleichungen mit Brüchen problemlos lösen können.

Nachdem Sie das Kapitel gelesen haben, kennen Sie verschiedene Methoden, um Gleichungen nach dem seltsamen und geheimnisvollen x aufzulösen.

Algebraische Gleichungen verstehen

Eine algebraische Gleichung ist eine Gleichung mit mindestens einer Variablen – das heißt, ein Buchstabe (wie etwa x) steht für eine Zahl. Bei der Auflösung einer algebraischen Gleichung ermittelt man, für welche Zahl das x steht.

In diesem Abschnitt vermittle ich Ihnen die Grundlagen dazu, wie eine Variable wie x in einer Gleichung eingesetzt werden kann. Anschließend stelle ich Ihnen ein paar schnelle Methoden vor, nach x aufzulösen, wenn die Gleichung nicht zu kompliziert ist.

x in Gleichungen verwenden

Wie Sie in Kapitel 5 erfahren haben, ist eine *Gleichung* eine mathematische Aussage, die ein Gleichheitszeichen enthält. Beispielsweise ist die folgende Aussage eine perfekte Gleichung:

$$7 \cdot 9 = 63$$

Letztlich ist eine Variable (wie etwa x) nichts weiter als ein Platzhalter für eine Zahl. Vielleicht kennen Sie schon Gleichungen, die andere Platzhalter verwenden: Eine Zahl wird einfach weggelassen oder als Unterstrich oder als Fragezeichen dargestellt, und Sie sollen die richtige Zahl einsetzen. Normalerweise befindet sich diese Art von Platzhalter hinter dem Gleichheitszeichen. Zum Beispiel:

$$8 + 2 =$$

$$12 - 3 = \_\_$$

$$14 \div 7 = ?$$

Nachdem Sie sich mit der Addition, der Subtraktion oder auch anderen Rechenarten besser auskennen, können Sie die Gleichungen auch etwas umstellen:

$$9 + \_\_ = 14$$

$$? \cdot 6 = 18$$

Und wenn Sie jetzt keine Unterstriche oder Fragezeichen mehr verwenden und stattdessen Variablen wie x einsetzen, um den Teil der Gleichung darzustellen, der bestimmt werden soll, dann sind Sie schon auf dem richtigen Weg! Sie haben eine algebraische Aufgabenstellung:

$$4 + 1 = x$$

$$12 \div x = 3$$

$$x - 13 = 30$$

Vier Methoden, um algebraische Gleichungen zu lösen

Sie brauchen keinen Kammerjäger, um eine Mücke zu erschlagen. So ist es auch mit der Algebra. Sie brauchen dieses mächtige Werkzeug nicht immer, um eine algebraische Gleichung zu lösen.

Im Allgemeinen haben Sie vier Möglichkeiten, algebraische Gleichungen zu lösen, wie ich in der Einführung dieses Kapitels erwähnt habe:

- ✓ Inaugenscheinnahme (auch als Inspektion bezeichnet, wobei Sie sich die Aufgabe einfach genauer ansehen, um die Lösung zu finden)

- ✓ Umordnung und gegebenenfalls Anwendung inverser Operationen
- ✓ Raten und Ausprobieren
- ✓ Anwenden der Algebra

Inaugenscheinnahme einfacher Gleichungen

Einfache Aufgaben können schon dadurch gelöst werden, dass man sie sich genauer ansieht. Zum Beispiel:

$$5 + x = 6$$

Wenn Sie sich diese Aufgabe genauer ansehen, erkennen Sie, dass $x = 1$ ist. Für eine so einfache Aufgabe, deren Lösung direkt ersichtlich ist, brauchen Sie keine größeren Werkzeuge einzusetzen.

Etwas schwierigere Gleichungen neu anordnen

Wenn Sie eine Lösung nicht sofort bei der Betrachtung der Aufgabe erkennen, hilft es manchmal, die Aufgabe neu anzuordnen, um etwas daraus zu machen, was Sie mit einer der vier großen Operationen lösen können. Diese Methode wende ich in diesem Buch hauptsächlich an, insbesondere für Gleichungen mit Formeln, wie etwa in geometrischen Aufgabenstellungen und Aufgaben mit Maßen und Gewichten. Zum Beispiel:

$$6x = 96$$

Die Lösung springt Sie vielleicht nicht sofort an, aber Sie wissen, dass diese Aufgabe Folgendes bedeutet:

$$6 \cdot x = 96$$

Jetzt können Sie die Aufgabe umformen, indem Sie inverse Operationen anwenden, wie in Kapitel 4 beschrieben:

$$96 \div 6 = x$$

Sie lösen die Divisionsaufgabe (schriftlich oder auf andere Weise) und stellen fest, dass $x = 16$ ist.

Raten und Ausprobieren in Gleichungen

Einige Gleichungen können Sie lösen, indem Sie eine Antwort raten und dann probieren, ob Sie Recht hatten. Angenommen, Sie wollen die folgende Gleichung lösen:

$$3x + 7 = 19$$

Um herauszufinden, wofür x steht, vermuten Sie zuerst, dass $x = 2$ sein könnte. Dann prüfen Sie, ob das stimmt, indem Sie 2 für x in die Gleichung einsetzen:

$$3 \cdot 2 + 7 = 6 + 7 = 13 \quad < 19 \text{ FALSCH!}$$

Wenn $x = 2$ ist, ergibt die linke Seite der Gleichung 13, nicht 19. Sie haben also zu niedrig geraten und probieren es nun mit einer etwas größeren Zahl: $x = 5$:

$$3 \cdot 5 + 7 = 15 + 7 = 22 \quad > 19 \text{ FALSCH!}$$

Jetzt haben Sie zu hoch geraten, also probieren Sie es mit $x = 4$:

$$3 \cdot 4 + 7 = 12 + 7 = 19 \quad \text{RICHTIG!}$$

Nach nur dreimal Raten haben Sie herausgefunden, dass $x = 4$ ist!

Auf schwierigere Gleichungen Algebra anwenden

Manchmal sind algebraische Gleichungen zu schwierig, als dass sie über Inaugenscheinnahme oder Umordnung gelöst werden könnten. Zum Beispiel:

$$11x - 13 = 9x + 3$$

Wahrscheinlich können Sie durch reine Inaugenscheinnahme nicht erkennen, was x sein könnte. Und Raten und Ausprobieren wäre auch recht mühsam. Deshalb kommt hier die Algebra ins Spiel.

Algebra ist insbesondere praktisch, weil Sie mathematische Regeln anwenden können, um zu einer Lösung zu gelangen. Im Folgenden zeige ich Ihnen, wie Sie die Regeln der Algebra anwenden, um Aufgabenstellungen wie diese in eine Form umzuwandeln, die Sie schließlich lösen können.

Die Suche nach dem Gleichgewicht: Nach x auflösen

Wie ich im vorherigen Abschnitt beschrieben habe, sind einige Aufgaben einfach zu kompliziert, als dass man nur durch Inaugenscheinnahme oder Umformung erkennen könnte, wofür die Variable (normalerweise x) steht. Für diese Aufgaben benötigen Sie eine zuverlässige Methode, um die richtige Lösung zu bestimmen. Ich bezeichne diese Methode als *Waagschalenmethode*.

Die Waagschalenmethode ermöglicht Ihnen, in einem schrittweisen Prozess, der immer funktioniert, nach x aufzulösen – das heißt, die Zahl zu finden, für die x steht. In diesem Abschnitt zeige ich Ihnen, wie Sie die Waagschalenmethode anwenden, um algebraische Gleichungen zu lösen.

Das Gleichgewicht halten

Das Gleichheitszeichen in einer Gleichung bedeutet, dass beide Seiten ausgeglichen sind. Um dieses Gleichheitszeichen beizubehalten, müssen Sie das Gleichgewicht wahren. Mit anderen Worten, das, was Sie auf der einen Seite der Gleichung tun, müssen Sie auch auf der anderen tun.

Beispielsweise sehen Sie hier eine ausgeglichene Gleichung:

$$1 + 2 \quad = \quad 3$$

Wenn Sie auf einer Seite der Gleichung 1 addieren, gerät das Ganze aus dem Gleichgewicht.

$$1 + 2 + 1 \quad \neq \quad 3$$

Wenn Sie dagegen *auf beiden Seiten* der Gleichung 1 addieren, bleibt das Gleichgewicht gewahrt:

$$1 + 2 + 1 \quad = \quad 3 + 1$$

Sie können der Gleichung eine beliebige Zahl hinzuaddieren, solange Sie das auf beiden Seiten machen. In der Mathematik steht x für eine beliebige Zahl:

$$1 + 2 + x = 3 + x$$

Sie wissen, dass x für ein- und dieselbe Zahl steht, wenn es in ein und derselben Gleichung oder Aufgabenstellung verwendet wird.

Das Konzept, beide Seiten einer Gleichung auf dieselbe Weise zu ändern, ist nicht auf die Addition begrenzt. Sie können auch ein x subtrahieren oder sogar mit x multiplizieren oder dadurch dividieren, solange Sie auf beiden Seiten der Gleichung dasselbe tun und $x \neq 0$ ist:

Subtraktion: $1 + 2 - x = 3 - x$

Multiplikation: $(1 + 2)\,x = 3x$

Division: $\frac{1+2}{x} = \frac{3}{x}$

Mithilfe der Waagschale x isolieren

Das einfache Konzept des Gleichgewichts ist das Herz der Algebra, und es ermöglicht Ihnen in vielen Gleichungen herauszufinden, wofür x steht. Wenn Sie eine algebraische Gleichung auflösen, ist es das Ziel, das x zu *isolieren* – das heißt, das x soll allein auf einer Seite der Gleichung stehen, und auf der anderen Seite irgendeine Zahl. In algebraischen Gleichungen mittleren Schwierigkeitsgrads ist das ein Prozess in drei Schritten:

1. **Alle Konstanten (alle Terme, in denen kein x vorkommt) auf eine Seite der Gleichung bringen**
2. **Alle x-Terme auf die andere Seite der Gleichung bringen**
3. **Dividieren, um x zu isolieren**

Betrachten Sie beispielsweise die folgende Aufgabenstellung:

$$11x - 13 = 9x + 3$$

Wenn Sie den oben beschriebenen Schritten folgen, müssen Sie darauf achten, dass die Gleichung in jedem Schritt ausgeglichen bleibt:

1. **Bringen Sie alle Konstanten auf eine Seite, indem Sie auf beiden Seiten der Gleichung 13 addieren:**

   $$\begin{array}{llllr} 11x & -13 & = 9x & + & 3 \\ & +13 & & + & 13 \\ \hline 11x & & = 9x & + & 16 \end{array}$$

   Weil Sie alle Regeln für das Gleichgewicht eingehalten haben, wissen Sie, dass diese neue Gleichung ebenfalls korrekt ist. Nun befindet sich der einzige Term ohne x (16) auf der rechten Seite der Gleichung.

2. **Bringen Sie alle x-Terme auf die andere Seite, indem Sie auf beiden Seiten der Gleichung $9x$ subtrahieren:**

   $$\begin{array}{lll} 11x & = 9x & 16 \\ -9x & -9x & \\ \hline 2x & & 16 \end{array}$$

   Auch hier wurde das Gleichgewicht beibehalten, die neue Gleichung ist also korrekt.

3. **Dividieren Sie durch 2, um x zu isolieren:**

   $$\frac{2x}{2} = \frac{16}{2}$$

   $$x = 8$$

Um diese Antwort zu überprüfen, setzen Sie einfach 8 für das x in der ursprünglichen Gleichung ein:

$$11 \cdot 8 - 13 = 9 \cdot 8 + 3$$

$$88 - 13 = 72 + 3$$

$$75 = 75 \quad ✓$$

Das stimmt, also ist 8 der richtige Wert von x.

Gleichungen neu anordnen und x isolieren

Nachdem Sie nun wissen, dass sich die Algebra wie eine Waagschale verhält, wie im letzten Abschnitt beschrieben, können Sie anfangen, schwierigere algebraische Gleichungen zu lösen. Die grundlegende Taktik bleibt dieselbe: Sie verändern beide Seiten der Gleichung in jedem Schritt auf dieselbe Weise und versuchen, x auf einer Seite der Gleichung zu isolieren.

In diesem Abschnitt zeige ich Ihnen, wie Sie Ihre Kenntnisse aus Kapitel 21 einsetzen können, um Gleichungen zu lösen. Als Erstes zeige ich Ihnen, dass das Umordnen von Termen in einem Ausdruck vergleichbar mit dem Umordnen von Termen in einer algebraischen Gleichung ist. Anschließend erkläre ich Ihnen, wie Klammern aus einer Gleichung entfernt werden, sodass Sie sie besser lösen können. Und zum Schluss erfahren Sie, wie die Kreuzmultiplikation genutzt werden kann, um algebraische Gleichungen mit Brüchen zu lösen.

Terme auf einer Seite einer Gleichung neu anordnen

Die neue Anordnung von Termen ist bei der Arbeit mit Gleichungen sehr wichtig. Angenommen, Sie arbeiten mit der folgenden Gleichung:

$$5x - 4 = 2x + 2$$

Wenn Sie genauer darüber nachdenken, besteht diese Gleichung letztlich aus zwei Ausdrücken, die über ein Gleichheitszeichen miteinander verknüpft sind. Und das gilt natürlich für *jede* Gleichung. Aus diesem Grund gilt alles, was Sie in Kapitel 21 über Ausdrücke gelernt haben, auch für Gleichungen. Beispielsweise können Sie die Terme auf einer Seite der Gleichung neu anordnen. Hier also eine andere Darstellung derselben Gleichung:

$$-4 + 5x = 2x + 2$$

Und hier eine dritte Methode:

$$-4 + 5x = 2 + 2x$$

Diese Flexibilität bei der Neuordnung von Termen ist für die Lösung von Gleichungen äußerst hilfreich.

Terme auf die andere Seite des Gleichheitszeichens verschieben

Weiter vorn in diesem Kapitel habe ich Ihnen erklärt, wie eine Gleichung mit einer Waage verglichen werden kann. Betrachten Sie dazu beispielsweise Abbildung 22.1.

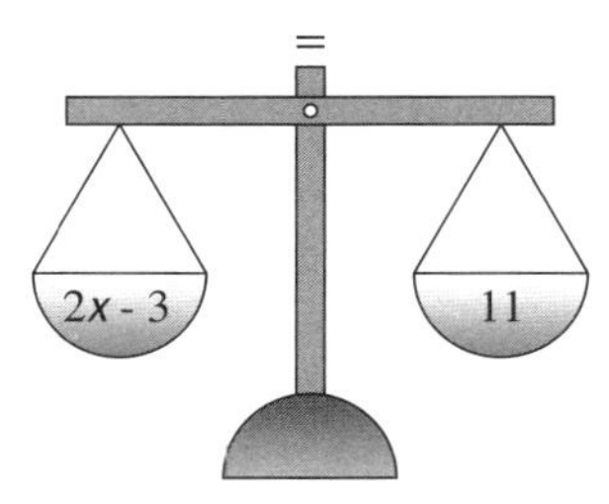

Abbildung 22.1: Eine Gleichung kann mit einer Waage verglichen werden.

Um die Waage im Gleichgewicht zu halten, müssen Sie auf beiden Seiten dasselbe tun, wenn Sie etwas hinzufügen oder entfernen. Zum Beispiel:

$$\begin{array}{cccc} 2x & -3 & =11 & \\ -2x & & & -2x \\ \hline & -3 & =11 & -2x \end{array}$$

Jetzt betrachten wir diese beiden Versionen dieser Gleichung nebeneinander:

$$2x - 3 = 11 \qquad -3 = 11 - 2x$$

In der ersten Version steht der Term $2x$ auf der linken Seite des Gleichheitszeichens. In der zweiten Version steht der Term $-2x$ auf der rechten Seite. Dieses Beispiel verdeutlicht eine wichtige Regel:

Wenn Sie einen Term in einem Ausdruck auf die andere Seite des Gleichheitszeichens bringen, ändert sich sein Vorzeichen (von Plus nach Minus oder von Minus nach Plus).

Als weiteres Beispiel wollen wir die folgende Gleichung betrachten:

$$4x - 2 = 3x + 1$$

Hier gibt es ein x auf beiden Seiten der Gleichung, deshalb wollen wir beispielsweise $3x$ auf die andere Seite bringen. Wenn Sie den Term $3x$ von der rechten Seite auf die linke Seite bringen wollen, müssen Sie sein Vorzeichen von Plus nach Minus ändern (technisch betrachtet subtrahieren Sie $3x$ von beiden Seiten der Gleichung):

$$4x - 2 - 3x = 1$$

Anschließend können Sie den Ausdruck auf der linken Seite der Gleichung vereinfachen, indem Sie ähnliche Terme zusammenfassen:

$$x - 2 = 1$$

Jetzt erkennen Sie wahrscheinlich, dass $x = 3$ ist, weil $3 - 2 = 1$. Um sicherzugehen, verschieben Sie den Term -2 auf die rechte Seite und ändern sein Vorzeichen:

$$x = 1 + 2$$

$$x = 3$$

Wie Sie sehen, ist es eine große Hilfe, Terme von einer Seite der Gleichung auf die andere Seite zu verschieben, wenn Sie Gleichungen lösen wollen.

Klammern aus Gleichungen entfernen

In Kapitel 21 finden Sie viele praktische Tricks, wie Sie Ausdrücke vereinfachen können, was Ihnen bei der Lösung von Gleichungen sehr zugutekommt. Eine der wichtigsten Erkenntnisse aus diesem Kapitel bezieht sich darauf, wie Klammern aus einem Ausdruck entfernt werden. Beim Lösen von Gleichungen ist das eine wertvolle Hilfe.

Angenommen, Sie haben die folgende Gleichung:

$$5x + (6x - 15) = 30 - (x - 7) + 8$$

Ihre Aufgabe ist es, alle x-Terme auf eine Seite der Gleichung und alle Konstanten auf die andere Seite zu bringen. In der vorliegenden Form der Gleichung sind jedoch alle x-Terme und alle Konstanten in Klammern eingeschlossen. Das bedeutet, Sie können die x-Terme nicht von den Konstanten isolieren. Bevor Sie also Terme isolieren können, müssen Sie die Klammern aus der Gleichung entfernen.

Sie wissen, dass eine Gleichung eigentlich aus zwei Ausdrücken besteht, die durch ein Gleichheitszeichen verknüpft sind. Sie können also Ihre Arbeit mit dem Ausdruck auf der linken Seite beginnen. In diesem Ausdruck beginnen die Klammern mit einem Pluszeichen (+), Sie können sie also einfach weglassen:

$$5x + \underline{6x - 15} = 30 - (x - 7) + 8$$

Jetzt gehen Sie weiter zum Ausdruck auf der rechten Seite. Hier stehen die Klammern hinter einem Minuszeichen (–). Um sie zu entfernen, ändern Sie das Vorzeichen beider Terme innerhalb der Klammern, das heißt, x wird zu $-x$, -7 wird zu 7:

$$5x + 6x - 15 = 30 \underline{- x + 7} + 8$$

Wunderbar! Jetzt können Sie die x-Terme nach Belieben isolieren. Verschieben Sie das $-x$ von der rechten auf die linke Seite und ändern Sie sein Vorzeichen:

$$5x + 6x - 15 \underline{+ x} = 30 + 7 + 8$$

Jetzt verschieben Sie –15 von der linken auf die rechte Seite und ändern das Vorzeichen:

$$5x + 6x + x = 30 + 7 + 8 \underline{+ 15}$$

Nun können Sie ähnliche Terme auf beiden Seiten der Gleichung zusammenfassen:

$$12x = 30 + 7 + 8 + 15$$

$$12x = 60$$

Zuletzt schaffen Sie sich noch den Koeffizienten vom Hals, indem Sie durch 12 dividieren:

$$\frac{12x}{12} = \frac{60}{12}$$

$$x = 5$$

Wie üblich können Sie Ihre Lösung prüfen, indem Sie 5 in die ursprüngliche Gleichung für x einsetzen:

$$5x + (6x - 15) = 30 - (x - 7) + 8$$

$$5 \cdot 5 + (6 \cdot 5 - 15) = 30 - (5 - 7) + 8$$

$$25 + (30 - 15) = 30 - (-2) + 8$$

$$25 + 15 = 30 + 2 + 8$$

$$40 = 40 \quad \checkmark$$

Noch ein Beispiel:

$$11 + 3(-3x + 1) = 25 - (7x - 3) - 12$$

Wie im vorigen Beispiel beginnen Sie damit, die Klammern zu entfernen. Diesmal steht jedoch auf der linken Seite der Gleichung kein Vorzeichen zwischen 3 und $(-3x + 1)$. Aber auch hier können Sie Ihr Wissen aus Kapitel 21 anwenden. Um die Klammern zu entfernen, multiplizieren Sie 3 mit beiden Termen innerhalb der Klammern:

$$11 - 9x + 3 = 25 - (7x - 3) - 12$$

Auf der rechten Seite beginnen die Klammern mit einem Minuszeichen, deshalb ändern Sie die Vorzeichen innerhalb der Klammern und entfernen diese:

$$11 - 9x + 3 = 25 - 7x + 3 - 12$$

Nun können Sie die x-Terme isolieren. Ich mache dies hier in einem Schritt, aber Sie können beliebig viele Schritte dafür verwenden.

$$-9x + 7x = 25 + 3 - 12 - 11 - 3$$

Nun fassen Sie ähnliche Terme zusammen:

$$-2x = 2$$

Zum Schluss dividieren Sie noch beide Seiten durch –2:

$$x = -1$$

Wie immer prüfen Sie Ihre Lösung durch Einsetzen:

$$11 + 3(-3x + 1) = 25 - (7x - 3) - 12$$

$$11 + 3[\underline{-3(-1)} + 1] = 25 - [\underline{7(-1)} - 3] - 12$$

Alle Variablen sind damit verschwunden, und Sie müssen nur noch die Operatorenreihenfolge einhalten, wie in Kapitel 5 beschrieben. Wir beginnen mit der Multiplikation innerhalb der Klammern, die ich unterstrichen habe:

$$11 + 3(3 + 1) = 25 - (-7 - 3) - 12$$

Jetzt können Sie die Zahlen innerhalb der Klammern vereinfachen:

$$11 + 3 \cdot 4 = 25 - (-10) - 12$$

Damit können Sie die Klammern entfernen und die Überprüfung vervollständigen:

$$11 + 12 = 25 + 10 - 12$$

$$23 = 23 \quad ✓$$

Kopieren Sie diese Aufgabe und versuchen Sie, sie selbstständig ohne Zuhilfenahme des Buches zu bearbeiten.

Kreuzmultiplikation

In der Algebra hilft Ihnen die Kreuzmultiplikation, Gleichungen zu vereinfachen, indem unerwünschte Brüche entfernt werden (und wer will schon Brüche haben?). Wie in Kapitel 9 beschrieben, können Sie die Kreuzmultiplikation nutzen, um festzustellen, ob zwei Brüche gleich sind. Hier beispielsweise zwei gleiche Brüche:

$$\frac{2}{4} = \frac{3}{6}$$

Wenn Sie sie über Kreuz multiplizieren, multiplizieren Sie den Zähler des einen Bruchs mit dem Nenner des anderen:

$$2 \cdot 6 = 3 \cdot 4$$

$$12 = 12 \quad ✓$$

Nehmen Sie aber nun an, Sie wollen die folgende algebraische Gleichung lösen:

$$\frac{x}{2x - 2} = \frac{2x + 3}{4x}$$

Diese Gleichung sieht nicht ganz einfach aus. Sie können nicht dividieren oder kürzen, weil der Bruch auf der linken Seite zwei Terme im Nenner hat, und der Bruch auf der rechten Seite zwei Terme im Zähler. (Weitere Informationen über das Dividieren algebraischer Terme finden Sie in Kapitel 21.) Eine wichtige Information ist jedoch, dass der Bruch $\frac{x}{2x - 2}$ gleich dem Bruch $\frac{2x + 3}{4x}$ ist. Wenn Sie also diese beiden Brüche über Kreuz multiplizieren, erhalten Sie zwei Ergebnisse, die ebenfalls gleich sind:

$$x(4x) = (2x + 3)\,(2x - 2)$$

Nun haben Sie etwas, das Sie kennen! Die linke Seite ist ganz einfach:

$$4x^2 = (2x + 3)\,(2x - 2)$$

Auf die rechte Seite wenden Sie ein bisschen EAIL an (weitere Informationen dazu finden Sie in Kapitel 21):

$$4x^2 = 4x^2 - 4x + 6x - 6$$

Nun sind alle Klammern verschwunden, und Sie können den x-Term isolieren. Weil sich die meisten dieser Terme bereits auf der rechten Seite der Gleichung befinden, isolieren Sie sie auf dieser Seite:

$$6 = 4x^2 - 4x + 6x - 4x^2$$

Wenn Sie die ähnlichen Terme zusammenfassen, erhalten Sie eine sehr erfreuliche Überraschung:

$$6 = 2x$$

Die beiden x^2-Terme haben sich aufgehoben. Nun können Sie das richtige Ergebnis vielleicht schon mit bloßem Auge erkennen, aber hier die formale Lösung:

$$\frac{6}{2} = \frac{2x}{2}$$

$$x = 3$$

Um die Lösung zu überprüfen, setzen Sie 3 in die ursprüngliche Gleichung ein:

$$\frac{3}{2 \cdot 3 - 2} = \frac{2 \cdot 3 + 3}{4 \cdot 3}$$

$$\frac{3}{6 - 2} = \frac{6 + 3}{12}$$

$$\frac{3}{4} = \frac{9}{12}$$

$$\frac{3}{4} = \frac{3}{4}$$

Das ist richtig, die Lösung $x = 3$ ist also korrekt.

Mr. X im Einsatz: Textaufgaben in der Algebra

23

In diesem Kapitel ...

- Textaufgaben in der Algebra mit einfachen Schritten lösen
- Variablen auswählen
- Tabellen verwenden

Textaufgaben, für die Algebra erforderlich ist, gehören zu den schwierigsten Problemen, denen Schüler gegenüberstehen – und zu den häufigsten. Lehrer lieben algebraische Textaufgaben, weil diese sehr viel von dem gelernten Stoff kombinieren, wie etwa das Lösen algebraischer Gleichungen (siehe Kapitel 21 und 22) und die Umwandlung von Wörtern in Zahlen (siehe Kapitel 6, 13 und 18). Standardtests enthalten fast immer entsprechende Aufgabenstellungen.

In diesem Kapitel stelle ich Ihnen eine Methode in fünf Schritten für den Einsatz der Algebra zur Lösung von Textaufgaben vor. Anschließend zeige ich Ihnen verschiedene Beispiele, an denen Sie alle fünf Schritte ausprobieren können.

Im gesamten Kapitel gebe ich Ihnen wichtige Tipps, die es Ihnen sehr viel leichter machen können, Textaufgaben zu lösen. Als Erstes zeige ich Ihnen, wie Sie eine Variable auswählen, die Ihre Gleichung so einfach wie möglich macht. Anschließend erkläre ich anhand von Beispielen, wie Sie Informationen aus der Aufgabenstellung in eine Tabelle umwandeln. Am Ende dieses Kapitels besitzen Sie ein solides Wissen zur Lösung der verschiedensten algebraischen Textaufgaben.

Algebra-Textaufgaben in fünf Schritten lösen

Wenn Sie Textaufgaben aus der Algebra lösen wollen, brauchen Sie alle Ihre Kenntnisse aus den Kapiteln 21 und 22; wenn Sie also noch nicht sicher im Lösen algebraischer Gleichungen sind, sollten Sie noch einmal zurückblättern und nachlesen.

In diesem Abschnitt lösen wir die folgende Textaufgabe:

In drei Tagen hat Alexandra insgesamt 31 Eintrittskarten für das Schulspiel verkauft. Am Dienstag hat sie doppelt so viele Karten wie am Mittwoch verkauft. Und am Donnerstag hat sie genau sieben Karten verkauft. Wie viele Karten hat Alexandra an den drei Tagen von Dienstag bis Donnerstag jeweils verkauft?

Häufig ist es hilfreich, die Informationen aus einer Algebra-Textaufgabe in einer Tabelle darzustellen oder eine Skizze anzufertigen. Hier meine Ergebnisse:

Dienstag	doppelt so viele wie am Mittwoch
Mittwoch	?
Donnerstag	7
Insgesamt	31

Damit haben Sie alle vorhandenen Informationen in der Tabelle, aber es kann sein, dass Sie die Lösung nicht unmittelbar erkennen. In diesem Abschnitt skizziere ich eine schrittweise Methode, die Ihnen ermöglicht, dieses und noch sehr viel schwierigere Probleme zu lösen.

Hier die fünf Schritte für die Lösung der meisten Algebra-Textaufgaben:

1. **Deklarieren Sie eine Variable.**
2. **Stellen Sie die Gleichung auf.**
3. **Lösen Sie die Gleichung.**
4. **Beantworten Sie die in der Aufgabe gestellte Frage.**
5. **Überprüfen Sie Ihre Antwort.**

Eine Variable deklarieren

Wie Sie aus Kapitel 21 wissen, ist eine Variable ein Buchstabe, der für eine Zahl steht. Größtenteils wird in einer Textaufgabe die Variable x (oder irgendeine andere Variable mit einem anderen Namen) nicht explizit erwähnt. Das bedeutet aber nicht, dass Sie für die Lösung der Aufgabe keine Algebra benötigen. Es bedeutet nur, dass Sie das x für die Aufgabe selbst suchen und entscheiden müssen, wofür es stehen soll.

Eine *Variable zu deklarieren* bedeutet, Sie legen fest, wofür die Variable in der von Ihnen zu lösenden Aufgabe stehen soll.

Hier einige Beispiele für die Variablendeklaration:

m sei die Anzahl der toten Mäuse, die die Katze ins Haus schleppt.

v sei die Anzahl, wie oft Annas Mann schon versprochen hat, den Müll mit nach draußen zu nehmen.

b sei die Anzahl der Beschwerden, die Alfons erhalten hat, nachdem er sein Garagentor lila gestrichen hat.

In jedem Fall wählen Sie einen Variablennamen (m, v oder b) und geben ihm eine Bedeutung, indem Sie ihm eine Zahl zuweisen.

Beachten Sie, dass es in der Tabelle für die Lösung unserer Beispielaufgabe ein großes Fragezeichen neben *Mittwoch* gibt. Dieses Fragezeichen steht für irgendeine *Zahl*, deshalb könnten Sie eine Variable deklarieren, die für diese Zahl steht. Und das geht so:

m sei die Anzahl der Eintrittskarten, die Alexandra am Mittwoch verkauft hat.

Wann immer möglich, wählen Sie eine Variable mit dem Anfangsbuchstaben dessen, wofür die Variable steht. Auf diese Weise können Sie sich sehr viel besser merken, was die Variable bedeutet. Dies kann später in der Aufgabe sehr wichtig sein.

Immer wenn Sie jetzt die Variable m sehen, wissen Sie, dass sie für die Anzahl der Karten steht, die Alexandra am Mittwoch verkauft hat.

Die Gleichung aufstellen

Nachdem Sie eine Variable haben, mit der Sie arbeiten können, sehen Sie sich die Aufgabe erneut an, um weitere Möglichkeiten zu finden, die Variable einzusetzen. Beispielsweise hat Alexandra am Dienstag doppelt so viele Karten verkauft wie am Mittwoch; sie hat also am Dienstag $2m$ Karten verkauft. Damit haben Sie schon sehr viel mehr Informationen, die Sie in die Tabelle eintragen können:

Dienstag	doppelt so viele wie am Mittwoch	$2m$
Mittwoch	?	m
Donnerstag	7	7
Insgesamt	31	31

Sie wissen, dass die Gesamtsumme der am Dienstag, Mittwoch und Donnerstag verkauften Karten 31 beträgt. Anhand der obigen Tabelle können Sie also eine Gleichung aufstellen, um die Aufgabe zu lösen:

$$2m + m + 7 = 31$$

Die Gleichung lösen

Nachdem Sie eine Gleichung aufgestellt haben, können Sie die Tricks aus Kapitel 22 anwenden, um die Gleichung nach m aufzulösen. Hier noch einmal die Gleichung:

$$2m + m + 7 = 31$$

Für Anfänger: $2m$ steht für $m + m$. Auf der linken Seite haben Sie also $m + m + m$, also $3m$. Sie können die Gleichung etwas vereinfachen:

$$3m + 7 = 31$$

Das Ziel an dieser Stelle besteht darin, alle Terme mit m auf eine Seite der Gleichung zu bringen und alle Terme ohne m auf die andere Seite. Auf der linken Seite der Gleichung wollen Sie also die 7 loswerden. Die inverse Operation zu Addition ist die Subtraktion; Sie subtrahieren also 7 auf beiden Seiten:

$$\begin{array}{lll} 3m & +7 & =31 \\ & -7 & \quad -7 \\ \hline 3m & & =24 \end{array}$$

Nun wollen Sie m auf der linken Seite der Gleichung isolieren. Dazu kehren Sie die Multiplikation mit 3 um; deshalb dividieren Sie beide Seiten durch 3:

$$\frac{3m}{3} = \frac{24}{3}$$

$$m = 8$$

Die Frage beantworten

Sie sind vielleicht versucht zu glauben, Sie seien fertig, nachdem Sie die Gleichung gelöst haben. Es bleibt jedoch noch etwas zu tun. Sehen Sie sich noch einmal die Aufgabe an. Dort wird die folgende Frage gestellt:

> Wie viele Karten hat Alexandra an den drei Tagen von Dienstag bis Donnerstag jeweils verkauft?

Sie besitzen jetzt alle Informationen, die Ihnen helfen, die Aufgabe zu lösen. In der Aufgabe ist beschrieben, dass Alexandra am Dienstag sieben Karten verkauft hat. Weil $m = 8$ ist, wissen Sie, dass sie am Mittwoch acht Karten verkauft hat. Am Donnerstag hat sie doppelt so viele Karten wie am Mittwoch verkauft, nämlich 16. Alexandra hat also am Dienstag 16 Karten, am Mittwoch acht Karten und am Donnerstag sieben Karten verkauft.

Die Lösung überprüfen

Um Ihre Lösung zu überprüfen, vergleichen Sie Ihre Antwort Zeile für Zeile mit der Aufgabenstellung, um sicherzustellen, dass alle Aussagen erfüllt sind:

> In drei Tagen hat Alexandra insgesamt 31 Eintrittskarten für das Schulspiel verkauft.

Das stimmt, denn $16 + 8 + 7 = 31$.

> Am Dienstag hat sie doppelt so viele Karten wie am Mittwoch verkauft.

Das stimmt ebenfalls, denn am Dienstag hat sie 16 Karten und am Mittwoch acht verkauft.

> Und am Donnerstag hat sie genau sieben Karten verkauft.

Und das ist ebenfalls richtig. Sie sind also fertig.

Die Variablen sorgfältig auswählen

Die Deklaration einer Variablen ist einfach, wie ich Ihnen in diesem Kapitel gezeigt habe, aber Sie können sich auch die weitere Arbeit sehr viel einfacher machen, wenn Sie Ihre Variable sorgfältig auswählen. Wenn es möglich ist, sollten Sie eine Variable so wählen, dass die entstehende Gleichung keine Brüche enthält, weil diese sehr viel schwieriger zu verarbeiten sind als ganze Zahlen.

Angenommen, wir wollen die folgende Aufgabe lösen:

> Irina hat dreimal so viele Kunden wie Thomas. Wenn sie insgesamt 52 Kunden haben, wie viele Kunden hat dann jeder von ihnen?

Der Schlüsselsatz in dieser Aufgabe ist »Irina hat *dreimal so viele* Kunden wie Thomas«. Er ist deshalb wichtig, weil er die Beziehung zwischen Irina und Thomas basierend auf einer *Multiplikation* oder *Division* darstellt. Um einen Bruch zu vermeiden, sollten Sie, wann immer das möglich ist, eine Division vermeiden.

Wenn Sie einen Satz sehen, der darauf hindeutet, dass Sie eine Multiplikation oder eine Division verwenden sollten, wählen Sie Ihre Variable so, dass sie die kleinere der Zahlen darstellt. Thomas hat weniger Kunden als Irina, deshalb ist es sinnvoll, t als Ihre Variable zu wählen.

Sie beginnen also mit der Deklaration der Variablen:

> t sei die Anzahl der Kunden von Thomas.

Anhand dieser Variablen können Sie die folgende Tabelle erstellen:

Irina	$3t$
Thomas	t

Kein Bruch! Jetzt lösen Sie die Aufgabe, indem Sie die folgende Gleichung aufstellen:

$$\text{Irina} + \text{Thomas} = 52$$

Setzen Sie die Werte aus der Tabelle ein:

$$3t + t = 52$$

Jetzt können Sie die Aufgabe ganz einfach unter Verwendung der in Kapitel 22 vorgestellten Techniken lösen:

$$4t = 52$$

$$t = 13$$

Thomas hat 13 Kunden, also hat Irina 39 Kunden. Um das Ergebnis nachzuprüfen – was ich Ihnen empfehle, wie an anderer Stelle in diesem Kapitel erwähnt –, rechnen Sie $13 + 39 = 52$.

Nun betrachten wir, was passiert wäre, wenn Sie den anderen Weg eingeschlagen und die Variable wie folgt deklariert hätten:

> *i sei* die Anzahl der Kunden von Irina.

Wenn Sie anhand dieser Variablen die Kunden von Thomas ausdrücken müssen, entsteht der Bruch $\frac{i}{3}$, was letztlich zur selben Lösung führt, aber sehr viel mehr Arbeit bedeutet.

Kompliziertere Algebra-Aufgaben lösen

Algebra-Textaufgaben werden dann kompliziert, wenn die Anzahl der Personen oder Dinge zunimmt, die man berücksichtigen muss. In diesem Abschnitt steigt die Komplexität von zwei oder drei Personen auf vier und dann fünf. Wenn Sie damit fertig sind, sollten Sie in der Lage sein, algebraische Textaufgaben erhöhten Schwierigkeitsgrads zu lösen.

Tabellen für vier Personen

Wie im vorherigen Abschnitt gezeigt, kann eine Tabelle Ihnen helfen, Informationen zu ordnen, sodass Sie den Überblick behalten. Hier eine Aufgabenstellung mit vier Personen:

> Anna, Jan, Lola und Rudi nehmen an einer Spendenaktion für Eingemachtes teil. Lola spendet dreimal so viele Dosen wie Jan. Anna spendet doppelt so viele Dosen wie Jan, und Rudi spendet sieben mehr als Lola. Zusammen spenden die beiden Frauen zwei Dosen mehr als die beiden Männer. Wie viele Dosen haben die vier gemeinsam gespendet?

Im ersten Schritt deklarieren Sie (wie immer) eine Variable. Sie wissen, dass Sie Brüche vermeiden sollten, deshalb deklarieren Sie eine Variable abhängig von der Person, die am wenigsten Dosen mitgebracht hat. Sie wissen: Lola hat mehr Dosen gespendet als Jan, ebenso wie Anna. Darüber hinaus hat Rudi mehr Dosen gespendet als Lola. Weil also Jan am wenigsten Dosen gespendet hat, deklarieren Sie Ihre Variable wie folgt:

> j sei die Anzahl der Dosen, die Jan gespendet hat.

Jetzt können Sie Ihre Tabelle wie folgt einrichten:

Jan	j
Lola	$3j$
Anna	$2j$
Rudi	Lola + 7 = $3j + 7$

Das sieht gut aus, weil es wie erwartet keinerlei Brüche in der Tabelle gibt. Der nächste Satz teilt Ihnen mit, dass die beiden Frauen zwei Dosen mehr gespendet haben als die Männer; Sie können also eine Wortgleichung aufstellen, wie in Kapitel 6 beschrieben:

Lola + Anna = Jan + Rudi + 2

Nun können Sie Ihre Variable in diese Gleichung einsetzen:

$3j + 2j = j + 3j + 7 + 2$

Nachdem Sie Ihre Gleichung aufgestellt haben, können Sie sie auflösen. Zuerst isolieren Sie die algebraischen Terme mit der Variablen j:

$3j + 2j - j - 3j = 7 + 2$

Fassen Sie die ähnlichen Terme zusammen:

$j = 9$

Diese Gleichung haben Sie fast mühelos gelöst. Sie wissen damit, dass Jan neun Dosen gespendet hat. Mit dieser Information können Sie die Tabelle vervollständigen. Sie setzen für j den Wert 9 ein und können dann feststellen, wie viel die anderen gespendet haben: Lola hat 27 gespendet, Anna 18 und Rudi 34. Nun können Sie diese Zahlen addieren und stellen fest, dass die vier Personen insgesamt 88 Dosen gespendet haben.

Um die Zahlen zu überprüfen, lesen Sie sich die Aufgabe noch einmal durch und stellen sicher, dass sie für jeden Punkt der Geschichte korrekt sind. Beispielsweise haben Lola und Anna zusammen 45 Dosen gespendet, und Jan und Rudi 43, die Frauen haben also tatsächlich 2 Dosen mehr als die Männer gespendet.

Mit fünf Personen über die Ziellinie

Dieses letzte Beispiel ist das schwierigste im ganzen Kapitel. Hier geht es um fünf Personen.

> Fünf Freunde zeichnen auf, wie viele Kilometer sie laufen. In diesem Monat ist Minna bisher 12 Kilometer gelaufen, Susanne ist 3 Kilometer mehr als Jakob gelaufen, und Karl ist doppelt so viel wie Viktor gelaufen. Aber morgen, nachdem alle einen 5-Kilometer-Lauf absolviert haben werden, wird Jakob so weit gelaufen sein wie Minna und Viktor zusammen, und die ganze Gruppe wird 174 Kilometer gelaufen sein. Wie weit ist jede Person bisher gelaufen?

Das Wichtigste, das Sie in dieser Aufgabe erkennen müssen, ist, dass es zwei Zahlenmengen gibt: die Kilometer, die alle fünf Leute zusammen bis *heute* gelaufen sind, und der Kilometerstand, den sie *morgen* haben werden. Und der Kilometerstand jeder Person wird morgen um fünf Kilometer mehr betragen als heute. Hier die zugehörige Tabelle:

	Heute	Morgen (Heute + 5)
Jakob		
Karl		
Minna		
Susanne		
Viktor		

Diese Tabelle stellt einen guten Ausgangspunkt für die Lösung Ihres Problems dar. Anschließend suchen Sie nach einer Aussage weiter vorne in der Aufgabenstellung, die zwei Personen über eine Multiplikation oder eine Division verknüpft. Hier haben wir sie:

> ... Karl ist doppelt so weit wie Viktor gelaufen.

Weil Viktor weniger Kilometer gelaufen ist als Karl, deklarieren Sie Ihre Variable wie folgt:

> v sei die Anzahl der Kilometer, die Viktor bis heute gelaufen ist.

Beachten Sie, dass ich das Wort *heute* in die Deklaration aufgenommen habe, um klarzumachen, dass ich über den Kilometerstand von Viktor vor dem morgigen 5-Kilometer-Lauf spreche.

Nun können Sie die Tabelle weiter ausfüllen:

	Heute	Morgen (Heute + 5)
Jakob		
Karl	$2v$	$2v + 5$
Minna	12	17
Susanne		
Viktor	v	$v + 5$

Wie Sie sehen, habe ich die Informationen über Jakob und Susanne weggelassen, weil ich sie nicht unter Verwendung der Variablen v darstellen kann. Außerdem habe ich angefangen, die Spalte *Morgen* zu füllen, indem ich zu den Zahlen aus der Spalte *Heute* jeweils 5 addiert habe.

Nun können wir die nächste Aussage in der Aufgabe betrachten:

> ... aber morgen ... wird Jakob so weit gelaufen sein wie Minna und Viktor zusammen ...

Damit können Sie die Informationen über Jakob eintragen:

	Heute	Morgen (Heute + 5)
Jakob	$17 + v$	$17 + v + 5$
Karl	$2v$	$2v + 5$
Minna	12	17
Susanne		
Viktor	v	$v + 5$

In diesem Fall tragen Sie zuerst die Distanz von Jakob für *morgen* ein ($17 + v + 5$) und subtrahiere dann 5, um die *heutige* Distanz zu bestimmen. Als nächstes können Sie die Information nutzen, dass Susanne heute 3 Kilometer mehr gelaufen ist als Jakob:

	Heute	Morgen (Heute + 5)
Jakob	$17 + v$	$17 + v + 5$
Karl	$2v$	$2v + 5$
Minna	12	17
Susanne	$17 + v + 3$	$17 + v + 8$
Viktor	v	$v + 5$

Nachdem Sie die Tabelle auf diese Weise ausgefüllt haben, können Sie anfangen, die Gleichung aufzustellen. Zuerst stellen Sie eine Wortgleichung auf, nämlich wie folgt:

Jakob morgen + Karl morgen + Minna morgen + Susanne morgen + Viktor morgen = 174

Dann setzen Sie die Information aus der Tabelle in diese Wortgleichung ein, um zu Ihrer Gleichung zu gelangen:

$$17 + v + 5 + 2v + 5 + 17 + 17 + v + 8 + v + 5 = 174$$

Wie üblich isolieren Sie zuerst die algebraischen Terme mit der Variablen v:

$$v + 2v + v + v = 174 - 17 - 5 - 5 - 17 - 17 - 8 - 5$$

Nun fassen Sie ähnliche Terme zusammen:

$$5v = 100$$

Dann wollen Sie noch den Koeffizienten im Term $5v$ loswerden, deshalb dividieren Sie beide Seiten durch 5:

$$\frac{5v}{5} = \frac{100}{5}$$

$$v = 20$$

Jetzt wissen Sie, dass die von Viktor bis *heute* zurückgelegte Distanz 20 Kilometer beträgt. Anhand dieser Information können Sie für v den Wert 20 einsetzen und die Tabelle wie folgt ausfüllen:

	Heute	Morgen (Heute + 5)
Jakob	37	42
Karl	40	45
Minna	12	17
Susanne	40	45
Viktor	20	25

Die Spalte *Heute* enthält die Antworten auf die Frage in der Aufgabenstellung. Um die Lösung zu überprüfen, stellen Sie sicher, dass jede Aussage in der Aufgabe korrekt ist. Beispielsweise müssen die fünf Leute morgen insgesamt 174 Kilometer gelaufen sein, weil:

$$42 + 45 + 17 + 45 + 25 = 174$$

Schreiben Sie sich diese Aufgabe ab, schließen Sie das Buch und versuchen Sie, die Aufgabe selbstständig zur Übung zu lösen.

Teil VI
Der Top-Ten-Teil

Besuchen Sie uns auf www.facebook.de/fuerdummies!

In diesem Teil …

Dieser Teil des Buches enthält wie in der … *für Dummies*-Reihe üblich ein paar Top-Ten-Listen zu Themen aus der Mathematik. Ich stelle Ihnen ein paar wichtige Konzepte vor, die Sie nicht vergessen sollten. Außerdem geht es um ein paar sehr wichtige Zahlenmengen.

24 Die zehn wichtigsten Konzepte der Mathematik, die Sie keinesfalls ignorieren sollten

In diesem Kapitel ...

- Die Unverzichtbarkeit einfacher Konzepte in der Mathematik erkennen
- Die Wichtigkeit von π und der Primzahlen erkennen
- Die Bedeutung von Mengen und Funktionen würdigen
- Fortgeschrittenere Konzepte betrachten

Die Mathematik als solche ist ein riesiges *Konzept*, und sie beinhaltet so viele kleinere Konzepte, dass niemand sie wirklich alle verstehen kann, ganz egal, wie lange er sich damit beschäftigt.

Es gibt jedoch einige Konzepte in diesem großen Ganzen, die so wichtig sind, dass sie meiner ganz bescheidenen Meinung nach eine besondere Erwähnung verdient haben. Jedes dieser Konzepte hat nicht nur die Mathematik verändert, sondern auch die Art und Weise, wie die Menschen ihre Welt betrachten. Sie zu kennen, kann auch Ihre Welt ändern – oder Ihnen jedenfalls eine deutlichere Perspektive verschaffen, worum es sich bei der Mathematik überhaupt handelt.

Hier folgt meine Liste mit den zehn wichtigsten Konzepten in der Mathematik.

Jede Menge Mengen

Eine *Menge* ist eine Sammlung von Objekten. Die Objekte, die auch als *Elemente* der Menge bezeichnet werden, können konkret sein (Schuhe, Kater, Menschen, Gummibärchen und so weiter), aber auch abstrakt (fiktive Personen, Ideen, Zahlen und so weiter).

Mengen sind eine so einfache und flexible Methode, die Welt zu organisieren, dass Sie die gesamte Mathematik anhand von Mengen definieren können. Wie die Mathematiker das machen, ist sehr kompliziert, aber ein grundlegendes Verständnis von Mengen ist nicht schwierig und gehört zu fast jeder mathematischen Ausbildung. Weitere Informationen über die Mengentheorie finden Sie in Kapitel 20. In Kapitel 25 geht es um ein paar wichtige Zahlenmengen.

Das Spiel mit den Primzahlen

Eine *Primzahl* ist eine ganze Zahl, die genau zwei Teiler hat (Zahlen, durch die sie ohne Rest dividiert werden kann) – 1 und die Zahl selbst. Hier die ersten zehn Primzahlen:

2 3 5 7 11 13 17 19 23 29

Primzahlen gehen bis unendlich – das heißt, die Liste ist unendlich.

Darüber hinaus sind Primzahlen die Elemente, aus denen alle anderen Zahlen aufgebaut werden können. Jede ganze Zahl größer 1, unabhängig davon, wie groß diese ist, kann als das eindeutige Produkt aus Primzahlen dargestellt werden. Das ist eine sehr wichtige Eigenschaft.

Und dabei handelt es sich nicht etwa um eine nebensächliche Information. Die Eindeutigkeit der Primfaktoren jeder Zahl hat einen großen Namen: Hauptsatz der Arithmetik. Weitere Informationen über Primzahlen finden Sie in den Kapiteln 1 und 7.

Null: Viel Lärm um Nichts

Die Null sieht vielleicht nach nichts aus, aber letztlich ist sie eine der größten Erfindungen aller Zeiten. Wie alle Erfindungen gab es sie nicht, bis sie sich jemand ausgedacht hat. Die Griechen und die Römer, die bereits viel über Mathematik und Logik wussten, kannten die Null nicht. Die von ihnen verwendeten Zahlensysteme sahen keine Möglichkeit vor, beispielsweise auszudrücken, wie viele Olivenbäume man hat, wenn man mit dreien anfängt und ein missgünstiger Nachbar alle drei in dunkler Nacht fällt.

Das Konzept der Null als Zahl entstand unabhängig voneinander an mehreren verschiedenen Orten. In Südamerika enthielt das Zahlensystem der Mayas ein Symbol für die Null. Und das hindu-arabische System, das heute am weitesten verbreitet ist, entwickelte sich aus einem früheren arabischen System, das Null als Platzhalter verwendete. (Weitere Informationen über die Verwendung von Null als Platzhalter finden Sie in Kapitel 2.)

Letztlich ist Null nicht wirklich nichts – es ist eine einfache Möglichkeit, *nichts* mathematisch darzustellen. Und das ist schon etwas!

Es wird griechisch: Pi (π)

Das Symbol π (Pi) ist ein griechischer Buchstabe, der für das Verhältnis des Umfangs eines Kreises zu seinem Durchmesser steht (weitere Informationen über Kreise finden Sie in Kapitel 16). Hier der angenäherte Wert von π:

$\pi = 3{,}1415926535\ldots$

Obwohl π nur eine Zahl ist – in der Algebra als Konstante bezeichnet –, ist es aus mehreren Gründen sehr wichtig:

- ✓ Geometrie ohne π wäre wie Countrymusik ohne Johnny Cash. Der Kreis ist eine der grundlegenden Formen in der Geometrie, und Sie brauchen π, um seine Fläche und seinen Umfang zu bestimmen. Wenn also irgendwelche Außerirdische auf Ihrem Feld landen und Sie die entstandenen Kornkreise messen wollen, oder wenn Sie einfach nur die Fläche Ihres runden Küchentischs bestimmen wollen, dann kann π dafür sehr praktisch sein.

✓ Pi ist eine *irrationale Zahl*, das heißt, es gibt keinen Bruch, der ihr exakt entspricht. Darüber hinaus ist π eine *transzendentale Zahl*, das heißt, dass sie nie dem Wert von x in einer Polynomgleichung (das ist die grundlegendste algebraische Gleichung) entspricht. Auch wenn sich π aus einer sehr einfachen Operation entwickelt hat (das Messen eines Kreises), trägt es eine tiefe Komplexität in sich, die Zahlen wie etwa 0, 1, –1, ½ oder sogar $\sqrt{2}$ nicht besitzen. (Weitere Informationen über irrationale und transzendentale Zahlen finden Sie in Kapitel 25.)

✓ Pi findet man überall in der Mathematik. Es taucht ständig irgendwo auf, wo Sie es am wenigsten erwartet hätten. Ein Beispiel dafür ist die Trigonometrie, die Lehre von den Dreiecken. Dreiecke sind ganz offensichtlich keine Kreise, aber die Trigonometrie verwendet Kreise, um die Größe von Winkeln zu messen, und Sie können keinen Zirkel ansetzen, ohne irgendwo auf π zu treffen.

Auf gleichem Niveau: Gleichheitszeichen und Gleichungen

Das Gleichheitszeichen (=) wird allgemein als eine Selbstverständlichkeit betrachtet. Es ist in der Mathematik so gebräuchlich, dass es fast nicht wahrgenommen wird. Aber die Tatsache, dass das Gleichheitszeichen praktisch überall vorkommt, illustriert die Bedeutung der Gleichheit – das heißt, wenn ein Ding mathematisch dasselbe wie ein anderes Ding ist – als eines der wichtigsten Konzepte in der Mathematik, das je entwickelt wurde.

Eine mathematische Aussage mit einem Gleichheitszeichen ist eine *Gleichung*. Das Gleichheitszeichen verknüpft zwei mathematische Ausdrücke, die denselben Wert haben. Die Leistung der Mathematik liegt in genau dieser Verknüpfung. Aus diesem Grund werden in fast jedem Bereich der Mathematik Gleichungen verwendet. Ausdrücke als solche sind begrenzt praktisch. Das Gleichheitszeichen bietet eine leistungsfähige Möglichkeit, Ausdrücke zu verknüpfen, sodass Wissenschaftler ihre Ideen auf neue Weise zueinander in Beziehung setzen können.

Beispielsweise wurden Energie und Masse lange als separate Konzepte betrachtet, die nichts miteinander zu tun haben. Die berühmte Gleichung $E = mc^2$ von Albert Einstein setzt einen Ausdruck, der Energie darstellt, mit einem Ausdruck in Beziehung, der Masse darstellt. Das Ergebnis war eine völlig neue Betrachtungsweise des Weltraums.

Weitere Informationen über die Konzepte der Gleichheit und des Gleichgewichts und ihre Bedeutung in der Algebra finden Sie in Kapitel 22.

Das Raster: Das kartesische Koordinatensystem

Das kartesische Koordinatensystem wurde von dem französischen Philosophen und Mathematiker René Descartes erfunden.

Aber was ist so besonders am kartesischen Koordinatensystem? Bevor die Graphen erfunden wurden, hat man sich jahrelang mit Geometrie und Algebra als völlig separate und zusammenhangslose Bereiche der Mathematik beschäftigt. Die Algebra war nur die Lehre von den Gleichungen (siehe Teil V), und die Geometrie war nur die Lehre von Formen auf der Ebene oder im Raum (siehe Kapitel 16).

Die Erfindung von Descartes, das Koordinatensystem, brachte Algebra und Geometrie zusammen. Das Ergebnis war die *analytische Geometrie*, eine neue Mathematik, die nicht nur die alten Wissenschaften Algebra und Geometrie verband, sondern auch größere Klarheit für beide schuf. Jetzt können Sie Lösungen für Gleichungen finden, in denen die Variablen x und y als Punkte, Linien, Kreise und andere geometrische Formen in einem Graphen erscheinen.

Ein und aus: Funktionen

Eine *Funktion* ist eine mathematische Maschine, die eine Zahl entgegennimmt (die sogenannte *Eingabe*) und genau eine andere Zahl zurückgibt (die sogenannte *Ausgabe*). Es handelt sich dabei um eine Art Mixer, denn das, was Sie herausbekommen, ist davon abhängig, was Sie einfüllen. Wenn Sie Eiscreme einfüllen, erhalten Sie einen Milchshake. Wenn Sie Obst einfüllen, erhalten Sie einen Fruchtsaft. Wenn Sie Ihr Handy einfüllen, erhalten Sie sagenhaften Schrott.

Angenommen, ich erfinde eine Funktion namens `PlusEins`, die zu einer Zahl 1 addiert. Wenn ich also die Zahl 2 eingebe, erhalte ich die Ausgabe 3:

`PlusEins`(2) = 3

Gibt man die Zahl 100 ein, erhält man als Ausgabe die Zahl 101:

`PlusEins`(100) = 101

Wie Sie sehen, gibt die Funktion `PlusEins` für eine gerade Zahl eine ungerade Zahl aus. Und das passiert für jede gerade Zahl. Diese Funktion bildet also die Menge der geraden Zahlen auf die Menge der ungeraden Zahlen ab.

Dieser Prozess erscheint sehr vereinfacht, aber ähnlich wie bei den Mengen basiert die Leistung der Funktionen gerade auf ihrer Einfachheit. Funktionen erlauben den Mathematikern – und unzähligen anderen, wie etwa Programmierern, Statistikern, Biologen, Wirtschaftswissenschaftlern und Psychologen –, eine komplexe Welt auf mathematische Weise darzustellen.

Auf Funktionen werden Sie dann häufig treffen, wenn Sie sich mit fortgeschrittenerer Algebra beschäftigen. Im Augenblick sollten Sie sich nur merken, dass Funktionen eine Eingabe entgegennehmen und eine Ausgabe erzeugen. Weitere Informationen über Funktionen finden Sie im Buch *Algebra für Dummies* (ebenfalls im Verlag Wiley-VCH erschienen).

Auf in die Unendlichkeit

Das Wort *unendlich* besitzt eine große Power. Dasselbe gilt für das Symbol der Unendlichkeit (∞). Wie groß ist die Unendlichkeit? Hier eine gängige Antwort: Wenn Sie alle Sandkörner von allen Stränden der Welt und dann dasselbe auf allen Planeten in unserer Galaxie zählen würden, wären Sie, nachdem Sie damit fertig sind, der Unendlichkeit nicht näher, als Sie es gerade jetzt sind. Also doch ziemlich groß. (Sie hätten sich besser die Planeten angesehen, anstatt Sandkörner dort zu zählen.)

Tatsächlich ist *unendlich* gar keine Zahl. *Unendlich* liegt außerhalb jeder Größenordnung, was die ureigenste Eigenschaft der Endlosigkeit ist. Und trotzdem benutzen die Mathematiker das Konzept der Unendlichkeit mit großer Begeisterung.

Bei seiner Erfindung der Analysis führte Sir Isaac Newton das Konzept eines *Grenzwerts* ein, der Ihnen ermöglicht zu berechnen, was mit Zahlen passiert, wenn sie sehr groß werden und gegen unendlich gehen. Und in seiner transfiniten Mathematik hat Georg Cantor bewiesen, dass die Unendlichkeit, die ich eben beschrieben habe, nur die kleinste einer Menge sehr viel größerer Unendlichkeiten ist. Und hier der ultimative Kick: Diese Menge größerer und immer größerer Unendlichkeiten ist selbst *unendlich*. (Weitere Informationen über die transfiniten Zahlen von Cantor finden Sie in Kapitel 25.)

Der reelle Zahlenstrahl

Den Zahlenstrahl gibt es schon seit sehr langer Zeit, und es handelt sich dabei um eine der ersten visuellen Hilfen, die Lehrer Kindern für den Umgang mit Zahlen anbieten. Jeder Punkt auf dem Zahlenstrahl steht für eine Zahl. Das scheint zwar offensichtlich zu sein, aber man kann dennoch sagen, dass dieses Konzept Tausende von Jahren nicht wirklich verstanden wurde.

Der griechische Philosoph Zenon von Elea formulierte das folgende Problem, das sogenannte Paradox des Zenon: Um durch das Zimmer zu gehen, müssen Sie zuerst die Hälfte der Distanz ($^1/_2$) durch das Zimmer zurücklegen. Anschließend gehen Sie die Hälfte der restlichen Distanz ($^1/_4$). Anschließend gehen Sie die Hälfte der wiederum restlichen Distanz ($^1/_8$). Dieses Muster geht ewig so weiter:

$$^1/_2 \quad ^1/_4 \quad ^1/_8 \quad ^1/_{16} \quad ^1/_{32} \quad ^1/_{64} \quad ^1/_{128} \quad ^1/_{256} \ldots$$

Auf diese Weise gelangt man *nie* auf die andere Seite des Zimmers.

Offensichtlich kann man in der Realität jederzeit ein Zimmer durchqueren. Aber die Mathematiker knabberten über 2000 Jahre an der Lösung dieses und vergleichbarer Paradoxien des Zenon, bevor die Analysis schließlich die geeigneten Werkzeuge bereitstellte.

Das grundlegende Problem war nämlich dieses: Alle Brüche, die in der obigen Folge aufgelistet sind, liegen auf dem Zahlenstrahl zwischen 0 und 1. Und es gibt unendlich viele davon. Aber wie kann eine *unendliche* Anzahl von Zahlen innerhalb eines *endlichen* Raums liegen?

Die Mathematiker des 19. Jahrhunderts – insbesondere Augustin Cauchy, Richard Dedekind, Karl Weierstrass und Georg Cantor – lösten dieses Rätsel. Das Ergebnis war die reelle Analysis, die fortgeschrittene Mathematik des reellen Zahlenstrahls.

Die imaginäre Zahl i

Die *imaginären Zahlen* sind eine Zahlenmenge, die man nicht auf dem reellen Zahlenstrahl findet. Wenn sich das für Sie unglaublich anhört – denn wo sonst sollten sie sein? –, machen Sie sich keine Gedanken. Tausende von Jahren haben die Mathematiker selbst nicht daran geglaubt. Aber reale Anwendungen aus der Elektronik, Atomphysik und vielen anderen Bereichen der Wissenschaften haben die Skeptiker zum Glauben bekehrt. Wenn Sie also im Sommer vorhaben, Ihr geheimes unterirdisches Labor zu verkabeln oder einen Partikelbeschleuniger für Ihre Zeitmaschine zu bauen – oder wenn Sie einfach nur Elektrotechnik studieren –, dann werden Sie feststellen, dass man die imaginären Zahlen zu dringend braucht, als dass man sie ignorieren könnte.

Weitere Informationen über imaginäre und komplexe Zahlen finden Sie in Kapitel 25.

Zehn wichtige Zahlenmengen, die Sie kennen sollten

25

In diesem Kapitel ...

- Natürliche Zahlen, ganze Zahlen, rationale Zahlen und reelle Zahlen erkennen
- Imaginäre und komplexe Zahlen entdecken
- Staunen, wie transfinite Zahlen höhere Ebenen der Unendlichkeit darstellen
- Probleme der Normalverteilung durch Rückwärtsrechnung lösen

Je mehr Sie über Zahlen erfahren, desto seltsamer erscheinen sie Ihnen. Wenn Sie nur mit den natürlichen Zahlen und ein paar einfachen Operationen arbeiten, scheinen die Zahlen eine ganz eigene Landschaft zu entwickeln. Zunächst ist das Gelände recht unspektakulär, aber wenn Sie weitere Mengen einführen, wird es schnell überraschend, schockierend und überwältigend. In diesem Kapitel nehme ich Sie mit auf eine bewusstseinserweiternde Reise durch zehn Zahlenmengen.

Ich beginne bei den vertrauten und gemütlichen natürlichen Zahlen. Ich fahre fort mit den ganzen Zahlen (positive und negative natürliche Zahlen und die Null), den rationalen Zahlen (ganze Zahlen und Brüche) und den reellen Zahlen (alle Zahlen auf dem Zahlenstrahl). Außerdem mache ich ein paar Exkursionen. Die Reise endet mit den bizarren und fast unglaublichen transfiniten Zahlen. Und irgendwie bringen Sie die transfiniten Zahlen dann wieder an den Ausgangspunkt zurück – zu den natürlichen Zahlen.

Jede dieser Zahlenmengen dient anderen Zwecken, zum Teil vertrauten (wie etwa für das Zählen oder beim Schreinern), zum Teil wissenschaftlichen (wie etwa Elektronik und Physik) und auch einigen rein mathematischen. Viel Spaß!

Reine Natur: Die natürlichen Zahlen

Die *natürlichen Zahlen* sind wahrscheinlich die ersten Zahlen, die Sie kennengelernt haben. Sie beginnen bei 1 und laufen von dort aus weiter:

1, 2, 3, 4, 5, 6, 7, 8, 9, 10, 11, 12, ...

Die drei Punkte am Ende teilen Ihnen mit, dass die Zahlenfolge ewig so weitergeht – mit anderen Worten, sie ist unendlich.

Die natürlichen Zahlen sind praktisch, um den Überblick über konkrete Objekte zu bewahren: Steine, Hühner, Autos, Handys – alles, was Sie berühren können und was Sie nicht unbedingt in Stücke schneiden wollen.

Die Menge der natürlichen Zahlen ist für Addition und Multiplikation *abgeschlossen*. Das bedeutet, wenn Sie zwei natürliche Zahlen addieren oder multiplizieren, ist das Ergebnis ebenfalls eine natürliche Zahl. Für die Subtraktion und die Division dagegen ist die Menge nicht abgeschlossen. Wenn Sie beispielsweise 2 – 3 berechnen, erhalten Sie –1, was eine negative Zahl und keine natürliche Zahl ist. Und wenn Sie 2 ÷ 3 dividieren, erhalten Sie $^2/_3$, was ein Bruch ist.

Ganze Zahlen identifizieren

Die Menge der ganzen Zahlen beinhaltet die natürlichen Zahlen (siehe vorherigen Abschnitt), die negativen natürlichen Zahlen und die Null:

…, –6, –5, –4, –3, –2, –1, 0, 1, 2, 3, 4, 5, 6, …

Die Punkte am Anfang und am Ende der Menge teilen Ihnen mit, dass die ganzen Zahlen sowohl in positiver als auch in negativer Richtung unendlich sind.

Weil die ganzen Zahlen die negativen Zahlen beinhalten, können Sie sie verwenden, um den Überblick über alles Mögliche zu behalten, was auch Schulden beinhalten kann. In der heutigen Kultur handelt es sich dabei üblicherweise um Geld. Wenn Sie beispielsweise 100 Euro auf Ihrem Konto haben und einen Scheck über 120 Euro ausstellen, werden Sie feststellen, dass Ihr Kontostand auf –20 Euro sinkt (nicht zu reden von den Zinsen, die die Bank kassiert!).

Die Menge der ganzen Zahlen ist abgeschlossen für die Addition, Subtraktion und Multiplikation. Mit anderen Worten, wenn Sie zwei beliebige ganze Zahlen addieren, subtrahieren oder multiplizieren, erhalten Sie wieder eine ganze Zahl. Die Menge ist nicht abgeschlossen für die Division. Wenn Sie beispielsweise die ganze Zahl –2 durch die ganze Zahl 5 dividieren, erhalten Sie den Bruch $-^2/_5$, wobei es sich nicht um eine ganze Zahl handelt.

Rational über rationale Zahlen sprechen

Die *rationalen Zahlen* beinhalten die ganzen Zahlen (siehe vorherigen Abschnitt) sowie alle Brüche zwischen den ganzen Zahlen. Hier liste ich nur die rationalen Zahlen von –1 bis 1 auf, deren Nenner (die unteren Zahlen) positive Zahlen kleiner 5 sind:

$\ldots -1 \ldots -^3/_4 \ldots -^2/_3 \ldots -^1/_2 \ldots -^1/_3 \ldots -^1/_4 \ldots 0 \ldots ^1/_4 \ldots ^1/_3 \ldots ^1/_2 \ldots ^2/_3 \ldots ^3/_4 \ldots 1 \ldots$

An den Punkten erkennen Sie, dass zwischen jedem Paar rationaler Zahlen unendlich viele weitere rationale Zahlen liegen – eine Eigenschaft, die man auch als die *unendliche Dichte* der rationalen Zahlen bezeichnet.

Rationale Zahlen werden üblicherweise für Messungen verwendet, bei denen es auf Genauigkeit ankommt. Beispielsweise wäre ein Lineal nicht für viel gut, wenn es die Längen nur auf den nächsten Zentimeter genau messen würde. Die meisten Lineale ermöglichen die Messung von Längen auf den nächsten Millimeter genau, was für die meisten Zwecke ausreichend ist.

Analog dazu gibt es Messbecher, Skalen, genaue Uhren und Thermometer, die Ihnen ermöglichen, Messungen auf einen Bruchteil einer Einheit genau vorzunehmen, wobei ebenfalls rationale Zahlen verwendet werden. (Weitere Informationen über Maßeinheiten finden Sie in Kapitel 15.)

Die Menge der rationalen Zahlen ist für die vier großen Operationen abgeschlossen. Das bedeutet, wenn Sie zwei beliebige rationale Zahlen addieren, subtrahieren, multiplizieren oder dividieren, ist das Ergebnis immer eine rationale Zahl.

Irrationale Zahlen verstehen

In gewisser Weise sind *irrationale Zahlen* ein allgemeiner Auffangbehälter – jede Zahl auf dem Zahlenstrahl, die nicht rational ist, ist irrational.

Definitionsgemäß kann keine irrationale Zahl als Bruch dargestellt werden, und sie kann auch nicht als terminierende Dezimalzahl oder als periodische Dezimalzahl dargestellt werden (weitere Informationen über diese Dezimalzahlen finden Sie in Kapitel 11).

Stattdessen kann eine irrationale Zahl nur als *nicht terminierende, nicht periodische Dezimalzahl* angenähert werden: Die Zahlenfolge hinter dem Dezimalkomma ist unendlich lang, ohne je ein Muster zu erzeugen.

Das bekannteste Beispiel für eine irrationale Zahl ist π, das den Umfang eines Kreises mit einem Durchmesser von einer Einheit darstellt. Eine weitere gebräuchliche irrationale Zahl ist $\sqrt{2}$, was die Diagonale durch ein Quadrat mit einer Seitenlänge von einer Einheit darstellt. Alle Wurzeln von nicht quadratischen Zahlen (wie etwa $\sqrt{3}$, $\sqrt{5}$ und so weiter) sind irrationale Zahlen.

Irrationale Zahlen füllen die Lücken auf dem reellen Zahlenstrahl. (Der *reelle Zahlenstrahl* ist einfach der Zahlenstrahl, den Sie kennen, aber er ist stetig; er hat keine Lücken, sodass jedem Punkt eine Zahl zuzuordnen ist.) Diese Zahlen werden häufig verwendet, wenn man nicht nur höchste Genauigkeit benötigt, wie bei den rationalen Zahlen, sondern wenn der *exakte* Wert einer Zahl nicht durch einen Bruch dargestellt werden kann.

Irrationale Zahlen gibt es in zwei Varianten: *algebraische Zahlen* und *transzendente Zahlen*. Ich beschreibe in den folgenden Abschnitten beide Arten.

Algebraische Zahlen

Um die *algebraischen Zahlen* zu verstehen, brauchen Sie bestimmte Kenntnisse über Polynomgleichungen. Eine *Polynomgleichung* ist eine algebraische Gleichung, die die folgenden Bedingungen erfüllt:

✓ Ihre Operationen sind auf Addition, Subtraktion und Multiplikation beschränkt. Mit anderen Worten, es wird nicht durch eine Variable dividiert.

✓ Ihre Variablen werden nur in positive, ganzzahlige Exponenten erhoben.

Weitere Informationen über Polynome finden Sie in *Algebra für Dummies* (ebenfalls im Verlag Wiley-VCH erschienen). Hier einige Polynomgleichungen:

$$2x + 14 = (x + 3)^2$$

$$2x^2 - 9x - 5 = 0$$

Jede algebraische Zahl bildet die Lösung von mindestens einer Polynomgleichung. Angenommen, Sie haben die folgende Gleichung:

$$x^2 = 2$$

Sie können diese Gleichung auflösen als $x = \sqrt{2}$. $\sqrt{2}$ ist eine algebraische Zahl, deren annähernder Wert gleich 1,4142135623… ist (weitere Informationen über Wurzeln finden Sie in Kapitel 4).

Durchblick bei den transzendenten Zahlen

Eine *transzendente Zahl* ist im Gegensatz zu einer algebraischen Zahl (siehe vorherigen Abschnitt) nie die Lösung einer Polynomgleichung. Wie die irrationalen Zahlen sind auch die transzendenten Zahlen eine Art Auffangbehälter: Jede Zahl auf dem Zahlenstrahl, die nicht algebraisch ist, ist transzendent.

Die bekannteste transzendente Zahl ist π, deren angenäherter Wert 3,1415926535… ist. Ihre Verwendung beginnt in der Geometrie und erstreckt sich auf fast alle Bereiche der Mathematik. (Weitere Informationen über π finden Sie in den Kapiteln 16 und 24.)

Weitere transzendente Zahlen kommen ins Spiel, wenn Sie sich mit *Trigonometrie* beschäftigen, der Mathematik der rechtwinkligen Dreiecke. Sinus, Kosinus, Tangens und andere trigonometrische Funktionen verwenden häufig transzendente Zahlen.

Eine weitere wichtige transzendente Zahl ist e, deren angenäherter Wert 2,7182818284… ist. Die Zahl e ist die Basis des natürlichen Logarithmus, den Sie aber erst in der Analysis kennenlernen werden. Leute, die e verwenden, lösen Aufgaben zu zusammengesetzten Zinsen, Populationswachstum, radioaktiver Halbwertszeit und Ähnlichem.

Auf dem Boden der reellen Zahlen

Die Menge der *reellen Zahlen* ist die Menge aller rationalen und irrationalen Zahlen (siehe hierzu die betreffenden Abschnitte in diesem Kapitel). Die reellen Zahlen umfassen jeden Punkt auf dem Zahlenstrahl.

Wie die rationalen Zahlen ist die Menge der reellen Zahlen für die vier großen Operationen abgeschlossen. Das bedeutet Folgendes: Wenn Sie zwei beliebige reelle Zahlen addieren, subtrahieren, multiplizieren oder dividieren, erhalten Sie als Ergebnis immer eine reelle Zahl.

Imaginäre Zahlen veranschaulichen

Eine *imaginäre Zahl* ist eine reelle Zahl, multipliziert mit $\sqrt{-1}$.

Um zu verstehen, was so seltsam an den imaginären Zahlen ist, müssen Sie sich ein bisschen mit Quadratwurzeln auskennen. Die Wurzel einer beliebigen Zahl ist eine andere Zahl, die, multipliziert mit sich selbst, die ursprüngliche Zahl ergibt. Die Wurzel von 9 beispielsweise ist 3, weil 3 · 3 = 9 ist. Und auch –3 ist die Wurzel von 9, weil –3 · (–3) = 9 ist. (Weitere Informationen über Wurzeln und die Multiplikation negativer Zahlen finden Sie in Kapitel 4.)

Das Problem bei der Bestimmung von $\sqrt{-1}$ liegt darin, dass es sich nicht auf dem reellen Zahlenstrahl befindet (weil es nicht zur Menge der reellen Zahlen gehört). Würde es sich auf dem reellen Zahlenstrahl befinden, wäre es eine positive Zahl, eine negative Zahl oder 0. Aber wenn Sie eine positive Zahl mit sich selbst multiplizieren, erhalten Sie eine positive Zahl. Und wenn Sie eine negative Zahl mit sich selbst multiplizieren, erhalten Sie ebenfalls eine positive Zahl. Und wenn Sie 0 mit sich selbst multiplizieren, erhalten Sie 0.

Wenn sich $\sqrt{-1}$ nicht auf dem reellen Zahlenstrahl befindet, wo ist es dann? Gute Frage! Tausende von Jahren dachten die Mathematiker, dass die Wurzel einer negativen Zahl einfach bedeutungslos sei. Sie verbannten sie in das mathematische Niemandsland, *undefiniert*, wo sie auch Brüche mit einem Nenner von 0 aufbewahrten. Im 19. Jahrhundert begannen die Mathematiker jedoch, sich mit diesen Zahlen zu beschäftigen und sie in die offizielle Mathematik aufzunehmen.

Die Mathematiker versahen $\sqrt{-1}$ mit dem Symbol i. Weil i nicht auf den reellen Zahlenstrahl passte, erhielt es einen eigenen Zahlenstrahl, der ganz ähnlich wie der reelle Zahlenstrahl aussieht. Abbildung 25.1 zeigt ein paar Zahlen, die den imaginären Zahlenstrahl bilden.

$-3i \quad -2i \quad -i \quad 0 \quad i \quad 2i \quad 3i$

Abbildung 25.1: Zahlen auf dem imaginären Zahlenstrahl

Auch wenn diese Zahlen als imaginär bezeichnet werden, betrachten die heutigen Mathematiker sie als nicht weniger real als die reellen Zahlen. Und die wissenschaftliche Anwendung imaginärer Zahlen in der Elektronik und Physik hat bewiesen, dass diese Zahlen mehr als nur Hirngespinste fantasievoller Mathematiker sind.

Die Komplexität komplexer Zahlen verstehen

Eine komplexe Zahl ist eine reelle Zahl (siehe den Abschnitt »Auf dem Boden der reellen Zahlen« weiter vorn in diesem Kapitel) plus oder minus einer imaginären Zahl (siehe vorherigen Abschnitt). Hier einige Beispiele:

$1 + i \qquad 5 - 2i \qquad -100 + 10i$

Untermengen

Viele Zahlenmengen passen sich in andere Zahlenmengen ein. Mathematiker bezeichnen diese verschachtelten Mengen als *Untermengen*. Die Menge der ganzen Zahlen beispielsweise wird als $\mathbb{Z}$ bezeichnet. Weil die Menge der natürlichen Zahlen (dargestellt als $\mathbb{N}$) komplett in der Menge der ganzen Zahlen enthalten ist, ist $\mathbb{N}$ eine Untermenge oder ein Teil von $\mathbb{Z}$.

Die Menge der rationalen Zahlen heißt $\mathbb{Q}$. Weil die Menge der ganzen Zahlen komplett in der Menge der rationalen Zahlen enthalten ist, sind $\mathbb{N}$ und $\mathbb{Z}$ beides Untermengen von $\mathbb{Q}$.

$\mathbb{R}$ steht für die Menge der reellen Zahlen. Weil die Menge der rationalen Zahlen vollständig in der Menge der reellen Zahlen enthalten ist, sind $\mathbb{N}$, $\mathbb{Z}$ und $\mathbb{Q}$ Untermengen von $\mathbb{R}$.

Die Menge der komplexen Zahlen heißt $\mathbb{C}$. Weil die Menge der reellen Zahlen komplett in der Menge der komplexen Zahlen enthalten ist, sind $\mathbb{N}$, $\mathbb{Z}$, $\mathbb{Q}$ und $\mathbb{R}$ Untermengen von $\mathbb{C}$.

Das Symbol $\subset$ bedeutet *ist eine Untermenge von* (in Kapitel 20 finden Sie weitere Informationen über diese Notation). Damit kann man ausdrücken, wie die Mengen sich ineinander fügen:

$\mathbb{N} \subset \mathbb{Z} \subset \mathbb{Q} \subset \mathbb{R} \subset \mathbb{C}$

Sie können jede reelle Zahl in eine komplexe Zahl umwandeln, indem Sie einfach $0i$ addieren (das ist gleich 0).

$$3 = 3 + 0i \qquad -12 = -12 + 0i \qquad 3{,}14 = 3{,}14 + 0i$$

Diese Beispiele zeigen, dass die reellen Zahlen einfach nur ein Teil der größeren Menge der komplexen Zahlen sind.

Wie die rationalen Zahlen und die reellen Zahlen (siehe die entsprechenden Abschnitte weiter vorn in diesem Kapitel) ist die Menge der komplexen Zahlen für die vier großen Operationen abgeschlossen. Das bedeutet, wenn Sie zwei beliebige komplexe Zahlen addieren, subtrahieren, multiplizieren oder dividieren, ist das Ergebnis immer eine komplexe Zahl.

Mit den transfiniten Zahlen über »unendlich« hinaus

Die *transfiniten Zahlen* sind eine Zahlenmenge, die verschiedene Ebenen der Unendlichkeit darstellen. Bedenken Sie Folgendes: Die natürlichen Zahlen (1, 2, 3, ...) laufen ewig weiter, sie sind also unendlich. Aber es gibt *mehr* reelle Zahlen als natürliche Zahlen.

Man kann also sagen, die reellen Zahlen sind *unendlich mehr unendlicher* als die natürlichen Zahlen. Der Mathematiker Georg Cantor hat diese Tatsache bewiesen. Außerdem hat er bewiesen, dass man für jede Ebene an Unendlichkeit eine weitere, noch höhere Ebene finden kann. Er bezeichnete diese Zahlen als *transfinit*, weil sie über das hinausgehen, was Sie sich als unendlich vorstellen.

Die kleinste transfinite Zahl ist $\aleph_0$ (Aleph Null). Sie entspricht der Anzahl der Elemente in der Menge der natürlichen Zahlen. Weil die natürlichen Zahlen unendlich sind, bedeuten das vertraute Symbol für Unendlich (∞) und $\aleph_0$ dasselbe.

Die nächste transfinite Zahl ist $\aleph_1$ (Aleph Eins). Sie entspricht der Anzahl der Elemente in der Menge der reellen Zahlen. Dies ist eine höhere Ordnung der Unendlichkeit als ∞.

Die Mengen der ganzen und rationalen Zahlen haben alle $\aleph_0$ Elemente. Und die Mengen der irrationalen, transzendenten, imaginären und komplexen Zahlen haben alle $\aleph_1$ Elemente.

Es gibt auch noch höhere Ebenen an Unendlichkeit. Hier die Menge der transfiniten Zahlen:

$\aleph_0, \aleph_1, \aleph_2, \aleph_3, \ldots$

An den Punkten erkennen Sie, dass die Folge der transfiniten Zahlen ewig weitergeht – mit anderen Worten, sie ist unendlich. Wie Sie sehen, verhalten sich die transfiniten Zahlen auf der Oberfläche ähnlich wie die natürlichen Zahlen (siehe den ersten Abschnitt in diesem Kapitel). Das bedeutet, die Menge der transfiniten Zahlen hat $\aleph_0$ Elemente.

Stichwortverzeichnis

A

B

C

D

E

F

G

H

I

J

K

L

M

N

O

P

Q

W

X

Y

Z

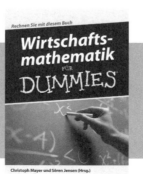

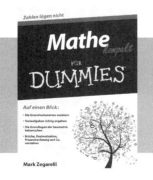

BEHALTEN SIE DEN DURCHBLICK IN DER STATISTIK

Statistik für Dummies
ISBN 978-3-527-71156-7

Statistik II für Dummies
ISBN 978-3-527-70843-7

Statistik für Psychologen für Dummies
ISBN 978-3-527-70987-8

Statistik für Wirtschafts- und Sozialwissenschaftler für Dummies
ISBN 978-3-527-70982-3

Stochastik für Dummies
ISBN 978-3-527-70886-4

Übungsbuch Statistik für Dummies
ISBN 978-3-527-70390-6

Wahrscheinlichkeitsrechnung für Dummies
ISBN 978-3-527-70797-3